가장 과학적으로 세상을 해석하려는 욕망

진화론의 유혹

가장 과학적으로 세상을 해석하려는 욕망

진화론의 유혹

Evolution for Everyone

데이비드 슬론 윌슨 지음
김영희, 이미정, 정지영 옮김

북스토리

Contents

| 제1부 | **자연선택의 메커니즘**

01. 미래는 과거와 다를 수 있다 …… 9
02. 진화론이라는 새로운 항해를 시작하며 …… 24
03. 제3의 사고방식 …… 33
04. 송장벌레는 어떻게 개체 수를 조절하는가? …… 40
05. 진화가 반드시 우호적인 것은 아니다 …… 50
06. 왜 미친 원숭이 유전자는 도태되지 않는가? …… 62
07. 개의 꼬리가 말리게 된 이유 …… 70
08. 유령과 함께 춤을 …… 83
09. 사고의 수레바퀴를 돌려라 …… 94
10. 자연선택을 이해하는 키워드 …… 102

| 제2부 | **진화에 대한 오만과 편견**

11. 인간은 만물의 영장이 아니다 …… 109
12. 입덧이 소리치는 말을 들어라 …… 120
13. 피는 물보다 진하다? …… 131
14. 내가 살인자가 되지 않는 이유 …… 147
15. 수줍어하는 물고기 …… 159
16. 아름다운 사람일수록 진화에 유리하다? …… 180

| 제3부 | **진화하는 사회**

17. 미생물 세계에도 사기꾼은 있다 …… 197
18. 협동하는 유전자들 …… 210
19. 흩어지면 죽는다 …… 219
20. 꿀벌들의 집단지능 …… 226
21. 평등주의도 유전적 자질이다 …… 239
22. 인간만이 가능한 것 …… 258
23. 최초의 웃음 …… 270
24. 생명 유지에 필요한 예술 …… 283
25. 닥터 두리틀은 옳았다 …… 300
26. 전구를 고치는 데 몇 명이 필요할까? …… 312
27. 단일한 유전자, 수천 가지의 문화 …… 331

| 제4부 | **보이는 것과 믿는 것**

28. 종교는 진화한다 …… 359
29. 거기 누구 없나요? …… 389
30. 광신자 아인 랜드 …… 409
31. 보이지 않는 손을 조심하라 …… 433
32. 누구나 할 말이 많다 …… 452
33. 모든 사회환경에 유리한 자질은 없다 …… 465
34. 그것이 진짜 원인인가? …… 477
35. 누구나 과학자가 될 수 있다 …… 488
36. 즐거운 여행 되기를 …… 517

· 감사의 말 …… 524
· 옮긴이의 말 …… 525
· 참고문헌 …… 527
· 찾아보기 …… 538

Evolution for Everyone

제1부
자연선택의 메커니즘

미래는 과거와 다를 수 있다

이 책은 진화론에 관한 많은 주장을 다루고 있다. 진화론은 논쟁할 수 없는 것이라든지, 기본 원리들을 쉽게 배울 수 있다든지, 그 원리들에 함축된 사실을 이해하기만 하면 누구나 배우고 싶어 하게 될 것이라든지, 오랜 세월 서로 앙숙이었고 오늘날까지 인간 사고의 양극단에 서 있는 진화론과 종교가 사이좋게 화해할 수 있다든지 하는 주장들 말이다.

이러한 주장들이 정말 사실일까? 진화론은 세상에서 가장 논란이 많은 이론이고 난해한 주제가 아닌가? 게다가 이것이 내포하고 있는 사실이 그렇게 이로운 것이라면 도대체 왜 사람들이 이 이론을 받아들이길 꺼린단 말인가? 정말 오랜 세월 앙숙 사이였던 진화론과 종교가 양극단에서 서로를 비방하는 것 말고 다른 뭔가를 할 수 있다고 생각하는가?

그렇다. 나는 낙관주의자일지도 모른다. 그러나 순진한 바보는 아니다. 나는 진화론자다. 이 말은 곧 진화론에 기초해 이 세상을 바라보고 이해한다는 뜻이다. 물론 생물학과 연관된 주제에 국한하면 진화생물학자란 말도 틀리지 않겠지만, 사실 나는 인간을 비롯한 그 외의 모든 생명체를 다룬다. 이런 점 때문에 나에게는 진화론자란 말 앞에 다른 수식어구가 필요하지 않다. 나와 동료 진화론자들은 생명의 기원에서 종교에 이르기까지 창조와 관련된 모든 것을 빠짐없이 연구한다. 그래서 사람들이 진화에 대해 어떻게 생각하는지 잘 아는데, 생각보다 상황이 훨씬 좋지 않다. 우선 얼마나 상황이 안 좋은지 살펴본 뒤에 내가 이 책의 목표를 달성할 수 있다고 확신하는 이유를 설명하겠다.

일반인들은 진화론을 받아들이길 꺼릴 뿐만 아니라 그런 태도를 보고도 낯설어하지 않는다. 특히 미국인들은 정도가 더 심하다. 여론조사기관 해리스Harris Poll의 최근 조사 결과에 따르면, 미국 성인의 54퍼센트가 인류는 원시 종earlier species에서 출현했다는 사실을 믿지 않는 것으로 드러났다. 이 수치는 1994년의 46퍼센트를 훨씬 웃도는 것이다. 이러한 진화론에 대한 거부와 진화는 단지 '이론'에 불과하다는 한결같은 비방은 다른 종들의 기원이나 진화의 증거가 되는 화석 기록 등에 대한 생각에도 영향을 미친다.

게다가 상황을 더 악화시키는 요인은 진화론을 믿는 사람들조차 주변 세상을 이해할 때 진화론에 기초하지 않는다는 사실이다. 그들에게 진화론은 공룡과 화석 그리고 유인원에서 진화한 인간 등에 관한 것일 뿐이지 환경이나 인간이 처한 현 상황에 관한 것이 아니다. 여론조사기관에서 진화론을 일상생활에 연관시켜 생각하는 사람들이 얼마나 되는지 조사하는 일은 없겠지만, 조사하더라도 분명 극소수에 불과할 것이다.

과학자들과 지식인들이 종교인들과 일반 대중의 무지를 비웃기 쉽지만, 사실 그들이라고 더 나을 것도 없다. 상아탑이라고 불리는 그들의 세계는 차라리 상아군도(群島)라고 부르는 게 더 적합할 듯싶다. 수백 개가 넘는 주제들이 자기들만의 영역에 갇혀 소통하지 못하고 있을 뿐만 아니라 각 주제마다 세부 주제들이 끝도 없이 갈라져 나오니 당연히 군도란 표현이 더 어울리지 않겠는가. 그뿐만이 아니다. 사람들을 현미경보다는 심리학, 인류학, 경제학, 정치학, 사회학, 역사, 미술, 문학, 철학, 성 연구, 민족학 등과 같은 다양한 시각으로 관찰하는 일이 더 비일비재하다. 그런데 이러한 시각들은 저마다 고유한 역사와 가정을 지니고 있기 때문에 어느 한쪽에서는 이단인 것이 다른 한쪽에서는 당연한 것일 수 있다.

진화론에 관해서라면 과학자들과 지식인들은 다윈의 이론을 인정한다고 말하면서도 인간사와는 연관이 없다고 생각한다. 또는 말로만 연관성을 인정하고 연구나 일상생활에서는 이러한 연관성을 고려하지 않는다. 사실 학계 내부에는 진화 연구를 생물학이라든가 인류유전학, 자연인류학 같은 것처럼 인간과 관련된 몇몇 학문 분과에만 국한시키는 장벽이 존재한다. 이 때문에 장벽 밖에 존재하는 학문 분과에서는 진화론 과정 이수나 진화론과의 인과적 연관성 없이도 학위를 받을 수 있다. '진화생물학자'라는 용어가 훨씬 포괄적인 '진화론자'라는 용어보다 더 익숙하게 들리는 것은 바로 이런 연유에서 비롯된다.

일부 지식인들은 젊은 지구young earth 창조론자들(지구의 나이가 1만 년 미만이라는 주장과 그보다 훨씬 오래되었다는 주장에 따라 젊은 지구론과 오래된 지구론으로 나뉜다 – 옮긴이) 못지않게 진화론과 인간사 사이의 연관성을 거부한다. 『네이션 *The Nation*』지에 실린 1997년도 논문 「신창조론: 궁지에 몰린 생물학 *The New Creationism: Biology Under Attack*」에서는 다음과 같이 말한다.

그 결과 그들은 이데올로기 측면에서 종교적 창조론자들과 놀라울 정도로 비슷한 견해를 드러낸다. 예컨대 이러한 극단적 반(反)생물학자들은 기독교 근본주의자들이 주장하듯이 인간의 지위는 다른 모든 생명체의 지위와 완전히 다를 뿐만 아니라 훨씬 더 높다고 주장한다. 어디 그뿐인가? 이러한 학계의 신창조론자들은 마치 인간의 존엄성과 미래의 희망이 위험에 처한 것처럼 그들의 입장을 옹호하는데, 이 또한 기독교 근본주의자들과 다를 것이 없다.

인간의 정신이 백지와 같다는 비유는 진화의 기본 원칙이나 진화에 입각한 인간의 과거 행적과 상관없이 인간의 조건을 이해할 수 있다는 견해와 일맥상통한다. 심지어 학계의 극단적인 신창조론자들은 진화론뿐만 아니라 과학 일반을 하나의 사회구조로 인정하지 않는다. 그러나 상아군도에서 이처럼 유별나게 포악하게 구는 부족은 그들뿐이다. 그 외의 부족들은 매우 과학적이지만 용케 아직까지 진화론을 배제시키고 있다. 예컨대 1979년에 사회학 입문 교재 스물네 권을 조사한 결과에 따르면 사람들은 한결같이 생물학적 요인이 인간의 행동 및 사회 연구와 무관하다고 생각하는 것으로 드러났다. 또한 정치학자 이안 루스틱Ian Lustick은 2005년 논문에서 인문사회과학에 대해 다음과 같이 말했다.

물론 사회과학자들은 진화론을 생물학, 동물학, 식물학 등과 같은 생명과학에 적용하는 것에 대해 반대하지 않는다. 그러나 진화론적 사고를 사회과학적 문제에 적용하려는 견해에 대해서는 강하게 반발한다. 사실 사회과학자들은 생명과학이 침투가 불가능한 벽으로 둘러싸여 있다고 생각한다. 다시 말해 진화론적 사고가 그 벽 안쪽에서는 강력하고 놀라운 진실을 산출할 수 있을지 몰라도 그 바깥쪽, 즉 인간의 행동 영역에서는 좋게 말해 무관한 것이지 대체로 치명적이고 그릇되고 굉장히 위험한 사고로 여겨진다.

상황이 이보다 더 나쁠 수는 없을 거라고 생각하는 사람도 있을 것이다. 그러나 이보다 더한 악재가 있다. 그것은 바로 진화생물학자들마저도 인간 종 연구에 대해서는 서로 의견이 분분하다는 사실이다. 예를 들어 하버드의 진화생물학자 에드워드 윌슨 Edward O. Wilson이 1975년에 백과사전적 저서 『사회생물학 Sociobiology』을 출간했을 때 그를 가장 맹렬하게 비판한 사람이 누군지 아는가? 바로 동 대학교의 진화생물학자 스티븐 제이 굴드Stephen Jay Gould와 리처드 르원틴Richard Lewontin이었다. 한편, 미국 국립과학재단은 최근에 진화론 연구를 위한 자금을 지원하기 위해 적극 노력하고 있는데, 그 결과물이 바로 국립진화통합센터이다. 이 센터의 기본 사명은 "생물학 분과들이 '변이를 수반한 유전descent with modification'이라는 단일 원칙을 통해 대통합을 일굴 수 있게 돕는 것"이다. 매우 거창하게 들리는가? 그러나 그렇지 않다. 생물학자들은 진화론이 통합 이론의 역할을 수행함과 동시에 이안 루스틱의 말처럼 '강력하고 놀라운 진실들'을 전달할 것이라고 기대하니 말이다. 그러나 사회과학에 대한 이안 루스틱의 진단을 보완하는 흥미로운 사실이 하나 있다. 그것은 센터의 자문기관 회원 가운데 인간과 관련된 주제를 인류유전학과 분리해 진술하는 사람이 단 한 명도 없다는 사실이다. 요컨대 인문과학과 자연과학 양쪽 진영은 물론, 심지어 대통합을 이루기 위해 노력하는 진화생물학자들마저도 인간 연구를 그 외의 모든 생명체 연구와 분리시키는 장벽을 존중하는 것처럼 보인다.

이 모든 현실에도 불구하고 내 믿음에는 변함이 없다. 진화론을 무조건 거부하는 진영과 진화론이 인간사와 연관이 있음을 부인하는 진영에서 구축한 양쪽 장벽 주위를 둘러싼 길이 있다는 믿음 말이다. 이와 관련해 다윈은 우리가 모범으로 삼을 수 있는 사례를 제공한다. 만일 우리가 그의 삶 일부를 들여다볼 수 있다면 그는 아마 조개를 해부하거나 자녀들의 행동을 세심히 관찰하거나 혹은 런던 동물원의 매에게 잡아먹힌 쥐의 배 속에서 나온 날알을 발아시키고 있을 것이다. 그러나 다윈은 지렁이와 난초뿐만 아니라 인간의 도덕성도 연구했다. 그의 관심사가 얼마나 광범위했던지 지구 곳곳에서 날아온 우편물이 마차 하나를 가득 채울 정도였다. 인도의 식물 분포에 관한 편지가 있는가 하면 아프리카 원주민의 감정 표현에 관한 편지도 있었다. 다윈의 사고 범위를 제국과 비교한다면 아마 대영제국보다 더 넓었을 것이다.

다윈은 어떻게 그토록 많은 주제를 하나로 통합하고 인간을 그 외의 모든 생명체와 고르게 융합시킬 수 있었을까? 그가 천재라서 그랬을 수도 있고 당시의 지식수준이 그리 대단한 것이 못돼서 그랬을 수도 있다. 그러나 진짜 이유는 그보다 훨씬 흥미로울 뿐만 아니라 우리 자신이 처한 상황과도 연관이 있다. 다시 말해서 그가 그토록 광활한 사고의 제국을 구축할 수 있었던 것은 개인적 자질이나 살던 시대와 장소 때문이 아니라 그의 이론 덕분이었다. 게다가 그의 이론은 흔적 형태에 대해서조차 매우 설득력이 있었는데, 이는 그가 진화에 대해 현재 우리가 아는 만큼 상세히 알지 못했기 때문에 가능했다.

한편 현대의 진화론자들은 다윈의 이론 덕택에 그들만의 광활한 사고의 제국을 구축할 수 있었다. 물론 나는 다윈이 아니다. 그러나 연구 경험으로 나는 훌륭한 이론이 우리에게 무엇을 가져다줄 수 있는지 알 수 있다. 나는 박테리아, 딱정벌레, 새 등을 비롯한 다양한 생명체에 관해 연구했다. 그리고 이타심, 짝짓기, 종의 기원 등과 같은 다양한 주제에 관해서도 연구했다. 또한 나보다 훨씬 광범위한 생명체와 주제에 관한 동료들의 연구를 이해하고 즐긴다. 나 잘났다고 하는 소리가 아니다. 그런 얘기라면 얼마나 지루하겠는가. 나는 다윈 이론의 탁월함을 자랑하는 것이다. 이 책의 목적 또한 남녀노소 가릴 것 없이 그의 이론을 통해 도움을 받을 수 있는 방도를 알려주는 것이다. 요컨대 이러한 종류의 통합적 지식을 얻으려면 탁월한 지능이 아니라 탁월한 이론이 필요하다.

인간 종이 이러한 대통합 속에 포함될 수 있다면 그럴 만한 합당한 이유가 있기 때문이다. 비유컨대 인간 종은 모닥불의 온기를 좋은 친구들과 함께 나누고 싶어 어둠 속에서 빠져나온 미지의 형상과 같다. 내 연구 경력만 살펴보더라도 이러한 통합이 가능하다는 사실을 알 수 있다. 나는 이타심, 아름다움, 의사결정, 소문, 개성, 종교 등처럼 다양한 주제의 인간 연구를 내가 연구하는 동물도감에 통합시켰다. 다윈처럼 말이다. 그러나 내가 그렇게 할 수 있는 것은 그와 자질이 비슷해서가 아니라 그의 이론을 높이 평가하기 때문이다. 그리고 나는 생물학 연구 이외에

통합적인 지식을 얻으려면 탁월한 지능이 아니라 탁월한 이론이 필요하다.

도 인류학, 경제학, 철학, 심리학 저널에 논문을 발표한다. 그래서인지 내가 쓴 책들의 주제를 보고 진화론을 떠올리는 사람은 흔치 않다. 대표적으로 세계적인 철학자 엘리엇 소버Elliott Sober와 공동 집필한 『타자에 대하여 *Unto Others*』『종교는 진화한다 *Darwin's Cathedral*』, 문학자 조너던 고트쉘Jonathan Gottschall과 공동 편집한 『문학적 동물 *The Literary Animal*』 등이 그렇다. 그

런데 이 책들은 일반 대중이 쉽게 읽을 수 있는 교양서가 아니다. 그러기는커녕 평생 몇 가지 협소한 주제만을 깊이 연구한 전문가들을 위해 쓴 책이다. 사실 진화생물학자들이 생물학적인 주제에 있어서 전 영역을 넘나드는 데 익숙해져 있는 것처럼 진화론자들은 고차원적인 지적 논문에서 다루는 인문학적 주제들을 거침없이 넘나들 수 있다.

이러한 통합적 측면 이외에 다윈에게 배워야 할 점이 하나 더 있다. 그것은 바로 사람을 대하는 태도인데, 그는 모든 계층의 사람을 친절과 진심으로 대했다. 즉 우리는 그의 이론뿐만 아니라 누군가에게 자신의 이론을 설명할 때 그가 보여준 겸손함과 유머 감각을 배워야 한다. 나는 『타자에 대하여』와 『종교는 진화한다』를 집필한 이후에 전 세계의 다양한 청중을 상대로 진화와 도덕 그리고 종교에 관해 지속적으로 강연했다. 그 가운데 가장 기억에 남는 것은 텔레비전에서 방영된 미네소타 세인트 존스 대학교의 교수단과 수도사들과의 토론이었다. 이 가톨릭계 대학교는 북아메리카에서 가장 유서 깊은 베네딕트 수도회이기도 하다. 한편 『타자에 대하여』를 공동 집필한 엘리엇 소버는 달라이 라마와 토론을 벌이기도 했는데, 나는 그런 그가 더없이 부러웠다. 이와 대조적으로 창조론자와 진화론자 사이에는 이러한 논의의 장이 거의 없는 실정이다. 만일 진화론과 종교에 대해 이런 우호적인 논의가 가능하다면 진화론과 다른 모든 인문과학적 주제에 대해서도 분명히 우호적인 논의가 가능할 것이다.

사실 동식물은 물론 인간과 관련된 모든 연구에서 갈수록 진화론을 활용하는 일이 늘고 있다. 예를 들면 나는 최근에 권위 있는 과학 저널 『행동과 뇌 과학 Behavioral and Brain Sciences』지를 꼼꼼히 살펴보았다. 장황한 주 논문 바로 뒤에 다른 학자들의 논평을 달아놓아 특정 주제에 대한 포괄적인 탐구가 가능하게 되어 있었다. 신경과학에서 문화인류학에 이르기까지 매우 다양한 주제를 다루고 있는 논문들은 저널에 실리기 전에 철저한 검토 과정을 거쳤을 뿐만 아니라 논평 과정에서도 속속들이 파헤쳐졌다. 그래서인지 이 저널에 실린 논문들은 이후에 진행되는 연구에 커다란 영향을 미치는 경우가 많다. 그 증거로 과학출판업계에서 실시한 저널 영향력 평가에 따르면 40종의 행동과학 저널 중에서 1위, 198종의 신경과학 저널 중에서 7위를 차지했다고 한다. 다시 말해서 『행동과 뇌 과학』의 주요 논문은 신뢰할 만하고 연구 동향을 파악하는 과학 논문으로 손색이 없다.

내 분석에 따르면 2000년에서 2004년 사이에 발표된 『행동과 뇌 과학』의 주요 논문들 가운데 31.5퍼센트가 종교, 정신분열증, 갓난아이의 울음, 언어, 수렵 채집 사회에서의 식량 이동, 얼굴 표정, 감정이입, 비전, 뇌의 진화, 의사결정, 공포증, 짝짓기, 문화적 진화, 꿈 등과 같은 다양한 주제에 관한 제목이나 핵심어로 '진화'란 단어를 사용했다. 이는 곧 인간을 진화론과 연관시켜 연구하는 일이 미래의 일도 아니고 주변 과학도 아님을 뜻한다. 즉 이미 진행 중인 현실의 일인 것이다.

나는 궁금증이 발동해서 이런 논문을 쓴 저자들을 상대로 진화론에 관한 전문지식을 어떤 방법으로 습득했는지 이메일 설문조사를 실시했다. 그 결과, 그들 대부분이 심리학이나 인류학 또는 언어학 등과 같은 분야를 전공한 사람들이었다. 이러한 사실은 상아군도라는 학계에 대한 나의 황량한 표현에서 예측할 수 있듯이 진화론을 접하게 된 계기가 대학이나 대학원에서 진화와 관련된 과학 분야를 전공했기 때문이 아니었음을 뜻한다. 그보다는 주로 우연한 기회에 진화론을 접하게 되어 자신들의 연구에 적용하기 위해 조금씩 전문지식을 구축했던 것이다. 그들이 이처럼 쉽게 진화론을 습득할 수 있었다는 사실은 진화론적 사고력이란 대량의 전문적인 세부 지식이 아니라 누구나 배울 수 있는 매우 단순한 것임을 알 수 있다. 즉 오늘날처럼 넘쳐나는 전문적 세부 지식의 혜택 없이도 사고의 제국을 구축한 다윈의 경험을 그들은 다양한 방법으로 되풀이해 경험했던 것이다.

내가 왜 이 책의 목표를 달성할 수 있다고 호언장담하는지 이제 조금씩 이해가 되는가? 나는 과학자이지만 학교에서 매년 '모두를 위한 진화론Evolution for Everyone'이라는 강좌로 학생들을 가르치기도 한다. 이 강좌는 전공과 상관없이 관심 있는 학생은 누구나 와서 들을 수 있다. 작년에는 인류학, 미술, 생물학, 비즈니스, 화학, 영화, 컴퓨터공학, 문예창작, 경제학, 교육학, 공학, 영문학, 사학, 인력개발, 언어학, 경영학, 수학, 간호학, 철학, 물리학, 정치학, 심리학 등 다양한 학과의 학생들이 내 강의를 들었다. 또한 고등학교를 갓 졸업한 새내기 학생, 노련한 상급생, 그리고 세상 물정에 훤한 평생교육단체의 사회인도 있었다. 학기가 끝날 때쯤에는 학생들의 강의 평가가 있는데 익명으로 이루어지기 때문에 개인적으로 이득이 되거나 피해를 보는 일은 없다. 다음은 학생들의 강의 평가 샘플이다.

　　"이 강좌는 모든 것이 진화했음을 명백히 입증한다. 또한 나의 문제 인식 방법을 완전히 바꿔놓았다."

　　"이 강좌는 사물 일반에 대한 나의 시각을 바꿔놓았다. 이제 나는 사물을 진화론적 시각에서 보고 이해하려고 노력한다."

　　"이 강좌는 진화가 명약관화한 사실임을 보여준다. 또한 많은 사실을 알려줌과 동시에 관심을 증대시킨다."

　　"솔직히 말해서 나는 이 강좌를 수강하기 전에는 진화론에 대해 아는 것이 별로 없었다. 그러나 이제는 어떻게 하면 일상생활의 여러 측면에 진화론을 적용시킬 수 있는지에 관해 완전히 새로운 시각을 갖게 되었다."

　　"나는 고등학교 때 진화론 수업을 여러 번 들었지만 전혀 흥미를 느끼지 못했다. 그러나 이 강좌는 나의 관점을 완전히 뒤엎었다. 예전에는 지루하기 짝이 없던 이론이 나의 일상생활에 연관시킬 수 있을 만큼 흥미로운 이론으로 탈바꿈한 것이다."

이러한 찬사가 교사로서의 나의 탁월한 재능 때문이라면 얼마나 좋겠는가. 그러나 거듭 말하지만 이는 진화론이라는 이론 덕택이다. 나는 단지 다윈이 경험했던 것을 학생들도 경험할 수 있게 도왔을 뿐이다. 『행동과 뇌 과학』의 저자들이 우연한 기회에 스스로 경험했던 것처럼 말이다. 나는 이 강좌에 대한 학생들의 반응을 더 자세히 살펴보기 위해 학생들의 정치적 성향, 종교적 가치관, 과학적 배경, 진화론에 대한 사전 지식, 일반적인 사고 기술 등을 측정하는 설문조사를 실시했다. 설문조사와 관련된 세부 사항은 전문적인 저널에 발표하여 누구든지 내 방법을 검토할 수 있게 할 예정이지만 우선 그 결과를 살펴보면 다음과 같다.

• 소수의 똑똑한 학생들만이 아니라 대부분의 학생들이 진화론을 세계는 물론 그들 자신의 관심사를 이해하는 강력한 수단으로 생각하게 되었다.

• 과학적 배경이나 진화론에 관한 사전 지식은 그리 중요하지 않았다. 예컨대 영문학을 전공하는 학생들은 생물학을 전공하는 4학년 학생들만큼이나 훌륭하게 강좌 내용을 잘 이해했다.

• 이 강좌는 정치적 성향, 종교적 가치관과 무관하게 성공적이었다. 페미니스트든 젊은 공화당원이든 무신론자이든 종교인이든 상관없이 말이다. 종교인이 다른 일반인들처럼 저항감 없이 진화론을 긍정적으로 받아들일 수 있다는 사실이 믿기지 않는가? 그러나 이는 사실이고, 이 책을 읽다 보면 왜 그런지 수긍이 갈 것이다.

• 학생들은 진화론에 관한 지식뿐만 아니라 일반적인 사고 기술을 향상시켰다. 쉽게 말해서 더 똑똑해졌다는 것이다. 진화론을 이해하면 더 똑똑해질 수 있다는 사실이 믿기지 않을지도 모르겠다. 그러나 다윈은 진화론이라는 단일한 이론을 광범위한 주제들에 적용함으로써 사고의 제국을 구축하지 않았던가? 그런 것이 바로 일반 지능이 높다는 것이 아니고 무엇이겠는가?

내가 강의하는 것과 같은 종류의 강좌를 수강하는 수많은 학생들에게 진화론 학습은 나오고 싶지 않은 방에 들어가는 것과 같다. 또한 자신의 관심사를 진화론에 기초해 생각하는 것은 자전거를 타는 것처럼 제2의 천성이 된다. 그런데 학생들은 이러한 전문지식을 차후 강좌들을 통해 한층 강화시키길 바라지만 그들이 새롭게 발견한 시각을 함께 공유하지 못하는 교수들 때문에 실망하는 경우가 종종 일어나기도 한다. 그래서 나와 빙엄턴 대학교의 동료들은 이러한 학생들의 요구에 부응하기 위해 에보스(EvoS, Evolutionary Studies의 약자로 진화론 학습이란 뜻-옮긴이)라는 프로그램을 만들었다. 이 프로그램은 사람들이 진화론에 기초해 인간을 비롯한 지구상의 모든 생명체를 탐구할 수 있도록 도와준다(http://evolution.binghamton.edu/evos/ 참고). 나는 에보스 프로그램을 상아군도의 새로운 섬, 즉 열대의 낙원이라고 생각한다. 멋지지 않은가? 그런데 나 못지않게 이 프로그램을 멋지게 설명한 학생이 또 한 명 있다. 그는 "에보스는 생물학자와 심리학자, 인류학자, 철학자, 사회과학자, 심지어 예술계에 몸담고 있는 사람들까지도 전통적인 학문적 경계를 초월해 흥미로운 주제에 대해 상호 협력하면서 논의할 수 있는 고무적인 분위기를 조성한다. 즉 두뇌집단think tank 같은 분위기를 만들어내는데, 정말 아름답지 않은가!"라고 찬사를 보냈다.

　　내가 이 책의 목표를 달성할 수 있다고 장담하는 이유를 독자들이 깨닫게 되길 바란다. 사실 어떤 의미에서는 이미 목표를 달성한 것이나 다름없다. 진화론을 무조건 거부하는 진영과 진화론과 인간사의 연관성을 부인하는 진영에서 구축한 양쪽 장벽 주위를 둘러싼 길이 이미 있으니 말이다. 게다가 그 길은 극소수의 용기 있는 자들만이 지나갈 수 있는 좁은 길이 아니라 많은 사람들이 정기적으로 지나갈 수 있는 큰길이기까지 하다. 이 책은 독자들이 그런 큰길을 지나갈 수 있게 가장 본질적인 사항들을 다루었다. 그러나 간단하게 기술했다고 내용도 그럴 것이라고 오해하지 않길 바란다. 각 장에서는 최고의 진화론자들이 논의하고 있는 것과 동일한 문제들을 단순 명료하게 다루고 있는 것뿐이다. 바라건대 이 책의 마지막 장을 넘길 무렵에는 진화론과 진화론에 대한 광범위한 인식과 관련해 미래는 과거와 다를 수 있다는 내 의견에 독자들도 동의했으면 한다.

Evolution for Everyone

진화론이라는 새로운 항해를 시작하며

진화론은 숱한 폭풍우를 견뎌낸 배와 같다. 최근에는 창조론과 새롭게 거듭난 창조론의 사촌뻘인 지적 설계론intelligent design 이라는 폭풍우와 맞서 싸워야 했다. 그러나 이러한 적군은 아군에 비하면 오히려 온순한 편이다. 예컨대 다윈이 살았던 당시에 명성이 자자했던 탁월한 지성인 허버트 스펜서Herbert Spencer는 진화론이 영국의 불평등한 계급사회를 정당화한다는 이유로 진화론을 지지했다. 또 로널드 피셔Ronald Fisher가 집필한 진화론의 고전서 『자연선택의 유전학적 이론 *The Genetical Theory of Natural Selection*』의 전반부는 오늘날까지 널리 읽히고 있지만 후반부의 우생학(사회는 선택적 섞임을 통해 발전한다는 이론—옮긴이)은 무시되고 있다. 히틀러는 또 어떤가? 그는 진화론이 대량학살의 근거가 되는 사회적 불평등을 정당화한다는 이유로 진화론을 신봉했다. 이처럼 사회적 불평등을 정당화하기 위한 진화론을 '사회 다위니즘Social Darwinism'이라고 부른다. 사실 다윈 자신은 노예제도를 강경하게 반대했을 뿐만 아니라 사회정책은 '인간 본성의 가장 숭고한 측면'인 연민에 기초해야 한다고 생각했다. 그러나 현대적 시각에서 볼 때 다윈 역시 뉴에이지적인 인물은 아니었다. 따라서 다윈의 이론을 일부 신봉자들, 특히 초창기 시절의 신봉자들에 입각해 판단하면 가까이 하고 싶지 않은 이론이될 수도 있다.

나는 과학과 과학자에 대한 환상 따위를 갖고 있지 않다. 그러기는커녕 과학을 정원 관리나 건축 일처럼 팔을 걷어붙이고 하는 일이라고 생각한다. 과학자도 일반인과 하등 다를 것이 없다. 즉 과학자, 정치가, 목사, 지식인 등 할 것 없이 직업만 보고 그 사람을 신뢰할 수는 없다. 신뢰란 책임을 수반하는 것이다. 어떤 사람들은 자신이 직접 책임을 지기도 하지만 조직의 측면에서는 그것만으로 불충분하다. 효율적인 정부나 종교 혹은 과학, 문화 등은 누구나 신뢰할 수 있는 메커니즘을 가지고 있어야 한다. 나는 『종교는 진화한다』를 집필하기 위해 종교 연구에 몰입한 적이 있었는데, 그때 가장 강력하고 효과적인 종교는 성공의 원인을 신뢰에 둔다는 사실을 알게 되었다. 예를 들면 16세기 제네바에서 존 칼뱅John Calvin의 종교개혁운동으로 시작된 교회는 1인체제가 아니라 목사집단체제로 운영되었다. 서로 의견이 다를 때는 의사 결정 범위가 협소해지는 것이 아니라 더 확대되었고, 도시 지역들을 조사하기 위해 교회에서 장로를 임명하려면 조사 대상자들에게 먼저 승인을 받아야 했다. 전염병 환자를 돌보는 것처럼 생명에 위협이 되는 일을 할 사람은 제비뽑기로 결정했다. 자선기금 기록은 복식부기 회계 방법을 이용했다. 이처럼 칼뱅의 교회는 교회 지도자조차 거짓말을 하기 어려운 메커니즘으로 운영되었기 때문에 제도적으로 신뢰할 수 있었다. 원죄라는 교리에 기초해 설립된 종교에서 우리가 기대하는 것이 바로 이런 것이 아니고 무엇이겠는가!

과학은 주로 사실적 주장에 대한 책임을 보증하는 방법이다. 이 책의 마지막 장에서 나는 '모두를 위한 진화론' 강좌에 대해 학생들이 어떻게 반응했는지를 사실에 기초해 주장했다. 사실 나는 살펴보길 원하는 사람이 있다면 누구에게나 세부적인 조사 내용을 제공할 것이다. 또한 타인의 자료를 고의로 왜곡하지 않을 것이며 이를 어겼을 때는 처벌과 추방으로 이어지는 일반적인 명예헌장을 지킬 것이다. 한편 사람들은 조사 결과에 관한 정확성이나 해석에 대해 자유롭게 이의를 제기할 수 있고, 연구가 재검증되거나 동일한 주장이 다른 방법으로 입증될 때까지 판단을 보류할 수 있다. 이러한 과정이 원활하게 진행될 때 지지를 받는 사실적 주장은 차곡차곡 쌓이게 된다. 견고한 발판처럼 더 높이 쌓아도 끄떡없을 정도로 말이다. 그러나 목사와 정치인이 늘 그렇듯이 우리 또한 한시도 경계의 끈을 늦춰서는 안 된다.

과학에 대한 이러한 실용적 관점은 진화론에 대한 과거의 논쟁을 말끔히 걷어내고 우리만의 새로운 항해를 준비할 수 있게 도와준다. 히틀러를 비롯해 진화론을 불순한 목적에 이용한 사람들이 있다고 해서 다윈 이전에는 세상이 살기 좋았는데 그의 이론 때문에 험악해진 것은 아닐 것이다. 미국이 식민지화된 것은 다윈 이전의 일이고 미국의 개척자들은 원주민을 몰아내기 위해 신권을 이용하지 않았던가. 그렇다고 원주민을 미화하지는 않겠다. 수많은 토착문화에서 '인간'이란 '우리'를 뜻하고 우리가 아닌 '외부인'은 일종의 '동물'로 분류되니까 말이다. 종교계는 또 어떤가? 그들은 다윈 이전부터 흑인은 영혼이 없는 존재이며, 여성은 가사일을 위해 '신과 자연'이 창조한 것이라고 주장했다. 그런데 그들의 주장은 괜찮고, 진화론이 그렇다고 하면 그건 놀랄 일인가? 그리고 또 그것이 진화론을 거부할 이유가 된단 말인가?

과학과 종교 그리고 정치 모두 이와 동일한 문제를 안고 있다. 개인의 측면에서 타인이나 전체 사회의 희생을 무릅쓰고 자신의 이익만을 도모하는 사람이 있는가 하면, 집단의 측면에서 타 집단의 희생을 무릅쓰고 자기 집단의 이익만을 도모하는 집단이 있다. 과학의 경우는 이러한 문제가 이기심에 기초한 사실적 주장의 형태를 띤다. 예컨대 내가 어떤 것이 사실이라고 말할 때는 그것이 진짜 사실이라기보다 나에게 이익이 되기 때문에 그렇게 말하는 것이다. 특히 과학 분야에서 이런 잘못된 주장은 억측으로만 끝나는 것이 아니라 옹호자들의 이익에 체계적으로 이바지한다. 100년 전만 해도 세상의 존경을 받는 의사들과 과학자들은 여성들이 대학에 가면 안 된다고 주장했다. 뇌 발달이 난소 발달을 저해한다는 이유로 말이다. 물론 이러한 견해는 억측이었을 뿐만 아니라 여성의 역할에 대한 기존 사회의 뿌리 깊은 사고를 옹호하기 위한 것이었다. 또한 인종갈등을 연구하는 인류학자인 한 친구의 말에 따르면 북아일랜드의 일부 가톨릭교도들은 신교도들을 미간이 좁은 것으로 알아볼 수 있다고 생각한다고 한다. 재미있는 것은 일부 신교도들도 가톨릭교도에 대해 이와 동일한 이론을 주장한다는 것이다. 이런 견해는 얼굴 형태에 관한 억측, 그것도 상대 집단의 인간성을 말살하려는 억측에 지나지 않는다.

설상가상으로 우리의 숨은 의도가 항상 계획적인 것만은 아니다. 세상을 명료하게 인식한 뒤에야 우리의 목적에 맞게 세상을 계획적으로 왜곡시킬 수 있는 것은 아니다. 우리가 명료하게 인식하는 세상은 실은 무의식적인 정신 과정을 통해 이미 왜곡되어 있다. 예컨대 미간에 관한 이론을 믿는 사람들은 그 이론을 거짓으로 꾸며내고 있는 것이 아니라 이미 진짜라고 믿기 때문에 꾸며낼 필요가 없다. 그나마 다행한 사실은 우리가 잘못된 편견을 매번 간파하지는 못하더라도 과학적 방법에 근거해 사실적 주장에 대한 책임을 서로에게 물을 수 있다는 것이다. 여성이 대학에 가면 난소가 오그라든다는 주장은 명백한 거짓임이 입증되었고 미간에 관한 이론 또한 한나절이면 측정 도구로 거짓임을 입증할 수 있다. 만일 이러한 기초적인 수준의 사실적 주장에 대해서조차 책임을 질 수 없다면 그보다 더 고차원적인 문제들에 대해 합의에 도달할 가망은 거의 없다.

그렇다면 과학 이론을 이용해 비난받을 행동을 정당화하는 사람들에게 어떻게 대처해야 하는가? 우선 두 가지 방어책이 있다.

하나는 기정사실로 알려진 견해에 대해 의문을 제기하는 것이고, 다른 하나는 그 사실이 비난받을 행동을 정당화하는지 의문을 제기하는 것이다. 예컨대 대학을 가는 것이 난소 손상의 원인이 되더라도 여성들은 자신의 신체기관 중 어느 기관을 발달시킬지 스스로 결정할 권리가 있다고 결정을 내릴 수 있다.

세 번째 방어책으로 그 이론에 접근 금지를 선포하는 것이 있다. 그런데 이 방법은 충동적으로 생각하면 꽤 구미가 당기지만 곰곰이 생각하면 합리적이지 못하다. 누군가가 집에 뛰어 들어와서 "무서운 괴물이 이쪽으로 오고 있어요! 그러니 우리는 그 괴물과 아무 상관없는 것처럼 행동합시다!"라고 소리를 지른다고 상상해보라. 바로 이런 식의 행동이 특정 이론이 나쁜 결과를 초래할지 모른다는 이유로 접근 금지를 선포할 때 하는 행동인 것이다. 우리는 사실이라고 주장하는 것이 옳은지 아니면 특정인의 이해관계를 대변하기 때문에 그릇된 것인지 용기를 내어 판단해야 한다. 그리고 각각의 경우에 도덕적 책임감에 기초해 그러한 주장에 대해 우리가 해야 할 일을 결정해야 한다.

모든 사실적 주장들이 논쟁적이지는 않다. 때때로 얻을 것만 있고 잃을 것은 없는 주장도 있다. 비행기가 어떻게 공중에 떠 있는지와 같은 실제 사실을 아는 것이 바로 그렇다. 진화론이 밝혀낸 숱한 사실들도 이런 종류에 속하며, 따라서 그러한 사실을 무시하게 되면 누구든 바보 취급을 받을 것이다. 그러나 진화와 연관된 가장 논쟁적인 주장조차도 사람들이 팔을 걷어붙이고 연구를 시작하고 보면 상상만큼 위협적이지 않다. 본래 이기적 주장들은 부적절한 과학 이론을 만들어내기 마련이고, 그런 이론은 세심히 살펴보면 쉽게 알 수 있다. 내 강좌와 이 책에는 접근 금지 주제 따위는 없다. 그리고 내 학생들은 자신의 기존 사고방식에 위협을 받거나 불쾌감을 느낄 일이 없으며 독자들 또한 그럴 일이 없을 거라고 장담한다.

다윈의 이론은 거의 150년이나 되었기 때문에 가장 중요한 사실들은 이미 다 밝혀진 것처럼 보일지 모른다. 그러나 150년이란 세월은 매우 짧은 시간이기 때문에 앞으로도 밝혀져야 할 사실들

인간이란 종은 앞으로 밝혀져야 할 사실들이 많이 남아 있다. 우리는 수천 년 동안 스스로를 자연과 별개의 존재라고 생각했고 이기적 편견에 휩싸여 사고했다.

이 많이 남아 있다. 실제로 유전학은 1904년, 멘델과 그의 완두콩 법칙을 재조명하고 나서야 시작되었다. 또한 처음에 '멘델의 유전법칙Mendelism'은 '다위니즘'의 대안으로 여겨졌고, 1918년에 앞서 말한 로널드 피셔 덕택에 두 이론이 서로 결합하게 되었다. DNA는 어떤가? 1953년에 이르러서야 생명의 암호라는 것이 밝혀지지 않았던가. 그리고 1960년에야 비로소 본격적으로 진화론을 이용해 유기체를 자연환경 속에서 고려하게 되지 않았던가.

인간이란 종은 앞으로 밝혀져야 할 사실들이 많이 남아 있다. 우리는 수천 년 동안 스스로를 자연과 별개의 존재라고 생각했고 이기적 편견에 휩싸여 사고했다. 학문적 전통은 또 어떤가? 1세기가 넘도록 진화론과 무관하게 발전했다. 인류학의 경우, 다윈 시절에는 '문명화된' 사람과 '야만'의 상태에 그대로 머물러 있는 사람이 공존하는 것은 어떤 연유에서 비롯되었는가에 관한 질

문이 중요하게 여겨졌다. 재레드 다이아몬드Jared Diamond는 이 질문에 대해 자신의 저서 『총, 균, 쇠 *Guns, Germs, and Steel*』에서 현대적으로 재조명했는데, 그 당시에는 문화가 진보한 것을 뒤따라가는 직선적 진화 과정이라는 주장이 타당한 것처럼 보였다. 이에 대한 반발로 일부 인류학자들은 스스로를 '반진화론자'라고 선언하고 문화는 그 자체로 연구되고 평가되어야 한다고 주장했는데, 이러한 전통은 현재까지 고수되고 있다.

심리학에서는 인간은 어떤 방법으로든 학습을 통해 만들어진다는 행동주의 학문 전통 때문에 진화론이 빛을 보지 못했다. 그런데 그들 말대로 인간의 정신이 백지 상태라면 도대체 누가 신석기시대에 일어난 일에 대해 관심을 갖겠는가? 경제학에서는 인간은 자신에게 이익이 되는 가치를 최대화하려고 애쓴다는 합리적 선택 이론이 지배적이었다. 이 가치는 무엇이든 될 수 있으며 경제학자들은 자신들의 이익을 최적으로 보여주는 이론이라면 그 가치가 무엇일지에 대해서는 관심이 거의 없다. 어찌 되었든 진화론은 어두컴컴한 곳으로 쫓겨나고 이러한 이론들이 중심 무대를 차지했다. 심지어 이러한 분야의 유능하고 개방적인 과학자들조차도 자신이 태어나기 이전에 일어난 교육과정의 기초가 된 사건들 때문에 불리한 입장에 놓여 있다. 진화론을 스스로 터득해야 했던 『행동과 뇌 과학』의 저자들처럼 말이다.

이론이란 세상을 이해하는 사고를 체계화하는 방법일 뿐이다. 그리고 과학적 방법은 그러한 이론에서 비롯된 주장을 거부하거나 옹호하는 수단일 뿐이다. 우리는 세상을 의식적인 노력 없이 인식하지 못할뿐더러 이기적 편견에 치우치기 쉽다. 이러한 편견은 단기적으로는 일부 사람들에게 이익을 안겨주지만 장기적으로는 그 외의 사람들, 아니 모든 사람들에게 해를 끼치곤 한다. 일단의 사실적 정보를 수립하고, 그 정보를 고수하는 데 동의하는 것은 종교나 민주적인 정부가 내세우는 규범과 유사한 도덕적 성질을 띤다. 물론 도덕성을 지키는 것이 항상 쉽기만 한 것은 아니다. 특히 자신의 이익에 위협이 되는 것처럼 보일 때는 더 쉽지 않다. 그러나 사실을 인식하는 것은 결코 저절로 행동으로 전환되지 않는다. 단지 가치체계를 인식하는 데 도움이 될 뿐이다. 나는 무엇보다도 우리가 사는 사회가 올바른 가치체계를 통해 해석된 올바른 사실에 기초하길 바란다.

그렇다면 세상을 올바르게 이해하고, 더 나아가 우리 자신에 대한 이해를 향상시킬 수 있는 이론은 과연 무엇일까? 이제 과거의 논쟁이라는 갑판을 깔끔히 정리했으니 돛을 올리고 우리 자신의 항해를 시작하자.

제3의 사고방식

다윈의 자연선택설은 세 가지 재료로 만든 요리에 비유할 수 있다. 우선 변이에서 출발한다. 사람마다 신장, 눈동자의 색깔, 분노에 이르기까지 걸리는 시간 등 측정 가능한 모든 것이 각기 다르기 때문이다. 그런 다음 변이에 따른 결과를 첨가한다. 개개인의 차이점은 때때로 생존력과 번식력의 차이를 낳는다. 예컨대 몸집이 큰 사람은 다른 사람의 물건을 빼앗거나 남을 죽일 수 있지만, 몸집이 작은 사람은 소량의 음식만으로도 겨울을 버틸 수 있다. 그리고 개개인의 특성은 거주지의 환경에 따라서도 차이가 날 수 있다. 마지막 재료는 요리에 생명을 불어넣는 이스트에 비유할 수 있는 유전인데, 개개인의 다양한 특징은 부모를 닮은 것일 때가 많다. 사실 다윈은 유전이 작용하는 메커니즘은 알지 못했다. 그러나 유전은 자명한 사실이었다.

이러한 세 가지 재료는 상호 결합될 때 겉으로 보기에 필연적인 결과를 도출한다. 예컨대 색이 다양한 나방 개체군(제1재료)을 상상해보라. 색에 따라 어떤 나방은 포식자에게 쉽게 발견되어 먹이가 됨으로써 그 개체군에서 사라지게 된다(제2재료). 반면에 생존한 나방들의 자손은 부모를 닮게 되고(제3재료), 결국 그 자손 전체 세대는 부모 세대보다 평균적으로 포식자로부터 몸을 피하기가 훨씬 쉬워진다. 만약 우리가 이러한 과정을 몇 세대 동안 반복한다면, 그리고 또 이러한 이야기를 복잡하게 만들 다른 요인이 끼어들지 않는다면 포식자는 그 나방을 발견하기가 어려워질 것이다. 이러한 나방 세대의 사진을 각각 인쇄해서 그 종이 다발을 움직이는 그림책처럼 만들어 페이지를 휘리릭 넘겨보라. 아마 나방들은 사진 속 배경과 하나가 되는 것처럼 보일 것이다. 요컨대 나방들은 자신이 속한 환경에서 생존할 수 있는 특성을 획득하게 된 것이다. 진화론적 용어를 빌려 말하면 그들은 적응도를 높여 환경에 잘 적응하게 된 것이다.

그렇다면 이것이 전부인가? 거의 그렇다. 자연선택설에 관해 배우는 것은 미리 절정에 다다르는 것과 같다. 극도의 절정에 다다르기까지는 매우 오랜 시간이 필요하겠지만 그 절정은 시작되자마자 끝이 나고 만다.

자연선택설에서 중요한 질문은 '그것이 무엇인가?'나 '그것이 정말로 일어나는가?'가 아니라 '그것이 왜 빅딜big deal인가?'라는 점이다. 만약 내가 반짝이는 돌이나 몸에 털이 있는 생쥐 같은 것을 당신의 손 위에 올려놓고 그 물체가 어떻게 자신만의 고유한 특징을 획득하게 되었는지 설명해보라고 요구한다고 해보자. 만약 당신이 다윈이 태어나기 이전에 살았다면 선택할 수 있는 대답은 두 가지밖에 없었을 것이다. 첫 번째로 신이 자신의

자연선택설에서 중요한 것은 '무엇인가?'나 '정말로 일어나는가?'가 아니라 '왜 빗딜인가?'라는 점이다.

목적을 위해 그렇게 설계했다고 대답할 수 있다. 그런 경우에 돌은 눈을 즐겁게 할 목적으로 반짝이는 것이고, 생쥐는 역병을 퍼뜨려 인간에게 겸손을 가르치기 위해 존재하는 것이 된다. 두 번째로 물체를 분해한 뒤에 부분의 합으로 설명하려고 할 수 있다. 그런 경우에 돌은 수정결정판 때문에 반짝이고, 생쥐의 털은 케라틴으로 만들어졌다고 대답할 것이다. 그러나 자연선택에 관한 이론은 돌은 몰라도 생쥐의 고유한 특징을 설명하는 데 있어 제3의 사고방식을 제공해준다. 그런 경우에 생쥐는 자연선택을 통해 자신이 속한 환경에서 생존할 수 있고 번식할 수 있는 고유한 특징을 부여받았다고 대답할 것이다.

자연선택설에 근거한 설명은 신학에 근거한 설명과는 명백히 다르다. 또한 재료에 근거한 설명과도 다른데, 이 경우에는 파악하기가 다소 어렵다. 예컨대 내가 점토로 만든 조각상을 당신의 손 위에 올려놓은 다음에 그 조각상이 어떻게 고유한 특징을 획득했는지 설명해보라고 요구했다고 해보자. 십중팔구 점토의 특징이 아니라 조각가가 부여한 형상에 대해 설명하는 데 많은 시간을 할애할 것이다. 사실 점토는 조각상의 특징이 발현되는 데 도움이 될 뿐이지 직접적인 원인은 아니다.

이와 마찬가지로 유전이 가능한 변이는 유기체를 자연선택을 통해 주조될 수 있는 살아 있는 점토로 변형시킨다. 따라서 나와 같은 진화론자들은 유기체가 무엇으로 만들어졌는지, 심지어 어떤 유전자로 구성되어 있는지 전혀 몰라도 그 유기체의 특징을 예측할 수 있다.

이러한 사고방식의 힘을 입증하기 위해 영아살해의 문제를 생각해보자. 자연선택설은 오로지 자손 번식과 연관된 것이기 때문에 자손을 살해한다는 것은 병적인 문제처럼 보일 수 있다. 그러나 조금만 더 생각해보면 어떤 환경에서는 영아살해가 적응도를 높여줄 수 있음을 알 수 있다. 그래서 나는 수업시간에 학생들에게 자신의 생각을 이야기하기 전에 몇 분 동안만 주위에 있는 학생들과 가능성 있는 상황을 토론해보게 한다. 그러면 틀림없이 그들은 영아살해가 적응도를 높일 수 있게 되는 다음과 같은 상황을 증명해낸다.

첫 번째 상황은 '자원이 부족' 한 경우다. 만약 부모가 자신은 물론 자식을 돌볼 수 있는 상황이 아니라면 자식을 더 낳는 것은 부모 자신의 적응도를 약화시키게 될 것이다. 두 번째 상황은 '열등한 자식' 을 낳는 경우다. 즉 자식이 생존해서 대를 이을 가능성이 없는데도 키우는 것 또한 부모의 적응도를 약화시키게 될 것이다. 세 번째 상황은 '불확실한 태생' 이다. 물론 주목할 만한 예외적인 상황이 있기는 하지만 남의 자식을 키우는 것도 다를 것이 없다. 이러한 상황은 인간과 같은 포유동물 중에서 주로 수컷들이 직면하는 문제이지만, 암컷 새들 또한 다른 새가 자기 둥지에 낳은 알을 자기가 낳은 알로 착각하는 경우가 많다.

독자들도 그럴 테지만 나의 학생들은 아주 잘해주었다. 영아살해를 연구하는 과학자들의 말에 기초할 때 위에서 언급한 상황들은 영아살해에 관한 진화론의 입장을 뒷받침하는 주요한 세 가지 상황이니까 말이다. 이러한 연습은 매우 단순하면서도 중요한 메시지를 전달한다. 학생들에게 무슨 일이 일어났기에 이렇게 영리해진 것일까?

사실 학생들은 영아살해에 관해 아는 것이 전혀 없었고 나 또한 그들이 전에 혼자서 그런 것을 생각해보았을 거라고는 기대조차 하지 않았다. 즉 그들의 진화론 교육은 이제 막 시작 단계였다. 그러나 그들은 약간의 교육만으로도 열추적유도 미사일처럼 전문가들의 예측을 집중 탐구해 전문가가 되었던 것이다. 그것이 바로 자연선택에 기초한 사고의 힘이고 그러한 힘을 통해 이러한 빅딜이 가능한 것이다.

학생들은 또한 분류법 전문가가 되었다. 곤충, 어류, 파충류, 조류, 포유류 등에 관해 중요한 사실을 말하기 위해 곤충학자, 어류학자, 파충류학자, 조류학자, 포유류학자가 될 필요는 없다. 자연선택에 기초한 사고는 유기체가 어느 부류에 속하는지와 무관하게 환경과의 연관성에 기초하고 있으니까 말이다.

그뿐만이 아니었다. 학생들은 유기체의 신체적 기질에 대해 아는 것이 전혀 없었음에도 전문가가 되었다. 어느 종에서든 영아살해는 특정한 경로를 통해 작용하는 신체적 메커니즘에서 초래된다. 그러나 그런 행동이 일어날 것이라는 사실을 예측하기 위해 그 메커니즘을 꼭 알아야만 하는 것은 아니다. 유전이 가능한 변이의 살아 있는 점토를 가지고 있기만 하면 우리는 자연선택이 형성에 미치는 영향력에 기초해 얼마든지 예측할 수 있다.

마지막으로 우리는 이러한 연습을 반복해서 영아살해 이외의 무수히 많은 주제에 대해서도 전문가가 될 수 있다. 어떤 종은 수컷이 암컷보다 큰데, 왜 어떤 종은 암컷이 더 큰가? 어떤 종은 수컷과 암컷이 동일한 비율로 태어나는데, 어떤 종은 왜 그렇지 않은가? 왜 어떤 생물은 단 한 번 번식을 하고 죽는데, 어떤 생물은 규칙적인 간격으로 여러 번 번식을 하는 것인가? 왜 어떤 생물은 사회집단을 이루는데, 어떤 생물은 그렇지 않은가? 사회적인 생물 사이에도 협력을 하는 구성원이 있는 반면에 속임수를 쓰는 구성원이 있는 것은 왜인가? 사실 이런 종류의 질문은 끝이 없다.

나는 자연선택에 기초한 사고의 힘에 몇몇 수식어를 덧붙일 계획이지만, 지금은 먼저 그 사고가 얼마나 많은 것들을 설명할 수 있는지 독자들에게 알려주어야 할 듯하다. 나는 이 책을 시작할 때 다윈의 사고방식을 배우면 누구나 진화론자가 될 수 있다고 말했다. 처음에는 이런 말이 허튼소리처럼 들렸을지도 모른다. 그러나 지금은 꽤 합당하고 실현 가능한 주장임을 깨달았길 바란다. 유기체의 가장 기본적인 형태까지도 설명해낼 수 있는 이러한 사고가 바로 자연선택에서 배워야 할 핵심적인 것이다. 다윈에게도 예외는 아니었는데, 그는 통찰의 순간을 마치 번개에 맞은 것처럼 회상했다.

마차를 타고 가다 가설이 떠올랐을 때 얼마나 기뻤던지 나는 그때 그곳을 아직도 기억할 수 있다. 그 가설이란 내가 확신하는 것처럼 우수하고 번식력이 뛰어난 형태로 변형된 자손은 자연 생태계 속에서 매우 다양한 지역에 적응하는 경향이 있다는 사실이다.

이러한 통찰을 얻기 이전에 다윈은 서로 앞뒤가 잘 들어맞지 않는 수천 가지 정보와 씨름을 해야 했다. 그러다가 그러한 정보가 어떻게 하면 조각 그림 맞추기처럼 하나의 커다란 그림이 될 수 있는지 이해하게 된 것이었다. 그러니 그 경험을 '기쁨' 으로 묘사한 것은 당연하지 않은가!

나 또한 창조에 관한 모든 것을 낱낱이 조사하다가 내 생각에 딱 들어맞는 주제의 유기체와 마주칠 때 기쁨을 경험한다. 월요일에는 어류의 수줍음과 대범함을, 화요일에는 새의 산란을, 수요일에는 인간의 잡담을 마주칠 때처럼 말이다. 물론 단일한 그림의 일부분으로 존재하는 다양한 것들에 대해 생각하는 일만으로도 기쁘기 그지없다. 그러나 그러한 것들을 전문적으로 탐구함으로써 새로운 사실을 발견하고 어떻게 서로 조화를 이루는지 깨닫는 일은 특히 더 즐겁다. 우리 모두가 우리의 지평선을 확장해서 그와 같은 단일한 생각에 기초해 세상을 구성하는 조각조각을 하나로 합칠 수 있다니 이 얼마나 놀라운 일인가!

송장벌레는 어떻게 개체 수를
조절하는가?

　진화론은 유기체의 특징을 예측할 수 있는 위대한 이론이지만 그것만으로 그 이론이 옳다는 것을 보증할 수는 없다. 그렇기 때문에 그러한 예측이 과학적 방법을 통해 검증되지 못하면 앞으로 더 나아갈 수 없는 것이다. 한편 누구의 말에 귀를 기울이느냐에 따라 진화론이 그 많은 세월이 지났음에도 검증되지 않은 채 남아 있다고 생각하는 사람도 있다. 그러나 팔을 걷어붙이고 적극적으로 과학에 접근하면 이러한 생각이 얼마나 어리석은 것인지 알 수 있다.

　나는 송장벌레라는 곤충의 생태에서 보이는 영아살해에 대해 연구를 한 적이 있다. 독자들 가운데 송장벌레를 직접 보고 싶은 사람이 있다면 달걀 크기만 한 날고기 한 조각을 가져다가 가장

자리를 긴 치실로 꽉 잡아맨 뒤, 수목이 우거진 곳에 갖다놓고 그 다음 날 다시 가보라. 십중팔구 날고기는 사라지고 치실만 남아 있을 것이다. 그 치실을 따라가 보면 땅속으로 사라진 지점을 발견하게 될 것이다. 그러면 그곳의 흙을 숟가락으로 부드럽게 걷어내 보라. 틀림없이 몸집이 크고 주황색과 검정색으로 알록달록한 딱정벌레 두 마리를 발견할 수 있을 것이다. 그리고 더 자세히 살펴보면 마치 비행기에 탑승한 승객처럼 그들 등에 올라탄 진드기를 보게 될 것이다.

송장벌레는 썩은 고기를 먹는 곤충인데, 특히 생쥐나 둥지에서 떨어진 아기 새처럼 작은 동물의 시체를 주로 먹는다. 또한 가족 단위 생활을 하는 극소수의 곤충 중 하나로 부모가 모두 떠나지 않고 자식을 돌본다. 이들 부모는 힘을 합쳐 죽은 고기를 적절한 장소까지 끌고 와서는 남들이 훔쳐가지 못하게 땅속에 묻는다. 죽은 고기는 송장벌레보다 몇 배나 무겁고 흙에는 식물의 뿌리나 돌 같은 방해물이 있기 때문에 이 모든 일은 그 자체만으로 놀라운 위업이 아닐 수 없다. 일단 죽은 고기를 묻고 나면 암컷은 주위의 흙에 알을 낳고 수컷과 함께 죽은 고기를 새끼들이 먹을 수 있게 준비한다. 즉 죽은 고기의 털이나 깃털을 제거한 후에 데굴데굴 굴려 공 모양으로 만들고 세균이 번식하지 못하게 겉에 분비물을 바른다. 게다가 털을 제거하고 나면 순식간에 곰팡이와 세균이 번식하기 때문에 항상 죽은 고기를 잘 돌봐야 한다.

알이 부화하면 부모는 딱딱한 겉 날개를 복부에 문질러 나는 소리로 어린 유충들을 죽은 고기 쪽으로 유도한다. 또한 죽은 고기를 그대로 먹이는 것이 아니라 먼저 먹어 소화를 시킨 다음 토해낸 것을 주위에 몰려든 유충들에게 먹인다. 유충들이 어느 정도 성장하면 죽은 고기를 뼈만 남기고 그냥 다 먹어 치우게 되며 곧 살이 통통하게 오른 굼벵이가 된다. 그리고 유충들이 성충이 되기 위해 흙 속으로 들어가면 부모는 또 다른 죽은 고기를 찾아 뿔뿔이 날아간다.

이러한 과정은 심금을 울리는 감동적인 이야기처럼 들릴 수 있지만 어두운 측면도 있다. 죽은 고기는 아기 생쥐에서 다 자란 다람쥐에 이르기까지 크기가 매우 다양하다. 그렇다면 송장벌레는 죽은 고기의 크기에 따라 새끼의 수를 조절할까? 만약 그렇다면 어떻게 그렇게 할 수 있을까? 실제로 입증된 바에 따르면 송장벌레는 영아살해를 통해 새끼의 수를 조절한다. 즉 일부는 키우고 나머지는 죽은 고기로 충당 가능한 수가 될 때까지 씹어 먹는다. 이러한 사실은 영아살해에 대한 진화론의 견해를 옹호하는 첫 번째 환경 상황, 즉 자원의 부족을 예증하는 것이다.

내가 어떻게 이러한 사실들을 이처럼 자신 있게 말할 수 있는지 궁금할 것이다. 나는 마트에 가서 플라스틱 상자와 화분용 영양토를 잔뜩 구매했다. 그리고 각각의 상자에 흙을 채우고 그 안에 한 쌍의 송장벌레와 죽은 생쥐 한 마리씩을 넣어놓았다. 이때 상자의 반은 작은 생쥐를, 반은 큰 생쥐를 넣었다. 그리고 암컷이 알을 낳은 후 그 알이 부화하기 전에 3분의 1에 해당하는 수의 상자를 열어서 알의 개수를 세어보았다. 작은 생쥐를 묻은 상자와 큰 생쥐를 묻은 상자의 암컷이 낳은 알의 개수는 거의 동일했다.

그런데 유충 단계에서 또 다른 3분의 1의 상자를 열어보았을 때는 새끼의 수가 죽은 고기의 크기에 비례해 있었다. 나머지 3분의 1은 새끼가 성충이 될 때까지 그대로 두었는데, 이 단계에서 송장벌레의 수는 생쥐의 크기와 상관없이 유충 단계에서 형성된 수와 차이가 전혀 없었다. 다시 말해서 송장벌레들은 평균적인 자손의 수를 그대로 유지하기 위해 놀라울 정도로 정확하게 그 수를 예측해 조절했던 것이다.

이러한 조절은 알 단계에서 일어난다. 그렇다면 어떻게 이런 일이 가능한 것일까? 아마도 영아살해나 자식 간의 경쟁 혹은 추측건대 자살 등을 통해 조절될 가능성이 있다. 그래서 직접 관찰해 보았더니 그 전모가 밝혀졌다. 우선 성충들이 자식 가운데 일부는 키우고 나머지는 자식의 수가 죽은 고기의 크기와 비례할 때까지 씹어 먹는 광경을 쉽게 관찰할 수 있었다. 즉 그들의 적응 전략은 처음에는 알을 과잉으로 낳고 유충 단계에서 그 수를 줄이는 것이었다. 그리고 영아살해는 자식을 돌보기 위한 전략의 일환인 것이다.

나는 또한 왜 암컷과 수컷 모두 자식을 돌보기 위해 남아 있는지 궁금했다. 추측해볼 수 있는 이유는 상당히 많다. 그러나 어찌되었건 송장벌레로 사는 것은 힘든 일임에 틀림없다. 자신보다 수백 배나 더 큰 것을 끌고 와서 땅에 묻고 세균이 번식하지 못하도록 쉴 새 없이 일하는 것이 어디 쉬운 일인가 말이다. 이 놀라운 창조물을 연구하는 나와 동료들은 실험실과 자연 서식지에서 새끼의 수를 조절하는 것과 관련된 다양한 실험을 시도했다. 그러자 놀랍게도 '싱글 맘'은 '완전한 가족' 못지않게 이러한 일을 훌륭하게 수행하는 것으로 드러났다. 이는 전혀 예상치 못한 결과였고 나는 아직까지도 의구심을 완전히 떨쳐버리지 못했지만 실험 결과에 기초했을 때 그것은 명백한 사실이었다. 암컷 이외에 수컷이 더 필요한 경우는 침입자를 물리쳐야 할 때뿐이었다.

송장벌레가 직면하는 모든 역경 중에서 가장 위험한 것은 같은 종족의 침입이다. 송장벌레는 후각이 매우 발달해 있기 때문에 땅속에 묻힌 죽은 고기를 쉽게 찾아낼 수 있다. 따라서 다른 송장벌레가 숨긴 죽은 고기를 찾아내면 그때부터 전쟁이 시작된다. 수컷과 암컷은 둘 다 사나운 데다가 평균적으로 몸집도 크게 차이가 나지 않는다. 전쟁에서 침입자가 승리를 거두면 침입자는 공간을 확보하기 위해 그곳에 거주하던 새끼들을 죽인다. 또한 침입자와 성이 동일한 거주자는 쫓겨나고 성이 반대인 거주자는 의무적으로 새끼를 죽인 침입자와 짝짓기를 한다. 이러한 경우는 영아살해에 대한 진화론의 입장을 옹호하는 세 번째 환경 상황, 즉 자식이 자기 자신이 아닌 경우다.

영아살해에 대한 진화론의 입장을 옹호하는 두 번째 환경 상황, 즉 열등한 자식은 그럼 어떤가? 부모가 새끼의 수를 줄이는 마당에 최고의 종족을 보유하기 위해 질을 평가하는 게 터무니없는 소리처럼 들리는가? 이와 관련해 아직 적절한 실험이 실행된 적이 없기 때문에 정확히 대답할 수는 없다. 그러나 확신컨대 그 실험이 어떤 식으로 진행될지 충분히 상상할 수 있을 것이다. 우선 마트에 가서 플라스틱 상자와 화분용 영양토를 많이 구입하

라. 그런 다음 절반의 상자에는 새끼들이 죽은 고기 쪽으로 다가가려 할 때 무작위로 잡아서 새끼의 수를 줄이고, 남은 절반의 상자에는 부모가 그렇게 하도록 내버려두라. 그러고 나서 밖으로 나온 새끼들의 질, 즉 생존력과 번식력을 비교하고 새롭게 입증된 사실을 맥주를 마시며 축하하면 된다.

이처럼 과학에 적극적으로 접근하는 것은 벽돌 공장에서 벽돌들을 생산하는 것처럼 '단순한 사실들'을 '증거 자료'로서 탈바꿈시킨다. 벽돌 한 장은 초라할 뿐만 아니라 그 자체로는 거의 쓸모가 없는 물건이지만 다른 벽돌들과 합쳐지면 내구성이 강하고 매우 유용한 물건이 된다. 사실 또한 과학적 방법을 통해 증거가 쌓이면 이와 같이 된다. 실제로 '송장벌레는 새끼 수를 조절하지만 알 단계에서 그렇게 하는 것은 아니다'와 같은 사실 하나는 초라하고 거의 쓸모가 없다. 그러나 이런 사실이 과학자들의 정밀 조사 후에도 여전히 사실이라면 영속성을 지니게 되며 오늘날과 다름없이 수백 년이 지나도 사실로 존재할 것이다. 요컨대 벽돌 단계의 사실만을 보고 과학은 어려운 학문이고 사실이 결코 신뢰성이 없다고 생각한다면 그건 정말 그릇된 것이다.

진화론과 창조론처럼 거대한 이론은 단 하나의 결정적인 실험을 통해 평가되는 것이 아니라 벽돌 더미처럼 우리 주위에 놓인 무수히 많은 사실들을 얼마나 잘 해석하는지에 따라 평가된다. 그런데 창조론은 부분적으로 그리 유용하지 못하기 때문에 이론으로서는 실패작이다. 도대체 누가 송장벌레를 만든 신의 뜻을 알겠는가 말이다. 반대로 자연선택설에 기초한 사고는 '영아살해는 주로 세 가지 상황에서 일어날 가능성이 높다'처럼 매우 구체적으로 예측을 할 수 있다. 그런 예측이 옳을 수도, 틀릴 수도 있지만 최소한 무엇을 탐구해야 하는지 정도는 이야기해준다. 또한 상세한 예측이 사실로 확인되면 그런 예측을 제기한 이론은 더욱 견고해진다. 여기서 예측이란 결정적인 것이 아니라 단지 누진적인 것을 말한다. 물론 개중에는 자연선택설에 대해 확신하지 못하는 사람도 있을 것이다. 그러나 송장벌레의 경우 어느 단계에서 영아살해가 일어나는지를 아는 데에 자연선택설이 큰 힘을 발휘했다는 사실만큼은 인정해야 한다.

이러한 사실은 송장벌레에만 해당되는 것이 아니다. 과학자들은 온갖 종류의 종에서 영아살해에 관한 견고한 사실들을 대량으로 생산해낸다. 인터넷에서 구글의 학술논문 검색 사이트 구글 스칼라Google Scholar를 방문해보라. 그런 다음 검색창에 '영아살해'라고 입력하면 곤충에서 마운틴 고릴라에 이르기까지 수십 가지 종들에 관한 정보가 25,000개도 넘게 나올 것이다. 더욱이 놀라운 사실은 영아살해가 내 학생들이 자연선택설에 관한 눈곱만 한 지식으로도 알아낼 수 있었던 '3대 주요 상황'에서 일어난다는 점이다.

인간 종에서도 영아살해에 관한 정보를 많이 발견할 수 있다. 인간이 자연과 별개로 존재하는지, 아니면 자연의 패턴과 동일하게 적응하는지 알고 싶은가? 내 학생들은 매우 궁금해했는데, 이 책에서는 다음 장까지 독자들의 애를 태워야만 할 듯싶다.

독자들 중에서는 겨자씨만 한 뇌를 소유한 송장벌레의 이러한 정교한 행동에 놀라움을 금치 못하는 사람도 있을 것이다. 끌어오고, 묻고, 변형시키고, 평가하는 행동은 모두 지능이 있어야 가능한 일인데, 지능이란 송장벌레가 아니라 인간의 전유물이 아니던가? 진화론은 이 질문에 대한 가능성 있는 답변을 강력하게 주장하지는 않는다. 언뜻 보기에는 행동이 정교하려면 뇌가 커야만 가능할 것처럼 보인다. 이것이 사실이라면 뇌가 작은 생명체는 단순하게 행동하고(알은 낳되 개체 수는 조절하지 못하는 것), 뇌가 큰 생명체는 정교하게 행동할 것이

> 대다수 종들은 생존 및 번식과 관련된 문제를 매우 능숙하게 해결하는데 심지어 특정 몇몇 일에서는 동물이 인간보다 지적 능력이 나을 때도 있다.

다(개체 수를 조절하는 것). 또한 그런 논리라면 인간은 가장 정교하게 행동하는 생명체가 될 것이다. 50여 년 전만 해도 대부분의 진화론자들은 그렇게 믿었다. 그러나 실제 사실은 그렇지 않았다. 송장벌레 사례에서 살펴봤듯이 대다수 종들은 생존 및 번식과 관련된 문제를 매우 능숙하게 해결하는 것으로 밝혀졌다. 심지어 특정한 몇몇 일에서는 동물이 인간보다 훨씬 지적 능력이 나을 때도 있다. 예컨대 일부 개미들은 풍경이 매우 단조로워도 태양을 나침반으로 삼아 집을 찾아갈 수 있는데, 인간은 그렇게 할 수 없지 않은가? 또 박새는 가을에 식량을 수천 곳에 저장해두었다가 겨울에 그 위치를 잊지 않고 모두 찾아낼 수 있는데, 인간은 열쇠를 어디에 두었는지 몰라 난리법석을 치지 않는가? 대신 인간은 지능의 유연성 측면에서 탁월한 능력을 지니고 있기 때문에 다른 종들이 감히 따라할 수 없는 방식으로 새로운 유형의 문제를 해결하곤 한다.

100여 년 전에 프랑스의 위대한 곤충학자 장 앙리 파브르Jean-Henri Fabre는 송장벌레를 통해 이러한 사실을 명쾌하게 입증했다. 파브르는 송장벌레에게 인간과 같은 지능이 없다는 사실을 입증하기 위해 철사의 한쪽 끝에는 죽은 생쥐를 묶고 다른 한쪽 끝에는 땅속에 묻어 고정시킨 막대기를 묶었다. 송장벌레는 철사를 씹어 끊을 수 없기 때문에 죽은 생쥐를 땅속에 파묻으려면 막대기 주위의 흙을 파헤쳐 막대기를 땅속에서 파내는 방법밖에 없다. 송장벌레는 흙 파헤치는 일에 대해서는 전문가이기 때문에 어려울 것도 없는 일이었다. 그러나 문제는 죽은 생쥐 밑을 파는 일은 익숙하지만 막대기 밑을 파는 일은 새로운 임무라는 점이었다. 인간이라면 이런 새로운 문제를 신속하게 해결했을 테지만 송장벌레는 당황해 어쩔 줄 몰라 했다. 즉 송장벌레는 마치 기계처럼 의식이나 창의력 없이 프로그램화된 대로만 행위를 반복했던 것이다.

　　파브르는 이런 사실을 수십 개나 입증한 실험주의의 대가였는데, 그 사실들은 처음 문서로 기록되었을 때와 다름없이 오늘날에도 견고하다. 또한 당시의 곤충학자들 대부분이 그랬듯 그는 창조론자였다. 물론 그가 말하는 창조론은 오늘날 말하는 창조론과 다르지만 말이다. 다윈은 이런 파브르를 존경했으며 '누구도 모방할 수 없는 관찰자'라고 불렀다. 다윈은 사실을 어떤 이론에서든 활용 가능한 공동 자산이라고 생각했다. 게다가 그의 이론은 사실을 설명하는 데 탁월했기 때문에 창조론에 대한 지지는 급격히 하락했다. 그러나 당시 진화론자들은 수적으로 매우 열세

했기 때문에 종교에 대한 반발로 이어지지는 못했다. 오히려 이로 말미암아 사실은 힘을 잃게 되었다. 요컨대 파브르가 입증한 사실들은 영원토록 보존될 것이지만 사실을 해석하는 그의 실험주의적인 방법론은 아침 안개처럼 사라지고 말았던 것이다.

내가 영아살해에 대해 입증한 사실은 다른 많은 주제에 적용시켜도 반복하여 검증할 수 있다. 사실 내가 송장벌레 연구에서 주요하게 관심을 두었던 부분은 영아살해나 송장벌레 자체가 아니었다. 그것은 바로 송장벌레를 자세히 살펴보면 발견할 수 있는 진드기였다. 이 진드기들 또한 죽은 동물을 먹고사는 벌레지만 날개가 없기 때문에 시체를 찾아 이동하기 위해 송장벌레가 필요하다. 아마도 송장벌레의 등에 올라탄 진드기의 수는 점보제트기의 승객 수보다 훨씬 많을 것이다. 이번 장과는 다소 무관한 이야기이지만 말이다.

진화가 반드시 우호적인 것은 아니다

교훈을 주는 옛날이야기들은 소원을 성취하지만 결국엔 파국을 맞는 사람에 관한 것이 대부분이다. 자연선택설도 이와 마찬가지다. 자연은 나비의 날개, 높이 솟은 삼나무, 오묘한 육체와 정신과의 관계 등 경이로운 것들로 가득하다. 그래서 '적응'을 우호적인 것으로만 상상하기 쉽다. 옛날이야기에 등장하는 인물들이 소원이 이루어지기만 하면 영원히 행복하게 살 수 있을 거라고 믿는 것처럼 말이다. 그러나 적응은 소원처럼 좋기만 한 것이 아니다. 앞에서 살펴본 영아살해의 비극적 결말이 바로 그러한 사례다. 저녁을 먹기 위해 가족과 함께 앉아 있는 자신의 모습을 상상해보라. 그런데 양식이 부족해 칠면조 요리가 아니라 막내 아이를 썰어 먹고 있다면 어떻겠는가? 게다가 그 순간 덩치가

산만 한 남자가 문을 밀치고 들어와 내 남편을 집 밖으로 쫓아내고 내 눈앞에서 나머지 아이들마저 살해한 다음에 당장 결혼하자고 하면 또 어떻겠는가? 이러한 일들이 송장벌레가 자연선택을 통해 진화한 '적응'이라는 것인데, 누가 이를 경이롭다고 할 것이며 소망하겠는가!

이런 이야기를 듣고 역겨워하는 것은 비단 인정 많은 종교인들만이 아니다. 최초로 영아살해를 적응이라고 간주하고 진지하게 연구한 과학자 중에 사라 블래퍼 흘디Sarah Blaffer Hrdy라는 영장류학자가 있다. 이 여성 과학자는 내가 앞서 기술한 송장벌레와 엽기적인 이야기처럼 수컷 랑구르langur(리프 멍키, 인도에 서식하는 영장류 원숭이-옮긴이)가 어느 무리에 난입해서 그 무리의 수컷 랑구르를 내쫓고 새끼들을 죽이려 하는 광경을 관찰했다. 그 결과 영아살해가 생존을 위한 수컷 랑구르들의 적응 방법임을 깨닫게 되었다. 그러나 과학자들은 그녀의 주장에 분노하고 역겨워했다. 그처럼 비열한 행동을 어떻게 적응이라 할 수 있겠는가? 물론 이러한 행동은 인구과밀처럼 비자연적 원인으로 초래된 병리적인 행동임에 틀림없다. 과학계의 분노는 거셌지만 과학적 방법 덕택에 연구는 계속되었고, 과밀 이론 옹호자들은 영아살해가 일어날 가능성에 대한 예측을 따를 수밖에 없었다. 그러나 과밀현상 가설은 사실을 통해 입증되지 못했기 때문에 천천히 자취를 감추었다.

이 문제의 핵심은 적응이라는 진화론적 개념이 일반적으로 생각하는 것처럼 우호적인 것만은 아니라는 점이다. 사실 적응은 종국에 모든 사람에게 해를 끼칠 수 있는 근시안적인 이기심의 축소판이 될 가능성이 있다. 이러한 사실은 세상이 우리가 원하는 대로 이루어진 것도 아닐뿐더러 결코 그렇게 될 수도 없음을, 따라서 우리가 꿈꾸는 유토피아는 단지 위안거리에 불과한 망상임을 암시하는 것처럼 보이기 때문에 매우 위협적으로 느껴진다. 또한 이에 대해 사람마다 제각각 다르게 반응하지만 하나같이 만족스럽지 못하다.

우선 냉소적인 사람들은 미소를 지으면서 "그것 봐, 내가 뭐랬어"라고 당연하다는 듯 반응한다. 그들은 이전부터 우리가 꿈꾸는 유토피아는 위안거리에 불과한 망상이라고 생각해왔기 때문에 진화론의 어두운 측면을 당연한 것으로 받아들인다. 물론

> 적응은 우호적인 것만은 아니며 오히려 근시안적인 이기심의 축소판이 될 가능성도 있다.

다들 예상했겠지만 나는 냉소주의자가 아니다. 그렇다, 나는 선(善)을 선 그 자체로 받아들이길 좋아하며 앞으로의 세상이 과거나 현재보다 훨씬 나을 것이라고 믿는다. 또한 진화론이 이상하게 보일지 몰라도 내가 이렇듯 낙관적으로 생각할 수 있는 여지를 제공한다는 사실을 입증할 수 있다.

두 번째 반응은 진화론에 대해 접근 금지를 선포하는 것이다. 앞에서도 말했듯이 이렇게 반응하는 사람은 "무서운 괴물이 이쪽으로 오고 있어요! 그러니 우리는 그 괴물과 아무 상관없는 것처럼 행동합시다!"라고 소리를 지르는 사람과 똑같다. 최소한 우리는 그러한 위협에 맞설 용기가 있어야 한다.

세 번째 반응은 진화론 중에서 위협적이지 않고 경외심을 일으

키는 창조에만 초점을 맞춰 진화론을 미화하는 것이다. 그 대표적인 사례가 샤론 베글리Sharon Begley와 마이클 레이건Michael Reagan의 『신의 정신 속으로 *Inside the Mind of God*』이다. 이 책은 자연 세계의 경이로운 이미지에 영감을 불러일으키는 언어를 절묘하게 조화시켰다. 또한 풍부한 정보에 입각해 서론을 작성했을 뿐만 아니라, 이 책에 묘사된 DNA와 신경 시냅스, 암세포, 에이즈 바이러스 등의 이미지는 놀라움을 금할 수 없을 정도로 환상적이다. 그러나 이 책의 목적은 사람들이 성당 안으로 들어설 때 느끼는 것과 똑같은 경외감을 자아내는 것이다. 물론 그러한 목적이 잘못된 것은 결코 아니지만 내가 전달하고자 하는 적극적인 과학과는 상당히 동떨어진 것이다. 다시 말해서 과학은 선한 것과 악한 것 그리고 아름다운 것과 추한 것을 모두 동일하게 다루어야 한다.

네 번째 반응은 울며 겨자 먹기 식으로 진화론의 현실을 인정하면서 '유전자에 대항해' 삶을 향상시킬 수 있다고 선언하는 것이다. 마치 진화론에는 낙관주의가 파고들 여지가 없지만 다른 이론은 그럴 여지가 있는 것처럼 말이다. 그런데 내가 생각하기로 이러한 반응의 문제점은 그 '다른 이론' 이 무엇인지 명확히 기술되어 있지 않은 채로 마치 영화에 나오는 영웅처럼 단지 사태를 수습하기 위해 현장에 나타난다는 점에 있다. 혹자는 "학습과 문화는 어떤가? 사악한 유전자로부터 탈출하기 위해 항상 의존했던 영웅이 바로 학습과 문화가 아니었던가?"라고 생각할지 모른다. 물론 옳은 말이기는 하지만 나는 조만간 학습과 문화는 대안으로 여기는 다른 이론보다 진화론의 틀 안에서 훨씬 더 잘 이해된다는 사실을 입증해 보일 것이다.

이러한 반응들이 모두 적절치 않다면 도대체 어떤 반응이 적절한 것일까? 내 이야기의 결말은 해피엔딩일 뿐만 아니라 철저히 사실에 기초했기 때문에 훨씬 더 감동적이다. 이제부터 내가 어떤 식으로 수업을 진행하는지 한번 살펴보자.

우선 나는 학생들에게 선(善)을 연상시키는 자질을 목록으로 작성하라고 했다. 그들이 도덕적으로 완벽한 인간을 어떻게 기술할지 궁금하지 않은가? 그런 다음에 이번에는 악(惡)을 연상시키는 자질을 목록으로 작성하라고 했다. 그런데 여기에는 한 가지 함정이 있었다. 그것은 소원을 들어주는 옛날이야기에서처럼 이미 결정한 것은 바꿀 수 없다는 것이다. 학생들이 작성한 선과 악의 자질은 대체로 다음과 같았다.

선한 자질	악한 자질
이타심	이기심
정직	사기
사랑	증오
희생	탐욕
용기	비겁
충성심	배신
관용	원한

이러한 목록은 선과 악에 대한 일반적인 기술이기 때문에 얼마든지 예측 가능한 결과라고 할 수 있다. 그래서 이번에는 학생들

에게 세 가지 상황을 생각해보라고 요구했다.

"선한 사람과 악한 사람을 무인도에 데려다 놓으면 무슨 일이 일어날까?" 학생들은 이 질문에 대해 생각할 것도 없다고 말했다. 즉 선한 사람은 수일 내로 상어 밥이 될 게 틀림없다는 것이다. '그녀는 나의 착한 마음을 이용하고 나를 바보처럼 취급했다'라는 레이 찰스Ray Charles의 노랫말처럼 말이다.

"선한 사람들의 집단과 악한 사람들의 집단을 각각 별개의 무인도에 데려다 놓으면 무슨 일이 일어날까?" 이 질문 또한 답이 빤해 보인다. 즉 선한 집단은 섬에서 탈출하기 위해 힘을 합치거나 섬을 작은 낙원으로 만들어갈 테지만 악한 집단은 자멸할 것이 틀림없다는 것이다.

"악한 사람이 선한 사람들의 섬에 가는 것을 내버려두면 무슨 일이 일어날까?" 이 질문에 대한 답은 명확하지 않은데, 처음 두 질문에 대한 단순 명료한 답이 복잡하게 뒤엉키기 때문이다.

이 연습은 단순하지만 매우 심오한 메시지를 전달한다. 그것은 바로 선은 최소한의 적절한 조건이 충족되면 진화할 수 있다는 것이다. 선한 자질을 드러내는 사람들로만 이루어진 집단은 다른 어느 집단보다 생존력과 번식력이 우수할 가능성이 높다. 그런데 선에 내재된 문제점은 내부로부터의 전복에 매우 취약하다는 사실이다. 자연선택이 집단 내부의 상이한 적응도에 기초한다는 점에서 볼 때는 집단 내부에서 예상되는 선택 결과는 악을 연상시키는 자질이다. 반면에 자연선택이 집단 사이의 상이한 적응도에 기초한다는 점에서 본다면 집단 사이에서 예상되는 선택 결과는 선을 연상시키는 자질이다. 이쯤 되면 기민한 사람은 "집단 내부에서 선한 것으로 간주되는 행동이 집단 사이에서는 사악한 목적에 이바지할 수도 있지 않은가?"라는 질문을 던질 수 있다. 사실 그럴 수 있으며 이는 적응이 나쁜 길로 빠질 수 있는 또 다른 방법을 보여주는 것이다. 다시 말해서 구성원들끼리는 매우 호의적이지만 다른 집단에게는 파괴적인 존재가 되는 집단도 있다. 어디서 많이 들어본 이야기인가? 이 문제와 잠재적 해결 방안에 관해서는 나중에 살펴볼 테지만 현재까지 진행된 연구 결과에 따르면 학생들이 선한 것으로 여기는 것들은 생물학적 적응으로 진화할 수 있음이 밝혀졌다. 단, 이것은 선한 자질을 드러내는 사람들끼리만 상호관계를 맺게 하고 악한 자질을 드러내는 사람들은 배제시킨다는 조건에서만 가능하다.

나는 앞에서 매우 신중하게 언어를 선택했다. 구체적으로 말하면 '선한 사람이나 악한 사람'이라는 말 대신에 '선한 자질이나 악한 자질을 드러내는 사람'이라는 말을 사용했다. 이는 상황에 따라 선한 자질을 드러낼 수도 있고 악한 자질을 드러낼 수도 있는 행동의 가변성을 지닌 사람들이 있음을 쉽게 상상할 수 있기 때문이다. 이런 가변적인 사람들은 행동 방식만 보고는 구별할 수가 없다. 따라서 선은 행동들이 적절하게 결합될 때 진화한다고 할 수 있다.

이 연습을 시작하기 전에 신중하게 선택하라는 경고를 들었음에도 연습이 끝날 때쯤에는 선한 것으로 여기는 것과 악한 것으로 여기는 것에 관해 자신의 결정을 바꾸고 싶어하는 학생들이 간혹 생긴다. 특히 우리 문화에서는 '성공적'인 것을 '이기적'인 것과 동일시하는 경향이 광범위하게 퍼져 있다. 이렇게 동일시하는 방법 중 하나는 이기적인 사람이 행동 방식에 따라 자신이 분류될 것을 알 경우에 어떻게 행동할지 상상해보는 것이다. 그는 분명 두 번째 실험에서 선한 사람이 되기를 선택할 것이다. 그가 선택할 수 있는 것은 선한 집단에 속한 선한 사람이 되든가 아니면 악한 집단에 속한 악한 사람이 되든가 둘 중 하나밖에 없기 때문이다. 그런데 그렇다고 해서 선이 이기적이 되는 것인가? 사람들이 뭐라 생각하든 중요한 것은 진화론적 성공으로 가는 길에는 매우 상이한 두 개의 경로가 있다는 점이다. 하나는 이웃을 이용하는 것이고 다른 하나는 공동의 이익을 달성하기 위해 이웃과 서로 협력하는 것이다. 그리고 두 번째 경로가 진화론에서 선의 여지를 제공한다.

두 개의 경로를 모두 이해하는 것은 진화론과 연관되어 떠오르곤 하는 위기의식을 감소시키는 데 크게 도움이 된다. 앞서 말했듯이 진화론은 세상이 우리가 원하는 대로 이루어지는 것도 아닐뿐더러 결코 그렇게 될 수도 없음을 암시하기 때문에 위협적인 것으로 간주된다. 그러나 우리는 이제 이러한 암시가 그릇된 것임을 알 수 있다. 만일 선을 연상시키는 자질이 진화할 수 있다면 우리는 적절한 환경조건을 제공함으로써 그러한 자질을 더 일반화시킬 수 있다. 게다가 진화론은 변화의 잠재성을 결코 거부하지 않기 때문에 변화를 위한 상세한 방법을 제공할 수 있다.

나는 또한 진화론에 나와 같은 낙관론자가 들어설 여지가 있음을 입증할 수 있다고 말했다. 선을 선 그 자체로 받아들이고 앞으로의 세상이 과거나 현재보다 훨씬 나을 것이라는 믿음 말이다. 내 주장이 과장된 것처럼 보였을지 모르지만 어쨌든 입증하지 않았는가? 또한 진화론에 낙관주의가 들어설 여지가 있다면 '유전자로부터 우리 자신을 구해낼' 그 어떤 것을 뭣 때문에 다른 곳에서 찾아야 한단 말인가?

두 개의 경로를 모두 이해하는 것은 진화론을 미화하는 실수를 범하지 않는 데에도 도움이 된다. 일반인들은 부도덕한 행동이 행위자에게 이득이 되기 때문에 매우 흔히 일어날 뿐만 아니라 쉽게 마음이 끌리는 것이라는 사실을 알고 있다. 또한 자기 집단에 속한 구성원들에게만 선을 제한하는 혼란스런 경향을 지니고 있다는 사실도 안다. 예컨대 구약성서를 살펴보면 신조차도 자신이 선택한 사람들에게 영아살해를 저지르라고 명령하고 적들에게 연민을 느끼는 사람들을 가차 없이 벌하는 것을 볼 수 있다(사무엘상 15장). 우리는 우리 인간 종에 관한 이러한 사실을 알면서도 왜 진화나 자연의 본질이 우호적인 양 주장해야 하는가? 높이 치솟은 삼나무 숲을 걷다 보면 경외심이 절로 우러나오지만 그 나무들이 그토록 높이 자랄 수 있는 것은 주위의 키 작은 나무들이 받아야 할 햇빛을 빼앗았기 때문에 가능한 것이 아닌가? 따라서 만일 우리가 자연에 관해 설교해야 한다면 불과 유황으로 가득한 지옥에 대해 설교해야 할 것이다. 즉 적절한 환경조건이 갖추어져야만 선이 달성될 수 있다는 그런 설교 말이다.

우리는 자연을 성당으로 묘사해서 안 되듯이 검투사들의 무덤으로 묘사해서도 안 된다. 또한 선을 연상시키는 자질들과 선을 진화시킬 수 있는 환경조건들을 우리 인간 종에만 국한시켜서도 안 된다. 자연 전체가 선한 것은 아니지만 우리가 예측하지 못한 자연 어딘가에 선은 분명 존재하며 조만간 발견하게 될 것이다.

선과 악에 관한 이 모든 이야기는 과학의 세계와 완전히 동떨어진 한가로운 철학적, 도덕적 논쟁처럼 들릴 수 있다. 그러나 이 책을 통해 조금이나마 깨닫는 것이 있다면 그것은 바로 팔을 걸어붙이는 적극적 활동으로서의 과학에 합당한 진화론의 '실질적 가치'일 것이다. 실제로 이번 장에 제시된 견해들은 닭의 품종개량처럼 실용적인 문제에도 이용될 수 있다.

가금류를 연구하는 과학자 윌리엄 뮤어William Muir는 나의 무인도 상상 실험과 유사한 실험을 닭에게 실시했다. 그런데 가금류를 연구한다고 해서 그가 작업복에 밀짚모자를 썼을 거라는 선입견은 버려라. 가금류 연구는 매우 정교한 분야이며 윌리엄 또한 유전학과 진화론에 대한 학식이 매우 높은 사람이다. 닭은 항상 무리를 지어 사는데, 현대 양계 산업에서는 우리에 대개 아홉 마리에서 열두 마리까지 닭을 집어넣어 키우는 비인도적인 관행이 일반화되어 있다. 윌리엄은 선택적 품종개량을 통해 달걀 생산량을 늘리고 싶었고 이를 위해 두 가지 방법을 시도했다. 첫 번째 방법은 다음 세대의 품종개량을 위해 수많은 우리 각각에서 달걀 생산량이 가장 많은 닭을 선별하는 것이었다. 그리고 두 번째 방법은 동일한 목표하에 달걀 생산량이 가장 많은 우리에서 닭을 모두 선별하는 것이었다. 혹자는 이 두 가지 방법이 큰 차이가 없거나 첫 번째 방법이 더 효과적일 거라고 생각할지 모른다. 어쨌든 달걀을 낳는 것은 개개의 닭들이기 때문에 생산량이 가장 많은 집단보다 생산량이 가장 많은 개체만을 선별하는 것이 전적으로 훨씬 효과가 크지 않겠는가? 게다가 생산량이 가장 많은 집단일지라도 간혹 별 볼일 없는 닭이 끼어 있을 수도 있을 테고 말이다. 그런데 결과는 완전히 딴판이었다.

윌리엄은 몇 년 전에 이러한 연구 결과를 과학 학회에서 발표했다. 그는 첫 번째 방법으로 선별된 닭들이 여섯 세대가 지난 뒤에 어떻게 되었는지 슬라이드로 보여주었다. 청중은 경악을 금치 못했다. 우리 안에 집어넣은 닭 아홉 마리 중에 여섯 마리가 죽어 세 마리밖에 남아 있지 않았던 것이다. 그런 데다가 살아남은 세 마리마저 그칠 줄 모르는 공격으로 서로 하도 물어뜯어 깃털이 거의 남아 있질 않았다. 결국 각 세대에서 달걀 생산량이 가장 많은 닭들이 선별되었음에도 달걀 생산량은 실험이 실시되는 동안에 급감했다. 도대체 무슨 일이 있었던 것일까? 알고 보니 생산성이 가장 높은 개개의 닭들은 같은 우리에 있던 다른 닭들의 생산성을 억제시켜 자신들의 생산성을 높인 것이었다. 결국 윌리엄은 각각의 우리에서 가장 비열한 닭을 선별했던 것이고, 그 닭들은 여섯 세대가 지난 후에 미친 닭들이 되었던 것이다. 이 첫 번째 방법은 선한 사람과 악한 사람을 무인도에 함께 데려다 놓을 경우 어떤 일이 벌어질지 상상해보는 나의 첫 번째 실험 유형과 일치했다.

윌리엄은 이어서 두 번째 방법으로 선별된 닭들이 여섯 세대가

지난 뒤에 어떻게 되었는지 슬라이드로 보여주었다. 우리 안에는 통통하게 살이 오르고 깃털도 모두 온전한 닭 아홉 마리가 고스란히 남아 있었다. 달걀 생산량도 실험이 실시되는 동안에 급증했다. 결국 생산성이 가장 높은 집단은 공격적 자질을 포기하고 조화롭게 공존할 수 있는 협동적 자질을 선택한 것이었다. 두 번째 방법은 집단 차원의 자연선택을 수반한 나의 두 번째와 세 번째 상상 실험 유형과 일치했다. 당연히 가금류 업계는 달걀 생산성을 높이기 위해 두 번째 방법을 선택하여 적용했다.

슬라이드는 매우 인상적이었을 뿐만 아니라 윌리엄이 그 사본을 내게 제공해준 덕택에 나는 강연시간에 그 슬라이드를 활용할 수 있었다. 한번은 강연이 끝난 후에 어느 교수가 달려와서는 "첫 번째 슬라이드는 우리 학과를 그대로 묘사하고 있어요. 저는 그 세 마리 닭이 누군지 이름도 댈 수 있어요"라고 외쳤다. 십중팔구 그의 학과는 개인별 성과에 기초한 인사고과를 채택함으로써 닭 품종개량을 위한 첫 번째 방법과 나의 첫 번째 무인도 상상 실험에 필적하는 결과가 나왔음에 틀림없었다. 물론 유전적 진화가 일어난 것은 아니었지만 그에 필적하는 결과를 초래한 뭔가가 일어났다. 조만간 그게 무엇인지에 대해 논의하겠지만, 사람들이 인간의 선과 악에 관해 뭐라고 이야기하든 냉장고 안에 놓인 달걀은 좋은 닭이 낳은 달걀이라고 나는 자신 있게 말할 수 있다.

Chapter | 왜 미친 원숭이 유전자는 도태되지
않는가?

자연선택은 절묘한 적응 형태를 만들어내지만 그렇다고 항상 그런 것은 아니다. 즉 여분의 부품만으로 멋진 장치를 만들어내는 경우가 있는가 하면, 매우 유용함에도 진화에 실패하는 경우가 있다. 진화에 관한 이러한 사실들은 되풀이해서 강조되는데, 창조론자와 지적 설계론자에게 반박하는 논쟁에서 특히 그렇다. 만일 누군가가 내 허리 통증이나 무릎 결림 따위를 만들어낸 지적 설계자를 입증할 수 있다면 리콜을 신청하게 좀 알려달라!

이번 장의 목적은 창조론자와 지적 설계론자를 그들과 똑같은 무딘 칼날로 한 번 더 공격하는 것이 아니다. 사실 이 책 전체는 그런 부류의 사람들이 아직까지 귀담아듣지 않는 내용을 다룬다. 만일 그들이 팔을 걷어붙이고 과학 게임을 하고자 한다면 지적 설계자에 대한 지식을 십분 활용해 생명체의 특성을 상세히 예측할 수 있어야 한다. 예를 들면 송장벌레가 언제 영아살해를 저지를 가능성이 높은지 상세히 예측할 수 있어야 한다. 그들은 또한 이미 지난 뒤에 이러쿵저러쿵 따질 것이 아니라 정보가 취합되기 이전에 결과를 예측할 수 있어야 한다. 오직 그렇게 할 때에만 그들은 사실을 수집하고 해석하는 활동 무대에서 진화론과 경합을 벌일 수 있다. 그런데 그들이 그렇게 하는 것을 말릴 사람은 없지만 성공할 수 있을지는 참으로 의아스럽다. 어찌 되었든 지적 설계론자들은 지적 설계자가 신이라고 단언하지 못하지 않는가? 게다가 신의 의지를 상세히 안다는 생각 자체가 다수의 종교 교리에 역행하는 것이다. 칼뱅은 우리가 신의 의지를 알 수 있다는 오만함을 포기하는 것이 신의 왕국으로 들어가기 위한 첫 단계라고 설교했다.

진화론에 대한 비판론자들은 제쳐두고, 일단 진화론자들은 불완전성이라는 중요한 개념부터 이해해야 한다. 나는 3장에서 자연선택설에 기초한 사고방식에 대해 매우 간단하게 기술했다. 그런데 기존의 생물체가 기존 환경에 적응할 수 있는 자질을 예측할 수 있다고 하더라도 그러한 예측은 수많은 이유로 빗나갈 수 있다. 자연선택을 방해하는 이러한 요인들에 익숙해지기 위해 미친 원숭이 사례를 한번 살펴보도록 하자.

미국 국립보건원의 수석 과학자 스티븐 수오미Stephen Suomi 박사는 동물들을 그들이 서식하는 자연환경과 관련지어 연구하는 것이 매우 중요하다는 점을 인식했다. 그래서 그는 될 수 있는 대로 영장류들을 실외의 넓은 울타리 안에 수용할 뿐만 아니라 야생에서 동일한 종을 연구하는 과학자들과 자주 접촉했다. 그러던 중 붉은털원숭이 무리 중에서 통제 불능인 것처럼 행동하는 소수의 수컷 원숭이들이 매 세대 생겨나는 것을 발견했다. 본래 전형적인 붉은털원숭이 새끼는 처음에는 어미 원숭이의 보호 아래서 지내다가 차츰 자기 또래의 원숭이들로 구성된 '놀이집단'에 참여한다. 그리고 성숙기에 접어들면 암컷은 같은 무리에 계속 머무는 반면에 수컷은 다른 무리들과 함께 소유물을 찾아 무리를 떠난다. 그러나 이 미친 수컷 원숭이는 태어날 때부터 통제 불능인 것처럼 보였으며 어미 원숭이와 또래 원숭이들도 그들을 제어할 수 없었다. 스티븐은 관찰을 통해 이런 미친 원숭이를 식별해내는 방법을 하나 터득했는데, 그들은 나뭇가지를 옮겨 다닐 때 무모할 정도로 위험을 무릅썼던 것이다. 정말이지 말 그대로 울타리 벽을 뛰어넘곤 했다.

명석한 진화론자인 스티븐은 이러한 '광기'가 위험천만한 모험을 감수하게 하고 다른 원숭이들을 곤란에 처하게 함에도 불구하고 개별 수컷들의 생물학적 적응을 위한 것일지 모른다고 추측했다. 그가 제시한 최상의 가정은 미친 수컷들이 새로운 무리에 들어가 무리를 장악하고 암컷들의 의사와 무관하게 짝짓기를 함으로써 자신의 유전자를 영속화한다는 것이다. 그러나 이 가정은 그럴듯하기는 하지만 이를 뒷받침할 사실이 부족하다는 점에서 사실이 아닌 것으로 판명되었다. 미친 원숭이들은 가족과 동료들에게 버림을 받기 때문에 일찍부터 자신이 태어난 무리를 떠나 새로운 무리를 찾아 들어가며 그곳에서 어른 원숭이와 경쟁할 준비를 한다. 그러나 외지라고 해서 달라지는 것은 없기 때문에 그들은 죽을 때까지 비참하고 외로운 삶을 보낼 수밖에 없다.

그런데도 적응하지 못하는 미친 원숭이들이 자연선택을 통해 제거되지 않는 것은 어째서일까? 스티븐은 미친 원숭이들의 생존 이점을 발견하지 못했기 때문에 메커니즘과 관련된 원인으로 눈을 돌렸다. 분자생물학의 발전 덕에 메커니즘 연구가 유례없이 수월해졌기 때문에 스티븐은 이내 신경화학물질인 세로토닌 serotonin에 대한 뇌의 반응에 영향을 미치는 유전자 변이를 의심하게 되었다. 항우울제인 프로작Prozac 같은 약물을 복용하면 세로토닌 분비가 촉진되는데, 미친 원숭이들에게서 이와 같은 작용을 하는 유전자가 발견된 것이었다.

미친 원숭이들의 행동에 영향을 미치는 유전자가 있다는 사실은 매우 중요한 발견이었다. 그러나 어떤 측면에서는 의혹만 더 증폭시키는 꼴이 되었다. 이 유전자는 아주 먼 옛날에 일어난 변이로 말미암아 생겨났는데, 현재는 이 유전자가 발견되는 빈도가 대략 10퍼센트에 이를 정도로 증가했던 것이다. 그렇다면 이 유전자를 지닌 원숭이들이 그렇지 않은 원숭이들보다 생존력과 번식력에서 우월했다는 뜻이 아닌가? 적응도에 전혀 영향을 미치지 않는 유전자라면 얼마든지 이런 일이 일어날 수 있지만, 스티븐은 이 유전자가 초래하는 부정적 효과를 이미 입증했던 터였다. 그렇다면 이러한 불리한 점을 상쇄하는 이점은 과연 무엇이었을까? 도대체 무엇 때문에 이 유전자는 제거되지 않고 원숭이 개체군에 확산될 수 있었던 것일까?

미친 수컷 원숭이들만 살펴봐서는 이러한 미스터리를 해결할 수 없었다. 이 유전자는 상염색체(성염색체를 제외한 모든 염색체-옮긴이) 중 하나에 속해 있다. 이는 암컷과 수컷 모두가 이 유전자를 가지고 있다는 뜻이므로 수컷만이 아니라 암컷도 연구 대상이 되어야 했던 것이다. 수컷 원숭이에게 부정적 영향을 미치는 이 유전자는 암컷 원숭이에게는 긍정적 영향을 미침으로써 상쇄 효과를 일으켰을 가능성이 농후했다. 즉 이 유전자로 말미암아 수컷 원숭이는 포악한 성품을 지니게 되지만, 암컷 원숭이는 무리 내에서 높은 지위에 오를 수 있는 자신감과 유능함을 소유하게 된 것이 확실했다. 게다가 이 유전자를 지닌 수컷 원숭이들도 소수만 포악할 뿐 대다수는 무리에서 존경을 받았다. 특정한 행동 증후군(미친 원숭이)과 연관된 유전자를 처음에 발견하지 못했더라면, 그리고 또 그 유전자를 가지고 있음에도 그러한 증후군을 보이지 않는 원숭이들을 찾지 못했더라면 결코 이러한 사실을 발견하지 못했을 것이다.

스티븐은 동일한 유전자를 갖고 있음에도 행동 증후군은 서로 다른 수컷 원숭이들의 차이점에 초점을 맞췄다. 그 결과, 어미 원숭이의 양육 방식에 따라 큰 차이가 나는 것으로 밝혀졌다. 다시 말해서 유능한 어미 원숭이는 새끼 수컷의 신경화학 시스템을 긍정적인 방향으로 유도했지만, 무능한 어미 원숭이는 새끼 수컷을 통제하지 못했다. 진화론에서는 이러한 현상을 '상호작용 효과 interaction effect'라고 부르는데, 이는 특정 유전자와 특정 환경

요인이 상호작용함으로써 미친 원숭이와 같은 특정 행동을 유발하는 것을 뜻한다.

이와 같은 사례는 어느 한 개체군에서 특정 유전자를 특정 수준으로 유지하는 데 따르는 비용과 이득을 계산할 때 그 유전자가 경험하게 되는 상이한 환경들을 모두 종합해 평가할 필요가 있음을 지적한다. 예컨대 인간과 유사한 종들의 경우, 특정 유전자가 Y염색체상에 있지 않는 한 그 유전자는 암수 양쪽에 존재한다. 그리고 암수 각각의 성에서 시공간적 변화에 따른 다양한 사회적, 물리적 환경을 경험한다. 게다가 각각의 유전자는 가시적으로 드러나는 속성과 일대일 대응관계가 아니라 비용과 이득을 좌우하는 다양한 속성에 영향을 미치기 때문에 문제가 더욱 복잡해진다. 그리고 종국에는 비용과 이득이 균형을 이뤄 '평균화 효과average effect'를 낼 때에만 비로소 개체군에 남게 된다.

우리는 개별 생명체에 대한 비용과 이득은 매우 능숙하게 계산한다. 사실 오랫동안 경제학 분야를 주도한 합리적 선택 이론은 개개인들이 자신의 이윤을 최대화하도록 설계되어 있다는 개념에 집중되어 있다. 물론 경우에 따라 이러한 주장은 사실일 수 있기 때문에, 미친 수컷 원숭이가 치러야 할 비용을 상쇄할 수 있는 이득을 찾았던 스티븐의 방법은

> 어느 한 개체군에서 특정 유전자를 특정 수준으로 유지하는 데 따르는 비용과 이득을 계산할 때 그 유전자가 경험하게 되는 상이한 환경들을 모두 종합해 평가할 필요가 있다.

꽤 합리적이었다. 그러나 모든 경우가 다 그런 것은 아니다. 비용과 이득이 각기 다른 개인에게 집중되어 있다는 사실을 발견했을 때 스티븐이 깨달았던 것처럼 말이다.

진화론자들은 오랫동안 비용과 이득을 유전자 수준에서 계산하는 것에 대해 잘 알고 있었고, 이를 '평균화 효과'라는 정확하지만 평범한 용어로 표현했다. 그러다가 1970년대에 내 동료 진화론자인 리처드 도킨스Richard Dawkins가 진화론을 일반 대중에게 널리 알릴 수 있는 표현을 찾던 중에 '이기적 유전자selfish gene'라는 신조어를 만들어냈다. 이 신조어는 사람들의 주목을 받았을 뿐만 아니라 오늘날까지 숱한 논란을 야기했다. 그런데 이기적 유전자란 특정 유전자가 전체적으로 다른 유전자에 비해 생존력과 번식력이 뛰어날 때 사용되지만 '진화하는 모든 것에' 해당되는 매우 모호한 표현이기도 하다. 예컨대 5장에서 기술했던 선악과 관련된 자질들이 유전적 토대에 뿌리를 두고 있다고 가정해보라. 만일 윌리엄 뮤어의 두 번째 닭 실험과 나의 두 번째 및 세 번째 무인도 실험에서처럼 선한 자질들이 적절하게 결합하여 진화가 일어난다면 이는 곧 선한 자질들이 악한 자질들을 대신한 것이므로 리처드의 관점에서 보면 선한 자질들은 이기적이라고 할 수 있다. 선한 자질들은 상호 결합한 덕분에 진화했을 수도 있고, 악한 자질에게 악용되고도 종국에는 악한 자질을 물리치고 진화했을 수도 있지만 이러한 사실은 전혀 중요하지 않다. 요컨대 선은 이기적인 것으로 재분류되지 않고서는 진화에 성공할 수 있는 길이 전혀 없다.

리처드의 주장은 충분히 일리가 있지만 그렇다고 '진화하는 모든 것'에 해당하는 새로운 용어가 반드시 필요한 것은 아니다. 하물며 '이기적 유전자'처럼 한쪽으로 편향된 용어는 말할 필요조차 없다. 그 대신에 '평균화 효과'라는 덜 자극적이지만 더 정확한 용어로 되돌아가면 유전자적 관점에서 볼 때 이 용어를 추천할 만한 이유가 꽤 많다는 사실을 알 수 있다. 우선 부정적인 기능을 수행하는 생명체가 계속 생존할 수 있는 것은 특정 유전자가 자신에게는 그에 따른 비용을 치르게 함에도 다른 운 좋은 생명체에게는 이로움을 제공하기 때문임을 설명할 수 있다. 또한 낙관적인 시각에서 보면 유전자가 동일해도 어떤 환경과 결합하느냐에 따라 행동 양상이 다를 수 있음을 보여준다. 따라서 원숭이의 광기를 경감시킬 수 있는 방법은 '유전자 요법'만 있는 것이 아니라 새끼 수컷을 통제할 수 있게 어미 원숭이의 역량을 키우는 '환경 요법'도 있다.

미친 원숭이 사례는 아주 재미있게 급진전되어 끝났다. 몇 년 전에 스티븐은 인도가 아니라 중국에 서식하는 붉은털원숭이를 연구하기 시작했다. 그런데 그의 신뢰를 받았던 한 실험실 기술자가 수년 동안 인도 원숭이를 연구하던 중 중국 원숭이가 인도 원숭이보다 훨씬 더 광폭하다는 사실을 발견했다. 이로써 미친 원숭이와 연관이 있는 유전자가 중국에 서식하는 개체군에서 훨씬 자주 출현하는 것이 분명해졌다. 스티븐은 중국 개체군의 먼 조상이 인도에서 출발해 세계에서 가장 높은 히말라야 산맥을 넘어왔을 거라고 생각했다. 사실 어느 멀쩡한 원숭이가 그와 같은 미친 짓을 할 수 있겠는가?

Chapter | 개의 꼬리가 말리게 된 이유

드미트리 벨랴예프Dmitry K. Belyaev는 자신이 머물고 싶은 곳에 있을 수 없었다. 러시아의 유전학자였던 벨랴예프는 특정 이데올로기에 기초한 동료학자 트로핌 리센코Trofim Lysenko의 이론을 거부한 탓에 존경받는 지위를 박탈당하고 모스크바에서 시베리아로 쫓겨났다. 그렇다고 강제노동수용소에서 노역을 한 것은 아니었다. 그 대신에 매우 낯설게 들릴지도 모르겠는데, 모피품종개량 중앙연구소의 모피동물 품종개량국이라는 새로 설립된 과학연구소에서 소장으로 일하게 되었다. 그러나 벨랴예프는 역경을 딛고 1959년에 그 연구소에서 새로운 실험을 시도했고 마침내 진화 일반에 관한 매우 근본적인 사실을 밝혀냈다.

이 실험에서 달성하려고 했던 협의의 목표는 은빛 여우 품종을 길들여 개량하는 것이었다. 20세기 초반부터 은빛 여우 털을 수확할 목적으로 야생 은빛 여우를 우리에 넣어 품종을 개량했지만 완전히 길들이지는 못했기 때문이다. 벨랴예프는 생후 1개월 된 새끼에서 완전히 성숙한 성체에 이르기까지 전 발달 과정 동안에 은빛 여우가 어느 정도 길드는지 측정하기 위해 엄격한 실험계획안을 수립했다. 우선 여타의 특성은 배제하고 오로지 길든 정도만을 나타내는 지표에 기초해 개개의 은빛 여우들을 선별했다. 그로부터 40년 동안 4만 5천 마리의 은빛 여우를 대상으로 실험한 결과, 벨랴예프와 그의 연구를 계승한 과학자들은 '길든 엘리트domesticated elite'라는 고양된 명칭에 전혀 손색이 없는 신품종을 개발했다. 신품종 은빛 여우들은 과거의 품종들과 달리 사람들을 보고 도망가거나 무는 법이 없었다. 그러기는커녕 사람과 접촉하는 것을 매우 좋아했고 개처럼 킁킁거리고 혀로 핥았다. 생후 1개월도 안 된 새끼조차도 말이다.

이러한 결과는 다윈의 자연선택설에도 부분적으로 영감을 제공했던 인위적 선택의 위력이었다. 그러나 이 실험에서 가장 놀라운 사실은 은빛 여우들이 여러 측면에서 개와 유사했다는 점이다. 예컨대 꼬리가 말리고 귀가 늘어지고 외피에 점무늬가 있을 뿐만 아니라 다리가 짧아지고 두개골이 넓어졌다. 이러한 신체적 특징은 선택된 것은 아니었지만 길들면서 생긴 행동 양식과 보이지 않는 끈으로 연결된 것처럼 함께 따라왔다.

나는 이러한 숨은 연관성들 때문에 유전적 변이를 자연선택에 의해 형성될 수 있는 일종의 살아 있는 점토라고 기술했던 내용을 수정할 수밖에 없었다. 내 생각은 너무 단순했던 것이다. 실제 점토는 부드럽고 물러서 조각상 전체에 손대지 않고 어느 한 부분만 수정할 수 있지만 살아 있는 점토는 훨씬 복잡하고 상호 연관되어 있기 때문에 조각상 자체를 수정해야 하니 말이다. 유능한 진화론자라면 말린 꼬리나 늘어진 귀처럼 눈에 띄는 특징에 관심을 보이면서 어떻게 그와 같은 특징이 생존과 번식에 이바지해 진화할 수 있었는지 질문할 수 있다. 아주 훌륭한 질문이다. 그리고 나는 처음에는 기이해 보이지만 심도 있는 연구를 통해 중요한 적응 방식임이 입증된 여러 특징들을 예로 제시할 수 있다. 그러나 은빛 여우 실험은 완전히 다른 가능성을 보여준다. 그것은 바로 그 특징이 전혀 쓸모가 없을 수도 있다는 점이다. 그 특징은 다른 특징들과의 숨은 연관성 때문에 존재하며 그 연관성은 말린 꼬리와 길듦과의 연관성처럼 모호할 수 있다.

이와 관련해 더 자세히 알려면 살아 있는 점토로 비유했던 유전적 변이에 대해 더 자세히 이해해야 한다. 나는 3장에서 신학, 유물론, 자연선택설에 기초한 세 가지 사고방식에 대해 기술했다. 하지만 신학은 물질세계를 설명할 때 더는 이용되지 않는데, 이는 신학이 부당하게 배척된다기보다 물질세계를 설명하기에 부적절하다는 것을 수차례에 걸쳐 스스로 입증해 보였기 때문이다. 그렇다고 신학을 경멸한다는 뜻은 결코 아니다. 나중에 신학에 대해 자세히 살펴볼 계획이지만 당장은 신학에 합당한 임무는 물질세계에 관한 사실을 설명하는 것이 아니라 가치를 확립하는 일이라는 점만 말해두겠다.

그렇다면 남은 것은 유물론과 자연선택설에 기초한 두 가지 사고방식이다. 이 두 가지 사고방식은 상호보완적이어서 하나가 다른 하나를 대신할 수 없다. 즉 유기체의 물리적 구성에 대해 완벽하게 안다고 해서 그러한 형성 과정에서 자연선택이 미친 영향까지 알 수 있는 것은 아니다. 반대로 자연선택에 대해 완벽하게 안다고 해서 실제 진화 메커니즘과 은빛 여우 실험에서 밝혀진 것과 같은 신비로운 숨은 연관성까지 알 수 있는 것은 아니다. 그래서 진화론자들은 이러한 차이를 구별하기 위해 자연선택설에 기초해 설명할 때는 '궁극적ultimate'이란 용어를 사용하고 유물론에 기초해 설명할 때는 '근접한proximate'이란 용어를 사용

한다. 그런데 이 두 용어를 사용할 때 우리는 여우가 길들거나 길들지 않는 원인으로 작용하는 근접적 메커니즘에 관해 더 자세히 알 필요가 있다.

거의 모든 야생 동물들은 성숙기보다는 유아기 때 더 잘 길든다. 이러한 사실은 우리의 경험만 봐도 분명히 알 수 있으며 기능적인 면에서도 매우 타당하다. 새끼 여우는 스스로 방어할 능력이 없기 때문에 부모의 보호를 받으며 자란다. 그리고 어느 정도 자라서야 도망가거나 싸우는 방법과 이유를 터득하게 된다. 이러한 적응 논리(궁극적 메커니즘)는 호르몬 메커니즘(근접적 메커니즘)을 통해 실제 새끼 여우에게 이식된다. 이 새끼 여우는 길들도록 태어나며 생후 2~4개월 사이에 스트레스와 연관된 호르몬인 코르티코스테로이드corticosteroid의 수치가 급상승하면서 마치 커

튼이 쳐지듯이 두려움이 엄습해온다. 그들의 신체는 프로그램화되어 있는 대로 반응하기 때문에 특별한 경험 따위는 전혀 필요없다. 물론 두려움을 느끼기도 전에 끔찍한 사건을 겪는 새끼 여우도 많을 것이다. 그러나 그런 새끼 여우는 특정 나이가 되어 저절로 두려움을 느끼게 되는 여우보다 생존할 가능성이 낮다.

호르몬으로 말미암아 두려움이 엄습해오는 시기는 여우마다 다르며 이러한 차이는 유전될 수 있다. 벨랴예프는 오로지 길들일 목적으로 은빛 여우들을 선별할 때 유아기가 가장 긴 여우들을 선별했다. 그러나 호르몬은 상호작용을 통해 다수의 행동에 영향을 미치는 전도체와 비슷하기 때문에 개개의 행동에는 영향을 미치지 않았다. 길든 여우들은 늘어진 귀, 짧은 다리, 넓은 두개골 등처럼 여러 면에서 유아기 때의 모습이 보존되어 있었다. 또한 포유동물은 성장 과정에서 배아의 일부(신경관)에서 생긴 색소 세포 멜라노사이트melanocyte가 최종적으로 피부로 이전하는 특징이 있다. 그런데 길든 여우들은 유아기가 길어지면서 이러한 이전이 지체되고 일부는 소멸함으로써 피부에 무채색의 얼룩덜룩한 점이 생겨난 것이다.

이러한 현상들은 포유동물의 성장 과정에 나타나는 매우 일반적인 규칙이며, 이를 통해 놀라운 패턴을 설명할 수 있게 해준다. 개, 고양이, 소, 말, 돼지, 기니피그 등 모든 가축용 포유동물에게 공통된 특징이 있다는 것을 알고 있는가? 심지어 이마에 똑같은 별 모양의 하얀 얼룩이 있는 경우도 있다. 어찌 되었건 벨랴예프의 은빛 여우 실험에서처럼 우리의 가축용 동물들은 모두 어린 시절의 특징을 보존함으로써 길들게 된다.

벨랴예프는 역경을 딛고 일어난 위대한 진화론자이자 과학자였다. 당시 그의 동료였던 트로핌 리센코는 그의 사회적 지위를 박탈했을 뿐만 아니라 러시아에서의 유전학과 진화론 연구를 몇십 년 동안 불법으로 금지했다. 또한 러시아 정부는 기초지식의 중요성을 이해하지 못했기 때문에 그에게 모피 무역에 도움이 되는 연구를 하라고 강요했다. 게다가 러시아는 매우 가난한 나라였기 때문에 기초과학이든 응용과학이든 할 것 없이 과학 부문에 대한 지원이 매우 빈약했다. 이렇게 열악한 환경 속에서도 기초과학 연구에 매진했던 벨랴예프는 얼마나 위대한 과학자인가!

미국의 젊은 과학자 더글러스 엠른Douglas Emlen은 벨랴예프에 비해 매우 운이 좋은 과학자였다. 그는 자신이 머물고 싶은 곳에서 자신이 하고 싶은 일, 즉 몬태나 대학교에서 진화와 발생을 연구하고 있으니 말이다. 어디 그뿐인가? 기초지식의 발달에만 전념해도 되기 때문에 경제적 가치는 전혀 없고 과학적 가치만 높은 쇠똥구리 무리를 연구할 수 있었다.

더글러스의 쇠똥구리는 나의 송장벌레와 다소 비슷하지만 그의 쇠똥구리는 똥을 묻고 나의 송장벌레는 죽은 동물을 묻는다는 차이점이 있다. 아프리카를 방문한 사람들은 거구의 사냥감을 보고 놀라 입을 다물지 못한다. 그러나 그것 외에도 이런 덩치 큰 동물들이 똥을 쌀 때도 놀라운 광경이 펼쳐진다. 똥이 바닥에 떨어지기 직전에 수백 마리의 쇠똥구리들이 사방에서 몰려든다. 내 경험으로 판단하건대 아마 바지를 추어올리기도 전에 그들이 몰려드는 소리를 들을 수 있을 것이다. 그 쇠똥구리들은 크기가 골프공만 한 것에서 렌즈콩만 한 것에 이르기까지 수십 종이나 되고 대부분이 코뿔소를 축소해놓은 것처럼 뿔이 있다.

더글러스는 학명이 온토파구스Onthophagus인 쇠똥구리 속(屬)을 연구했다. 속은 종 바로 위에 해당하는 분류 단위이기 때문에 그 속에 속하는 모든 구성원은 최근에 공통된 조상에서 갈라져 나왔음을 뜻한다. 온토파구스 속에 포함되는 쇠똥구리는 자그마치 2,000종이 넘으며 전 세계에 걸쳐 분포해 있다. 이들 종은 뿔의 형태가 놀라울 정도로 다양한 양상을 보인다. 예컨대 뿔이 없는 것도 있고 거대한 엄니를 뽐내는 것도 있다. 또한 뿔이 콧잔등에 돋은 것도 있고 이마나 머리 뒤쪽의 배갑(背甲)에 돋은 것도 있다. 분자 연구에 따르면 온토파구스 속에 해당하는 종들의 뿔 형태는 한 번이 아니라 여러 번에 걸쳐 진화한 것으로 밝혀졌다. 이 때문에 온토파구스 속 전체의 진화 모습을 움직이는 그림책으로 만들면 뿔들이 미친 듯이 자라다가 오그라들기도 하고 위치도 바뀌는 것을 발견하게 될 것이다. 요컨대 더글러스가 온토파구스 속을 연구 대상으로 택했던 것은 다양한 비교 연구가 가능할 뿐만 아니라 그의 연구 목적이 궁극적 메커니즘과 근접적 메커니즘에 기초해 뿔의 진화와 발생을 연구하는 것이었기 때문이다. 물론 주된 관심은 쇠똥구리 그 자체가 아니라 쇠똥구리를 통해 진화와 발생 일반에 관한 사실을 밝히는 데 있었다.

궁극적 측면에서 볼 때 쇠똥구리의 뿔이 자연선택에 의해 진화된 적응 방식인지 의문이 들 수 있다. 그런데 앞에서 살펴봤듯이 이 질문에 대해 '그렇다'라고 대답할 필요는 없다. 뿔은 은빛 여우의 늘어진 귀처럼 아무 기능이 없을 수 있기 때문이다. 그러나 일단 이 경이로운 생명체의 삶을 들여다보면 뿔이 어떤 기능을 하는지 분명하게 알 수 있다. 대부분의 종에서 뿔이 없는 암컷들은 새끼들을 키우기 위해 똥을 지하 터널로 운반한다. 반면에 뿔이 있는 수컷들은 다른 수컷들이 침입하는 것을 막기 위해 터널 입구를 지키며 암컷과 자원을 지키기 위해 똥 더미 아래서 치열한 전투를 벌인다.

덩치가 너무 작아서 용맹스러운 전사들의 전투에 참여할 수 없는 수컷들도 있다. 그들의 덩치가 그렇게 작은 이유는 식량을 충분히 공급받지 못했기 때문이다. 즉 새끼 쇠똥구리는 자신이 구해온 식량을 먹다가 그 식량이 다 떨어지면 성체로 탈바꿈한다. 성체가 되지 못하는 것보다 나약해도 성체가 되는 것이 더 낫기 때문이다. 이런 나약한 수컷들은 힘이 세지 못한 대신에 사악하기 때문에 지하 터널의 측면을 파서 암컷들에게 접근한다. 그런데 이런 '비열한' 전략을 실행할 때 뿔은 방해물이 될 수 있기 때문에 덩치가 작은 수컷들은 뿔이 없는 것이다.

앞서 기술했던 송장벌레처럼 곤충들에게 그렇게 많은 '지적' 전략 능력이 있다는 사실이 놀라운가? 수컷과 암컷은 각기 다른 임무를 수행할 뿐만 아니라 수컷은 유충이었을 때 못지않게 성체가 되었을 때도 수확한 식량의 양에 따라 다양한 전략을 채택한다. 이를테면 행동 양식은 물론 뿔의 유무처럼 신체 구조를 바꾼다. 물론 쇠똥구리는 송장벌레처럼 인간과 같은 지능을 소유하고 있지는 않다. 그러나 그들이 소유한 일련의 신체 메커니즘(근접적 메커니즘)을 통해 생존과 번식(궁극적 메커니즘)에 도움이 되는 신체 구조와 행동 양식을 마련한다.

쇠똥구리는 유충에서 성충으로 탈바꿈할 때, 즉 번데기 단계에서 중요한 변화가 일어난다. 다름이 아니라 바로 이 시점에서 성염색체의 유무에 따라 어느 유전자에 불이 켜지고 꺼지느냐가 결정되는데, 그 결정에 따라 수컷 성체가 되느냐 암컷 성체가 되느냐가 결정된다. 그리고 수컷 성체로 결정될 경우 신체 크기가 평가되고 그 한계치를 비교해 뿔의 생산 여부가 결정된다. 물론 그 외의 다른 요소들도 이때 결정된다. 사실 유충의 신체는 성체의 신체 부위에 배분되어야 하는 돈 단지와도 같다. 그렇다면 날개나 눈, 다리, 더듬이, 난소, 고환 등에 얼마나 많은 돈을 배분해야 하는 걸까? 어찌 되었든 쇠똥구리 내부의 호르몬들은 계산기처럼 정밀한 상호작용을 통해 신체 크기와 같은 정보를 수집하고 적절한 해답(적합한 신체 부위와 비율)을 제공한다.

뿔은 덩치 큰 수컷들에게 생존과 번식을 위한 적응 방식임에 틀림없다. 그러나 그것만으로 뿔의 다양성을 설명하기엔 부족하다. 먼저 쇠똥구리 종들의 뿔이 돋는 위치가 각기 다른 이유는 무엇일까? 뿔들은 모두 기본적으로 동일한 목적에 사용되기 때문에 이 질문에 대한 답은 기능의 다양성이 아니라 쇠똥구리 발생의 특이한 측면에 기초한다는 사실이 밝혀졌다. 다름이 아니라 뿔의 다양성은 뿔을 이용한 수컷들끼리의 전투뿐만 아니라 성충이 되는 동안에 수컷의 인접한 신체 부위끼리도 경쟁을 하기 때문에 초래된 것이다. 예를 들면 뿔이 콧잔등에 날 경우에는 더듬이의 크기가 작아야 뿔이 더 크게 자랄 수가 있다. 반면에 뿔이 이마에 날 경우에는 눈의 크기가, 배갑에 날 경우에는 날개의 크기가 작아야만 뿔이 더 크게 자랄 수 있다. 이러한 교환 조건은 혼란을 야기하는 것처럼 보일 수 있다. 인접한 구조들끼리 경쟁하지 않아도 되는 시스템을 설계할 수도 있을 테니 말이다. 그러나 문제는 쇠똥구리의 진화 시스템은 그렇지 않다는 점이다.

인접한 신체 부위들끼리의 내부 경쟁은 왜 종마다 뿔이 나는 위치가 다른지를 설명해준다. 예컨대 온토파구스 속에 해당하는 2,000여 종들 가운데는 주행성인 종이 있는 반면에 야행성인 종도 있다. 그런데 야행성 종들은 눈이 커야 어둠 속에서도 잘 볼 수 있기 때문에 뿔이 이마가 아니라 콧잔등이나 배갑에 나야 타당하다. 더글러스는 온토파구스 속에 해당하는 주행성 종과 야행성 종을 비교 연구한 끝에 이러한 사실을 발견했다. 이와 같은 논리에서 장거리 비행을 해야 하는 종들은 배갑에 뿔이 나서는 안 되고, 더듬이에 의존하는 종은 콧잔등에 뿔이 나서는 안 된다. 현재 더글러스는 이 단일 속에 해당하는 수천 개의 종들을 비교 연구함으로써 이러한 가정이 사실인지 확인하는 실험을 하고 있다.

우리는 더글러스의 쇠똥구리와 벨랴예프의 은빛 여우를 통해 진화 과정을 충분히 이해하려면 자연선택설에 기초한 사고와 유물론에 기초한 사고, 즉 궁극적 메커니즘과 근접적 메커니즘이 상호 조화를 이루어야 함을 알 수 있다. 유전적 변이라는 살아 있는 점토는 실제 점토와 달리 무한정 부드럽지 않을 뿐만 아니라 그 특징을 발견하려면 고된 노력이 필요하다. 사실 과학자들의 그러한 노력이 없었다면 오로지 길들일 목적으로 선택된 은빛 여우들이 여러 측면에서 개와 비슷한 특징을 공유하게 될 줄, 또 쇠똥구리의 인접한 신체 부위들이 발생 과정에서 서로 경쟁할 줄 누가 알았겠는가? 요컨대 이러한 지식을 습득할 수 있는 유일한 방법은 팔을 걷어붙이고 과학적 방법과 타당한 질문을 하는 탁월한 이론을 이용해 연구하는 것뿐이다.

더글러스와 나는 둘 다 진화론자이지만 연구 방법은 서로 다르다. 나는 진화론을 이용해 창조에 관한 전반적인 내용을 연구한다. 그것도 특정 생명체나 주제를 연구하는 데 불과 몇 년밖에 걸리지 않는다. 반면에 더글러스는 자신의 연구 경력 전체를 뿔이라는 단 하나의 주제와 쇠똥구리라는 단 하나의 신비로운 곤충 집단에 집중시킨다. 물론 그의 연구는 매우 협소해 보일 수 있다. 그러나 그 협소함이란 레이저 빔의 협소함과 동일하다. 즉 그는 매우 상세한 지식을 활용해 기초적인 질문을 하고 그 질문에 대답한다. 상대적으로 피상적인 나의 지식으로는 다룰 수 없는 질문과 대답을 말이다. 따라서 더글러스와 나의 상이한 두 접근 방법은 통찰 대상이 다르기 때문에 공존할 가치가 있다.

더글러스와 나는 둘 다 기초과학자이기도 하다. 이는 곧 우리 연구의 주요 목표가 지식 그 자체의 진보에 있다는 뜻이다. 언뜻 생각하기에 기초과학과 응용과학은 완전히 양립할 수 있어야 하는 것처럼 보일지도 모른다. 사실 진화와 발생에 관해 연구하면서 그와 동시에 더 우수한 품종의 여우를 개발할 수 있다면 양립하지 못할 이유가 뭐가 있겠는가? 그러나 안타깝게도 그런 행복한 결합은 극소수에 불과하다. 다시 말해서 쇠똥구리의 인접한 신체 부위들 사이에 교환 조건이 있듯이 기초과학과 응용과학 사이에도 교환 조건이 있다. 예컨대 은빛 여우 실험은 야생 생쥐를 사용하면 더 빠르고 더 값싸게 실행할 수도 있었다. 그러나 러시아의 경제적 측면에는 아무런 도움이 되지 않았을 것이다. 또한 더글러스는 진화와 발생에 관한 기초지식의 진보에 이바지할 가장 우수한 시스템으로 쇠똥구리를 선택했다. 이 연구에서 경제적으로 도움이 될 만한 부분은 하나도 없다. 하지만 오늘날 우리의 삶은 기초지식의 토대에 상당 부분 의존하기 때문에 그 토대를 강화하는 일에 대해 실용적인 측면으로 굳이 정당화시킬 필요는 없다.

토대로서의 과학은 훨씬 심화된 뜻을 함축할 수 있다. 토대를 구축하려면 사회가 어느 정도 안정되고 부를 갖추고 있어야 하기 때문이다. 내일 죽을지도 모를 사람이나 다음 끼니가 걱정되는 사람에게는 토대를 구축하는 일이 아무 의미가 없다. 러시아 또한 안정과 부가 결핍되어 있기 때문에 기초과학에 투자할 여력이 없는 것이다. 사실 벨랴예프의 연구를 계승한 과학자들이 1999년 한 기사에서 언급했던 것처럼 러시아는 공산주의가 붕괴된 이후에 상황이 예전보다 악화되었다. 그 기사는 결국 은빛 여우 실험을 계속하려는 자신들의 숭고한 노력이 헛되지 않게 도와달라고 외친 것이나 다름없었으니까.

40년 만에 처음으로 우리의 동물 길들이기 실험은 러시아의 경제 위기로 말미암아 미래가 불투명해지고 곤경에 빠지게 되었다. 1996년에 우리가 사육하는 여우의 개체 수는 700마리에 달했다. 그러나 작년에 여우를 먹이고 직원들에게 봉급을 지급할 자금이 없어 그 수를 100마리로 줄여야 했다. 초기에는 사육하는 여우들에게서 얻은 가죽을 팔아 대부분의 경비를 충당할 수 있었다. 그러나 지금은 그러한 소득의 원천이 거의 고갈된 상태인 데다가 러시아 정부의 예산 축소와 보조금 보상 체제의 변화로 이와 같은 장기 연구를 지속하기가 갈수록 힘들어져 외부 자금에 대한 의존도가 나날이 높아지고 있다. 결국 우리나라의 많은 기업들이 그렇듯이 우리 또한 기업가가 되어가고 있다.

지구상에 몇 안 되는 국가라도 기초지식 자체의 진보를 위해 투자할 만큼 경제적으로 안정되고 부유한 것이 얼마나 다행스러운 일인지!

Evolution for Everyone

유령과 함께 춤을

이런 꿈을 한번 상상해보라. 무도회장에서 우아한 옷을 차려입은 사람들이 춤을 추고 있다. 그런데 갑자기 함께 춤을 추던 파트너들이 어디론가 사라지고, 그런데도 사람들은 아무 일도 없다는 듯이 계속 춤을 춘다. 마치 유령과 함께 추듯이 팔을 쭉 내민 채 계속 원을 그리며 춤을 춘다. 그때 무도회장 한가운데에 바닥이 보이지 않는 깊은 구렁이 나타난다. 그리고 마치 배우가 무대 가장자리로 다가가는 것처럼 혼자 춤을 추는 사람들이 그 구렁의 가장자리로 다가가는 것을 넋을 잃고 바라본다. 결국 사람들은 부주의하게도 그 구렁 속으로 파트너들처럼 사라지고 만다. 그들이 그렇게 하나 둘 구렁 속으로 사라져가도 이를 막기 위해 할 수 있는 일은 아무것도 없다.

이와 같은 암울한 환상은 종이 새로운 환경을 접하게 될 때마다 현실이 된다. 앞서 기술했던 것처럼 송장벌레나 쇠똥구리 등과 같은 생명체들은 인간의 지능에 필적할 지능을 가지고 있지 않다. 대신에 그들의 지혜는 무도회장에서의 춤처럼 수세대에 걸친 유전적 변이를 통해 살아 있는 점토를 형상화하는 탄생과 죽음의 과정에서 비롯된다. 따라서 환경이 바뀌어도 그들의 행동을 변화시킬 정신적 일들은 결코 일어나지 않는다. 결국 성공 전략들은 실패로 끝나고 살아 있는 조각상이 새로운 형상을 획득함에 따라서 서서히 사라진다.

환경의 차이에 따른 적응이 자연선택을 통해 진화하려면 어느 정도 시간이 걸린다. 즉 생명체들이 몇 세대에 걸쳐 '충분히' 특정 환경 속에 머물러야만 생명체와 환경과의 관계가 확립되는 것이다.

그렇다면 몇 세대가 지나야 '충분한' 걸까? 다윈은 진화를 생존과 번식의 미미한 차이에서 시작하는 아주 더딘 과정이라고 생각했다. 그러나 조너던 와이너Jonathan Weiner의 대작 『핀치의 부리 The Beak of the Finch』를 통해 그러한 견해가 현대의 연구에 기초해 상당히 바뀌었음이 드러났다. 즉 자연의 힘은 허리케인과 같은 세기로 일순간 특정 생명체를 강타할 수 있는데 이때 개별 생명체가 가지고 있는 미미한 차이점이 생사를 갈라놓는 중요한 차이가 될 수 있다. 몇 밀리미터밖에 차이가 안 나는 부리 때문에 핀치의 생사가 엇갈리는 것처럼 말이다. 또한 동물성 플랑크톤 중에서 일부 종들은 개체군의 4분의 1이 매일 포식자의 먹잇감이 되어 사라진다. 한편, 단일 계통의 박테리아는 배양액에 넣어두면 불과 며칠이 지나지 않아 여러 세대로 늘어날 뿐만 아니라 다양한 형태의 변이를 거쳐 배양액, 용기의 측면, 표면 막 등과 같은 여러 곳에 머문다. 다시 말해서 동일 계통의 변이는 하와이나 갈라파고스처럼 외딴 섬에서만 일어나는 것이 아니다. 먹던 수프를 깜빡 잊고 며칠째 그대로 두면 당연히 역한 냄새를 풍기며 상하게 되는데, 바로 그 수프 그릇 안에서도 동일 계통의 변이가 미생물 단계에서 일어난다. 사람들이 방광염에 걸리는 것도 대장균이 방광 안으로 침입하기 때문이 아니라 사람들의 몸 안에서 유전적 진화가 일어나 방광 벽에 달라붙을 수 있는 새로운 변종으로 다시 태어나기 때문이다. 요컨대 『핀치의 부리』에서 명료하게 기술되어 있는 것처럼 자연선택은 사방에서 일어난다.

그러나 자연선택은 어느 정도의 시간을 필요로 하기 때문에 종들이 새로운 환경 혹은 환경의 변화를 접하게 되면 한동안 유령과 춤을 추는 것 같은 상황이 된다. 예컨대 태곳적부터 새끼 바다거북은 해안가 보금자리에서 빠져나와 바다를 향해 진군했다. 그리고 수면에서 반사되는 빛은 바다로 인도하는 믿을 만한 수단이었기 때문에 바다거북은 그 빛을 따라가도록 진화했다. 하지만 현대에 들어 해안가에 건물이 들어서면서 상황이 달라졌다. 건물에서 새어나오는 빛이 수면에서 반사되는 달빛보다 훨씬 밝기 때문에 바다거북은 죽음에 이르는 잘못된 방향을 향해 진군하게 된 것이다. 이 장의 첫머리에 언급한 춤을 추는 사람들이 무도회장 한가운데에 생긴 구렁 속으로 하나 둘 사라지는 꿈처럼 말이다.

나는 인간 때문에 생긴 환경의 변화로 말미암은 이와 같은 사례를 수십 가지도 넘게 제시할 수 있다. 예컨대 북미 영양은 포식자로부터 놀라운 속도와 지구력으로 도망을 치지만, 그 포식자는 더 이상 북미 대평원에 서식하지 않는다. 떡갈나무 또한 나그네비둘기를 위해 때가 되면 도토리를 맺지만 나그네 비둘기는 더 이상 하늘을 까맣게 수놓지 않는다. 결국 이러한 종들은 계속 유령과 춤을 추다가 멸종하든가 아니면 자연선택을 통해 새로운 춤을 배우게 된다.

새로운 환경이란 개념을 말하자면 더 자세한 설명이 필요할 것 같다. 학명이 라나 실바티카Rana sylvatica인 숲개구리를 예로 들어보자. 숲개구리는 봄에 작은 물웅덩이에 알을 낳는데, 그 웅덩이에는 포식자가 있을 수도 있고 없을 수도 있다. 따라서 포식자가 있는 웅덩이에서 부화한 올챙이의 경우에는 포식자가 없는 웅덩이가 새로운 환경이 될 것이다. 그러나 올챙이 무리는 양쪽 환경을 번갈아가며 살아간다. 그런 경우라면 과연 어떤 적응 방식으로 진화할 것 같은가? 가장 이상적인 것은 올챙이가 자신이 서식하는 환경을 먼저 평가한 후에 적절한 적응 방식을 드러내는 것이다. 우리는 이미 앞에서 이런 유형의 진화의 유연성에 관한 사례를 살펴보았다. 신체 크기를 평가한 후에 덩치가 충분히 크다고 판단될 경우에만 뿔을 자라게 하는 수컷 쇠똥구리가 바로 그렇다.

그런데 이와 같은 예측이 꼭 맞는 것은 아니다. 이는 단지 연구를 할 것인가 말 것인가를 결정하는 데 필요한 합리적인 추측일 뿐이다. 사실 많은 종들이 자신의 환경을 평가하고 적합한 방식으로 적응하는 데 매우 능숙한 것으로 밝혀졌다. 수컷 쇠똥구리가 신체 크기에 알맞은 계획을 갖고 있듯이, 숲개구리 또한 포식자의 유무에 알맞은 제1계획과 제2계획을 가지고 있다. 포식자의 존재는 화학적으로 감지가 가능하며 각각의 계획에는 그에 합당한 행동 양식(이동), 해부학상의 특징(꼬리의 크기), 생활사상의 특징(연못에서 뛰쳐나와야 할 시기) 등이 포함된다. 요컨대 환경은 생물체에 커다란 영향을 미치지만 학습과 연관된 방식이 아니라 환경과 관련된 매우 구체적인 특징들(특정 화학물질의 유무)이 유전적으로 결정된 전략들을 작동시키는 스위치가 된다.

또 다른 사례로, 특정 송사리 종을 알 단계부터 엄격한 통제 조건하에 있는 여러 개의 수족관에서 키운다고 해보자. 그리고 송사리가 생후 6개월이 됐을 때 그중 절반의 수족관에 포식자인 창꼬치의 모형을 매단 막대기를 넣어 1분 동안 수족관 안을 천천히 휘젓는다. 그런 다음 18개월 동안 아무것도 하지 않고 그대로 둔다. 그 결과는 어떠할까? 사실 1분은 대단히 짧은 시간이지만 그 1분 동안의 경험이 송사리의 행동에 강렬하고 지속적인 영향을 미쳐 여생을 포식자를 경계하면서 살게 한다. 하지만 이러한 변화는 사람들이 흔히 생각하는 학습 같은 것이 아니다. 그보다는 오히려 단 한 통의 전화로 개시되는 정교한 전쟁 계획에 훨씬 더 가깝다.

송사리와 숲개구리의 경우에 몇 세대에 걸쳐 자신들의 자연 서식지에 살다 보면 얼마 동안 포식자를 경험하게 마련이기 때문에 포식자로부터 자신을 보호하기 위해 환경적 측면에서 전쟁을 일으킨다. 그렇다면 포식자를 경험할 일이 없는 종들은 어떠할까? 물론 이와 같은 종들도 있다. 오지의 섬일수록 특히 더 그렇다. 항해사들이 갈라파고스 섬에 첫발을 내디뎠을 때 그곳에 서식하는 새들은 항해사들을 포식자가 아니라 나무로 여겼다. 오랜 세월 많은 세대가 거쳐갔음에도 그들이 사는 자연환경에는 포식자가 전혀 없었기 때문에 포식자에 대항할 전쟁 계획 따위가 전혀 없었던 것이다. 또한 인간과 같은 지능이 없었기 때문에 항해사들을 피하는 방법을 터득하지 못한 채, 둥지에 멍하니 앉아 있다가 항해사들에게 잡혀 냄비 속으로 사라지고 말았다. 앞서 기술한 무도회 꿈의 속편인 양 말이다.

그렇다면 여기서 말하는 인간과 같은 지능이란 무슨 뜻이고, 과연 그러한 지능이 인간이 유령과 춤추게 되는 것을 막을 수 있는 걸까? 우리 인간은 새로운 상황에 직면하게 되면 문제

우리는 인간의 지능을 갖기 이전에 다수의 전쟁 계획을 지닌, 자연선택에 의해 진화한 영장류였다.

가 발생하고 새로운 해결책을 찾아야 한다는 사실 정도는 인식할 만한 능력이 있다. 즉 여러 세대에 걸쳐 천천히 일어나는 자연선택 과정과 거의 동일한 과정을 민첩한 정신 과정을 통해 달성한다. 인간의 지능에 관해서는 나중에 더 자세히 설명하겠지만, 그러한 지능에는 어느 정도 한계가 있음을 강조할 필요가 있다. 물론 얼마 동안은 정말 멋진 일이 순조롭게 진행되겠지만, 그것만으로 유령과 춤추는 문제를 완전히 해결했다고 생각한다면 안타깝지만 큰 오산이다.

우리는 인간으로서의 지능을 갖기 이전에 다수의 전쟁 계획을 지닌, 그리고 자연선택에 의해 진화한 포유동물이고 영장류였다. 따라서 인간의 지능이라는 것은 그러한 전쟁 계획 중 하나로 더해진 것일 뿐, 다른 모든 전쟁 계획의 대체물도 아니고 그렇게 할 필요도 없었던 것이다. 게다가 일부 전쟁 계획은 정신과 무관한 것도 있다. 사실 '정신'이란 개념은 우리가 볼 때 그리 대단한 것이 아니다. 뇌란 계산기처럼 정보를 수용하고 합리적인 해답을 제공하는 신체 구조이고 우리는 쇠똥구리의 유충이 호르몬과 관련해 이와 동일한 기능을 하는 계산기를 가지고 있다는 사실을 이미 살펴보지 않았던가. 심지어 박테리아도 분자 단계에서 이와 동일한 계산기를 가지고 있다. 따라서 우리는 정신의 개념을 모든 종류의 계산기를 포함하는 것이라고 확대해 생각할 필요가 있다. 그렇게 할 때에만 우리가 그토록 자랑해 마지않는 지능을 가졌음에도 불구하고 우리가 유령과 춤을 추고 있다는 사실을 받아들일 수 있다.

우리의 식습관은 우리가 유령과 춤을 추고 있다는 사실을 명확하게 보여주는 사례다. 구체적으로 기름과 설탕 그리고 소금에 대한 인간의 탐욕은 이러한 물질이 사시사철 부족한 환경에서는 충분히 이해할 수 있는 일이지만 곳곳에 패스트푸드 식당을 세우는 것은 건물에서 새어나오는 빛을 따라가는 바다거북과 똑같다. 우리는 그러한 음식을 먹으러 그곳으로 몰려간다지만 이는 잔인한 우스갯소리일 뿐이다. 결국 스스로를 죽이는 일이기 때문이다. 요컨대 문제를 인식하는 것이 우리의 놀라운 지능을 이용해 의지만으로 그 문제를 해결할 수 있다는 뜻은 아니라는 말이다. 다시 말해서 소위 말하는 인간의 합리적 정신만으로는 나머지 정신과 신체를 완벽하게 통제할 수 없다.

이 정도는 일반적인 경험만으로도 쉽게 이해할 수 있다. 그러나 더 자세히 들여다보면 우리와 춤을 추고 있는 유령은 조금 다르다는 것을 알 수 있다. 현재까지 수집된 정보에 기초해 우리가 알고 있는 사실에 따르면 인간의 조상은 아프리카인을 제외하고는 대략 7만 년 전에 아프리카를 떠나 전 세계로 퍼져 나갔다. 그 결과 일부는 약 6만 년 전에 오스트레일리아에 도착했고 또 일부는 약 3만 년 전에 아메리카에 도착했다. 이렇게 전 세계로 뻗어나갈 수 있었던 것은 모두 인간의 지능 덕분이라고 할 수 있는데, 새로운 문제에 직면했을 때 이를 해결할 능력이 없으면 이런 일은 불가능하기 때문이다. 인간은 어디를 가든 자연환경에서 식량을 조달할 수 있는 방법을 찾아냈다. 씨앗에서 고래에 이르기까지 못 먹는 것이 없을 정도로 말이다. 어디 그뿐인가? 재레드 다이아몬드의 『총, 균, 쇠』에 따르면 전 세계 곳곳에서 그것도 한 번이 아니라 수차례나 식량을 직접 생산하는 방법을 알아냈다.

개개의 분리된 인간 집단에서 지능에 기초한 지혜에 뒤이어 자연선택에 의한 지혜가 서서히 나타났다. 예컨대 가축을 기르는 문화에서는 포유동물 역사상 최초로 성인들이 우유를 마시기 시작했다. 처음에는 소화가 잘 안 되었는데, 포유동물의 신체 구조는 젖을 뗌과 동시에 유아기의 소화 시스템(제1계획)을 차단하고 성인기의 소화 시스템(제2계획)을 작동시키도록 적응되어 있기 때문이었다. 단기적인 해결책으로 우유를 발효시켜 미생물들로 하여금 소화를 촉진하도록 했지만, 그 이후에는 유전적 변이가 일어나 성인이 되어서도 직접 우유를 소화시킬 수 있게 되었다. 이는 가축을 기르는 문화에서 우유가 일반화되는 데 크게 공헌했다. 이와 유사한 방법으로 다른 인간 집단에서도 자신들이 개발한 식품에 유전적으로 적응했다. 그런데 모든 집단에서 유전적 변이가 일어난 것은 맞지만 그 변이가 이로움을 제공할 때에만 출현 빈도가 증가했음을 주목해야 한다. 사실 수천 년이란 세월은 이러한 유전적 변이가 일어나기에 충분한 시간을 제공한다. 따라서 개개의 분리된 인간 집단은 서서히 자신의 환경에 알맞은 춤을 추기 시작했다. 그러나 결국에는 대규모 이동과 현대의 환경 변화로 말미암아 끔찍한 꿈을 반복하고 말았다. 그 대표적 사례로 1950년대에 미국은 해외 원조 프로그램의 일환으로 전 세계에 분유를 공급했는데, 성인이 되어서도 우유를 소화할 수 있게 유전적으로 적응이 안 된 지역에서는 많은 사람들이 고창증이라는 소화기 장애로 고생을 했다.

그 외에도 오늘날처럼 패스트푸드가 넘쳐나는 환경에서 몸무게가 70킬로그램이 나가는지 130킬로그램이 나가는지에 대한 문제는 부분적이나마 자기 조상이 어느 지역 출신이냐에 달려 있다. 이러한 몸무게 문제는 태어날 때의 몸무게와도 부분적으로 연관이 있다. 새끼 쇠똥구리가 신체 크기를 평가하는 호르몬 계산기를 가지고 있듯이, 포유동물 또한 태어나기 전부터 이와 유사한 평가를 하는 것처럼 보인다. 이를테면 포유동물은 덩치가 작으면 이를 식량 형편이 나쁘니 성체가 되었을 때 모든 칼로리를 축적해야 한다는 신호로 받아들인다. 반면에 덩치가 크면 이를 식량이 풍족하니 칼로리를 축적하느라 부산을 떨 필요가 없다는 신호로 받아들인다. 물론 이러한 포유동물들은 아직 배아 단계에 있기 때문에 사고능력이 전혀 없다. 그러나 일부 신체 시스템이 계산기를 작동시켜 환경 신호(신체 크기)에 기초해 신진대사 측면에서 제1계획을 실행해야 할지 아니면 제2계획을 실행해야 할지를 결정한다. 그리고 일단 한번 결정이 나면 수컷 쇠똥구리가 자신의 뿔을 재고할 수 없듯이 처음으로 되돌아가는 것은 불가능하다.

적응과 관련된 이러한 유연성이 진화할 수 있었던 것은 태아의 신체 크기가 성인기의 양분 환경을 알 수 있는 믿을 만한 지표이기 때문이다. 이는 수천 세대가 지나도록 그랬을 뿐만 아니라 쥐를 비롯한 여타의 포유동물도 이와 동일한 적응 방식을 가지고 있는 것으로 봐서는 인간이 종으로 출현하기 이전부터 그랬을 것이다. 이와 관련해 우리는 쥐에게 잔인한 실험을 해볼 수 있다. 구체적으로 임신한 어미 쥐에게 제한된 식단을 제공한 뒤에 새끼가 태어나면 환경을 바꾸어 그 새끼에게 원하는 대로 음식을 제공하는 것이다. 그러면 그 쥐는 비만이 되고 만다. 이는 신진대사가 칼로리를 남김없이 짜내도록 고안되어 있는데 이제는 짜낼 칼로리가 너무 많기 때문이다. 이와 마찬가지로 태어났을 때 저체중이었지만 비만이 된 사람은 음식이 풍족히 제공되는 환경으로 바뀌었는데도 유령과 춤을 춤으로써 비만이 되는 것이다.

자연선택은 일정 정도의 시간을 필요로 하고 적응 방식은 간혹 현재의 환경과 부조화를 이룬다는 사실 때문에 진화를 연구하기는 한층 더 힘들지만 그만큼 또 절박하다. 우리는 식습관 말고도 많은 측면에서 유령과 춤을 추고 있다. 어디 그뿐인가? 인간으로 말미암은 급격한 환경 변화 때문에 다른 종들까지도 전례 없는 속도로 유령들과 춤을 추는 일이 많아졌다. 그렇다고 꿈속에서처럼 비극이 일어나는 것을 무기력하게 지켜볼 수만은 없지 않은가? 따라서 우리는 적응 방식이 어떻게 작용하고, 또 그 적응 방식이 우리의 삶과 부조화를 이룰 때 어떻게 중재를 시도할 수 있는지 알아야 한다.

사고의 수레바퀴를 돌려라

나는 2장에서 종교와 정부 그리고 과학은 모두 동일한 문제를 안고 있다고 말했는데, 그것은 바로 개인과 집단은 타인과 타 집단의 희생을 무릅쓰고라도 자기 이익만을 도모한다는 사실이다. 과학의 경우는 이러한 문제가 자기 이익이나 집단 이익에 기초한 숨은 메시지가 담긴 사실적 주장의 형태를 띤다.

사실적 주장	숨은 메시지
그건 아프다	그러므로 하지 마라
그건 부자연스럽다	그러므로 하지 마라
그건 미숙하다	그러므로 하지 마라
그건 너무 어렵다	그러므로 하지 마라

물론 정말로 아프고(말라리아 환자), 부자연스럽고(자전거를 타는 곰), 미숙하고(갓난아이의 말), 너무 어려운(피아노를 혼자서 고층으로 옮기는 일) 것들이 있다. 그러나 이러한 사실적 주장들은 행동에 영향을 미칠 수 있는 사실과 기능으로는 부적절하다.

제대로 교육을 받지 못한 사람들이나 이런 조야한 술책을 사용한다고 생각하는가? 그렇지 않다. 일부 중요한 지식 운동과 과학 이론도 이러한 술책에서 비롯되었다. 예컨대 인간의 도덕성은 성인이 될 때까지 여러 단계를 거쳐 발달한다는 로렌스 콜버그 Lawrence Kohlberg의 도덕성 발달 이론과 자연 상태의 인간은 선하지만 문명을 통해 타락한다는 루소Rousseau의 고귀한 야만인 noble savage 개념 등이 이에 속한다. 진화에 대해 느끼는 불안감은 만일 무언가가 자연선택에 의해 진화되었기 때문에 자연적이라고 간주한다면 우리가 그 진화를 수용할 수 있기 때문에 그렇게 할 수 있다는 비합리적인 가정에서 비롯된다. 설상가상으로 자신과 집단의 이익에 기초한 이러한 술책은 완전히 잠재의식적으로 행해진다. 그렇지 않다면 죄의식을 느낄 테니까 말이다.

뭔가가 너무 어렵다는 견해는 특히 더 자세히 살펴볼 가치가 있다. 나는 앞서 과학은 팔을 걷어붙이는 활동이라고 말했다. 그렇다. 과학은 하루 일과를 끝내고 이마에 땀방울이 맺힌 채 집에 돌아와 송장벌레나 쇠똥구리 혹은 은빛 여우 때문에 몸에 밴 냄새를 씻어야 하는 그런 활동인 것이다. 사실 정원 돌보기, 농구, 대학 입학, 화재 진압하기 등 어려운 일이 얼마나 많은가! 그러나 너무 어렵다는 것은 어려운데도 그에 따르는 충분한 보상이 제공되지 않을 때를 두고 하는 말이다. 창조론자들과 지적 설계론자들이 진화론은 너무 어렵다고 말할 때 이는 숱한 연구에도 불구하고 결정적인 해답을 구하지 못했음을 뜻한다. 창조론자들만이 진화 연구가 너무 어렵다고 말하는 것은 아니다. 다른 사람들도 '그랬을 것 같은 이야기'라는 슬로건 아래 똑같은 말을 한다. 루디야드 키플링Rudyard Kipling이 '기린의 목은 왜 긴가?'와 같은 이야기를 상상으로 지어내는 것처럼 자연선택에 기초한 사고는 과학적 사실로 확립될 가능성이 없는, 사실과 동떨어진 추정으로 간주되곤 한다. 심지어 일부 명망 있는 진화론자들조차 서슴없이 이런 주장을 한다. 예를 들면 스티븐 제이 굴드는 일부 동료 진화론자들이 7장에서 논의했던 발생과 같은 주제에 비해 적응을 지나치게 강조한다고 생각한다.

물론 스티븐과 그 외의 여러 진화론자들은 존경받아 마땅하지만, 나는 '그랬을 것 같은 이야기'라는 말은 '하지 마라'란 말의 완곡한 표현에 불과하다고 생각한다. 자연선택에 기초한 사고가 초래할 수 있는 일부 결과에 대해 걱정하는 사람들의 본능적인 방어 반응일 따름이다. 따라서 그렇게 말하는 것은 그릇된 주장일 뿐만 아니라 뒷걸음치는 주장이다. 적응 방식인지 아닌지를 입증하는 것은 발생의 메커니즘을 이해하는 일보다도 쉬울 때가 훨씬 많다. 게다가 앞서 살펴봤듯이 궁극적 메커니즘과 근접적 메커니즘은 상호보완적이며 서로 대체 가능한 성질의 것이 아니기 때문에 상대적인 어려움을 비교하는 것은 무의미하다.

나는 수업시간에 깡통 따개를 이용해 이 점에 대해 설명한다.

깡통 따개의 용도는 깡통을 따는 데 있음을 누구나 다 안다. 그러나 만일 누군가가 그 증거를 요구한다면 어떻겠는가? 우리는 그것이 땅속에서 캐낸 광물이 아니라는 것을, 다른 용도로 만든 제품이 아니라는 것을, 예술 작품처럼 실용성이 없는 제품이 아니라는 것을 도대체 어떻게 아는가? 사람들은 그 물건은 깡통을 수월하게 딸 수 있게 효율적으로 상호작용하는 여러 개의 부품으로 이루어져 있다고 말할 것이다. 금속을 뚫을 수 있는 원형의 날, 깡통 테두리를 꽉 움켜잡을 수 있는 톱니 날, 깡통을 뚫는 압력을 이용하는 레버, 깡통의 테두리를 따라 톱니 날을 회전시킬 수 있는 손잡이 등 무수히 많다. 반면에 광물 중에는 이처럼 기능적으로 통합되어 있는 것이 하나도 없을 뿐만 아니라 그 외의 다른 기능도 수행하지 못한다. 그래서 나는 학생들에게 깡통 따개처럼 복잡한 기능을 수행하는 것을 미술관이나 보석상에서 찾아보라고 한다.

깡통 따개와 관련된 특징 중에는 논쟁을 불러일으킬 여지가 다분한 것도 꽤 많다. 이를테면 색상이나 형태는 어떤가? 물론 이러한 특징에도 뭔가 특별한 기능이 있을 수 있다. 손에 꼭 맞는다든지, 잡동사니로 가득한 서랍 속에서 눈에 잘 띈다든지, 상점 진열장에서 소비자의 시선을 사로잡는다든지 말이다. 그러나 이러한 기능은 다분히 주관적인 것일 수 있다. 게다가 색상이 눈에 잘 띄어 잡동사니로 가득한 서랍 속에서 쉽게 찾을 수 있다고 해도 실제로는 그런 기능을 염두에 두고 설계하지 않았을 수도 있다. 깡통 뚜껑에 있는 갈고리 모양의 홈은 또 어떤가? 대부분의 깡통 따개에는 이런 홈이 있지만 간혹 없는 것도 있는데, 이 장치가 병 뚜껑을 따는 데 매우 유용하게 쓰인다는 것은 분명한 사실이다. 그러나 그렇다고 해서 이 장치가 깡통 따개의 설계 목적은 아니지 않은가? 사실 병 따개는 깡통 따개처럼 통합적으로 기능하는 부품이 없기 때문에 그 목적을 놓고 회의주의자와 논쟁을 하기가 더욱 힘들다. 따라서 깡통 따개와 관련된 이런 논쟁 사안들은 대부분 조금만 주의를 기울여 연구하면 쉽게 해결될 수 있지만 통합적으로 작용하는 주요 부품들의 기능만큼 명료하지는 않다.

나는 학생들과 깡통 따개에 대해 논의한 다음에 그보다는 덜 쓰이는 주방용품을 보여준다. 그 용품은 몇 개의 구획으로 나뉜 타원형의 금속 테두리에 손잡이가 달린 기구인데, 매우 실용적으로 보이기는 하지만 거품기인지 달걀 슬라이서인지 구체적인 용도가 바로 떠오르지는 않는다. 그것은 아보카도 슬라이서인데, 정답을 맞히는 학생은 거의 없다. 그러나 그것이 아보카도 슬라이서라고 알려주면 모두들 곧바로 "그래, 바로 그거야!"라는 반응을 보인다. 이러한 반응을 보이는 것은 그 용품이 이전에 상상했던 기능보다 아보카도를 자르기에 훨씬 적당하기 때문이다. 다시 말해서 이러한 사실은 그 기능이 제대로 밝혀지고 나서야 그 것에 대해 올바르게 인식할 수 있음을 보여준다. 골동품 상점을 둘러보다가 자신은 그 기능이 뭔지 모르겠는데 할머니는 쉽게 아는 물건을 발견하게 되는 것도 이와 유사하다.

정식 훈련을 받지 않은 나의 학생들이 사용하는 이와 같은 기능에 관한 사고방식은 완벽하리만큼 유용하다. 특정 기능을 지닌 물건은 그 기능을 제대로 수행할 수 있는 설계 특징이 있어야 하는데, 그 특징들이 매우 복잡하고 통합적이어서 설명하기가 불가능할 때가 많다. 우리 인간은 항상 목적을 추론하는 능력을 잘 활용하곤 하는데, 만일 그렇게 할 수 없다면 무력해지고 말 것이다. 심지어 인간의 뇌는 목적을 추론하

다윈은 생명체가 어떤 방식으로 잘 설계되었는지에 관해 새로운 설명 방식을 제공했지만 생명체가 대체로 잘 설계되어 있다는 사실은 그 누구도 의심하지 않았다.

도록 유전적으로 적응했을지도 모른다. 박새의 뇌가 가을에 수천 군데에 저장해둔 식량을 겨울에 모두 찾아낼 수 있게 유전적으로 적응한 것처럼 말이다.

인위적인 산물이 아니라 자연적인 산물에 대해 생각할 때도 달라지는 것은 없다. 예컨대 심장과 순환계의 기능은 1600년대에 영국인 의사 윌리엄 하비William Harvey에 의해 명료하게 밝혀졌다. 송장벌레가 분명한 목적을 갖고 죽은 생쥐를 묻고 뿔을 이용해 적들과 치열한 싸움을 벌이듯이 자연은 항상 수많은 기능이 있는 것으로 간주되었고 이는 올바른 것이었다. 또한 다윈은 생명체가 어떤 방식으로 잘 설계되었는지에 관해 새로운 설명 방식을 제공했지만 생명체가 대체로 잘 설계되어 있다는 사실은 그 누구도 의심하지 않았다. 깡통 따개의 기능을 의심하는 사람이 없듯이 말이다. 그런데도 이러한 사실을 무시하고 자연선택에 기초한 사고방식을 치유가 불가능할 정도로 사변적이라고 주장하는 것은 너무 괴상망측한 일이 아닌가!

이와 대조해서 스티븐 제이 굴드가 중요하게 여겼던 거대한 생물 계통도에서 종의 기원을 이해하는 데 따르는 난제를 생각해보

자. 종의 기원을 밝히는 일은 우선 화석 기록이 불완전하기 때문에 어렵다. 또한 현존하는 종들이 서로 비슷한 점을 공유하는 것은 동일 조상에서 갈라져 나왔기 때문일 수도 있고, 서로 관계가 없음에도 동일한 특징을 지니게 되었기 때문일 수도 있기 때문에 어렵다. 예컨대 콧잔등에 뿔이 난 쇠똥구리 종이 서로 비슷한 것은 동일 조상에서 갈라져 나왔기 때문일 수도 있고, 야행성인 삶의 방식에 개별적으로 적응했기 때문일 수도 있다. 그러나 분자 생물학의 진보로 이러한 유형의 문제를 해결할 수 있는 능력이 급격히 향상되었다. 간혹 구시대적인 방법에 기초한 계통발생론은 새로운 방법을 통해 사실임이 입증되는 경우도 있지만 대부분 완전히 사실이 아님이 입증되었다. 예를 들면 쇠똥구리의 뿔 위치는 동일 조상과는 거의 무관한데, 이는 기존 계통 내에서 진화를 통해 쉽게 변하기 때문이다. 물론 이러한 사실이 밝혀지기까지는 더글러스 엠른과 같은 과학자들의 각고의 노력이 필요했다.

계통발생과 발생 메커니즘을 이해하는 일은 당연히 어렵지만 그렇다고 지나치게 어려운 것은 아니다. 이는 아무리 얻기 힘들어도 정보가 중요하기 때문이다. 예컨대 인류의 조상에 관해 알 수 있는 훌륭한 정보를 확보하는 일은 믿기지 않을 만큼 힘들지만 매번 성공할 때마다 크나큰 성과로 세상을 떠들썩하게 할 뿐만 아니라 일련의 증거들은 각고의 노력 끝에 놀라울 정도로 상세히 그 전모가 밝혀진다. 총으로 무장한 부족민들의 보호를 받으며 에티오피아의 작열하는 태양 아래서 치과용 도구와 칫솔을 가지고 화석을 발굴하는 인류학자들을 한번 생각해보라. 나는 그들이 작성한 문서를 볼 때마다 내게는 너무나 힘들 게 분명한 일이 그들에게는 그렇지 않다는 것이 얼마나 고마운지 모르겠다.

진화를 연구하는 과학은 다른 모든 종류의 과학과 다를 것이 없다. 소위 이론은 대립 가설을 낳고, 이 가설들은 과학적 방법을 통해 평가된다. 또한 가정을 세우고 검증하는 모든 과정은 사실적 지식을 낳은 수레바퀴의 축을 회전시키는 것과 같다. 진화론은 자연선택에 기초한 사고방식 때문에 다른 이론들과 달리 설명 범주가 매우 광범위하다. 그런데도 자연선택적 사고에 기초한 가정, 즉 궁극적 메커니즘은 근접적 메커니즘과 역사적 과정에 기초한 가정보다 더 어렵지 않을뿐더러 검증하기가 훨씬 단순할 때가 많다. 그러나 어느 것이 더 어려운지 비교하는 일은 무의미하다. 이는 이러한 정보들이 상보적인 관계에 있기 때문에 수레바퀴의 축은 모두를 위해 회전해야 하기 때문이다. 나는 자연선택의 수레바퀴 축이 얼마나 빨리 회전하고 있는지 설명하기 위해 구글 스칼라의 검색창에 '구피guppy의 자연선택'이라는 문구를 입력해보았다. 열대어 한 종에 관한 것이었는데도 무려 3,000건이 넘게 조회되었다! 여기에 다른 종들에 관한 연구를 포함시켜 수천 배로 증대시키면 지식이 매 순간 진보하고 있음은 분명해진다. 따라서 '그랬을 것 같은 이야기'를 제대로 이해한다면 이는 아직 '검증되지 않은 가정'이란 말을 달리 표현한 것이므로 수레바퀴의 축을 한 번 더 돌리라는 외침으로 받아들여야 마땅하다.

Evolution for Everyone

자연선택을 이해하는 키워드

축하합니다! 지금까지 진화론에 관한 가장 기본적인 요소를 모두 전달했다. 여기까지 나와 동행한 사람들은 자신을 수습 진화론자로 여겨도 무방하다. 나머지 장에서는 이 기본적인 요소에 기초해 생명의 기원에서 인간의 가치체계에 이르기까지 창조 전반에 대해 탐구하고 그와 동시에 우리의 능력을 개발할 것이다.

이번 장에서는 기억을 상기시키는 차원에서 앞서 살펴봤던 기본적인 요소를 검토한다. 무엇보다도 먼저 앞에서 제3의 사고방식으로 기술했던 자연선택설은 신학은 물론 유물론과도 다르다. 자연선택설은 유전적 변이라는 살아 있는 점토를 주조하는 조각가와 같다. 따라서 조각가의 생각이 뭔지 모른 채 조각상을 이해할 수 없듯이 자연선택설의 원칙을 모른 채 우리의 주변 세계를 이해하는 것은 불가능하다. 게다가 역사가 지속되는 내내 인간이 상상으로 지어낸 신이나 그 외의 지적 설계자들의 불가해한 의도와 달리, 자연선택의 자연 형성에 대한 의도는 극명하게 드러날 때가 많다. 3장에서 영아살해에 관한 주제를 다룰 때 보았듯이 초보 진화론자들도 생명체의 특징을 재치 있게 추측할 수 있을 정도다.

두 번째로 이해해야 하는 핵심 사항은 진화론적 적응이 우리가 일반적으로 선하다거나 유익하다고 여기는 것과 항상 일치하는 것은 아니라는 점이다. 실제로 진화론적 적응은 종국에 모든 사람들의 삶의 질을 파괴시키는 근시안적 이기주의의 축소판일 수 있다. 따라서 진화론적 적응은 삼키기 힘든 쓴 약이며, 이로 말미암아 사람들은 진화론이 사실로 입증되더라도 수용하길 꺼린다. 그러나 다행히 그 약은 쓰지만 좋은 약임이 입증되었다. 진화론적 적응에는 5장에서 살펴봤듯이 전부가 그런 것은 아니지만 우리가 선하고 유익하다고 여기는 것도 포함되기 때문이다. 이러한 단순하지만 심오한 통찰력은 현실적인 낙관주의로 이어지고, 우리는 또 이러한 낙관주의 덕택에

> 역사가 지속되는 내내 인간이 상상으로 지어낸 신이나 그 외의 지적 설계자들의 불가해한 의도와 달리, 자연선택의 자연 형성에 대한 의도는 극명하게 드러날 때가 많다.

적절한 환경조건을 제공해 삶의 질을 향상시킬 수 있게 된다. 이 점에 관해서는 앞으로도 계속 살펴볼 것이다. 요컨대 진화론 전체를 다소 온화한 것으로 묘사하는 것은 위안이 될지 모르지만 이는 거짓이며, 이보다는 선한 것과 악한 것, 아름다운 것과 추한 것을 설명하는 이론이 지닌 실질적인 이점이 훨씬 중요하다.

세 번째로 이해해야 할 핵심 사항은 유전적 변이라는 살아 있는 점토는 실제 점토보다 훨씬 복잡하다는 점이다. 특정 유전자가 우리 몸 안에 거주하는 것은 그 유전자가 수천 세대를 거쳐 거주했던 개별 생명체와 환경에서 평균적으로 종국에 긍정적인 효과를 낳았기 때문이다. 물론 6장에서 살펴봤듯이 그 유전자가 종국에 우리에게 긍정적인 효과를 미치는지는 해결되지 않은 문제지만 말이다. 발생 또한 7장에서 살펴봤듯이 은빛 여우의 우호적인 행동과 말린 꼬리처럼 외관상 달라 보이는 특징들을 상호 결합시키는 매우 복잡한 과정이다. 그리고 이와 같은 복잡한 관계들은 자연선택에 기초한 사고만으로는 결코 설명될 수 없는 특징들이 존재하기 때문에 생명의 기능적 토대(궁극적 메커니즘)와 물리적 토대(근접적 메커니즘)를 모두 이해하는 것이 매우 중요함을 보여준다.

네 번째로 이해해야 할 핵심 사항은 자연선택에는 일정 정도의 시간이 필요하며 이로 말미암아 생명체는 현재의 환경과 조화를 이루지 못하는 시점이 생긴다는 점이다. 이런 일이 발생하면 생명체는 스스로를 파멸시키는 줄도 모르고 과거 환경의 유물인 유령과 춤을 춘다. 서서히 뻗어오는 자연선택의 손길이 그들에게 현재의 파트너와 춤을 출 수 있는 올바른 동작을 가르쳐줄 때까지 말이다. 따라서 현재의 환경에 신속하게 적응할 수 있는 능력을 지닌 종들만이 파국에서 벗어날 수 있다. 그러나 8장에서 살펴봤듯이 인간의 지능과 연관된 탁월한 정신 과정으로도 유령과 춤을 추는 것을 완전히 막지는 못한다.

세 번째와 네 번째 사항은 처음에 내가 자연선택에 기초한 사고를 정확하게 목표물을 찾아가는 열추적 미사일과 같다고 한 묘사를 수정하게 한다. 그보다는 길 잃은 어린아이를 찾아달라는 긴급 구조 요청을 받은 산림 구조대의 책임자를 한번 생각해보자. 그는 제일 먼저 자신이 아는 정보를 모두 활용해 어디에서부터 수색을 할지 결정할 것이다. 물론 아이가 있는 곳에 정확히 착륙하지는 못할 것이다. 그럴 수 있다면 아이는 길을 잃은 게 아닐 테니 말이다. 그러나 아이가 있는 지점에서 500마일 이내가 아니라 10마일 이내에 착륙할 수 있다면 임무는 훨씬 수월해질 것이다. 그러므로 처음에 어떤 결정을 내리는지가 가장 중요하다. 그리고 일단 수색이 시작되면 수색하면서 알게 되는 내용을 보태면서 자신이 아는 정보를 최대한 활용할 것이다.

과학적 탐구는 이와 매우 비슷하다. 우리는 이론과 이용 가능한 사실적 정보를 활용해 처음에 최대한 정확하게 추측한다. 그런 다음 우리가 찾고 있는 것을 발견할 때까지 계속 이론을 활용하고 정보를 축적하면서 연구를 정교하게 다듬는다. 그런데 연구 대상이 자연선택을 통해 형성된다는 점에서 볼 때 자연선택에 기초한 사고는 이런 탐구 과정에서 항상 훌륭한 역할을 수행한다. 그러나 위에서 요약한 세 번째와 네 번째 사항이 작용하기 때문에 그 역할이 배타적인 것은 결코 아니다. 또한 탐구 과정 초반에 간혹 특히 더 중요한 역할을 수행하기도 한다. 자연선택이 형성에 미치는 영향은 유전, 발생, 계통발생 등과 관련된 세부 내용보다 예측하기가 훨씬 쉬울 때가 많기 때문이다. 그러나 이는 단지 실용적인 측면에서 그렇다는 것이지 그 외에는 자연선택에 기초한 사고를 다른 정보 출처와 비교해 특별 대우할 필요는 없다.

과학적 탐구를 구조대의 수색에 비유한 것은 수습 진화론자가 되기 위해 반드시 이해해야 하는 다섯 번째와 여섯 번째 사항을 강조하는 데 꼭 필요하기 때문이다. 그것은 바로 그 어떤 이론도 사실에 곧장 도달할 수 없다는 점이다. 즉 9장에서 기술했던 것처럼 가설 형성과 검증 과정이 수레바퀴의 축을 회전시키듯이 항상 반복된다. 만일 그 축을 회전시키지 못하면 과학적 탐구도 멈추고 만다.

과학은 고도의 훈련을 받은 지적 엘리트 집단만이 접근할 수 있는 고상하고 어려운 활동으로 묘사될 때가 많다. 그래서 나는 과학을 농사일, 벽돌 만들기, 집짓기 등과 같은 현실 세계의 활동으로 묘사하기 위해 온갖 노력을 기울였다. 에디슨이 말했듯이 발명에는 영감보다 땀이 더 많이 필요하며 심지어 그 영감이라는 것도 "왜 진작 그렇게 생각하지 못했을까?"처럼 땀 흘려 노력하다 보면 누구에게나 떠오를 수 있는 생각에서 비롯된다. 따라서 여기까지 나와 동행한 사람들은 과학자의 소질이 있으므로 약간의 명료한 사고와 각고의 노력을 기울이기만 하면 개인적으로 만족스러울 뿐만 아니라 자신보다 더 원대하고 영속적인 뭔가를 창출하는 데 도움을 줄 수 있을 것이다.

제2부
진화에 대한 오만과 편견

인간은 만물의 영장이 아니다

탕아는 유산을 갖고 집을 떠난 뒤에 어리석게도 방탕한 생활에 그 유산을 탕진한다. 궁핍해지고 잘못을 뉘우친 탕아는 결국 제 아버지의 집으로 돌아와 자신은 무가치한 놈이니 하인으로 써달라고 부탁한다. 놀랍고 고맙게도 아버지는 그가 회개하여 더 나은 새 삶을 살고자 한다면서 아들을 환대하고 용서한다.

스스로를 자연과 별개의 존재로 인식하는 우리 인간은 많은 유산을 갖고 집을 떠난 탕아와 다소 비슷하다. 그리고 되풀이되어 일어난 과거 문명의 붕괴와 우리 자신의 불확실한 운명은 방탕한 생활에 그 유산을 탕진하는 것과 같다. 완전히 궁핍해져 모든 것을 잃기 전에 잘못을 뉘우치고 집으로 돌아와 우리 스스로를 자연의 일부로 여길 수 있어야 한다. 그래야만 과거보다 미래에 더 나은 삶을 살 수 있게 될 것이다.

　다음 장부터는 100퍼센트 진화의 산물이라는 것이 무슨 의미
인지 탐구할 것이다. 그러나 그러기에 앞서 정신 상태부터 올바
르게 연마해야 한다. 탕아는 과거의 잘못된 습관 때문에 완전히
좌절한 후에야 비로소 심경의 변화를 경험한다. 이와 유사하게

우리는 신과 같은 강력한 힘을 지닌
존재가 우리에게 특별한 능력을 부
여했다는 사고를 버려야 한다.

모든 종교는 새로운 신앙을 얻기 위한 준
비로 겸손과 회개를 강조한다. 또한 알코
올중독 방지회와 같은 재활 프로그램은
종교적 성향은 거의 없지만 과거의 삶은 무가치하고 해로운 것이
었으며 새롭고 더 나은 삶이 기다리고 있다는 믿음을 주입한다.
따라서 우리 인간이 자신에 대해 새로운 유형의 믿음을 선택한다
면 과거의 믿음이 어떻게 파멸의 길에 이르게 되었는지 이해하는
데 도움이 될 것이다.

　우선 우리는 신과 같은 강력한 힘을 지닌 존재가 우리에게 특
별한 능력을 부여했다는 사고를 버려야 한다. 그렇다고 해서 종
교적 신앙까지 버려야 한다는 뜻은 아니다. 강한 종교적 신앙을
가지고도 세상을 철저히 자연과학적 시각에 기초해 이해하는 사
람도 많다. 그러나 종교적 신앙 가운데 특정 유형들은 버려야 한
다. 이와 관련해 무신론자인 내 친구 한 명은 신에 대한 믿음의
유형을 알아보는 가장 좋은 방법은 자동차가 고장 났을 때라고
말한다. 우선 고장 난 자동차를 길가에 세우고 신께 고쳐달라고
기도하는 사람은 믿음이 충만한 사람이다. 반면에 고장 난 자동
차를 직접 고치거나 가장 가까운 정비소에 연락해서 자동차를 견

인해 가라고 하는 사람은 오로지 자연과학적으로만 해명 가능한 것도 있음을 암묵적으로 인정하는 사람이다. 신이 물리학 법칙을 창조했을지 모르지만, 자동차가 왜 고장 났는지는 신의 힘을 빌리지 않고 그 법칙만으로도 충분히 설명이 가능하다. 또한 고장 난 자동차를 길가에 세우고 고쳐달라고 기도하는 유형의 신앙을 지닌 사람은 자기 자신과 자신이 사랑하는 사람들은 물론 사회 전체까지 불리한 처지에 놓이게 한다. 반면에 고장 난 자동차를 직접 고치는 유형의 종교적 신앙을 지닌 사람은 이중으로 운이 좋은 사람이다. 물리적인 세계에 대한 지식의 이점과 종교적 신앙의 이점을 동시에 누릴 수 있으니 말이다. 이와 관련해서는 뒤에 이어지는 장들에서 살펴볼 것이다.

물리적 세계에 대한 지식을 추구하는 것은 우리 자신에 대한 지식을 추구하는 것이기도 하다. 육체나 정신 혹은 사회에 문제가 발생하면 자동차에 생긴 문제처럼 자연과학에 기초한 설명이 필요하다. 반면에 우리에게 신이 부여한 특별한 능력이 있다고 믿는 것은 길가에 고장 난 자동차를 세우고 신께 고쳐달라고 기도하는 것과 같다.

그러나 사실 이러한 비교는 그렇게 타당한 것만은 아니다. 우리의 육체와 정신 그리고 사회의 행복은 우리가 '믿는 것'에 상당 부분 좌우되기 때문이다. 따라서 우리에게 신이 부여한 특별한 능력이 있다고 믿는 것은 논쟁의 여지가 있기는 하지만 우리 자신을 모든 면에서 더 건강하고 행복하게 할 수 있다. 그러나 그렇다고 해서 사실이 아닌 것이 사실이 되는 것은 아니지 않은가? 더 정확히 말해서 "우리에게 신이 부여한 능력이 있다고 믿는 것은 우리 자신에게 매우 유익하다"라는 말은 사실일 수 있다. 그러나 "우리에게는 신이 부여한 능력이 있다"라는 말은 십중팔구 사실이 아니다. 내가 이렇게 자신 있게 말할 수 있는 것은 내가 종교에 적대적이기 때문이 아니라 우리 자신에 대한 초자연적인 설명은 물리적인 세계와 그 외의 자연에 대한 초자연적인 설명과 함께 부적절한 것임이 수차례 검증되었기 때문이다. 따라서 다음에 병원에 갈 일이 생기면 육체와 정신 건강에 믿음이 매우 중요하다는 사실을 충분히 알고 있는 의사를 만나길 바라겠지만 동시에 자동차 수리공처럼 초자연적인 설명에 의존하지 않는 사람이라는 것을 다행으로 생각할 것이다.

초자연적인 설명을 버리는 것은 재활의 길에 놓인 수많은 계단 중에서 첫 번째에 불과하다. 세상은 이미 초자연적인 설명을 버리고 진화와 인간의 기원에 관한 사실을 온전히 수용하는 사람들로 가득하다. 그러나 아직도 사람들은 진화가 우리의 육체와 정신 그리고 사회에 대해 무엇을 말해주는지는 잘 알지 못한다. 앞서 언급한 의사 또한 그러한 사람들 중 한 명일 게 분명한데, 이에 관해서는 다음 장에서 살펴볼 것이다.

우리가 자연과 별개로 존재한다는 세속적인 믿음은 매우 다양한 형태로 나타나는데 대부분이 학습, 언어, 문화, 이성적 사고 같은 제한이 없는 능력을 특히 더 강조한다. 추측건대 우리는 이러한 능력 덕분에 여타의 종들과 다른 규칙에 입각해 행동할 수 있고 진화에 대한 세부 지식을 이해할 필요가 없는지도 모른다.

이러한 능력은 유전적 진화 과정을 통해 생겼을 테지만 말이다. 사람들은 대개 '생물학'은 음식을 먹고 자식을 낳는 것과 같은 인간의 행동에 광범위한 제한 사항을 설정해놓지만 '문화'는 이러한 광범위한 제한 속에서 아이를 만들기보다 예술 작품을 만드는 것 같은 인간의 행위를 결정짓게 한다고 주장한다. 물론 인간이 음식과 섹스를 좋아하는 것은 사실이지만 이는 아주 지루하기 짝이 없는 지적이다. 그보다는 오히려 문화의 다양성을 지적하는 것이 훨씬 흥미롭지 않을까? 진화론은 그 점에 관해서는 할 말이 없으니 말이다. 여기에 적당히 분위기 있는 음악을 삽입하면 인류는 영화 〈스타 트렉Star Trek〉에서 우주선 엔터프라이즈호를 타고 그 누구도 가본 적이 없는 곳을 종횡무진하는 커크 선장처럼 될 것이다.

이 얼마나 오만한 발상인가! 이러한 오만함은 우리 인간만의 고유한 특성을 지나치게 강조할 뿐만 아니라 그 고유한 특성을 설명하는 데 진화론이 얼마나 중요한 역할을 하는지 제대로 평가하지 못한다.

인간 고유의 특성은 대략 600만 년에 걸쳐 진화했다. 이는 곧 인간 고유의 특성이란 약 1000만 년 된 유인원의 특성과 약 5500만 년 된 영장류의 특성, 약 2억 4500만 년 된 포유류의 특성, 약 6억 년 된 척추동물의 특성, 그리고 약 15억 년 된 유핵세포의 특성이 변형된 결과임을 뜻한다. 만일 인간 고유의 특성을 이해하기 위해 굳이 생명의 나무(에덴동산의 중앙에 선악과와 함께 하느님이 준 나무인데, 그 열매를 먹으면 영원한 생명을 얻게 된다고 함-옮긴이)가 있던 시절까지 거슬러 올라갈 필요가 없다고 생각하는 사람이 있다면 인간에게 선충류(민물, 바다, 육지 등에서 생활하는 선형동물. 기생충의 대부분이 여기에 속함-옮긴이)와 동일한 식욕을 조절하는 유전자가 있다는 굴욕적인 사실을 생각해보길 바란다. 요컨대 인간 고유의 특성은 기껏해야 거대한 대저택에 방한 칸 넓히는 정도에 불과하다. 그런데도 가장 최근에 들어선 방을 제외한 나머지 방은 모두 무시해도 된다고 생각하는 것은 지나친 오만인 것이다.

나는 이미 인간이 다른 포유류 종들과 공유하는 적응 사례를 하나 소개했다. 그것은 다름 아니라 태아기 때 주어진 자원을 평가해 자신의 남은 일생을 위한 신진대사 전략을 결정하는 것이었다. 이런 단일 적응 방식은 틀에 박힌 사고에 갇혀 있는 사람들을 흠칫 놀라게 할 특징들을 상호 결합시킨다. 우리는 대체로 태아가 정보에 기초해 결정을 내릴 수 있을 거라고 생각하지 않는데, 이는 의사결정을 의식적 사고라고 생각하거나 혹은 최소한 뇌와 연관되어 있는 작업이라고 생각하기 때문이다. 그러나 추측건대 이런 유형의 결정은 무의식적일 뿐만 아니라 '계산기' 기능을 수행하면서도 뇌에 국한될 필요는 없는 신체 시스템과 연관되어 있다. 또한 우리는 환경적 효과를 학습과 연관시키지만 이런 유형의 효과는 정교하게 통합되어 있고 사전에 준비된 '전쟁 계획'을 유발하는 전화벨 소리에 훨씬 가깝다. 그런데 만일 우리가 원숭이, 돼지, 쥐 등처럼 이러한 방식을 통해 하나의 종으로 구축되었다면 난해한 과학을 이해하기 위해서가 아니라 우리의 자손을 위해 그 방식을 알아야 한다.

이러한 사례에 인간의 신체와 정신 그리고 사회와 관련된 모든 측면에 영향을 미치는 수십, 수백 가지 유사 사례를 곱하면 여타의 모든 종들과 다를 것 없이 우리 자신 또한 진화의 산물임을 깨닫게 될 것이다. 사회심리학자 티모시 윌슨Timothy Wilson은 『나는 내가 낯설다 *Strangers to Ourselves*』라는 책에서 이러한 주제를 다루고 있다. 그는 이 책에서 태아가 신진대사 전략을 결정할 때처럼 우리 또한 무의식적 알고리즘을 통해 결정할 때가 많다는 사실을 보여주었다.

만일 우리가 진화에 의해 지어진 대저택에 살고 있다는 것을 인정한다면 그때부터는 인간과 다른 종들을 구별 짓는 '최근에 증축된 방'에 관심을 기울여도 무방하다. 수백 년 동안 우리 인간은 자신을 다른 종들이 결코 따라올 수 없을 정도로 지적이고 도덕적이고 융통성 있고 아름다움을 감상할 줄 아는 존재로 여겼다. 그러나 이러한 것들은 대부분 자기만족에서 비롯된 것이기 때문에 사실적 주장이라고 보기에는 미흡한 점이 많다. 이와 관련해 나는 앞에서 어떤 종들은 특정 임무를 수행할 때 인간의 지능을 훨씬 뛰어넘을 뿐만 아니라 선함과 연관된 특징들은 환경조건만 적절하면 어느 종에서든 진화할 수 있음을 입증했다. 나는 이후에도 이러한 주제에 대해 상세히 설명할 것이며 아름다움을 감상하는 능력 또한 진화에서 비롯된 것임을 밝힐 것이다. 그러나 그렇다고 해서 종으로서 인간이 지닌 고유한 능력을 부인할 수는 없다. 그중에서도 행동의 유연성과 사회환경을 구축하는 능력은 특히 더 그렇다. 이 때문에 많은 교수들과 지식인들은 스스로를 '사회 구성주의자'라고 부르고 문화적 다양성을 자랑으로 여긴다. 이들의 문제점은 이들의 견해가 틀렸다는 점이 아니라 진화론과 무관하다고 여긴다는 점이다. 진화론적 사회 구성주의자가 되어야 함에도 말이다. 이제부터 이 점에 대해 간접적으로 살펴보겠다.

포유동물의 면역체계를 생각해보라. 포유동물의 면역체계는 병원체라고 불리는 아주 작은 포식자로부터 우리를 보호하기 위해 진화된 놀라운 적응 방식이다. 사자와 호랑이처럼 덩치가 큰 포식자는 상상만으로도 두렵게 느껴지지만 실은 이 작은 포식자가 훨씬 더 치명적이다. 게다가 우리가 숨 쉬고 음식을 먹을 때마다 몸 안으로 침입해 들어오기 때문에 항상 우리 곁에 머문다. 우리가 죽으면 면역체계는 그 기능을 멈추게 되고, 바로 그 순간부터 우리는 미생물의 밥이 된다. 어마어마한 수의 하이에나 무리가 거대한 코끼리 시체를 서로 차지하겠다고 다투듯이 말이다. 어쨌든 우리의 면역체계는 이러한 포식자들로부터 우리를 보호하는데, 그렇다면 이런 일이 어떻게 가능한 것일까? 우선 우리의 면역체계는 앞서 살펴봤던 쇠똥구리의 뿔 배치 전략, 숲개구리와 송사리의 포식자 방어 전략, 태아의 신진대사 전략 등처럼 미리 진화된 수많은 '전쟁 계획'일 가능성이 있다. 예컨대 X라는 미생물이 우리 몸에 침입하면 우리 몸은 이를 화학적으로 감지하고, 바로 그 순간 X는 우리의 면역체계 무기고에서 발동한 X 전쟁 계획과 맞대결을 벌이게 된다. 이렇듯 우리의 면역체계는 일정 정도 이런 식으로 작용하지만 그것이 전부는 아니며 전부일 리도 없다. 이는 미생물의 유형이 매우 다양할 뿐만 아니라 – 8장에서 수프에 침입해 들어온 미생물의 사례를 통해 살펴보았듯이 – 각각의 유형은 빠른 속도로 진화하기 때문이다. 이처럼 다양하고 빠르게 변하는 적들과 대적할 수 있는 유일한 방법은 불에는 불로 맞서듯이 진화에는 진화로 맞서는 것뿐이다. 알다시피 면역체계의 핵심은 무작위로 항체를 생산한 후에 그중에서 몸에 침입한 특정 병원체를 꼼짝 못하게 할 항체를 선별하는 일이다. 다시 말해서 면역체계는 빠르게 진행되는 항체의 진화 과정임과 동시에 서서히 진행되는 유전적 진화 과정의 산물인 셈이다.

우리가 지금까지 살펴봤던 여러 유전적 적응 방식과 달리, 면역체계는 유령과 춤을 추는 문제를 해결한다. 완전히 새로운 유형의 미생물이 화성에서 날아와 우리 몸 안에 침입했다고 가정해보자. 그 미생물이 지구에서 왔든, 화성에서 왔든, 또 다른 은하계에서 왔든 상관없이, 면역체계는 무작위로 항체를 생산한 후에 훌륭한 항체를 선별할 것이고, 이는 여전히 효과적인 방어책이 될 것이다. 또한 면역체계가 자기 힘으로 일련의 진화를 일으킨다는 사실은 유전적 진화의 시간 범주가 아니라 그 자체의 시간 범주에서 적응 방식을 진화시킬 수 있음을 뜻한다.

만일 누군가가 번거롭게 진화론을 운운하지 않고도 면역체계를 이해할 수 있다고 주장한다면, 그와 같은 주장은 다음과 같은 두 가지 이유에서 사실이 아니다. 첫째, 면역체계의 핵심은 빠른 속도로 진행되는 진화 과정이라는 사실을 무시하고 있다. 둘째,

면역체계가 적응 방식을 찾을 수 있는 것은 오직 유전적 진화를 통해 진화된 거대하고 복잡한 구조물 때문이라는 사실을 무시하고 있다. 요컨대 면역체계는 두 개의 상이한 시간 범주 속에서 작용하는 진화에 대해 자세히 알아야만 정확히 이해할 수 있다.

나는 독자들이 이러한 우회적인 설명이 어떻게 인간 고유의 특성과 사회 구성주의라는 주제로 되돌아가는지 이해할 수 있길 바란다. 사실 면역체계는 빠르게 진행되는 진화 과정임과 동시에 서서히 진행되는 유전적 진화 과정의 산물인 것은 맞지만 그것의 유일한 사례는 아니다. 면역체계 연구로 노벨상을 받은 제럴드 에델만Gerald Edelman은 인간의 뇌를 독립된 진화 과정으로서 연구했는데, 그는 이러한 연구를 가리켜 '신경 다위니즘neural Darwinism'이라고 지칭했다. 즉 유연한 뇌 발달이나 상징적 사고에서부터 문화적 다양성 등 인간 고유의 특성과 연관되는 대부분의 한계가 정해지지 않은 과정들은 유전적 진화를 통해 구축된 거대 구조물 안에서 빠르게 진행되는 진화 과정을 보여준다. 우리는 진화의 영역에서 벗어난 적이 없을 뿐만 아니라 초고속으로 진화를 경험한다. 그러나 진화라는 우주선은 영화에 등장하는 엔터프라이즈호가 아니다. 다시 말해서 진화가 어떻게 작용하는지 이해하지 못하면 진화라는 우주선은 우리를 원치 않는 곳에 데려다 놓을 것이다.

회개한 탕아나 알코올중독 방지회와 같은 재활 프로그램처럼, 나는 구시대의 사고방식을 겸손하게 받아들이려고 애쓰면서 새로운 사고방식을 맞이할 준비를 했다. 그렇다면 재활을 향한 길

앞에 펼쳐진 수많은 계단 앞에서 우리가 취한 조치가 무엇이었는지 자세히 되짚어보자. 우선 우리는 우리에게 창조주가 부여한 특별한 능력이 있다는 사고방식을 버려야 했다. 그런 다음에 우리는 방이 무수히 많은 대저택에 살고 있을 뿐만 아니라 대부분의 방을 다른 종들과 함께 사용하고 있음을 인정해야 했다. 그리고 마지막으로 우리만의 특별한 방은 면역체계를 이해할 때 필요했던 것처럼 다양한 시간 범주 안에서 작용하는 진화를 자세히 이해할 필요가 있음을 인정해야 했다.

이러한 결론은—사실이 아닐 가능성이 거의 없는—오랜 세월에 걸쳐 구축된 인간 특성에 관한 견해를 대대적으로 조정해야 함을 뜻하기도 한다. 2장에서 언급했듯이 다윈의 이론은 거의 150년이나 되었지만 밝혀져야 할 사실들이 아직도 많이 남아 있다. 이제부터는 우리 자신을 100퍼센트 진화의 산물로 간주하는 것이 무엇을 의미하는지, 그리고 이러한 사고방식이 우리가 더 나은 삶의 방식을 찾는 데 어떻게 도움을 줄 수 있을지 살펴보자.

나는 1장에서 진화론에 관한 과장된 주장들을 쭉 나열했다. 진화론은 논쟁할 것도 없이 사실이라든가, 그 기본 원리들을 쉽게 배울 수 있다든가, 누구나 그 원리를 배우고 싶어할 거라든가 하는 주장 말이다. 그러나 여기까지 나와 동행한 사람이라면 이러한 주장이 과장되었을지는 몰라도 완전히 허튼 소리는 아니라는 사실에 동의할 수 있으리라 생각한다. 조금은 과장되었더라도 진화론의 기본 단계에서 비롯된 충분히 입증이 가능한 주장들이니 말이다.

이러한 과장된 주장들 가운데 하나는 나를 비롯해 모든 진화론 자들은 종교와 같은 새로운 주제에 대해 통렬히 비난할 수 있을 뿐만 아니라 전문가들에게 뭔가를 가르칠 수 있다는 주장이다.

그것도 나와 같은 사람은 감히 엄두조차 낼 수 없는 위대한 사실적 지식의 소유자들에게 말이다. 자연선택에 기초한 사고에 익숙하지 않은 사람은 깨달음을 얻기 이전의 다윈이나 조각가의 생각을 전혀 알지 못한 채 조각상을 설명하는 사람과 같다고 할 수 있다. 전문가들이라면 문제가 더 심각해질 수도 있는데, 그들의 머리에는 협소한 주제에 관한 사실들로 가득 차 있어 다른 주제를 생각할 여지가 없기 때문이다. 이러한 점을 가장 잘 입증한 사람은 바로 마지 프로펫Margie Profet이다. 그녀는 1993년에 진화론에 기초한 입덧 이론으로 맥아더 재단의 '지니어스' 상 최연소 수상자가 되었고 이로 말미암아 일약 유명인이 되었다.

마지는 이 분야에 대해 아는 것이 전혀 없었다. 공학자인 어머니와 물리학자인 아버지 사이에서 태어난 마지는 하버드 대학교에서 정치학을 전공했고 캘리포니아 대학에서 물리학 학위를 받았다. 그러나 두 개의 학위는 마지의 지적 방랑벽을 만족시키기에 역부족이었고, 그녀는 학계를 떠나 스스로를 '룸펜'이라고 부르면서 한동안 방황했다. 또한 진화론이나 생물학과 관련된 정규교육을 전혀 받지 않았지만 1996년에는 『사이언티픽 아메리칸 Scientific American』지에 "나는 진화생물학을 연구하는 몇몇 사람들과 대화를 나누곤 했고 그와 관련된 것이라면 모조리 읽었다. 그리고 이것저것에 대해 생각하기 시작했다"라고 썼다.

이러저러한 생각에 빠져 있던 마지는 어느 날 입덧 때문에 힘들다고 불평을 늘어놓는 친척들과 대화를 나누다가 문득 한 가지 생각에 집중하게 되었다. 다른 임신부들처럼 마지의 친척들은 불과 몇 주 전에 먹던 음식들이었는데도 지금은 도저히 먹을 수가 없는 경험을 한 것이다. 커피 같은 기호품은 물론 짙은 녹색 채소처럼 몸에 좋은 음식까지도 말이다. 게다가 임신부들은 이러한 음식의 냄새만 맡아도 구역질이 나고 간혹 증세가 너무 심해서 병원을 가기도 했다.

입덧에 관해 자주 듣게 되는 이러한 사실들은 마지가 알게 된 진화론과 일치하지 않았다. 입덧은 임신부뿐만 아니라 배 속의 아기에게도 나쁠 게 분명하고, 자연선택은 그런 나쁜 것들을 제거하는 과정이 아닌가! 따라서 수많은 여성들이 임신을 할 때마다 겪게 되는 이 불가해한 입덧의 원인을 설명하려면 이 이야기에 뭔가가 더 첨가되어야 했다. 입덧에 관한 마지의 추론은 6장에서 살펴봤듯이 미친 수컷 원숭이의 대가를 상쇄시킬 이점을 연구했던 스티븐 수오미 박사의 추론과 비슷한 것이었다.

마지를 끈질기게 괴롭혔던 의혹을 풀어줄 그럴듯한 가설은 한두 가지가 아니었다. 임신부들은 질병에 특히 취약하므로 입덧은 전염성이 있는 병원체로 인해 일어날 가능성이 있었다. 또는 특정 환경오염 물질이 널리 확산된 탓에 그럴 수도 있고, 혹은 개의 말린 꼬리가 우호적인 행동과 연관되어 있듯이 입덧이 임신기에 일어나는 호르몬 변화와 긴밀하게 관련되어 있을 수도 있었다. 그리고 또 입덧에 따른 부정적 효과가 약간의 자연선택적 사고만으로도 식별 가능한 뭔가 더 좋은 긍정적 효과와 연관이 있을 수도 있었다.

마지가 입덧을 적응 방식으로 간주할 수 있을 만한 타당한 이론을 고안해내는 데는 내 학생들이 영아살해에 관한 이론을 고안할 때처럼 오랜 시간이 걸리지 않았다. 대부분의 종들은 포식자와 먹잇감과의 진화 경쟁에 열중해 있다. 예컨대 영양과 치타는 번개처럼 빠른 속도로 달릴 수 있을 때까지 더 빨리 달리는 쪽으로 진화한다. 그리고 씨앗은 더 두꺼운 껍질을 갖도록 진화하고, 앵무새는 펜치로도 까기 어려운 나무 열매를 쪼아 깰 수 있을 때까지 더 두꺼운 부리를 갖도록 진화한다. 이러한 유형의 진화 경쟁은 무수히 많은 종들의 동물들과 식물들 그리고 미생물들을 낳았고, 이러한 종들은 독소를 이용해 스스로를 보호할 수 있게 적응했다. 그런데도 그들은 그 독소와 대적할 수 있게 적응한 다른 종들에게 잡아먹힌다. 우리 인간은 잡식동물의 먼 후예이기 때문에 다른 종들의 화학적 방어를 다루는 데 매우 뛰어나다. 그리고 실제로 그러한 방어를 이용해 우리 몸 안에 있는 기생충과 질병에 맞서 싸울 수 있다.

마지는 배 속의 태아는 평소 성인 식단에 포함되어 있는 화학물질의 맹공을 견딜 능력이 없을지도 모른다고 추론했다. 만약 태아에게 그런 능력이 없다면 임신부는 배 속에서 자라고 있는 태아가 평소 식단에 포함되어 있는 독소에 중독되는 것을 막기 위해 식단을 바꿔야 한다고 생각했다. 그러나 그러한 변화는 의식적인 노력이 아니라 송장벌레가 뿔을 발육시키거나 태아가 신진대사 전략에 적응하는 것과 동일한 메커니즘 속에서 일어날 가능성이 높았다. 즉 입덧은 임신부를 힘들게 하고 자라나는 태아로부터 열량을 빼앗아 갈 수도 있지만, 입덧을 하지 않을 경우에는 오히려 더 나쁜 결과가 발생할 수 있다는 것이다.

마지의 이론은 설득력이 있었지만, 설득력이 있다고 해서 그 이론이 사실이라는 것은 아니었다. 앞에서 이미 강조했지만 이론이 할 수 있는 최선의 것은 타당성 있는 대립 가설을 가능한 한 많이 제시하는 것이다. 또한 과학적 방법의 수레바퀴 축을 회전시켜야 이론은 진일보할 수 있다. 그리고 다행스럽게도 다양한 가설들로부터 매우 상이한 결과가 도출된다. 예컨대 입덧이 전염성이 있는 병원체 때문에 일어난다면 병원체를 식별하거나 항체를 이용해 입덧을 치료하는 것이 가능할 것이다. 그게 아니라 특정 환경오염 물질이 널리 확산되었기 때문이라면 입덧은 최근에 일어난 현상으로 산업국가에서 가장 보편화되어 있을 것이다. 개의 말린 꼬리처럼 임신기에 일어나는 호르몬 변화 때문이라면 숨은 연관성을 발견할 수 있을 것이다. 혹은 입덧이 자라나는 태아를 독소로부터 보호하기 위한 적응 방식이라면, 이와 같은 경우에는 많은 결과가 도출될 수 있다. 이를테면 입덧은 방어에 가장 취약한 발생 단계와 일치해 일어날 수 있다거나, 태아에 해를 끼칠 가능성이 가장 높은 음식 때문에 야기될 수 있다는 등의 결과 말이다. 요컨대 각각의 가설은 상이한 예측을 낳고, 이것은 곧 충분한 연구로 이어져 문제의 진실을 파악하기가 훨씬 수월해진다.

마지는 다람쥐와 어치들이 땅콩을 받아먹으러 오는 허름한 아파트에 틀어박혀 과학과 의학 문헌들을 조사했다. 4장에서 살펴봤듯이 사실이란 벽돌과 같아서 튼튼하고 만들기 쉽지만 하나하나가 모여 거대한 구조물로 완성되기 전까지 그 하나만으로는 가치가 없다. 다윈의 업적이 위대한 것도 기존의 사실들을 체계화해서 새로운 사실을 추구하는 이론을 제공했기 때문이다. 마지가 도전해야 할 난제는 입덧이라는 구체적인 주제로 이러한 다윈의 업적을 되풀이하는 것이었다. 마지는 수백 가지 사실을 조사했지만 그 사실들은 여기저기 널려 있는 벽돌과 다름이 없었다. 그렇다면 마지는 이렇게 흩어져 있는 사실들을 어떻게 한데 모아 하나의 견고한 구조물로 완성할 수 있었을까? 그리고 그 구조물은 과연 어느 가설을 지지했을까?

차곡차곡 쌓아올린 사실들은 적응 가설 쪽으로 기우는 것처럼 보였다. 1940년 초반에 어느 의학 연구자는 입덧이 몹시 심한 임신부는 그렇지 않은 임신부보다 유산할 가능성이 적다고 보고했다. 사실 입덧은 대부분 태아가 주요 신체기관을 형성하고

다윈의 업적은 기존의 사실들을 체계화해서 새로운 사실을 추구하는 이론을 제공한 것이다.

독소에 가장 민감한 시기에 일어난다. 또한 맵고 쓴 음식은 담백한 음식보다 입덧을 일으키기 쉬울 뿐만 아니라 유산과 선천성 기형과 연관이 있다. 반면에 입덧과 연관된 전염성이 있는 병원체나 환경오염 물질은 알려진 것이 전혀 없는 데다가 입덧은 현대 산업국가에 국한된 증세도 아니다.

마지의 연구는 곧 입덧이라는 협소한 주제에서 벗어나 음식의 독소로부터 자라나는 태아를 보호하기 위해 설계된 것처럼 보이는 여러 적응 방식으로 이동했다. 임신부들은 특정 음식을 먹지 않을 뿐만 아니라 몸에서는 음식에 함유된 독소를 제거하느라 바쁘게 움직인다. 음식은 예전보다 느리게 장을 통과하고, 신장으

로 흘러가는 혈류량은 증가하며, 간은 효소 생산을 단계적으로 증대시킨다. 코는 냄새에 더 민감해지고 심지어 점토를 먹는 기이한 습관이 생기기도 한다. 사실 점토는 독성이 강한 화학물질이 혈류에 흡수되는 것을 감소시키는 것으로 밝혀졌고, 복통과 구역질 치료제로 사용되는 카오펙테이트Kaopectate의 주성분이기도 하다. 이러한 통합적 변화는 인류가 종으로 출현하기 오래전부터 생존과 번식에서 되풀이되어 일어나는 문제를 해결하기 위해 수백만 세대에 걸쳐 진화한 주요한 생리적 '전쟁 계획'의 특징들을 모두 포함한다.

잠깐 하던 이야기를 멈추고, 이러한 상황과 관련된 아이러니를 생각해보자. 만일 마지의 이론이 사실이라면 여성들은 발생기에 있는 태아를 보호하기 위해 생물학적으로 적응한다. 그러나 자신에게 그러한 능력이 있는지 전혀 인식하지 못하고 입덧처럼 음식을 기피하게 되는 괴로운 증세만 경험한다. 그래서 자신이 아프다고 생각하고는 의사를 찾아간다. 의사들은 진화론을 믿는 학식을 갖춘 전문가들이지만 거의 대다수가 자신의 직업과 진화론이 연관되어 있다고 생각하지 않는다. 이 때문에 그들은 임신부의 구역질을 치료할 방법을 찾는 일에만 주된 관심을 쏟는다. 이를테면 1950년대에 의사들은 입덧 치료제로 수면제인 탈리도마이드Thalidomide를 대대적으로 처방했다. 그러나 이 약은 오히려 전 세계 수천 명의 어린이에게 선천성 기형이라는 비극을 떠안기고 말았다. 그러나 탈리도마이드의 판매가 중지된 후에도 입덧을 치료받아야 하는 질환으로 해석하는 것에 대해 의혹을 제기하는 사람은 한 명도 없었다. 이 때문에 다람쥐와 어치 친구들로 둘러싸인 아파트에서 자연선택적 사고를 표지 그림으로 삼고 전문가들이 발견한 사실들을 조각으로 삼아 거대한 조각 그림 맞추기를 완성하기 위해선 지적 호기심으로 충만한 룸펜이 필요했다.

마지는 두 부류의 청중에게 자신의 결과물을 발표했다. 우선 전문가들을 위해 1992년에 『적응하는 마음 *The Adapted Mind*』이라는 편집 단행본에 긴 논문을 게재했다. 이 논문은 인간 종을 진화론적 시각에서 연구하는 밑거름이 되었다. 그리고 전 세계 임신부들을 위해서는 『태아 보호하기 *Protecting Your Baby to Be*』를 저술해 1995년에 출간했다. 의학 단체의 일부 회원들은 마지가 입증되지도 않은 사실을 퍼뜨리고 다닌다며 못마땅해했지만 그들이 도대체 누구를 비난할 수 있단 말인가? 불완전한 정보의 세계에 온 것을 환영한다. 그렇다. 마지는 대부분 다른 목적을 위해 실행된 과거의 연구들로부터 자신의 주장을 한 땀 한 땀 꿰매어 완성했지만 그게 잘못인가? 어째서 소위 전문가라는 사람들은 입덧이 중요한 적응 방식에서 부정적인 현상이라고만 생각했던 것인가? 그들은 앞으로 마지의 연구 결과와 관련해 무엇을 연구할 계획인가? 전 세계 임신부들은 왜 마지의 이론에 대해 배우면 안 되는가? 어찌 되었든 그 이론은 과거의 과학적 정보를 세심히 분석해 그 토대로 삼은 것이 아닌가?

입덧은 내가 학생들에게 진화론의 기본 원칙을 가르쳐준 다음에 첫 번째로 소개하는 주제다. 나는 이때 마지의 논문이 아니라 사무엘 플랙스먼Samuel M. Flaxman과 폴 셔먼Paul W. Sherman의

2000년 리뷰 논문을 이용한다. 폴은 진화론자로 나의 오랜 친구인데, 대학원 시절부터 얼룩 다람쥐 한 종을 연구해 유명인이 되었다. 그는 매년 여름, 일단의 대학생들을 이끌고 현장에 나가 연구했다. 대학생들은 말 그대로 새벽부터 해질 무렵까지 의자에 앉아 얼룩 다람쥐가 땅 위에 있을 때 무엇을 하는지 하나도 빠짐없이 기록했다. 폴은 혈연선택kin selection 이론이 사실임을 입증하는 증거를 제공한 최초의 인물 중 한 명이기도 한데, 이 이론에서는 동물들이 유전적 혈족에게 특히 더 친절할 거라고 예측한다. 나는 폴이 취업 전선에 뛰어들었을 때 많은 대학에서 앞다투어 그를 데리고 가려고 했던 것을 아직도 기억하고 있다. 심지어이 때문에 똑같은 자리를 놓고 경쟁하던 다른 학생들은 그의 결정을 기다려야만 했다. 결국 폴은 코넬 대학교를 선택했고 나처럼 다양한 주제를 연구하고 있다. 코넬 대학교 학생이던 사무엘은 폴과 함께 마지의 이론을 연구 분석했다. 폴이 진화론의 대가이긴 했지만 두 사람은 모두 입덧이란 주제에 대해서는 문외한이었던 것이다.

사무엘과 폴은 벽돌을 쌓는 것은 단순해 보이지만 실은 고도의기술이 필요하다고 말한다. 벽돌쌓기 기술자가 회반죽을 바르고한 치의 헛된 동작 없이 벽돌을 쌓는 광경은 주목할 만하다. 나는사무엘과 폴의 논문도 그와 같다고 생각한다. 전문가와 그의 수습생이 한 치의 헛된 동작 없이 과학적 방법의 수레바퀴 축을 돌리며 연구에 매진하였으니 말이다. 기쁘게도 대부분의 학생들 또한 나와 의견이 같다. 그들은 진화에 관해 생각한 지 불과 몇 주밖에 되지 않았지만 벌써 전문가들이 쓴 과학 논문을 읽는다. 물론 논문 내용도 잘 이해하고 읽는 것도 좋아한다.

나는 3장에서 자연선택에 기초한 사고는 무수히 많은 주제에 적용될 수 있다고 말했다. 마지 또한 한 가지 주제가 아니라 세 가지 주제에 열중했다. 바로 입덧 이외에 알레르기와 월경에 대한 이론이었다. 그녀의 추론 방법은 연구 주제가 바뀌어도 똑같았다. 알레르기와 월경은 둘 다 건강에 좋지 않은 영향을 끼치고, 그렇다면 자연선택에 의해 제거되어야 마땅하다. 그런데도 인간이 체험하는 일들 중 하나로 존속하는 것은 무엇 때문일까? 이와 같은 단순한 추론은 앞에서 강조했듯이 목표물을 정확히 찾아가는 열추적 미사일 같은 것이 아니다. 그렇게 쉽게 추론이 가능하다면 제대로 정신이 박힌 사람치고 그런 정보를 꺼릴 사람이 과연 몇이나 있겠는가? 추론은 단지 우리를 총체적으로 근접한 정답에 데려다 줄 뿐이다. 어찌 되었든 내가 알기로 마지의 월경 이론은 그저 그런 편인 반면에 알레르기 이론은 그보다 훨씬 낫다. 그리고 두 이론 모두 과학적 방법의 수레바퀴가 더 빨리 회전할 수 있게 도왔다. 한편, 폴 셔먼은 대학생 제니퍼 빌링Jennifer Billing의 도움을 받아 '음식에 양념을 하는 이유'라는 외관상 매우 주관적인 주제에 대해 다시 한 번 웅장한 공연을 거행했다. 왜 어떤 음식은 다른 음식에 비해 양념이 많이 들어가는지 궁금해 본 적이 있는가? 혹은 고트족이 408년에 로마를 포위했을 때 철수 조건으로 금 5,000파운드와 후추 3,000파운드를 요구했다는 사실을 아는가? 내 학생들이 이 시점이 되면 과학 논문을 즐겨 읽고 잘 이해하듯이 독자들도 구글에 이름만 치면 쉽게 찾을 수 있는 폴의 웹사이트를 방문해 양념에 관한 그의 논문을 한번 보길 바란다. 적당한 마음의 준비만 되면 오히려 대중잡지에 실린 그렇고 그런 오락성 기사보다 훨씬 흥미로우니 말이다. 어느 학생은 "저는 죽었다 깨어나도 양념에 대해 그런 식으로 생각하지 못할 거예요!"라고 말하기도 했다.

의학은 그 나름대로 고도로 정밀한 분야지만 자연선택에 기초한 사고방식을 좀처럼 활용하지 않는다. 또한 대부분의 의사들과 의학 연구자들은 진화론을 당연한 사실로 받아들이지만 의과대학에서 진화론을 접할 수 있는 기회는 거의 제로에 가까울 뿐만 아니라 그들의 직업과는 아무 연관도 없다고 생각한다. 따라서 이러한 상황이 계속되는 한 마지 프로펫 같은 지적인 룸펜과 대학생 부대를 이끌고 다니는 폴 셔먼과 같은 진화론자들이 그런 전문가들에게 가르쳐줄 것이 많을 수밖에 없다.

피는 물보다 진하다?

2005년 6월 5일, 나는 텍사스주 오스틴에 위치한 하얏트 리젠시 호텔 라운지에 앉아 있었다. 당시 그곳에는 인간 행동과 진화학회의 연례회에 참석하러 온 동료 회원 450명도 함께 있었다. 그런데 우연히 2만 명의 오토바이족들도 2005년 텍사스 공화국 오토바이 경주에 참석하기 위해 오스틴에 결집해 있었다. 괴물 같은 고성능 오토바이들이 주차장에 일렬로 주차되어 있었고 라운지 바에는 거칠어 보이는 오토바이족들과 책벌레처럼 보이는 학회 회원들이 뒤섞여 있었다. 그 장면은 마치 격동의 문화 전쟁의 첫 장면을 보는 듯한 분위기를 연출할 수도 있었지만 그런 일은 일어나지 않았다. 모두 즐거운 한때를 보내기 위해 그곳에 왔던 터라 긴장의 조짐조차 보이지 않았다.

전날 밤에 나는 오스틴의 최대 관광 명소에서 학회 회원들과 오토바이족들 그리고 여행객들과 한데 섞여 관광을 했는데, 그곳은 바로 규모가 세계에서 가장 크다고 소문난 도시에 사는 박쥐들의 서식지였다. 우리는 콜로라도 강을 가로지르는 다리 한 곳에 모여 있었는데, 마치 야외 콘서트를 구경 온 듯했다. 어둑어둑해지자 다리 아래 잔디밭뿐만 아니라 다리 위도 구경꾼들로 가득 찼고, 마침내 멕시코의 꼬리 없는 박쥐 무리가 다리 아래에서 나오기 시작했다. 그런데 나중에는 마치 급류가 솟구치듯이 계속 몰려나오는 바람에 하나밖에 안 되는 다리 아래에 어떻게 150만 마리 정도 되는 그렇게 많은 박쥐가 모여 있을 수 있는지 도저히 믿기지 않을 정도였다. 이렇듯 많은 생명체가 쏟아져 나오는 것을 보고 박멸하려고 하지 않고 경탄하고 있으니 이 얼마나 멋진 일인가!

비록 우리는 볼 수 없지만 다리 아래에는 어미가 돌아오길 기다리는 수십만 마리의 새끼 박쥐들이 있다. 거꾸로 매달려 있는 새끼들은 어찌나 따닥따닥 붙어 있는지 그 작은 몸으로 끝이 보이지 않을 정도로 펼쳐진 살아 있는 카펫을 만들어낸다. 그런데 이렇게 많은 새끼 박쥐들 사이에서 어미 박쥐들이 자기 새끼를 어떻게 찾을 수 있는지 궁금하지 않은가? 엄밀히 말하면 반드시 찾아야 하는 것은 아니다. 어미들은 어느 새끼든 돌볼 수 있고, 그렇게 하는 것이 제 새끼만 찾겠다고 고집을 피울 때보다 무리를 존속시키기 훨씬 수월할 테니까 말이다. 반면에 약간의 자연선택적 사고에 기초하면 차별적으로 자기 새끼만 돌보는 어미들은 무차별적으로 새끼를 돌보는 어미들보다 자신의 유전자를 영속시키기가 수월할 것임이 분명해진다.

이 책의 다른 가정들처럼 이러한 예측은 지식에 기초한 추측일 뿐이기 때문에 반드시 사실일 필요는 없다. 그러므로 아무리 이롭더라도 어미 박쥐들은 살아 있는 카펫에서 자기 새끼를 찾을 방법을 전혀 모를 가능성도 있다. 그런데 공교롭게도 멕시코의 꼬리 없는 박쥐에 대한 이런 질문은 이미 예전에 제기되었고 그 정답도 발견되었다. 각각의 새끼는 수십만 가지의 울음소리 가운데 어미가 자신의 소리를 식별할 수 있게 운다는 것이다. 사실 이를 가능하게 하는 근접적 메커니즘은 우리가 구경했던 끝없이 쏟아져 나오는 박쥐들의 광경보다 훨씬 더 놀랍다. 갓 태어난 새끼는 자신만의 고유한 울음소리를 내야 하고, 어미가 처음으로 새끼를 혼자 남겨두고 비행을 나가기 전에 그 울음소리는 어미의 머릿속에 새겨져야 한다. 그리고 어미는 다른 어미의 새끼들이 시끄럽게 울어대도 자기 새끼의 울음소리를 식별해 찾을 수 있는 특별한 청각 장치가 필요하다. 이러한 능력은 인간의 능력을 초월하는 것인데, 인간은 진화의 역사를 통틀어 이러한 문제에 직면한 적이 없기 때문에 당연하다. 그러나 우리는 이러한 복잡한 사실에 탄성을 지르는 것만으로 끝나는 것이 아니라 이면에 숨은 어두운 측면이 있음을 인정해야 한다. 바로 어미를 잃은 새끼는 그 누구도 돌보지 않는다는 점이다. 새끼 박쥐의 주위에는 수많은 다른 박쥐들이 있지만 아무도 그를 돌봐주지 않는다. 이 때문에 새끼는 자신만의 울음소리를 더 시끄럽게 내보지만 그 소리는 점점 희미해지고 결국 콜로라도 강에 빠져 물고기 밥이 되고 만다.

밤이 되어 나는 학회 회원들과 호텔로 돌아갔다. 나흘 동안 계속되는 이 연례회는 수백 가지가 넘는 토론거리와 포스터로 가득했는데, 바로 앞 장에서 살펴봤던 입덧 사례와 주제가 비슷했을 뿐만 아니라 전체적으로 인간의 경험 전반을 다루었다. 에드워드 윌슨과 스티븐 핑커Steven Pinker를 비롯해 과학계의 거물급 유명 인사들이 일부 참석했다. 또한 대중에게는 덜 알려졌지만 학회에서는 스타나 다름없는 인물들도 참석했다. 그중에는 1988년에 『살인 *Homicide*』이라는 책을 출간해 과학계에 한 획을 그은 마틴 데일리Martin Daly와 마고 윌슨Margo Wilson도 있었다. 사실 『살인』은 에드워드 윌슨의 『통섭 *Consilience*』이나 스티븐 핑커의 『빈 서판 *The Blank Slate*』만큼 많은 독자를 확보하지는 못했다. 그러나 어느 면에서는 『살인』이 이 두 유명 인사들의 책보다 훨씬 중요한 가치가 있는데, 고상한 일반화를 논하는 대신에 책 안에서 과학적 방법의 수레바퀴 축을 회전시키기 때문이다. 물론 일반화가 중요하지 않다는 뜻은 결코 아니다.

마틴과 마고는 살인 통계를 이용해 인간 행동에 관한 진화론적 가정을 검증할 수 있을 것 같다는 기발한 생각이 떠올랐다. 물론 모든 사망사건이 조사 대상이 되는 것은 아니지만 거의 대부분 기록되고 조사된다는 장점이 있지 않은가! 일반적으로 사람들은 자신이 열중하고 있는 것이 다르기 때문에 서로를 죽이는데, 이는 대학생들이 심리 설문지에 답을 채워넣는 이유와 다르다. 만일 진화론이 사람들이 왜 서로를 죽이는지에 대해 그 이유를 해명할 수 있다면 과학적 흥미뿐만 아니라 엄청난 실용적 가치를 낳을 수 있을 것이다. 마틴과 마고는 이러한 점에 착안해 연구했고 그 결과를 『살인』이라는 책에 담았다. 왜 부모는 자식을, 자식은 부모를 죽이는가? 왜 남편은 아내를, 아내는 남편을 죽이는가? 겉으로 보기에 사소한 문제일 때가 많은데 왜 서로 모르는 사람끼리 죽이는가? 그리고 또 왜 집단끼리 죽이는 일이 그렇게 빈번하게 일어나고 전쟁이란 이름으로 합법화되는가? 마틴과 마고는 이와 같은 각각의 질문에 대해 조각 그림 맞추기처럼 증거를 수집해 하나로 짜 맞췄다. 마지 프로펫이 입덧이라는 주제를 연구할 때처럼 자연선택에 기초한 사고를 표지로 삼고 범죄 통계를 조각으로 삼아서 말이다. 나는 지금도 그들의 책을 우편으로 받았을 때를 기억한다. 검은색 표지에 살인이라는 한 단어만 인쇄되어 있는 것이 마치 범죄사건을 다루는 비정한 기자의 타자기에서 갓 나온 듯했다. 나는 책을 받자마자 단숨에 읽었고 너무 맘에 들어 크리스마스에 가족들과 친구들에게 그 책을 소개했다. 내게 그 책은 진실에 근접한 것이었기 때문에 범죄 소설보다 훨씬 흥미로웠다. 그 책에 담긴 사실들은 우리가 입증할 수 있을 만큼 견고했을 뿐만 아니라 그 사실들을 한데 모아 가장 튼튼한 설명 구조를 구축할 수 있을 정도였다.

나는 연례회 때 마틴과 마고에게 함께 아침을 먹자고 청했고 어떻게 그렇게 멋진 책을 쓸 수 있었는지 물었다. 그들은 부부 팀으로 오랫동안 함께 연구한 덕분에 쉴 새 없이 대화를 나누었고 그러는 과정에서 한쪽이 빠뜨린 것을 다른 한쪽이 주워주곤 했다. 물론 코미디처럼 간혹 우스운 의견 불일치가 생길 때도 있었다. 그들의 이야기는 캘리포니아 대학교 리버사이드 캠퍼스에서 젊은 조교수로 재직하던 1970년대에 시작되었다. 당시 그들은 인간이 아니라 동물을 연구했고 에드워드 윌슨의 신간 『사회생물학』을 일단의 대학생들과 함께 읽었다.

에드워드의 『사회생물학』은 동물의 행동을 연구하는 과정에서 일어난 변화를 설명했다. 자연선택에 기초한 사고는 다윈이 그 씨앗을 심었지만 20세기 초반에 들어서야 성장하기 시작했는데, 1973년에 노벨상을 수상한 카를 폰 프리슈Karl von Frisch와 콘라드 로렌츠Konrad Lorenz 그리고 니코 틴버겐Niko Tinbergen 등과 같은 선구자들 덕분이었다. 또한 1960년대가 되어서야 비로소 과학자들은 내가 3장에서 영아살해에 대해 질문했던 것처럼 "잘 적응한 동물들은 주어진 환경에서 어떻게 행동하는가?"라는 단순한 질문을 일상화하기 시작했다. 그러고 나자 수정 구슬에 비추기라도 한 듯 수백 가지 예측이 쏟아져 나왔고, 이러한 예측은 수학 모델을 통해 섬뜩할 정도의 정확성을 얻게 되었다. 이러한 예측에는 '먹이를 찾는 포식자들은 기존의 먹이에 할애할 시간을 더 좋은 먹이를 찾는 데 더 유용하게 사용할 수 있다면 기존의 먹잇감을 무시할 것이다' '동일 종에 속하는 개별 생명체들은 유전적 연관 정도에 비례해서 상부상조하는 경향이 있을 것이다' '기생벌의 성비는 얼마나 많은 암컷들이 단일 숙주 안에서 알을 낳느냐에 좌우될 것이다' 등이 포함되었다. 그런데 자연선택에 기초한 사고에 익숙하지 않은 다수의 생물학자들은 회의적인 태도를 취했다. 그들은 왜 기생벌이 우리가 예측할 수 있는 계산법으로 행동하는지 이해할 수 없었던 것이다. 그러나 좋든 싫든 이러한 예측들은 검증 가능한 것들이었고, 과학적 방법의 수레바퀴 축은 만족할 만한 속도로 회전하기 시작했다. 그리고 마침내 행동 전략 측면에서 대부분의 과학자들이 이전에 상상했던 것보다 훨씬 정교한 새로운 그림이 동물들로부터 그려졌다. 또한 '새로운 종합The New Synthesis'은 『사회생물학』의 소제목으로 부족함이 없었는데, 모든 종들의 모든 사회적 행동 유형을 최초로 단일한 이론에 기초해 접근했기 때문이다. 인간에 관해 기술한 에드워드의 마지막 장은 엄청난 논란을 야기했지만 인간을 제외한 동물의 세계와 관련해서는 거의 대부분의 학자들이 '새로운 종합'에 이의를 제기하지 않았다.

마틴과 마고는 진화론의 예측 능력에 감명을 받긴 했지만 그들은 "내게 자료를 보여달라"를 좌우명으로 하는 경험주의자들이었다. 마틴은 생쥐들이 새끼를 어떻게 보호하고 방임하는지 연구하고 있었고—4장에서 기술한 송장벌레 연구와 유사함—『사회생물학』에 대한 논의는 다른 종들과 관련된 증거를 참고해야 할 때가 많았다. 그런데 뒤늦게 누군가가 "그럼 인간은 어떤가?"라는 질문을 했다. 어찌 되었든 자녀 학대는 항간에 널리 알려진 문제이므로 이를 연구하는 사람들의 수는 다른 모든 종들의 새끼 방임을 연구하는 사람들의 수를 월등히 앞지를 것이 뻔했다. 한 학생은 자진해서 이 문제를 조사하겠다고 나섰다가 결국엔 실망만 하고 돌아왔다. 자녀 학대에 관한 논문을 찾는 것은 쉬운 일이었지만 질문의 초점이 다르거나 가장 기초적인 진화론적 가정도 검증할 수 없는 부적절한 정보로 가득했던 것이다.

마틴과 마고는 두 번의 우연한 사건 덕분에 『살인』이라는 책을 저술할 수 있었다. 당시 마틴에게 생쥐 알레르기가 생긴 데다가 두 사람 모두 고향인 캐나다 온타리오주 해밀턴에 있는 맥마스터 대학교에서 일해달라는 청을 받았다. 그곳으로 가는 도중에 미시간주 디트로이트를 지나게 되었는데, 그 도시는 미국에서 살인 범죄율이 가장 높아 언론으로부터 '살인 도시'라는 별명을 얻은 터였다. 바로 그때 마틴과 마고의 머릿속에 살인 통계를 진화론적 가정을 검증하는 정보로 삼으면 되겠다는 생각이 섬광처럼 스쳐 지나갔다. 게다가 마틴에게는 알레르기를 일으키지 않는 새로운 연구 대상이 필요했는데, 사람이라고 안 될 이유는 없을 성싶었다. 그들은 이렇게 별것 아닌 것에서 출발해 살인에 관한 정보를 점진적으로 확대 수집했다. "내게 자료를 보여달라"라는 좌우명에 걸맞게 디트로이트에서 전 세계의 현대사회와 전통사회로, 그리고 심지어 13세기 영국으로까지 말이다.

그들은 모든 사망사건이 조사 대상이 되는 것은 아니지만 각각의 사망사건과 관련해 수집된 정보가 만족할 만한 것이 못 된다는 사실을 곧 발견했다. 따라서 연구를 진전시키려면 독창성이 필요했다. 윌리엄 해밀턴William Hamilton의 혈연선택 이론을 생각해보자. 혈연선택 이론에 따르면 다른 모든 조건이 동일할 경우 동물들은 유전적 연관 정도에 비례해서 서로를 돕고 해치지 않으려고 할 것이라고 한다. 이러한 예측은 "피는 물보다 진하다"라는 속담처럼 당연한 사실처럼 보일 수 있지만 당시에는 이론적으로 매우 중요한 견해였다. 바로 앞 장에서 입덧과 양념 연구를 했던 폴 셔먼만 하더라도 얼룩 다람쥐가 유전적으로 무관한 이웃보다 유전적으로 연관이 있는 혈족에게 포식자의 위협을 경고할 가능성이 높다는 것을 입증하면서부터 명성을 떨치지 않았던가! 물론 앞에서 살펴본 영아살해처럼 상황에 따라 혈족 간에 불가피한 충돌이 발생할 수 있겠지만 일반적으로 해밀턴의 "피는 물보다 진하다"라는 원칙은 사실일 가능성이 높다. 그리고 이것이 바로 마틴과 마고가 살인 통계를 이용해 인간에 대해 검증하고 싶었던 첫 번째 예측이었다.

그런데 놀랍게도 마틴과 마고는 범죄학자들이 내린 결론이 이와 다르다는 사실을 발견했다. 이를테면 미국에서 유명한 가정폭력 전문가 두 명은 "우리 사회에서 경찰과 군대를 제외하면 가족은 가장 폭력적인 사회집단일 것이고 집은 가장 폭력적인 사회환경일 것이다. 다시 말해서 사람들이 구타나 살해를 당할 가능성이 가장 높은 경우는 집에서 가족 구성원으로부터이다"라고 말한다.

이와 같은 결론은 미국에서 살인사건의 4분의 1이 가족 구성원 사이에서 일어난다는 사실에 기초한다. 그러나 도대체 가족 구성원이란 게 정확히 무슨 뜻인가? 범죄 통계에는 일반적으로 살인자와 희생자 사이의 관계 중 하나로 '친족'이라는 범주가 있지만, 친족이라면 유전적 혈족 이외에 배우자, 사돈, 의붓자식 등도 포함되는 것이 아닌가! 그런데도 대부분의 범죄 통계에는 이러한 하부 범주가 없다. 만일 이런 하부 범주가 있다면 해밀턴 이론의 가정대로 배우자와 사돈이 유전적 혈족보다 살인의 희생자가 될 가능성이 훨씬 높다.

가정을 폭력적인 사회 배경으로 간주하는 시각에는 또 다른 문제점이 있는데, 수치와 비율을 제대로 이해하지 못한 데서 이런 시각이 양산되었다는 점이다. 사실 뉴욕에서는 센트럴파크에 있는 사람보다 더 많은 사람들이 매일 밤 침대 위에서 죽는다. 그렇다면 밤에는 자기 침실이 센트럴파크보다 더 위험하다는 것인가? 물론 그렇지 않다. 생각해보라. 한밤중에 자기 침실에 있는 사람이 더 많을지, 센트럴파크에 있는 사람이 더 많을지 말이다. 그래서 이러한 위험성을 계산하기 위해 비율이 필요한 것이다. 즉 밤에 센트럴파크에서는 1,000명당 1명($1/1,000 = 0.001$)이 사망하고 자기 침실에서는 800만 명당 20명($20/8,000,000 = 0.0000025$)이 사망하니까 당연히 센트럴파크가 더 위험한 것이다. 범죄학자들이 내린 결론은 수치와 비율을 혼동해서 내린 어리석은 결론이었던 것이다. 그래서 마틴과 마고는 위험 비율을 계산하려고 했고, 그렇게 할 때마다 피가 물보다 진하다는 사실을 발견했다.

그러나 무엇보다 그들의 독창성이 가장 돋보였던 비교는 둘 이상의 사람이 협력해 제3자를 죽이는 공모 살인에 관한 것이었다. 만일 유전적 연관성이 중요하지 않다면 살인자와 희생자 사이의 평균 연관성은 살인자들 사이의 평균 연관성과 동일해야 옳을 것이다. 그러나 마틴과 마고는 원예 부족, 중세 영국, 마야 문명, 미국 도시 등 다양한 사회를 배경으로 그렇지 않다는 사실을 검증할 만한 적절한 자료를 발견했다. 즉 각각의 사례에서 살인자들은 희생자들보다는 자기들끼리 유전적 혈족 관계일 가능성이 훨씬 높았다.

그런 다음 마틴과 마고는 영아살해라는 구체적인 주제에 집중했다. 3장에서 살펴봤듯이 영아살해는 수십 가지 동물 종에서 연구되었고 자원 부족이나 열등한 자손 및 불확실한 태생 등과 관련이 있다. 그렇다면 계부모는 의붓자식이 자신과 유전적으로 무관하다는 사실을 분명히 알고 있기 때문에 위험한 상황을 초래할 것처럼 보일 수 있다. 물론 유전적 연관성은 유일한 상관 요소가 아니기 때문에 의붓자식과 돈독한 관계를 형성하는 계부모들도 꽤 많다. 나의 부모님을 포함해서 말이다. 또한 멕시코의 꼬리 없는 새끼 박쥐들과 달리 인간의 자손들은 몸뿐만 아니라 사랑으로 둘러싸여 있을 수 있고 그 사랑의 범위는 혈족의 차원을 초월할 수도 있다. 이러한 인간의 특별한 능력에 대해서는 곧 살펴볼 것이다.

그러나 우선은 인간의 편협성부터 강조할 필요가 있다. 모든 계부모가 의붓자식을 친자식과 완전히 똑같은 방법으로 똑같은 애정을 가지고 대할 거라고 생각한다면 이는 순진하기 짝이 없는 생각일 것이다. 과학적 훈련을 받지 않은 일반인들은 그런 생각에 코웃음을 칠 테고 진화론자들은 아예 믿기지 않는다는 반응을 보일 것이다. 11장에서 다뤘던 내용을 상기해보라. 인간은 수많은 방이 딸린 대저택에 살고 있는 한 종이며, 그 가운데 몇몇 방들은 너무 오래되어 인간이 종으로 출현하기 이전부터, 혹은 영장류가 출현하기도 전부터 존재했다. 예컨대 암컷의 자식 돌보기는 고대 포유동물 때부터 시작된 적응 방식인데, 8장에서 살펴봤던 식습관처럼 무의식적 '계산기'에 의해 조정된다. 한편 수컷의 자식 돌보기는 포유동물들에게서 흔히 볼 수 있는 광경이

의식적 결정이 이러한 무의식적 메커니즘을 완전히 뛰어넘을 수 있다는 생각은 지나친 오만이다.

아니지만, 수컷이 암컷과 힘을 합쳐 자손의 적응도를 높일 수 있는 환경조건에 반응하면서 수차례 진화를 거듭했다. 또한 산발적으로 일어나긴 해도 무의식적 '계산기'에 의해 조정된다는 점에서도 동일하다. 물론 우리가 대오 각성해서 의붓자식과 친자식을 의식적으로 똑같이 대할 수 있다고 가정해볼 수는 있다. 그러나 의식적 결정이 이러한 무의식적 메커니즘을 완전히 뛰어넘을 수 있다는 생각은 지나친 오만이다. 통계적으로 봐도 아이들은 친부모보다 계부모와 함께 있을 때 위험한 상황에 놓일 가능성이 더 높다. 이러한 사실은 마틴과 마고가 진화론에 기초해 예측한 것이었지만, 진화론이 아니더라도 이를 평범한 상식처럼 여기는 사람들이 꽤 많다.

그러나 마틴과 마고는 범죄학과 사회학 논문들을 살펴보고 또 한 번 놀라지 않을 수 없었다. 이유인즉 유전적 연관성이 자녀 학대와 관련된 요인으로 간주되지 않았을 뿐만 아니라 영아살해 통계에는 친부모와 계부모를 구별하지 않은 채 단지 '부모'라는 범주로 포함된 경우가 비일비재했던 것이다. 게다가 구별한 경우에도 수치와 비율의 차이점을 이해하지 못하고 있었다. 예컨대 영

국에서 발생한 아동 구타 사례들의 샘플을 살펴보면 15명이 계부에게 살해되었고 14명이 친부에게 살해되었다. 그런데 이러한 수치는 분자만을 나타낸 것이기 때문에 분모가 몇인지 나타낼 때까지는 무의미하다. 즉 센트럴파크에 있는 사람 수와 자기 침실에 있는 사람 수를 비교해야 하듯이 친부와 사는 아동의 수와 계부와 사는 아동의 수를 비교해야 한다. 사실 다른 나라처럼 영국에서도 이혼과 재혼이 흔한 일이기는 하지만 그렇다고 계부와 함께 사는 아동의 수가 친부와 함께 사는 아동의 수를 초과할 만큼 빠른 속도로 일어나는 것은 아니다. 따라서 친부에게 살해된 아동 14명이란 수는 분모가 매우 큰 수일 게 분명한 반면에, 계부에게 살해된 아동 15명이란 수는 분모가 매우 작은 수일 게 분명하다. 센트럴파크 사례처럼 말이다. 그래서 마틴과 마고는 그 비율을 정확히 계산했고, 그 결과 유전적 연관성은 영아살해의 위험 요인 중 하나였을 뿐만 아니라 가장 중요한 위험 요소라는 사실이 분명하게 드러났다. 또한 그들이 자료를 수집해 조사한 사회가 어떤 사회였느냐에 따라 아동이 계부모에게 살해될 가능성은 친부모에게 살해될 가능성보다 20배에서 심지어 100배가 더 높았다. 따라서 영아살해의 위험성을 막대그래프로 나타내면 계부와 친부의 막대는 엠파이어 스테이트 빌딩과 단층집이 나란히 서 있는 듯한 형상을 띤다. 그러나 가장 비율이 높은 경우도 매년 함께 거주하는 부모 자식 100만 쌍당 대략 600명 정도임을 기억할 필요가 있다. 즉 자료를 얻을 수 있는 사회에서는 모두 계부모가 친부모보다 훨씬 위험한 존재임이 틀림없는 사실이지만 그럼에도 영아살해는 흔치 않은 일일 뿐만 아니라 사회마다 유형도 매우 다양하다. 이 때문에 주목해야 할 비교 사례도 많다.

그런데 이러한 계산 결과들은 '친부'로 분류된 아버지들이 자신들의 부성이나 자원 부족 또는 열등한 자식 등과 같은 문제들에 대해 심각하게 고민했을지도 모른다는 가능성이 배제되어 있었다. 다시 말해서 단층집은 엠파이어 스테이트 빌딩 옆에 서 있는 작은 건물이지만 그 자체로 진화의 논리를 따를 가능성이 있다는 것이다. 이에 마틴과 마고는 지칠 줄 모르는 열정으로 현대 사회뿐만 아니라 전통사회에 관한 전 세계 문헌을 샅샅이 찾아 헤매었다. 그리고 마침내 다른 모든 종들과 더불어 우리 인간 종에서도 일어나는 영아살해 발생 원인이 '3대 주요' 요인으로 설명된다는 사실을 입증했다. 그 외에 여성의 나이도 주요 요인으로 작용하는데, 이는 진화론적 시각에서 볼 때 부모의 투자 결정은 본질적으로 현재와 미래의 번식 사이에서 행해지는 거래이기 때문이다. 예를 들면 여성은 나이가 들수록 자식을 낳을 가능성이 줄어들기 때문에 영아살해는 젊은 여성에게서 빈번하게 일어날 거라고 가정할 수 있다. 그리고 이러한 가정은 캐나다와 남아메리카의 아요레오족Ayoreo을 비롯한 여러 사회에서 사실임이 입증되었다.

여기까지 소개한 내용은 『살인』이란 책에서 마틴과 마고가 달성한 업적 가운데 아주 작은 일부에 불과하다. 나는 그들의 이야기 속에서 농도 짙은 아이러니를 발견했다. 그들은 과학자들이 좋아할 만한 난해한 주제가 아니라 인간의 행복과 긴밀히 연관된 주제를 연구한다. 그러나 과학 연구를 보며 코웃음 치길 좋아하는 정치가들은 인간들의 육아 태만은 쏙 빼고 생쥐들의 새끼 방치만 추려낼지 모른다. 또한 정부는 범죄와의 전쟁을 선포하고 범죄학자들과 사회학자들로 구성된 군단에 이와 관련된 연구비를 지원한다. 그럼 그 군단은 무작위로 총을 난사하더라도 영아 살해라는 극단적인 형태로 표출되기도 하는 자녀 학대 등과 같은 문제에 어떤 위험 요인들이 관련되어 있는지 밝혀낼 수 있을 것처럼 보인다. 그러나 마틴과 마고를 떠올려보라. 그들은 진화론적 시각에서 명약관화한 예측으로만 무장한 비전문가들이 아닌가! 심지어 일부 예측은 상식적으로 생각해봐도 명백한 것들이다. 이를테면 아이들은 친부보다 계부한테 학대를 당할 가능성이 더 높다는 가정처럼 말이다. 그런데도 이러한 예측은 너무 생소해 대부분의 전문가들은 이를 수용할 준비조차 되어 있지 않다. 또한 관련 자료를 찾기가 자갈밭에서 사금 조각 찾기와 별 다를 것이 없을 정도다.

내가 그들에게 『살인』에 대한 반응은 어떠냐고 물었을 때 마틴은 "좋다는 사람도 있지만 싫다는 사람도 있어요"라고 대답했다. 그리고 마고는 "심지어 화를 내는 사람도 있더라고요"라고 덧붙여 대답했다.

다른 모든 아이러니를 생각해보면 이 정도는 놀랄 일도 아니었다. 여기서 뭔가가 계속 일어나고 있다. 과학의 전형적인 초벌 과정보다 더 복잡할 뿐만 아니라 동일한 가정이 누구에겐 자명하고 또 다른 누구에겐 절대 용납할 수 없는 것이 되게 하는 그 무엇이 말이다.

　학회의 오전 행사가 임박했기 때문에 우리는 더는 길게 대화를 나눌 수 없었다. 마틴과 마고는 짝짓기 선택에 관한 강연을 듣고 싶어했지만, 나는 신화에서 뿔을 상징물로 이용한 사례에 대한 강연을 듣길 원했다. 그러나 마틴은 약간 흥분을 잘하는 성격이라서 『살인』에 대한 사람들의 반응에 관해 이야기를 시작하자 좀처럼 끝내려고 하질 않았다. 마고가 더는 참지 못하고 호텔 로비에서 그를 잡아끌었을 때 내가 들은 그의 마지막 말은 "그들은 생명들이 위험에 처해 있다는 걸 모르나 봐요?"라는 것이었다.

Evolution for Everyone

내가 살인자가 되지 않는 이유

'진화론' 이라고 말하면 어떤 사람들은 이를 '유전자 결정론' 이란 말로 듣는다. 만일 우리의 행동이 유전자에 따라 결정된다면, 그리고 우리의 유전자가 불변의 것이라면 우리의 행동은 결코 변할 수 없을 것이다. 아무리 그렇게 하고 싶어도 말이다. 사회의 불의 또한 유전자에서 비롯된 것이니 당연히 근절될 수 없을 테고. 게다가 많은 사람들은 인간의 변화 잠재력을 부인하는 것을 곧 신의 존재를 부인하는 것과 같은 것으로 여긴다. 결국 유전자 결정론에 대한 이러한 상상의 나래들은 사람들을 두려움에 떨게 함으로써 세속적 창조론을 초래한다. 세속적 창조론에서는 1장에서 기술했듯이 진화론이 다른 모든 생명체를 이해하는 데 아무리 중요한 역할을 한다고 해도 인간사와는 무관하다고 주장한다.

나는 미래가 현재보다 더 나을 것이라는 꿈을 품고 사는 사람이다. 그와 동시에 진화론은 이러한 변화를 달성하는 데 없어서는 안 될 도구라고 생각한다. 그럼 이제부터 앞 단락에서 제시한 추론이 왜 잘못되었는지, 그리고 인간 조건을 개선하고 싶어하는 사람은 왜 정교한 진화론자가 되어야 하는지 살펴보겠다.

모든 생명체는 유전자로부터 '~을 해라'라는 지시를 받을 만큼 단순하지 않다. 심지어 박테리아도 그처럼 단순하지 않다. 다시 말해서 모든 생명체는 변화무쌍한 환경 속에 살며 자신들이 직면한 구체적인 조건에 따라 유전자로부터 다양한 방식으로 행동하도록 지시를 받는다. 따라서 유전자 결정론을 풍자하더라도 최소한 다음과 같은 형태는 갖출 필요가 있다.

이런 상황에서는	이렇게 행동하라
X	X˅
Y	Y˅
Z	Z˅

우리는 이와 관련해 앞에서 이미 유전적으로 결정되는 유연한 적응 사례들을 많이 살펴봤다. 예컨대 당신이 송장벌레이고 발견한 먹잇감의 크기가 작다면 자식 수를 줄여라. 만일 암컷 쇠똥구리거나 덩치가 작은 쇠똥구리라면 뿔을 발육시키지 마라. 만일 당신이 어린 송사리이고 포식자를 발견한다면 여생을 숨어 지내라. 만일 무게가 적게 나가는 태아라면 신진대사를 최대한 효율화시켜라. 물론 유전자 결정론에 대한 일반적인 추측처럼, 행동

은 어떤 환경 상황에서든 유전자에 의해 엄격히 결정된다. 그러나 그 상황이 매우 다양하기 때문에 꼬임이 일어나게 마련이다. 이를테면 Z^* 행동이 바람직하다고 생각되더라도 X 상황이나 Y 상황에서는 아무리 노력해도 Z^* 행동을 달성할 수 없을 것이다. 반면에 Z 상황에서는 Z^* 행동을 달성하는 데 무리가 없을 것이다. 그렇다면 Z^*라는 바람직한 행동을 달성하려면 어떤 대책을 세워야 할지 명확하지 않은가? 그렇다. Z라는 환경 상황을 구축하면 해결되는 것이다.

그렇다고 인간의 조건을 향상시키는 일이 말처럼 쉽다는 뜻은 아니다. 그러나 복잡한 문제들을 덧붙이기 이전에 이런 단순한 사례와 관련해 맛봐야 하는 심오한 무언가가 있다. 사실 유전자 결정론은 일반적인 추측처럼 변화에 대한 무능력과 환경 개입의 무용성을 내포하기 때문에 사람들을 두렵게 한다. 그러나 유전자 결정론을 '만일 ~라면 ~하라' 라는 일련의 규칙으로 생각하면 오히려 정반대의 결론에 도달하게 된다. 즉 이런 새로운 유전자 결정론은 적절한 환경 개입을 구체화함으로써 변화를 위한 상세한 비법을 제공한다. 따라서 과거의 유전자 결정론을 싫어하던 사람도 이 새로운 유전자 결정론을 배척하지 않을 수 있다.

내 사례에서는 종들이 Z^*라는 적응 방식을 진화시키기 위해 유전적으로 진화하는 동안 종종 Z라는 환경 상황에 직면했다고 가정한다. 그렇지 않다면 우리는 Z^*가 행동 레퍼토리의 일부가 될 것이라고 예측할 이유가 없을 뿐만 아니라 유전자 결정론과 관련해 흔히 떠올리는 부정적인 가정으로 뒷걸음치게 된다. 항해사를 나무로 착각한 갈라파고스 섬의 새들을 통해 살펴봤듯이 말이다. 반면 내 사례에는 이미 11장에서 살펴봤고 뒤로 갈수록 우리의 관심을 사로잡게 될 유전적 진화를 통해 구축된 빠른 진화 과정은 포함되어 있지 않다. 그러나 이러한 진화 과정은 Z라는 환경 상황에 대한 반응으로 Z'라는 바람직한 행동을 초래할 수 있다. Z 상황이 유전적 진화가 일어나는 동안 발생하지 않았더라도 말이다.

이러한 추상적 견해를 구체화할 만한 사례가 하나 있다. 1997년에 불굴의 끈기로 무장한 마고 윌슨과 마틴 데일리는 『브리티시 의학 저널 *British Journal of Medicine*』 지에 「시카고 주민의 평균수명, 경제적 불평등, 살인, 출산 시기」란 제목의 논문을 발표했다. 시카고라는 도시는 77개의 인근 지역으로 나누어져 있는데, 이 덕분에 살인 사망률과 그 외의 주요 통계자료들이 개별적으로 정리되어 있다. 그런데 시카고 인근 지역들은 평균수명을 비롯해 지역민들의 생활수준 격차가 상당히 크다. 예컨대 가장 부유한 지역에서 태어난 사람들의 평균수명은 70대 중반인데 반해 가장 빈곤한 지역에서 태어난 사람들의 평균수명은 50대 중반으로, 대략 20년 정도 차이가 난다. 사실 이러한 격차는 선진국과 후진국 사이에서 주로 발견되는데, 마고와 마틴은 미국의 단일 도시 내에 위치한 훨씬 더 작은 규모에서 이러한 사실을 발견했던 것이다.

평균수명이 가장 짧은 지역에 사는 여성들은 다른 지역에 사는 여성들보다 훨씬 이른 나이에 출산을 경험하는 경향이 있었다. 10대들의 임신이 사회문제로 널리 각인되고 있는 것은 사실이지만 빈민가의 여성들에게 왜 그토록 어린 나이에 임신을 하는지 물었을 때 그들의 대답은 동정심만 유발할 뿐이었다. 그들의 대답인즉 모친이 죽기 전에 손자를 안겨주고 싶어서이며, 자신들 또한 죽기 전에 자식들이 낳은 손자를 보고 싶기 때문이라는 것이었다. 그들은 주위에서 흔히 보게 되는 건강 악화를 '시들다'라는 단어를 이용해 표현했다. 자신은 물론 자신이 사랑하는 사람들이 빠른 속도로 시들어간다고 가정해보라. 당연히 자식을 일찍 낳아 그들이 성장하는 것을 지켜보고 도와주고 싶지 않겠는가?

살인 사망률 또한 지역 간 격차가 매우 심했는데, 매년 10만 명당 1.3명에서 156명이라는 격차가 났다. 그런데 마고와 마틴은 한 지역의 살인 사망률을 그 외의 사망률 – 살인 사망률을 제외한 출생 시부터의 평균수명 – 과 비교했을 때 깜짝 놀랄 만한 긴밀한 상호 연관성을 발견했다(비율 = -0.88). 그런 종류의 그래프들은 상향 또는 하향 경향을 보이는 점들이 산발적으로 분포되어 있는 것이 일반적인데, 그 그래프는 점들이 특정 지점에 집중되어 있었던 것이다. 그렇다면 시카고에 태어난 남성은 살인을 저지르거나 반대로 살인으로 사망할 가능성이 다른 원인으로 죽을 가능성과 매우 긴밀하게 연관되어 있는 것이 분명했다.

살인을 저지르는 도시 빈민가의 남성들은 일찍 출산을 경험하는 도시 빈민가의 여성들보다 동정을 받기가 당연히 어려울 것이다. 그러나 그곳에 사는 남성들의 곤궁한 처지를 생각해보라. 만일 보잘것없는 사람이 된다면 한 줄기 희망도 없이 여생을 살아야 하는 반면에, 성공한 유명인이 된다면 탄탄대로의 인생을 살 수도 있지 않은가? 따라서 그들에게 인생이란 소수의 승자와 다수의 패자만 있는 심술궂은 복권 추첨과 마찬가지가 된다. 그런데 그 복권에 인생을 건다는 것은 동일한 지위를 놓고 다른 남성과 정면 대결을 해야 하는 것을 비롯해 극히 위험한 일들을 감수해야만 신분을 상승시킬 수 있다는 뜻이다. 〈겟 리치 오어 다이 트라잉Get Rich Or Die Tryin〉이라는 유명 래퍼 50센트의 영화도 있지 않은가! 마틴과 마고가 『살인』에서 달성한 위대한 업적 중 하나는 매우 사소한 문제로 일어나는 것처럼 보이는 살인 유형을 설명했다는 점이었다. 예컨대 두 남성이 숫자 알아맞히기 게임에 대해 논쟁을 벌이거나 한 남성이 다른 남성의 여자 친구에게 무례하게 굴다가 결국 살인을 저지르는 것을 현장에서 목격한 구경꾼들이 꽤 많다. 범죄학자들은 일반적으로 이런 유형의 살인을 '사소한 언쟁'이라고 분류한다. 그러나 이는 기본조차 이해하지 못한 데서 비롯된 것이다. 마틴과 마고는 이는 남성들이 지위를 놓고 벌이는 경쟁과 연관되어 있으며, 따라서 결코 사소한 일이 아님을 입증했다.

여성들은 승자가 모든 것을 가져가는 극단적인 경쟁을 경험할 일이 좀처럼 없을 뿐만 아니라 술집에서 상대방을 한방에 날려버릴 일도 거의 없다. 반면에 남성들은 자주는 아니지만 주어진 사회적 환경에 따라 간혹 이런 일을 경험한다. 내 경우는 결혼해서 자식을 낳는 일이 그리 어렵지 않았다. 대학도 졸업하고 직장도 좋았기 때문에 모든 일이 순조로웠던 것이다. 나는 이제 쉰여섯 살이 되었고 건강 상태도 꽤 양호한 편이다. 시카고의 빈민가 남성들은 평균적으로 이 나이가 되면 죽는데 말이다. 나는 또한 잃을 것이나 얻을 것이 그렇게 많지 않기 때문에 격한 싸움에 휘말린 적도 없다. 시카고의 가장 부유한 지역에 사는 남성들이 그들의 아내와 마찬가지로 살인을 저지를 가능성이 없듯이 나도 그들과 같은 부류의 사람인 것이다. 나의 이런 교양 있는 행동이 좋은 성품 때문이라면 얼마나 좋겠는가? 그러나 좋은 환경 덕분임을 인정하지 않을 수 없다. 만일 내가 갑자기 도시 빈민가에서 살아야 한다면 십중팔구 패자가 될 것이다. 또한 훨씬 어린 나이에 그런 일을 당했다면 내가 어떻게 살았을지 정확히 알 수는 없지만 십중팔구 다른 게임에 열중했을 것이다.

지위란 본래 상대적인 개념이다. 예컨대 지위를 의식하는 사람은 자신의 자동차가 동네에서 가장 좋은 차라면 애지중지하지만 똑같은 자동차라도 다른 사람이 그보다 더 좋은 자동차를 몰고 다닌다면 고물차 취급을 할 것이다. 마고와 마틴은 이러한 사실에 기초해 평균수명이나 가계소득 이외에 경제적 불평등을 살인 사망률을 높이는 요인으로 인식했다. 한 인근 지역의 가계소득을 가장 빈곤한 사람에서 가장 부유한 사람에 이르기까지 그래프로 나타내보라. 만일 사람들의 소득이 모두 동일하다면 그래프에 나타난 선은 수평이 될 것이고, 소득이 다르다면 상향 곡선의 형태를 띨 것이다. 이때 곡선의 형태는 로빈후드 지수Robin Hood index(경기가 좋지 않을 때는 고통의 체감 정도를 측정한 '경제 불쾌지수Misery Index'가 높아지는데 이때 외려 이웃 돕기를 더 많이 하는 것을 말한다—옮긴이)라고 불리기도 하는 경제적 불평등 지수와 비슷하게 나타나는데, 이는 부의 평균 정도와는 무관하다. 마고와 마틴은 바로 이 로빈후드 지수를 인근 지역별로 계산했고, 이 지수가 평균 소득보다 살인 사망률을 더 정확히 예측한다는 사실을 입증했다. 사람들, 특히 남성들은 실제로 소유하고 있는 것과 무관하게 자신이 다른 사람보다 덜 가졌다는 사실을 자각할 때 불만스러워 한다. 사실 이러한 경제적 불평등이 국가 간 살인 사망률 차이를 예측하는 데 매우 유용하다는 사실은 이미 널리 알려져 있다. 그런데 마고와 마틴은 단일 도시 내의 인근 지역들이라는 훨씬 작은 범주에서도 경제적 불평등에 기초해 이런 차이점을 설명할 수 있음을 입증했던 것이다.

이런 탁월한 연구를 간단하게나마 앞에서 제시했던 '만일 ~라면 ~하라' 라는 추상적인 규칙 목록처럼 나타내면 다음과 같다.

이런 상황에서는	이렇게 행동하라
불안정한 환경과 낮은 평균수명	당장 필요한 것에 신경을 쓰고 일찍 출산하라
안정적인 환경과 높은 평균수명	출산을 늦추는 것을 비롯해 장기 계획을 세우라
승자가 모든 것을 갖는 지위 경쟁	지위 획득을 위해 극단적인 위험도 감수하라
폭력 충돌이 아닌 다른 믿을 만한 방법으로 지위 획득이 가능	위험을 피하고 지위 획득을 위해 열심히 일하라

만일 우리가 이른 출산과 강압적인 폭력을 문제시한다면, 그리고 '만일 ~라면 ~하라' 라는 규칙이 대체로 사실이라면 그에 따

른 앞으로의 계획을 명확하게 세울 수 있다. 즉 높은 평균수명을 가능하게 하고 폭력 충돌 없이 지위를 획득할 믿을 만한 방법을 제공하는 안정적인 사회환경을 만들면 되는 것이다. 반면에 이러한 환경을 만들어내지 못하면 아무리 노력해도 문제를 해결할 수 없을 것이다. 이번 장의 초반부에서 제시했던 유전자 결정론의 추상적인 사례처럼 말이다.

진화론이 굳이 이런 합리적인 예측까지 할 필요가 있는지 의아해하는 사람도 있을 것이다. 그러나 바로 앞 장에서 일관되게 주장한 이론은 "아이들은 친부모보다 계부모와 함께 있을 때 위험한 상황에 놓일 가능성이 더 높다"처럼 합리적인 사실을 먼저 예측할 필요가 있었음을 기억하라.

다음은 마고와 마틴이 자신들이 쓴 논문의 서두에 기술한 전통적인 과학적 지혜에 관한 내용인데, 이것만 봐도 그들의 접근 방법이 일류 의학 저널에 발표될 만한 가치가 있음을 알 수 있다.

심리학자들과 경제학자들 그리고 범죄학자들은 젊은이, 가난한 사람, 범죄자 등이 다른 사람들에 비해 미래를 지나치게 도외시하는 경향이 있음을 발견했다. 그리고 이러한 경향을 '충동성'과 '단기적 시각'이라고 기술하는데, 이를 좀 더 격하시키면 비하, 조급성, 근시안, 자기 통제력 결핍, 만족감을 지연시키는 능력의 부재 등으로 표현할 수 있다. 그런데 이러한 용어 사용의 이면에는 '지나친 도외시'가 역기능적인 태도일 뿐만 아니라, 현재의 보상에 지나치게 중점을 두어 미래에 제대로 투자하지 못하는 것은 삶의 단계와 사회경제적 상황과 무관하다는 추정이 깔려 있다.

그런데 이러한 추정에 대한 대안이 될 만한 견해가 하나 있다. 바로 미래에 대한 도외시 정도를 나이와 그 외의 여러 변수들에 기초해 조절하는 것도 정상적으로 작동하는 진화된 정신에서 비롯된 것이라고 가정할 수 있다는 점이다. 다시 말해서, 지나친 도외시란 뒤로 미룬 이득을 죽기 전에 거둬들일 가능성이 불확실하거나 낮다는 정보에 대해 '합리적으로' 반응한 것일 수 있다. '무모한' 위험 감수 또한 더 안전한 방법을 선택했을 때 따라오는 예상 이득이 하찮기 때문에 일어나는 최선의 선택일 수 있다는 것이다.

이러한 두 사람의 분석에 따르면 전통적인 과학적 지혜는 '만일 ~라면 ~하라'라는 규칙에 따라 행동하는 인간의 형상에 집중하지 못했다. 그 규칙들로 말미암아 적절한 환경 개입을 통해 긍정적인 사회 변화가 자발적으로 일어나는데 말이다. 그러므로 이런 합리적인 형상이 새로운 전통적 지혜가 되게 하려면 진화론의 기초부터 이해해야 한다.

이번 장의 맨 앞부분에서 살펴봤듯이 가장 극단적인 형태의 유전자 결정론은 '만일 ~라면 ~하라'라는 각각의 규칙을 생득적인 것으로 예측한다. 이를테면 우리는 성별에 따른 선천적인 차이점을 예측할 수 있다. 그중 하나가 남성들은 유전적 진화가 일어나는 동안에 여성들보다 훨씬 빈번하게 승자가 모든 것을 차지하는 경쟁을 경험함으로써 그런 경쟁이 여성들보다 훨씬 자연스럽게 느껴질 가능성이 있다는 것이다. 반면에 가장 온화한 형태의 유전자 결정론은 '만일 ~라면 ~하라' 라는 각각의 규칙은 학습과 문화를 통해 결정되지만 그와 동시에 유전적 진화를 통해 생물학적 적응 결과로서 진화된 심리적 메커니즘에 좌우된다고 예측한다. 이를테면 여성들도 승자가 모든 것을 차지하는 상황

'무모한' 위험 감수는 안전한 방법을 선택했을 때 예상 이득의 계산 결과로 나온 최선의 선택일 수 있다.

에 놓일 경우 남성들처럼 술집에서 치고받고 싸우게 될 가능성이 있다. 사실 이러한 두 가지 예측은 모두 충분히 있을 수 있는 일이기 때문에 과학의 수레바퀴 축을 회전시켜 올바른 정답이 무엇인지 결정할 필요가 있다. 그러나 어느 쪽이든 남성과 여성은 일반적으로 상이한 '만일 ~라면 ~하라' 라는 규칙을 지니고 있다는 예측 자체에 위협을 받을 이유가 전혀 없다. 이 점에 관해서는 다음 장에서 살펴볼 것이다.

세 번째 예측은 '만일 ~라면 ~하라' 라는 규칙은 생물학적 적응의 결과와 무관하게 결정될 수 있다는 것이다. 이러한 뭐든 괜찮은 시나리오에서는 사람들이 비록 수명이 짧다 해도 단기 계획뿐만 아니라 장기 계획을 세울 가능성이 있다. 그러나 이러한 일은 일어날 가능성이 거의 없다. 게다가 도대체 누가 그런 일이 일어나길 바라겠는가? 그런데도 세속적 창조론자들은 인간의 본성에 대해 뭐든 괜찮다고 주장하는데, 그렇게 해야만 바람직한 삶에 대한 그들의 비전을 확립할 수 있기 때문이다. 그러나 아이러니하게도 그들의 비전은 인간의 본성이 생존과 번식을 위해 집요하게 투쟁한다는 개념에 기초할 때 더 쉽게 달성될 수 있다.

진화론이란 본래 환경의 변화에 따라 반응하는 생명체에 관한

것이다. 단지 부차적인 가정들 중에 진화론이 변화 능력을 부인한다고 주장하는 이상야릇한 가정이 있을 수는 있다. 예컨대 종교적이고 세속적인 창조론은 항상 진화론을 수용할 때에 따른 결과를 매우 두려워했다. 그런 이유가 아니라면 진화론에 대해 아는 것도 별로 없는 사람들이 무엇 때문에 그렇게 강경하게 진화론을 거부하겠는가? 요컨대 진화론이 긍정적인 변화의 도구임을 인식하기만 하면 진화론을 받아들이기가 훨씬 수월해질 것이고, 진화론이 평범한 일반 상식과 다름없다는 사실을 깨닫게 될 것이다. 이 책의 서두에서 말했듯이 진화론과 진화론을 수용한다는 것은 미래가 과거와 다를 수 있음을 인식하는 것이다.

수줍어하는 물고기

내 아내인 앤 클락Anne Clark은 나 못지않게 열정적인 진화론자이다. 우리는 둘 다 대학원생이었지만 학교가 달랐던 터라 처음 만난 것은 코스타리카에서 열대생물학 강좌를 함께 수강할 때였다. 열대지방에서 사랑에 빠지는 것처럼 멋진 일도 없다. 두 사람이 상대방뿐만 아니라 주변에 널린 다양한 생명체에 매료될 때는 더 말할 것도 없다. 사실 처음에는 그 생명체들이 그렇고 그런 것들과 다를 것이 없는 것처럼 보였지만 나중에는 영원히 지속될 것처럼 보였다. 우리는 각자 박사 학위를 받은 직후에 결혼했고, 2주 후에 앤은 두툼한 꼬리가 달린 야행성 영장류인 부시베이비bushbaby, 즉 갈라고원숭이Otolemur crassicaudatus를 연구하기 위해 남아프리카로 떠났다. 나는 시애틀의 워싱턴 대학교에서 연구원으로 일했는데, 대부분이 머리를 써서 하면 되는 일이었다. 그래서 앤이 요하네스버그의 비트바터스란트 대학교와 북부 트란스발의 연구 현장을 왔다 갔다 할 때 자주 동행하곤 했다. 북부 트란스발 연구 현장은 당시에는 로디지아라고 불렸던 짐바브웨 지역의 국경 근처였는데, 나는 바로 그곳에서 볼일을 보면 바지를 추어올리기도 전에 쇠똥구리들이 몰려오는 소리를 들을 수 있다는 사실을 발견했다.

앤의 연구 현장은 좁고 긴 삼림지대였는데 그 근처에는 농장의 소 목초지 사이를 지나는 탁류천이 있었다. 농장 주인은 친절하게도 앤이 그의 소유지에서 연구하는 것을 허락했다. 그곳에는 거대한 아프리카 포유동물은 없었지만 야생동물들은 놀라울 정도로 다양했다. 이를테면 땅돼지, 덤불멧돼지, 사향고양이, 다이커(영양의 일종 – 옮긴이), 제넷고양이, 뿔닭, 표범, 검푸른 맘바(남아프리카산 코브라과의 독사 – 옮긴이), 몽구스, 비단뱀, 버벳원숭이 등이 모두 그 조그마한 강가에서 부시베이비와 함께 살았다. 또한 절벽 근처에서는 개코원숭이의 울음소리가 들렸다. 당시에는 부시베이비에 대해 알려진 사실이 거의 없었을 뿐만 아니라 무선추적기와 같은 첨단 장비가 아직 일반화되지 않았던 때였다. 이 때문에 앤의 연구는 밤새 돌아다니면서 덫에 걸려 꼬리 부분이 잘리고 염색약으로 염색된 각각의 부시베이비들을 관찰하는 것이 전부였다. 그나마 필터가 빨간 헤드램프가 있어서 부시베이비를 수월하게 찾을 수 있었다. 이 램프는 오토바이 배터리로 작동되었는데, 우리는 그 배터리를 엉덩이에 차고 다녔다. 야행성 동물들의 눈은 반사 기능이 뛰어나기 때문에 부시베이비의 눈은 먼 곳에서 봐도 빨갛게 타오르는 석탄처럼 반짝였다. 우리는 이내 눈빛으로 야행성 동물들을 식별하는 데 능숙해졌다. 나무에 두 개의 작은 원이 서로 바짝 붙어 있으면 그것은 부시베이비였다. 땅 가까이에 눈이 하나만 보이면 그것은 다이커였는데, 다이커의 눈은 앞쪽이 아니라 측면에 있기 때문이다. 땅 가까이에 넓은 간격으로 두 개의 커다란 아몬드 모양이 보이면 그것은 좀처럼 만날 일은 없지만 항상 조심해야 하는 표범이었다.

부시베이비들은 굉음을 내며 지나다니는 소떼에 익숙해진 것처럼 그들 아래로 쿵쾅거리며 지나다니는 빨간 외눈의 이상한 신종 동물에 이내 익숙해진 듯했다. 그러나 솔직히 말해, 나는 자주 나타나지는 않지만 부시베이비들을 쫓는 표범과 검은 맘바가 무서워, 밤에 현장에 나가 연구하는 일에 결코 익숙해지지 않았다. 그래서 나는 현장에 나가는 대신 오두막에 남아 내 공식들을 긁적이고 있을 때가 많았다. 아내를 돌보지 않는 남편이라는 농부들의 비난을 들으면서 말이다. 그러나 사실 앤은 부시베이비 무리들과 함께 있을 때 가장 행복해 보였고 새벽녘에 돌아올 때는 그들의 모험담을 잔뜩 들고 오곤 했다. 앤의 현장 연구는 부시베이비가 고등영장류에 비해 원시적이고 고립적이라는 과거에 알려진 사실과 달리 매우 복잡한 사회생활을 영위하고 있음을 입증했다.

앤은 부시베이비에 관해 다양한 사실들을 발견했는데, 특히 주목할 만한 것은 가족 구성원들 간의 기질이 확연히 달랐다는 점이었다. 주로 두 쌍둥이나 세 쌍둥이를 낳는데도 말이다. 앤이 밀착 조사한 어느 원숭이 가족 사례를 살펴보면, 한 딸은 매우 모험심이 강해 다른 부시베이비들과 금세 친해졌고 종국에는 어미 원숭이에게서 벗어난 별개의 행동권을 확립했다. 반면에 거의 항상 어미 원숭이의 보호를 받던 다른 한 딸은 다른 부시베이비들과 있을 때 불안해 보였고 종국에는 어미 원숭이의 행동권 안에 머물렀다. 앤은 요하네스버그에 돌아와 포획된 부시베이비들이 낯선 물체에 어떤 반응을 보이는지 실험함으로써 자신의 현장 연구가 사실임을 입증했다. 즉 그 물체에 가까이 가기를 거부한 부시베이비가 있는가 하면 전혀 두려워하지 않고 다가가 이리저리 살펴보는 부시베이비도 있었다. 인간에 빗대어 표현하면 일부는 수줍음을 많이 타고 다른 일부는 대담하다고 할 수 있을 것이다. 사실 앤의 이 실험은 생후 6개월밖에 안 된 인간의 영아에게서 이와 유사한 개인별 차이가 있음을 밝혀낸 저명한 심리학자 제롬 케이건Jerome Kagan의 실험을 본뜬 것이었다.

1970년대 당시 심리학 분야는 인간의 기질에 관한 연구에 모든 관심이 쏠려 있었지만 진화론적인 시각은 전혀 안중에도 없었다. 한편, 인간 이외의 종을 연구하는 생물학자들도 나이와 성에 따른 차이점은 고려했지만 나이와 성의 범주를 초월한 주목할 만한 개인차가 있으리라고는 전혀 생각지 못했다. 간단히 말해서 기질을 연구하는 심리학자들은 진화론을 고려하지 않았고 진화론을 연구하는 생물학자들은 기질을 고려하지 않았던 것이다. 그럼에도 불구하고 행동 측면에서 적응에 따른 개인차, 즉 나이와 성의 범주를 초월한 대담성, 운동성, 사교성 등에 관한 앤의 견해는 부시베이비뿐만 아니라 생물 일반에도 해당되는 매우 타당한 견해처럼 들렸다. 앤이 매우 다양한 행동을 보이는 개별 부시베이비들을 한밤중에 관찰하는 동안, 나는 등불 아래서 일부 공식들을 긁적이며 자연선택이 단일 개체 내에서 발생하는 다양한 행동 전략을 어떻게 보존시키는지 입증하기 위해 노력했다.

나와 앤은 남아프리카에서 2년을 보낸 후에 캘리포니아 대학교 데이비스 캠퍼스로 자리를 옮겼다. 그곳에서 나는 조교수로 재직했고 앤은 의례상의 직책을 제공받았다. 당시 학계는 부부가 둘 다 자신들의 연구에 열정적일 경우 어떤 식으로 처리해야 하는지 잘 몰랐다. 일반적으로 일자리가 귀해서 한 번에 하나씩만 제공되었으며 같은 곳에서 두 개의 일자리를 얻는 것은 복권에 두 번 당첨되는 것이나 다름없었다. 또한 연고자 임용 우대를 막기 위해 고안된 낡은 학칙들 때문에 일부 대학에서는 부부가 같은 과에서 함께 일할 수가 없었다. 물론 데이비스 캠퍼스에 재직하던 동료 과학자들은 앤을 환영했지만 어쨌든 대학에서의 앤은 사회적 약자였다.

나는 4장에서 기술했던 것처럼 대학에서 학생들을 가르치면서 송장벌레에 관한 연구를 시작했다. 내 연구 현장 중 한 곳은 시 랜치Sea Ranch라는 태평양 연안의 넓은 내륙지역이었는데, 이미 개발이 되어 고가의 사유지가 되어 있었다. 그러나 시 랜치 협회는 생태 보존의 중요성을 자각하고 있었기 때문에 교수가 그들의 땅에서 연구하는 것을 기꺼이 수락해주었다. 당시 나는 송장벌레를 덫으로 잡기 위해 썩은 고기 깡통을 들고 수백만 달러가 나가는 콘도미니엄들 사이를 배회하면서 "인도의 불가촉천민이라는 것이 바로 이런 것이겠구나"라는 생각을 했다.

앤은 자신이 처한 상황을 최대한 활용해 부시베이비 연구에 기초한 논문을 썼다. 앤은 부시베이비들에게서 다양한 기질 이외에 주목할 만한 특징을 또 하나 발견했는데, 그것은 딸보다 아들을 더 많이 출산한다는 것이었다. 이러한 분석은 『사이언스 *Science*』지에 발표되었고 다른 종들의 편향된 성비를 연구하는 데 표준 모델이 되었다.

당시 나는 송장벌레 연구 이외에 진화론의 수학 모델을 기술하고 있었는데, 월요일에는 송장벌레, 화요일에는 부시베이비, 수요일에는 새, 목요일에는 공식을 연구했다. 또한 나와 앤은 서로의 프로젝트를 밤낮으로 혼합했다. 수많은 프로젝트에 참여하고 있는 데이비스 캠퍼스의 친구와 동료 수십 명의 연구, 즉 거대하고 멋진 조각 그림을 구성하는 각각의 조각들은 진화론의 도움으로 하나로 완성되었다.

우리는 3년 후에 미시간 주립대학교의 켈로그 생물학 연구소로 자리를 옮겼다. 이 연구소는 시리얼계의 제왕 켈로그가 자기 소유의 여름 휴양지를 미시간 주립대학교에 기부함으로써 설립되었다. 나는 켈로그처럼 부자가 될 가능성은 전혀 없지만 잘 가꾸어 놓은 반 마일 가량의 호숫가 땅과 바이에른 스타일의 대저택을 마치 왕이나 된 것처럼 즐기게 되었다. 게다가 연구소에서 멀리 떨어진 부동산은 가격이 매우 저렴해서 우리 부부는 캘리포니아 교외 지역의 손바닥만 한 주택을 처분한 돈으로 70에이커나 되는 농가를 살 수 있었다.

캘리포니아 대학교에서처럼 나는 연구소 일을 맡았고 앤은 의례상의 직책을 제공받았다. 그곳에서 나는 송장벌레와 진화론의 수학 모델을 계속 연구했고 앤은 연구소에 딸린 조류 보호구역을 배회하는 야생 칠면조 무리에 관심을 갖게 되었다. 그리고 우리는 종을 한 곳에 거주하는 동질의 실체가 아니라 다양한 개별 구성원들의 집합체라는 사고에 다시 한 번 우리의 관심을 집중했다. 앤은 기질이라는 개념을 인간뿐만 아니라 그 외의 모든 종에도 적용될 수 있는 것으로서 탐구하면서 팀 에링거Tim Ehlinger라는 대학원생과 함께 긴 논문을 썼다. 나는 단일 종이 다양한 지역에서 서식할 수 있음을 입증하는 모델들을 발표했는데, 개별 스페셜리스트(제한된 지역에서 특정 먹이만 섭취하며 서식하는 동물—옮긴이)가 서로 짝짓기를 해서 상대적으로 덜 효율적인 제너럴리스트(광범위한 지역에서 다양한 먹이를 섭취하며 서식하는 동물—옮긴이)를 자손으로 낳을 때조차도 이러한 사실에는 변함이 없었다.

실질적인 일이 없다는 사실은 앤에게 큰 타격을 주었지만 그 외의 여러 측면에서는 인생이 매우 즐거웠다. 우선 우리에게 큰 딸 케이티와 다섯 살 아래의 작은 딸 타마르가 생겼다. 그리고 장작을 때고 커다란 정원을 가꾸고 닭들이 뜰을 맘껏 배회하도록 풀어놓았을 뿐만 아니라 우리 소유의 숲과 들판과 늪을 거닐곤 했다.

나는 아이가 생기면 일에 방해가 될까 봐 걱정했었는데 그것은 괜한 기우였다. 누군가를 사랑하게 되면 그에 맞춰 살 방법을 찾게 마련이지 않은가! 나는 새벽 3시에도 한 팔로 조그마한 케이티를 안고 반대편 손으로 성의 진화에 관한 커다란 책을 들고 거실을 왔다 갔다 하면서 케이티를 재웠다. 한편 앤은 케이티와 타마르가 생후 2개월도 되기 전부터 주요 컨퍼런스에 데리고 다녔다. 그리고 더 커서는 우리가 일하는 곳마다 오리 새끼처럼 졸졸 따라다니곤 했다. 우리들이 가르치는 학생들이 아이들의 가장 친한 친구였을 정도로 말이다.

몇 년이 지난 후에 송장벌레와 진드기에 대해서 충분히 연구했다고 판단이 들자 '그놈들이 개념적으로 우아하든 말든 상관없어. 냄새가 지독하잖아!' 라는 생각이 들었다. 그리고 나는 다른 프로젝트를 계획 중이었다. 나와 케이티는 양동이 몇 개와 낚싯대 두 개를 들고 숲으로 난 길을 따라 우리 소유지와 인접한 호수까지 걸어갔다. 그리고 카누를 타고 호수 한가운데까지 가서 블루길 선피시bluegill sunfish를 잡으며 즐거운 시간을 보냈다. 그리고 나서 풀이 가득한 낮은 만 지대로 이동해 물고기를 좀 더 잡아 처음 것과 따로 보관했다. 낚시가 끝난 후에 잡은 블루길 선피시를 모두 실험실로 가져가 앤과 함께 논문을 썼던 대학원생 팀 에링거와 그 물고기들을 캘리퍼스로 측정했다. 그리고 측정 결과를 컴퓨터에 입력했고 판별 함수 분석이라고 불리는 통계 방법을 이용해 분석했다. 그런데 이게 웬일인가? 물고기의 생김새가 서로 다르지 않은가! 모두 같은 종이었고 같은 호수에 살았음에도 호수 한가운데서 잡은 물고기는 생김새가 장거리를 순항하기에 적합했던 반면에 풀이 가득한 만 지대에서 잡은 물고기는 생김새가 공간적으로 매우 복잡한 환경을 구불구불 잘 통과하기에 적합했다. 나는 한 구역 이상을 점유하는 단일 종을 내 수학 공식에 기초해 연구하고 있었는데, 이를 계기로 멋진 사례를 확보하게 되었다. 하루 낚시해서 거둬들인 소득치고는 꽤 괜찮지 않은가!

켈로그 생물학 연구소에서 나는 8년을, 앤은 11년이라는 긴 세월을 보낸 후에 우리는 둘 다 뉴욕 주립대학교의 빙엄턴 캠퍼스로부터 유급 일자리 제안을 받았다. 앤은 제도적으로 고충을 겪고 무시를 당했지만 동료들 사이에서 상당히 존경을 받았기 때문에 2003년에 동물행동학회의 의장으로 당선되었다.

우리는 빙엄턴에 도착한 지 얼마 되지 않아 대학원생 크리스틴 콜먼Kristine Coleman 덕분에 동물의 기질에 대한 우리의 공통 관심사에 다시 집중할 수 있게 되었다.

우리의 첫 번째 실험은 케이티와의 낚시 여행처럼 매우 단순했다. 나와 크리스틴은 블루길과 매우 밀접한 연관이 있는 종인 펌킨시드 선피시pumpkinseed sunfish가 사는 연못에 가서 가장자리에 반짝이는 금속 송사리 덫을 미끼 없이 10미터 간격으로 설치했다. UFO가 지구에 착륙하듯이 이 거대하고 새로운 물체가 요란하게 물 튀는 소리를 내며 천천히 바닥으로 가라앉을 때 어린 펌킨시드의 행동을 관찰하는 일은 정말 환상적이었다. 처음에는 놀란 듯 사방으로 흩어졌던 펌킨시드 중 일부가 그 물체를 살펴보기 위해 되돌아왔고 깔때기처럼 생긴 입구 안으로 들어갔다. 마치 UFO를 보고 도망치는 사람이 있는가 하면 살펴보려고 모여드는 사람이 있는 것처럼 말이다. 모여든 펌킨시드는 완전히 호기심에 사로잡혔다. 10분이 지난 후, 우리는 덫을 치우고 가장자리에 동일한 간격으로 후릿그물을 쳐서 덫 안으로 들어오지 않은 물고기들을 잡았다. 이번에는 잡은 물고기들을 앞에서처럼 서식지(호수 한가운데와 풀이 가득한 만 지대)에 기초해 차이점을 비교하지 않고 단일 서식지에서 나타나는 행동에 기초해 차이점을 비교했다. 만일 어린 펌킨시드 선피시가 수줍음과 대범함에서 각기 다양한 행동 양상을 보인다면 대범한 펌킨시드는 덫 안으로 들어올 거라는 가정이 가능했다. 아니나 다를까 덫에 걸린 물고기와 후릿그물에 걸린 물고기를 별개의 연구실 수족관에 넣었을 때, 덫에 걸린 물고기는 일반적으로 새로운 환경에 잘 적응했고 후릿그물에 걸린 물고기보다 5일이나 빨리 먹이를 먹기 시작했다. 크리스틴은 이러한 예비 실험 결과에 고무되어 그로부터 4년 동안 박사 논문 주제로 수줍음을 많이 타는 펌킨시드와 대범한 펌킨시드를 비교 연구했다.

크리스틴은 실험실에서 실험을 하는 것 이외에 자연환경에서 펌킨시드의 수줍음과 대범함을 관찰할 방법을 궁리했다. 앤이 아프리카에서 부시베이비들을 뒤따라 다녔던 것처럼 말이다. 그리고 마침내 묘안을 짜냈는데, 그것은 코넬 대학교의 실험용 사각형 연못을 활용하는 것이었다. 우선 연못의 네 모서리에 기둥을 박고 철삿줄로 테두리를 쳤다. 이때 철삿줄은 도르래의 테두리 케이블에 달린 두 십자선의 트랙 역할을 했다. 우리는 또한 크리스틴이 물 위에 떠서 물고기를 내려다볼 수 있게 바닥이 유리로 되어 있는 방을 만들어주었다. 그리고 크리스틴이 선을 잡아당겨 연못 주위를 돌아다닐 수 있게 그 방을 십자선의 교차점에 놓았다. 즉 도르래 덕분에 한쪽 선을 잡아당기면 다른 쪽 선이 방과 함께 움직였다. 게다가 그 교차선은 거대한 모눈종이 위에 찍힌 점처럼 1미터 간격으로 표시가 되어 있어 언제든지 방의 위치를 기록할 수 있었다. 그 외에 크리스틴이 물고기들에게 노출되면 안 되었기 때문에 위에 덮개를 덮어 방을 어둡게 했다. 그래서 방이 마치 물 위에 떠다니는 관처럼 보이긴 했지만 그 대신에 물고기들이 펼치는 멋진 광경을 관찰할 수 있었다. 물고기들이 보기에 그 방은 연못 주위를 정처 없이 떠도는 통나무와 다름없었던 것이다. 마지막으로 우리는 예비 실험으로 못에서 덫과 후릿그물을 이용해 물고기를 잡았고 각각의 물고기 등에 마치 바디 피어싱을 하듯 플라스틱 색구슬을 매달아 표시했다. 그런 다음 상세히 관찰하기 위해 물고기들을 연못에 다시 풀어놓았다. 크리스틴은 그 물고기들을 관찰하느라 몇 시간씩이나 물 위를 떠다니는 관 속에 엎드려 있었다. 그리고 마침내 펌킨시드 선피시는 동질 집단이 아니라 먹이, 포식자, 쌍방의 상호작용 등과 관련된 문제를 서로 매우 상이한 방식으로 해결하는 개별 물고기들의 집합체임을 알게 되었다.

당시에는 이러한 최초의 연구들은 뭔가 새로운 것을 발견하기 위한 항해와 다름없었지만 오늘날 기질에 대한 개념은 동물 행동 연구에서 빼놓을 수 없는 인기 주제가 되었다. 또한 하나의 종을 단일 구역에 거주하는 동질의 실체로 간주하는 전통적인 개념은

빛이 바랬고, 생존과 번식을 위해 상이한 전략을 활용하는 개별 생명체의 집합체로 간주하는 훨씬 설득력 있는 개념이 우세해졌다. 이러한 상이한 전략은 짝짓기, 먹이, 이동, 사회화, 포식자로부터의 방어 등과 관련될 수 있을 뿐만 아니라 나이와 성과 연관이 있을 수도 있고 혹은 그러한 범주를 초월할 수도 있다. 이러한 근접적 메커니즘은 유전적 다형현상polymorphism이나 발생학적 효과 혹은 단기적 행동 유연성 등을 포함할 수 있다. 그런데 주의할 점은 이러한 전략이 소위 말하는 고등동물에게 국한된 것만은 아니라는 사실이다. 즉 곤충이나 문어, 심지어 식물 등과 같은 생명체에도 존재한다. 따라서 이러한 생명체에 대해 제대로 알게 되면 우리는 '하등'이란 용어가 잘못된 것임을 깨닫게 된다. 요컨대 지구 전역에 서식하는 수백만 종에서 광범위하게 발견되는 생명의 다양성은 단일 종 단계에서 멈추는 것이 아니라 '기질'이라는 다소 모호한 정의로 인식되는 개별 생명체의 다양성으로 계속 이어진다.

생명체에 대해 제대로 알게 되면 우리는 '하등'이란 용어가 잘못된 것임을 깨닫게 된다.

연구는 또한 더 원대해지고 정밀해졌다. 특히 연구가 잘된 종은 박새great tit였다. 박새는 수십 년 동안 매우 인기 있는 연구 대상이었을 뿐만 아니라 엄청난 양의 배경 지식을 제공했다. 이렇듯 박새 연구가 활발하게 진행될 수 있었던 것은, 박새는 나무 구멍에 둥지를 짓는 데다가 새로운 둥지 상자를 거리낌 없이 받아들이기 때문이었다. 심지어 어떤 연구팀에서는 대규모 박새 무리를 관찰하기 위해 수백 개의 둥지 상자를 나무에 설치하기도 했다. 또한 다 자란 박새들은 둥지 상자나 사료 급여대에서 쉽게 포획할 수 있을 뿐만 아니라 새끼들의 다리에 색깔 띠를 묶어 표시하기 용이하고 한 번 표시하면 거의 영구적으로 연구에 활용할 수 있다. 그 외에 둥지 상자에서 나온 박새들의 행동은 하루 종일 망원경으로 관찰이 가능하다. 피에트 드렌트Piet Drent, 모니카 베어벡Monica Verbeek, 닐스 딩게만스Niels Dingemanse 등으로 구성된 네덜란드의 한 연구팀에서는 이러한 장점을 십분 활용해 박새의 기질 진화에 관해 많은 사실을 밝혀냈는데, 아마도 인간을 제외한 종 연구에서는 단연 최고일 것이다.

그들의 여러 실험들 중 하나를 살펴보자. 그들은 부모 새들과 새끼 새들을 둥지 상자에서 포획해서 실험실로 가져왔다. 그런 다음 부모 새들을 관찰실에 한 마리씩 풀어놓았다. 관찰실에는 인공 나무 다섯 그루가 심어져 있었고 각각의 나무에는 네 개의 가지가 뻗어 있었다. 부모 새들은 나무들 사이를 날아다니고 가지들 사이를 뛰어다니며 관찰실을 탐색했다. 다섯 그루의 나무 중에서 네 그루를 방문하는 데 걸린 시간은 탐색 행동의 지표로 사용되었다. '빠른' 새는 1분도 채 안 되어 네 번째 나무에 당도한 반면에 '느린' 새는 10분 이상이 걸렸다. 부모 새들은 실험이 끝난 후에 포획된 장소로 돌려보냈고 새끼 새들은 탐색 행동을 실험할 수 있는 나이가 될 때까지 연구자들이 길렀다. 그 결과 새끼 새들은 부모 새들을 닮았는데, 이는 그러한 특징이 유전적으로 대물림된다는 사실을 시사했지만 입증되지는 못했다. 학습 또는 공통된 환경요인들로 말미암아 가족 구성원들이 서로 닮을 가능성도 있기 때문이었다. 이러한 가능성들을 구별하기 위해 가장 빠른 새끼 새와 가장 느린 새끼 새를 둥지 상자가 있는 새장에 따로따로 수용해 번식하게 했는데, 이는 근친교배를 막기 위한 사전 조치였다. 그리고 새들이 알을 낳을 때마다 가짜 알로 대체하고 진짜 알은 야생 새들의 둥지에 갖다 놓아 부화되게 했다. 그 알들이 부화되어서 하루가 지나면 갓 태어난 그 새끼들에게 표시를 해서 섞어놓았고, 이로 말미암아 야생에서의 양부모는 새장에 있는 느린 새와 빠른 새 모두의 새끼를 키우게 되었다. 생후 10일이 지난 후에는 그 새끼들을 다시 수거해서 실험실로 가져왔고, 실험실에서는 지칠 줄 모르는 연구자들이 대리 부모로서의 역할을 재개해 탐색 행동을 실험할 수 있을 때까지 3세대 새끼들을 길렀다. 이러한 과정은 4세대까지 계속되었다. 그 결과, 인위적인 선별은 앞에서처럼 포악한 닭과 선한 닭을 낳고(5장) 엘리트 여우를 길들였듯이(6장) 이번 실험에서는 가장 빠른 박새와 가장 느린 박새 품종을 낳았다. 따라서 그들의 탐색 행동이 일정 정도 유전된다는 사실에는 의심의 여지가 없었다.

이 실험은 엄청난 양의 연구를 요구했지만 네덜란드 연구자들에게는 준비 작업에 불과했다. 연구자들은 이후 계속된 실험에서 천 마리가 넘는 박새를 잡고 표시하고 실험하고 풀어주길 반복하면서 빠른 박새와 느린 박새가 상대방 및 그들의 자연환경과 어떤 식으로 상호작용하는지 연구했다. 그 과정에서 박새들의 생존 여부, 자손의 수와 상태, 어떻게 식량을 징발하고 경쟁하는지, 태어난 둥지에서 얼마나 멀리까지 날아갈 수 있는지, 충격적인 사건에서 회복되는 데 얼마나 오래 걸리는지, 심지어 상대방으로부터 얼마나 잘 배우는지 등을 측정했다. 그 결과, 각각의 빠른 박새들은 최고의 자원을 획득하기 위해서는 수단 방법을 가리지 않는 불한당이라고 불러도 손색이 없었다. 이러한 경쟁에서 승리한 불한당은 명백한 이점을 획득했던 반면에 패한 불한당은 불운한 자신의 운명을 잘 받아들이지 못했다. 따라서 박새가 파티를 연다고 가정하면 몇몇의 빠른 박새들이 큰 소리로 제각기 떠들며 모두를 지루하게 하는 동안 나머지 빠른 박새들은 소외된 채 구시렁거리며 술만 마실 것이다. 한편, 각각의 느린 박새들에게는 수줍음을 많이 타고 예민한 스타일이라는 표현이 딱 알맞았다. 그들은 자기 의견을 고집하지 않지만 관찰력이 뛰어나서 불한당들에게 보이지 않는 것을 재빨리 눈치 챘다. 따라서 파티를 연다고 할 경우 불한당들의 소리가 들리지 않는 곳에서 파티의 흥을 돋우는 작가나 예술가의 역할을 톡톡히 할 것이다. 그뿐만 아니라 부모 새의 행동을 모방함으로써 부모의 사랑을 독차지하는 불한당들과 달리 새로운 행동 양식을 발견하는 발명가이기도 했다.

이러한 행동상의 차이점이 생존 및 번식과 어떤 연관이 있는지는 환경에 좌우된다. 예컨대 박새들은 추운 겨울을 이겨내기 위해 너도밤나무 열매에 상당히 의존한다. 이로 말미암아 너도밤나무는 자신들의 자손을 보호할 효과적인 전략을 진화시켰다. 즉 너도밤나무는 열매를 먹는 포식자들의 개체 수를 줄이기 위해 몇 년 동안 거의 열매를 맺지 않다가 한꺼번에 열매를 맺어 시장에 쏟아낸다. 따라서 겨울 기근 후에는 둥지를 틀 장소가 많은 반면에 겨울 풍년 후에는 맨해튼에서 아파트 구하기만큼이나 둥지 틀 장소를 찾기가 매우 힘들다. 이렇듯 급변하는 환경은 선두를 주거니 받거니 해서 맘을 졸이게 하는 농구 경기처럼 빠른 박새와 느린 박새에게 번갈아 가며 유리한 환경조건을 제공한다. 이를테면 겨울 기근에 암컷은 빠른 것이 유리한 반면에 수컷은 둥지를 틀 곳이 많으니 느려도 괜찮다. 한편 빠른 수컷은 가장 좋은 둥지를 차지하는 반면에 느린 암컷은 더 세심한 어미 새가 된다. 심지어 박새들의 적응도는 짝의 기질에 좌우될 때도 있다. 이를테면 어느 해에는 빠른 것끼리나 느린 것끼리 짝을 짓는 것이 호환성에 문제가 있을 수밖에 없는 혼합된 짝보다 훨씬 잘 적응했다.

이러한 어마어마한 양의 연구로 네덜란드 연구자들은 박새의 기질이 빠름에서 느림까지의 1차원적 연속체보다 훨씬 복잡함을 인정한 최초의 연구자들이 될 수도 있었다. 그러나 이 연구는 그들이 연구를 통해 전달하려는 주요 메시지, 즉 최적의 기질이 따로 있는 것이 아니라 다양한 기질이 자연선택을 통해 보존되었다는 메시지를 보강하는 것에 불과하다. 게다가 행동의 다양성은 부분적으로 주요한 유전적 변이에 기초한다. 물론 원칙적으로 행동의 다양성은 주요한 유전적 변이 없이 발생 스위치나 단기 학습 등과 같은 메커니즘 때문에 초래될 가능성도 배제할 수 없다. 그러나 박새에게는 해당되지 않는 이야기다.

동물 기질에 관한 이러한 멋진 연구들은 거의 대부분이 지난 20년 동안 이루어졌다. 그리고 생존과 번식의 문제를 해결하는 전략으로써 인간의 다양한 행동을 고려할 때 객관적인 배경 지식을 제공해주었다. 예컨대 최근에 심리학자 다니엘 네틀Daniel Nettle은 외향적인 사람과 내향적인 사람을 연구했는데, 빠른 박새와 느린 박새에 대한 네덜란드 연구팀의 연구와 놀라울 정도로 비슷했다. 즉 외향적인 사람은 자극적이고 참신한 것을 적극적으로 꾀하는 반면에 내향적인 사람은 수줍음을 많이 타고 낯선 환경에서는 그 정도가 특히 더 심해진다. 따라서 우리가 외향적인 사람과 내향적인 사람을 커다란 관찰실에 풀어놓고 그들의 탐구적 행동을 측정한다면 빠른 박새와 느린 박새처럼 거의 확실하게 구분할 수 있을 것이다.

물론 네틀이 실제로 이런 실험을 한 것은 아니고 단순히 성인 다수의 외향성을 측정하는 표준 기질 검사를 실시했을 뿐이었다. 또한 진화론적 관점에서는 명약관화하지만 자연선택적 사고에 익숙하지 않은 심리학자는 잘 모르는 그들의 삶에 대한 몇 가지 추가 질문을 했다. 그 결과 외향적인 사람은 대부분의 상황에서 일관되게 정면 대응식의 태도를 취했다. 즉 내향적인 사람보다 이성에 더 관심이 많고 야망이 더 크고 더 경쟁적이고 여행을 더 좋아했다. 따라서 파티를 연다고 하면 그들 중 일부는 빠른 박새들처럼 파티의 분위기를 주도하고 나머지 일부는 소외된 채 구시렁거리며 술만 마시는 모습을 쉽게 상상할 수 있을 것이다. 이러한 태도는 스스로 밝힌 생활사를 통해서도 그대로 드러났다. 예컨대 남성이든 여성이든 외향성과 평생의 섹스 파트너 수는 밀접한 관련이 있었다. 또한 외향적인 사람은 새로운 애인을 만나기 위해 현재의 애정 관계를 끝내는 경향이 있는 반면에 내향적인 사람은 자신들 때문에 그 관계를 끝내는 경향이 있었다. 그 외에 외향적인 사람은 내향적인 사람보다 사고나 병으로 입원할 가능성이 훨씬 높았는데, 이를 통해 정면 대응식의 태도는 자칫 스스로에게 해가 되기도 한다는 사실을 알 수 있다.

내향성의 장단점은 부부 심리학자인 일레인 아론Elaine Aron과 아서 아론Arthur Aron의 포괄적인 논문에서 집중 탐구되었다. 그들은 인간과 그 외의 종들에서 나타나는 변형의 기본 축은 정보 처리와 관련이 있다고 주장한다. 정보란 득과 실의 양면성을 지닌 것으로, 정보가 너무 부족해도 곤경에 처할 수 있고 너무 많아도 옴짝달싹 못할 수 있다. 그렇다고 이러한 문제를 해결할 최고의 단일한 묘책이 있는 것도 아니다. 즉 확고부동한 절차를 따르는 것이 최선일 때도 있고 모든 선택 사항을 고려해보는 것이 최선일 때도 있다. 개개의 생명체는 이러한 양자택일의 전략을 번갈아 활용할 수 있는 능력을 일정 정도 갖추고 있기는 하지만 개인마다 다소 차이가 있다. 그런데 이런 개인차는 유전적 요소에 기초하거나 발생 초기에 일어나는 것이 거의 대부분이다. 예컨대 수많은 정보를 처리하도록 설계된 신경계는 앞뒤 가리지 않고 밀고 나가는 신경계와는 분명 차이가 있다. 구체적으로, 아론 부부는 매우 민감한 사람들HSP, highly sensitive people은 정보처리 과정을 피할 수 없다고 주장한다. 실제로도 그들은 사고 처리뿐만 아니라 통증, 밝은 불빛, 거친 섬유, 소음, 약 등 거의 모든 것에 민감하게 반응하는 것처럼 보인다. 또한 풍요롭고 복잡한 내적 삶을 추구하고 예술 작품에 깊은 감명을 받는다고 밝힌 사람들은 카페인에도 민감하고 놀라기도 잘한다고 보고되었다.

매우 민감한 사람들이나 동물들은 새로운 상황에 매우 느리게 반응할 가능성이 높은데, 그 이유는 매우 간단하다. 다름이 아니라 새롭게 입력된 정보를 처리하는 중이기 때문이다. 일반적으로 매우 민감한 사람들은 '무작정 밀고 나가기'보다는 '신중하게 조사하기'위해 잠시 멈춘다. 그런데 이때 정보가 너무 많이 입력되면 양에 압도되어 직면한 상황에서 주춤 물러서게 되고 이는 수줍음의 형태로 가시화된다. 이런 연구를 통해 매우 민감한 사람은 본래부터 수줍음을 많이 타는 것이 아님을 알 수 있다. 단지 삶에 닥친 문제를 새로운 방법으로 해결하기 위해 그 모든 정보를 처리하고 있는 것뿐이다. 따라서 매우 민감한 사람은 새로운 해결책을 찾는 데 성공하기만 하면 '무작정 밀고 나가는' 사람 못지않게 외향적이고 사교적인 사람이 될 수 있다. 요컨대 사교성과 같은 개인차는 선천적인 것이 아니라 정보처리와 같은 개인차가 가시화된 것이다.

민감한 사람들은 그렇지 않은 사람보다 회복력이 떨어질 것처럼 보일 수 있지만 상황에 따라 정반대일 경우도 있다. 이와 관련해 아론 부부는 논문의 서두에서 세계적으로 유명한 정신과 의사이고 유대인 대학살의 생존자인 빅터 프랭클Victor Frankl이 쓴 글을 다음과 같이 인용했다.

민감한 사람들은 성격이 더 섬세하기 때문에 강제수용소에서 훨씬 더 고통스러웠을지 모르지만 내적 자아가 받은 상처는 민감하지 않은 사람들보다 덜했다. 정신적 풍요와 영적 자유로 가득한 삶으로 도망칠 수 있었으니까 말이다. 그렇지 않다면 기질적으로 나약해 보이는 포로들이 훨씬 우직한 포로들보다 수용소 생활을 더 잘 견디는 것처럼 보이는 명백히 모순된 상황을 어떻게 설명할 수 있단 말인가.

앤이 헤드램프 불빛 아래서 부시베이비들의 기질적 차이에 매료된 이후에 많은 일들이 일어났다. 이제 단일 종은 나름대로의 다양한 공동체를 형성하는 것으로 인식될 뿐만 아니라 우리 인간 종 또한 그와 같은 공동체의 목록에 추가되었다. 또한 다니엘 네틀과 아론 부부 등과 같은 심리학자들은 동물에 관한 논문을 인용하고 진화론적 추론 방법을 이용한다. 크리스틴 콜먼이 연못 속 물고기를 관찰하고 네덜란드 연구자들이 새에 시선을 집중하듯이 말이다. 아마도 다윈은 자신은 오래전에 우리 인간을 그 외의 모든 생명체와 긴밀하게 연관지어 연구했는데 왜 다른 사람들은 그렇게 하기까지 이토록 오랜 시간이 걸렸는지 의아해하면서도 이런 현 상황을 보고 기뻐할 것이다.

우리의 기질 중 일부가 유전자에 의해 또는 발생 초기에 결정될 가능성이 있다는 사실을 두려워해야 하는가? 진정 자신이 처한 상황을 정면 대응해 뚫고 나가기 힘든 사람이 있는가 하면 교향곡을 듣고도 감흥을 느끼기 힘든 사람이 있다는 사실이 그토록 위협적이란 말인가? 나는 일레인 아론이 이 질문에 어떤 식으로 대답할지 알고 있다고 생각한다. 일레인 아론은 학계 경력이 풍부할 뿐만 아니라 현재 심리치료사로 일하고 있으며 저서, 워크숍, 웹사이트http://www.hsperson.com 등을 통해 민감한 사람들에 대한 자료를 대량으로 제공한다. 자신이 민감한 사람에 속하는지 알아보고 싶으면 이 웹사이트에서 단순한 테스트를 받아볼 수도 있다. 일레인은 누구나 쉽게 이해할 수 있는 언어로 민감성은 정상적인 것이고 15퍼센트에서 20퍼센트 가량의 사람들이 이런 특징을 지니고 있다고 설명한다. 게다가 인간 이외의 다른 종에서도 이와 비슷한 비율로 이런 특징이 나타난다고도 한다. 또한 민감성은 상황에 따라 불리한 요소가 되기도 하고 커다란 장점이 되기도 한다. 그런데 강인함을 높이 평가하고 극도의 민감성을 비정상으로 간주하는 우리 문화에서는 이러한 민감성을 오해할 때가 많다(특히 아시아에서는 민감한 사람이 되기가 쉽다). 어찌 되었든 일레인 아론의 저서 『민감한 사람들의 유쾌한 생존법 *The Highly Sensitive Person*』 서두에 인용된 서평을 살펴보면 독자들은 결코 두려워하지 않았다. 그들은 "저자는 내가 나 자신에 대해 항시 알고 있던 것을 명료하고 쉬운 말로 기술했다" "내게 마음의 평화를 안겨준 이 책의 저자에 대해 뭐라 감사해야 할지 모르겠다" "나는 이 책을 통해 내가 더 큰 집단의 일부이며 결코 이상한 사람이 아니라는 사실을 알게 되었다" 하고 말한다.

나는 한 독자가 말한 '더 큰 집단'에 매우 민감한 '사람' 뿐만 아니라 매우 민감한 크고 작은 '생명체들'도 포함된다고 말하고 싶다.

아름다운 사람일수록 진화에 유리하다?

미적감각은 생존과 번식을 위한 본능적인 투쟁과 별개로 존재하는 것처럼 보이는 영묘한 가치를 지닌다. 따라서 다윈의 이론은 우리가 식량을 찾아 헤매고 이성을 차지하기 위해 싸우는 이유는 설명할 수 있을지 몰라도 일몰을 보면서 감동을 느끼는 이유는 설명하지 못할지 모른다. 또한 우리가 그릇을 만드는 이유는 설명할 수 있을지 몰라도 그릇을 예쁘게 장식하는 이유는 설명하지 못할지 모른다.

하지만 사실 인간의 미적감각뿐만 아니라 그 외의 많은 생명체에서 발견되는 엇비슷한 감각을 진화론에 기초해 설명하겠다고 하는 진화론적 미학 이론이 등장하고 있다. 우리는 곤충처럼 매우 단순한 종들도 생존 및 번식과 관련된 특정 문제를 해결하기 위해 정밀한 계산기를 작동시킨다는 사실을 이미 살펴보았다. 새로운 문제에 대한 해결 능력이 아무리 낮아도 예외는 없다. 그렇다면 언덕 꼭대기에서 주위를 살피며 어느 쪽으로 갈지 고민하는 코요테는 그런 계산기를 어떻게 작동시킬까? 코요테가 사방을 훑어볼 때 머릿속에서는 생존 및 번식과 연관된 모든 특징, 이를테면 먹이와 물의 존재(혹은 존재 가능성), 포식자로부터 안전한 장소 등을 분석하고 비교할 필요가 있을 것이다. 그러나 이런 계산이 꼭 의식적으로만 일어나는 것은 아니다. 그러기는커녕 숨 쉬고, 보고, 듣는 것처럼 무의식적으로 일어날 가능성이 훨씬 높다. 즉 코요테는 그의 정신이 2차원적인 망막 표면에 도달한 빛을 3차원적으로 전환해 세상을 정교하게 표현하고 있다는 사실을 모르듯이 어느 쪽으로 가는 것이 최선인지 계산하고 있다는 사실을 모른다. 그 대신에 토끼들이 뛰어다니는 풀이 무성한 초원 한가운데의 한적한 동굴로 자석 같은 것이 강하게 끌어당기는 듯한 느낌을 경험한다. 게다가 그러한 전경이 아름답게 보일 수도 있다.

요컨대 진화론적 미학은 다음과 같은 세 가지 주장에 기초한다. 첫째, 모든 생명체는 자신이 처한 환경을 분석하고 이에 기초해 적응 가능한 선택을 하도록 진화한다. 둘째, 분석 메커니즘은 무의식적으로 일어날 때가 많다. 셋째, 분석 메커니즘은 주관적으로 경험하게 되는데, 아름다움처럼 적응도를 강화시키는 환경적 특징에는 강하게 끌리는 반면에 추함처럼 적응도를 약화시키는 특징에는 반발하는 것이 바로 그것이다. 만일 이 이론이 어느 정도 사실이라면 우리의 미적감각은 진화론적 시각에서 동떨어진 수수께끼로 영원히 남아 있는 대신에 인간 이외의 모든 생명체와 연관시켜 연구될 수 있을 것이다.

진화론적 미학 가운데 어떤 측면은 검증이 가능하다. 이를테면 우리가 아름답다고 여기는 것과 우리의 생물적 적응도를 강화시키는 것 사이에 일치하는 부분이 있다고 생각하는가, 아니면 없다고 생각하는가? 이와 같은 질문을 하는 순간, 과학에 기초하든 일상적 경험에 기초하든 상당한 변화가 일어날 것이다. 물론 일몰을 응시하거나 그릇을 장식하는 것과 같은 일부 관찰 결과는 여전히 수수께끼로 남아 있을 수 있다. 그러나 돌이켜 생각해보면 뭔가 번쩍하며 분명하게 다가오는 관찰 결과도 있을 것이다. 일례로 풍경에 대한 우리의 취향을 한번 생각해보자. 우리는 대부분 강과 초목 그리고 나무들이 듬성듬성 보이는 탁 트인 공간을 좋아한다. 심지어 그 풍경에 풀을 뜯어 먹는 덩치 큰 동물들까지 합세하면 더 아름답다고 느낀다. 또한 안전감을 주면서 바깥 경치가 잘 보이는 집에 사는 것을 좋아하고 타닥거리며 땔감이 탈 때 느껴지는 온기를 좋아한다. 어디 그뿐인가? 이러한 감정들은 꽤 뿌리가 깊기 때문에 병원에 입원한 환자들은 창가가 있는 병실에 있을 때 더 빨리 회복할 뿐만 아니라 창문 밖에 멋진 풍경이 펼쳐질 때 훨씬 더 빨리 회복한다. 또한 아픈 사람에게 왜 꽃을 선물하는지 이해하지 못하는 사람도 있긴 하지만, 연구 결과에 따르면 병실에 꽃이 있으면 병에서 회복되는 속도가 매우 빨라진다고 한다. 따라서 우리에게 기쁨과 아름다움을 제공하는 이러한 환경적 특징들은 생물적인 생존 및 번식과 밀접하게 연관되어 있다고 할 수 있다. 우리에게 이런 것들이 없다고 생각해보라. 스트레스가 쌓이게 될 것이고 심지어 건강에 해를 끼치게 될 것이다.

진화론적 미학은 미에 대한 인식이 왜 개인마다 그리고 문화마다 다른지도 설명한다. 예컨대 작은 촌 동네에 사는 10대 청소년을 생각해보라. 만일 그가 자신을 미래에 대한 비전이 없는 무일푼이라고 생각한다면 그 촌 동네는 밝은 불빛들로 가득한 대도시와 비교했을 때 끔찍하기 이를 데 없는 추한 곳처럼 보일 것이다. 폴 사이먼Paul Simon이 부른 〈마이 리틀 타운My Little Town〉에서 무지개 색조차 검게 변했다고 하지 않았던가! 그러나 그 똑같은 동네가 돈도 벌 만큼 벌어 이제는 도시에서 벗어나고 싶은 도시 거주자들에게는 더없이 아름답게 비춰질 수 있다. 또 다른 사례로, 미국의 개척자들은 대부분 황야를 추한 곳으로 간주했고 아름다운 농장을 세우기 위해 개간해야 할 땅으로밖에 보지 않았다. 그러나 지금은 어떤가? 거의 남아 있지도 않은 그 황야를 '자연 그대로'의 것이라며 보호하지 않는가! 그런데 공통점이라고 찾아보기 힘든 이러한 미에 대한 인식에 공통점이 하나 있다. 그것은 바로 가치가 있다고 여겨지는 것은 아름답다고도 여겨진다는 점이다.

인간에 대한 미의식도 우리의 주변 환경에 대한 미의식과 다를 것이 없다. 모두 알다시피 깨끗한 피부, 튼튼한 치아, 윤기 있는 머리카락 등은 건강과 미의 대명사다. 사실 해변에서 근육질 몸매를 뽐내는 남성들에게 추파를 던지는 여성들에서부터 『플레이

보이 *Playboy*』 지에 실린 여성의 나체 사진을 보며 침을 흘리는 남성들에게 이르기까지, 잠재적인 배우자의 적응도를 무의식적으로 분석하는 데 기초가 되는 미에 대해 우리가 알지 못하는 것이 도대체 뭐가 있겠는가? 그런데 우리가 일상적인 경험에서 벗어나고 싶다고 해도 진화심리학자들은 이런 주제를 좋아하기 때문에 신나게 과학의 수레바퀴를 회전시킨다. 예컨대 최근에 크레이그 로버츠Craig Roberts가 이끄는 영국의 한 연구팀은 남성 97명에게서 혈액 샘플을 채취하고 일반 조명 아래서 그들의 얼굴 사진을 찍었다. 우선 혈액 샘플은 주요 조직적합 복합체MHC, major histocompatability complex의 세 가지 유전자에 대한 이형접합성(정해진 염색체상에 있는 상이한 대립유전자, 즉 변형된 유전자가 존재하는 것 – 옮긴이)을 측정하는 데 사용되었다. 주요 조직적합 복합체란 면역체계가 자기 세포와 침입한 병원체 세포를 구별할 수 있게 하는 단백질인데, 이 복합체 유전자의 이형접합성이 높은 사람일수록 보통 더 건강하다. 연구팀은 디지털기기를 이용해 남성의 얼굴만 보이게 잘라낸 사진을 여성 50명에게 무작위로 보여준 뒤, 호감 정도를 7등급으로 나누어 점수를 매기도록 했다. 그 결과, 외형적으로 호감이 가는 얼굴은 이형접합성이 있는 유전자 수와 비례하는 것으로 나타났다. 이 다음에 연구자들은 디지털기기를 이용해 각각의 이미지에서 코와 윗입술 사이의 피부 일부를 잘라낸 뒤에 300퍼센트로 확대했다. 그리고 여성들에게 그 피부 조각의 건강 정도를 평가해보라고 요청했다. 그런데 그 평가 결과 또한 이형접합성이 있는 주요 조직적합 복합체 유전자 수와 일치했다. 심지어 연구자들은 그 얼굴의 나머지 부분을 살펴볼 필요조차 없었다. 마치 여성들이 자신들의 눈으로 남성들의 건강을 상세히 검진한 후에 호감도 평가로 건강진단서를 발급하는 것 같지 않은가!

돌이켜 생각해봤을 때 아름다움이란 것이 부분적으로나마 적응도에 대한 무의식적 평가임이 명백해지면 새롭게 드러난 것이 아무것도 없다고 단정하기 쉽다. 물론 우리는 썩은 치아보다는 하얀 치아를, 종기가 난 피부보다는 깨끗한 피부를 더 좋아한다. 또한 바짝 마른 사막보다는 강과 풀이 우거진 초원을 당연히 더 좋아한다. 그러니 누구든 우리에게 왜 그런 명백한 사실을 과학적으로 연구하느라 혈세를 낭비해야 하는지 물을지도 모른다. 게다가 이런 형태의 아름다움에는 통속적인 면도 있기 때문에 '위대한' 예술 작품이나 어떤 사람의 '진정한 아름다움'에 담긴 형언할 수 없는 특징이 아니라 싸구려 달력용 그림이나 포르노그래피의 매력을 밝히는 듯한 인상을 주곤 한다.

사실, 진화론적 미학은 결코 싸구려 달력용 그림과 포르노그래피의 수준을 뛰어넘지 못할 수도 있다. 그러나 중요한 것은 그러한 점이 아니라 뭔가 새로운 것을 달성했다는 사실이다. 내 사전에는 '통속적vulgar'이란 말의 뜻이 '평범한, 진부한' '미발달의, 세련되지 못한' '방법이나 성격이 불쾌할 정도로 야비한' '비천한'이라고 정의되어 있다. 미학이 인간 고유의 것이며 생존 및 번식과는 무관하다는 주장이 있다. 그리고 소위 '세련됨'은 부족하지만 '평범한' 것으로 간주되는 미학적 측면들이 생존 및 번식의 측면에서 쉽게 설명될 수 있다는 또 다른 주장이 있다. 이 둘은 완전히 별개의 이야기다. 사실 명백하다라는 측면에서 되돌아봤을 때 '명백한'이란 개념만큼 명백하지 않은 것도 없다. 셜록 홈스가 그의 놀라운 결론 이면에 담긴 추론 과정을 설명할 때마다 "그건 명백합니다"라고 외치는 왓슨 때문에 얼마나 괴로워했던가! 본래 동일한 것을 관찰하고도 그 외의 관찰 결과와 가정에 따라 그 결과가 명백히 사실일 수도 있고 명백히 거짓일 수도 있으며 혹은 제대로 분간이 안 될 수도 있다. 예컨대 오늘날에 명백한 것이 100년 전에는 명백하지 않았을 수 있고, 과거에 명백했던 것이 오늘날에는 이해하기 힘들 수 있다. 나는 이 책의 서두에서, 진화론을 배우는 일은 되돌아나오고 싶지 않은 방으로 들어가는 것과 같으며, 진화론에 기초해 사고하는 것은 자전거를 타는 것처럼 제2의 천성이 될 것이라고 말했다. 이러한 변화를 겪게 되면 과거에는 명백하지 않던 많은 것들이 명백해진다.

게다가 진화론적 미학은 우리를 싸구려 달력용 그림이나 포르노그래피 차원을 넘어서게 할 수 있다. '평범한' 사람들에게 자신들이 중요하게 생각하는 배우자의 자질이 무엇인지 물어보라. 대체로 외모와 무관한 친절이나 지능, 유머 감각 등을 중요하게 생각한다고 대답할 것이다. 즉 훌륭한 외모를 비롯한 신체적 특징과 재산을 비롯한 물질적 특징은 낮은 순위를 차지하는 경향이 있다. 개인별로 차이가 크고 성별로는 그다지 차이가 크지 않지만 말이다. 예컨대 어느 연구에서 훌륭한 외모는 평균적으로 남성들의 경우에 3위, 여성들의 경우에 6위를 차지했던 반면에 재산은 여성들의 경우에 8위, 남성들의 경우 11위를 차지했다. 배우자든 친구든 동료든 상관없이 사회적 파트너의 신체 외적 특징이 중요하게 여겨지는 것은 생물학적 관점에 볼 때 당연한 일이다.

　미의식은 신체적 요인뿐만 아니라 신체 외적 요인에도 영향을 받는다. 일례로 외모는 평범하지만 친절하고 똑똑하며 유머 감각도 뛰어난 제니와 결혼하는 것이 좋을지 고민하고 있는 샘이라는 남자가 있다고 해보자. 우선 샘은 제니의 신체적 특징과 신체 외적 특징을 따로따로 구분해 생각할 가능성이 있다. 즉 의식적으로든 무의식적으로든 "제니는 외모는 5등급 정도지만 그 외의 측면에서는 정말 멋진 여성이야. 그러니 프러포즈를 해야겠어"라고 생각할지 모른다. 반면에 신체적 특징과 신체 외적 특징 모두를 아름다움으로 인식되는 적응도에 기초하여 총체적으로 평가할 가능성이 있다. 즉 그는 외모를 비롯한 제니의 여러 측면에 매료됨으로써 제니의 신체 외적 장점을 모르는 사람들보다 제니의 외모를 더 매력적이라고 평가할지 모른다. 물론 이 두 가지 시나리오 모두 있을 법한 일이지만 — 이론은 있음 직한 대안들을 제시하는 것이 무엇보다 중요함을 기억하라 — '미'라는 개념은 적응도에 대한 무의식적 평가이기 때문에 두 번째 가정이 훨씬 타당해 보인다.

　나는 몇 년 전에 이러한 가능성에 매료되었고 내 지도를 받던 대학원생 케빈 니핀Kevin Kniffin의 도움을 받아 그 가능성을 검증하기로 결정했다. 케빈은 사람들이 왜 협력하는지 등과 같은 광범위한 주제에 관심을 가지고 있었다. 그리고 이러한 주제들을 진화론적 시각에서 다뤘던 존 게이트우드John Gatewood와 도널드 캠벨Donald Campbell의 영향을 받았다. 그는 처음에는 대학을 졸업한 후에 특별한 목적 없이 전국을 떠돌아다닐 계획이었으나 농구를 하다 다치는 바람에 그 계획이 수포로 돌아가 집에서 1년 동안 휴식을 취했다. 그리고 쉬는 동안 필라델피아의 헌책방들을 돌아다니며 수집한 책들을 읽으며 진화론에 관해 더 많은 것을 알게 되었다. 그때 그는 이미 대학원에 입학해 나와 함께 인간 집단에 대해 연구할 마음을 굳혔다. 특히 스포츠에 관심이 많았던 그는 스포츠팀을 현대적인 협력 집단으로 여기고 마치 인류학자들이 오지의 부족들을 연구하듯이 대학 조정팀으로 들어가 그들과 함께 먹고 자면서 그들의 모든 동작 하나하나를 관찰하고 연구했다. 조정팀의 코치와 선수들은 그가 무엇을 하는지 알았기 때문에 그를 속이지 않았다. 그러기는커녕 그들은 지옥훈련에 따르는 고통을 함께 나누기도 하고 경기에 함께 참여하기도 하는 케빈을 팀의 일원으로 받아들였다. 이와 같은 아름다운 프로젝트는 우리 두 사람 모두에게 매우 신선한 것이었다. 우리는 눈코 뜰 새 없이 바쁘다는 사실을 알았지만 너무 재미있어서 그냥 지나칠 수가 없었다. 프로젝트란 품고 있는 것만으로도 너무 기뻐서 태어나기까지 얼마나 많은 고통이 필요한지 잊게 만드는 배 속의 자식 같지 않은가!

우리는 즐거운 마음으로 사진 평가와 관련된 연구에 돌입했다. 사실 신체적 호감도에 관한 수백 가지 연구들은 앞서 기술한 주요 조직적합 복합체 유전자 연구처럼 낯선 사람들의 사진을 보고 호감 정도를 평가하는 일과 관련이 있었다. 우리는 이런 일반적인 연구 형태에 변형을 가해 사람들에게 아는 사람의 얼굴 사진, 구체적으로 고등학교 졸업 앨범에 있는 동창 사진을 친밀, 선호, 존경, 신체적 호감도 별로 평가하게 했다. 그런 다음에 졸업 앨범의 주인과 나이와 성은 같지만 사진 속 인물에 대해서는 아는 것이 없는 다른 사람에게 그 사진을 주고 신체적 호감도를 평가하게 했다. 만일 신체적 호감도가 오로지 신체적 특징에만 기초한다고 가정하면 이 두 부류의 평가자들은 사진 속 인물의 신체 외적 특징을 알든 모르든 거의 동일하게 평가할 것이다. 그러나 만일 신체적 호감도가 총체적인 적응도 평가에 기초한다면 졸업 앨범 주인은 두 번째 평가자가 신체적 특징에 영향을 받는 것만큼 사진 속 인물에 대해 알고 있는 신체적 외적 특징에 영향을 받아 신체 호감도를 평가할 것이다.

이 연구에 참여한 첫 번째 인물은 우리 학과의 비서였다. 그는 매우 친절한 50대 여성이었는데, 그때까지 고등학교 졸업 앨범을 보관하고 있었다. 그 여성의 신체적 호감도 평가는 두 번째 평가자의 평가보다 자신이 사진 속 동창을 얼마나 좋아하는가에 따라 크게 좌우되었다. 그 여성이 신체적 호감도에 최하 점수를 준 인물의 사진은 나와 두 번째 평가자에게는 극히 평범해 보이는 남성이었다. 그런데 그녀는 그 남자의 사진을 보자마자 혐오스럽다는 표정으로 소름끼칠 정도로 불쾌하다느니, 상스러운 말을 서슴지 않는다느니 등 신체적 특징과 전혀 무관한 단점들을 쏟아내었다. 즉 사진 속 남성의 성격이 그의 신체적 특징에 강한 영향을 미쳐 그 여성은 30년 동안 만나거나 연락한 적이 전혀 없는데도 썩은 음식을 잘못 먹고 토하는 사람처럼 행동했던 것이다.

우리는 이러한 연구 결과에 고무되어 샘플 크기를 27명으로 늘렸다. 이 27명의 사람들은 졸업 앨범을 보관하고 있었을 뿐만 아니라 다른 사람의 졸업 앨범에 있는 사진을 보고 평가하는 두 번째 평가자의 역할도 수행했다. 그 결과, 신체 외적 특징들은 신체적 호감도에 상당한 영향을 미치는 것으로 밝혀졌다. 즉 진화론적 미학 이론의 예측대로 누군가를 얼마나 잘 알고 있느냐(친밀도)가 아니라 그 사람에 대해 어떻게 생각하느냐(선호와 존경)가 신체적 호감도 평가에 결정적인 영향을 미쳤다. 또한 성별에 따라 평가 결과가 달랐을 뿐만 아니라 같은 성 내에서도 개인에 따라 평가 결과가 달랐다. 구체적으로, 남성은 두 번째 평가자들처럼 오로지 신체적 특징에 기초해 신체적 호감도를 평가하는 경향이 강했다. 그러나 이는 평균적으로 그랬다는 것이다. 남성들 가운데에서도 거의 선호도에만 기초해 평가하는 사람이 있는가 하면 여성들 가운데에서도 거의 신체적 특징만 보고 평가하는 사람이 있었다. 게다가 놀랍게도 이러한 미에 대한 개인별 평가 차이는 앞 장에서 논의했던 개인별 기질 차이와도 연관이 있는데, 이와 관련된 연구는 다음 장에서 살펴보도록 하겠다. 이런 연구는 그리 어렵지 않기 때문에 교실에서도 연구가 가능한데, 학생들에게 졸업 앨범을 교실에 가져오게 해서 그 자료를 정해진 기간 동안 수집하면 된다. 일례로 내 딸 타마르와 딸의 친구 니콜은 고등학교 통계학 수업시간에 제출할 프로젝트로 이와 유사한 실험을 해서 우리의 연구 결과를 재확인했고 학점도 A를 받았다.

우연히도 케빈이 연구하던 대학 조정팀원들 사이에서 벌어진 일이 우리의 미에 관한 연구에 도움이 되었다. 조정팀에 게으름을 피우는 선수가 한 명 있었는데, 그는 팀의 지옥훈련에 늦는 일이 많았고 간혹 아예 나타나지 않기까지 했다. 그런데 조정은 팀워크가 중요한 스포츠이기 때문에 이런 태도는 중대한 사회계약 위반이었다. 이 때문에 그 게으른 선수는 악의적인 험담(케빈의 또 다른 연구 주제)의 타깃이 되었고 열심히 훈련을 받는 선수는 그와 비교되어 칭찬을 받았다. 그렇다면 이런 사회적 명성의 차이가 신체적 호감도 평가에도 반영이 될까? 케빈은 남성과 여성 팀원들에게 재능, 노력, 선호, 존경, 신체적 호감별로 서로를 평가해보라고 요청했다. 그런 다음 앞의 연구에서처럼 낯선 사람들에게 사진을 주고 평가하게 했다. 물론 예상대로 신체 외적 특징은 팀원들 간의 신체적 호감도 평가에는 상당한 영향을 미쳤던 반면, 사진에만 기초한 낯선 사람들의 신체적 호감도 평가에는 전혀 영향을 미치지 않았다. 즉 그 게으른 선수는 그를 아는 사람들에게만 못생겨 보였던 것이다.

이 두 가지 연구는 매우 고무적이었지만 몇 가지 약점이 있었다. 우선 사람을 직접 만나보지 못한 채 사진 한 장만으로 그의 신체적 특징을 평가하기에는 정보가 많이 부족할 수 있다. 또한 두 가지 유형으로 나눈 평가자들은 신체적 특징에만 기초하더라도 신체적 호감에서 중요하게 여기는 것이 서로 다를 수 있다. 따라서 이상적인 연구는 일단의 사람들에게 처음에 직접 만나보게 한 후에 서로를 신체적 호감에 기초해 평가하게 하고, 서로의 신체 외적 특징을 알게 된 후에 다시 또 평가하게 하는 것이다. 그런데 운이 좋게도 여름학기 고고학 수업이 이런 기회를 제공했다. 당시 학생들은 발굴지에서 6주 동안 주 5일 매일 8시간씩 고고학 수업을 받아야 했다. 케빈은 지도교수와 대학의 심사 위원회 ─ 인간에 대한 연구는 모두 이 위원회의 심사를 거쳐야 했다 ─ 에 허락을 받은 후에 수업이 시작되는 첫날 그 학급을 방문해 학생들에게 서로에 대해 친밀, 지능, 노력, 선호, 신체적 호감별로 최하 1점에서 최고 9점까지 점수를 매기게 했다. 그런데 이 질문 중에는 수업 첫날에 대답하기에는 부적절한 것도 있었기 때문에 학생들에게 인상이 모호한지 아닌지만 대답하게 하거나 아무런 인상을 받지 못했을 경우에는 공란으로 남겨두게 했다. 그리고 수업 마지막 날에 똑같은 설문지를 다시 작성하게 했다. 또한 케빈은 며칠 동안 수업에 참여해 지도교수를 인터뷰했는데, 그 학급과 학생들의 참여도에 대해 자세한 설명을 듣기 위해서였다. 조사 결과, 예상대로 학생들의 서로에 대한 신체적 호감도는 서로를 알게 된 후에 바뀌었다. 예컨대 처음에 신체적 호감도에서 평균 3.25점을 받은 어느 여학생은 나중에 학급에서 성실하고 인기 있는 학생으로 인정받아 마지막 날에는 신체적 호감도가 7.00점으로 급상승했다!

신체 외적 특징 덕분에 아름답게 보이는 사람의 대표적 사례는 에이브러햄 링컨이다. 그는 고릴라에 비유될 정도로 지독히 못생긴 외모의 소유자로 간주되었는데, 정적들에게 특히 더 그랬다.

심지어 링컨 자신도 자신의 외모를 비하하곤 했다. 한번은 누군가가 그를 보고 위선적이라고 비난했는데, 링컨은 그 소리를 듣고 "내가 위선적이라면 어떻게 이런 얼굴을 하고 있을 수

신체적으로 더 아름다운 사람이 되고 싶다면 존경받는 사회적 파트너가 되어라.

있겠는가?"라고 대답했다고 한다. 그러나 오늘날 그의 얼굴에서 뿜어져 나오는 애정과 헌신을 못 보고 지나치는 사람은 거의 없다. 우리는 "너무 못생겨서 고릴라처럼 보이지만 정말 멋진 사람이야!"라고 말하지 않는다. 그 대신에 존경할 만한 그의 성품과 결코 분리될 수 없는 그의 얼굴을 사랑한다. 그러므로 진화론적 미학은 어쩌면 싸구려 달력용 그림과 포르노그래피의 '통속적인' 아름다움뿐만 아니라 에이브러햄 링컨의 형언하기 어려운 아름다움까지도 설명할 수 있을지 모른다.

나는 앞으로 우리가 미(예술)를 추구하는 이유, 그리고 매우 흥미로운 주제인 유머 감각을 중요하게 생각하는 이유에 대해 살펴볼 것이다. 그러므로 이번 장에서는 아름다움에 대한 흔치 않은 충고 한마디만 하고 끝내겠다. 만일 신체적으로 더 아름다운 사람이 되고 싶다면 존경받는 사회적 파트너가 되어라. 나는 어느 여성이 친구와 캠퍼스를 걸어가면서 "내가 그를 몰라서 미워하게 되지 않았더라면 아마 그를 참 귀엽다고 생각했을 거야"라고 말하는 것을 우연히 들은 적이 있다. 따라서 내 충고를 무시하고 오직 외모 가꾸기에만 전력을 다한다면 이러한 험담의 희생자가 되고 말 것이다.

제3부

진화하는 사회

미생물 세계에도 사기꾼은 있다

나는 앞의 두 장에서 인간 고유의 특징처럼 보이는 것들, 즉 다양한 기질과 미적감각 등이 인간 이외의 다른 모든 생명체와도 깊게 연관되어 있음을 보여주기 위해 애썼다. 이제부터는 도덕성과 종교를 그와 동일한 관점에서 살펴보도록 하겠다. 사실 이런 거대한 주제를 다루려면 이번 장 말고도 더 많은 장이 필요할 것이다. 어찌 되었든 종교는 선악의 갈등을 우주적 경지의 다툼으로 묘사할 때가 많은 데다가 이러한 주장은 사실로 밝혀졌다. 즉 그 갈등은 영원불변할 뿐만 아니라 지구상의 모든 종을 에워싸고 있다. 물론 일일이 조사해보기는 어렵겠지만, 내가 가진 모든 것을 걸고 말하건대 그러한 갈등은 생명체가 존재하는 우주의 다른 모든 행성에 존재하며 이러한 사실은 진화론을 통해 매우 기초적인 단계에서 충분히 예측 가능하다.

우리의 여행은 5장에서 선과 악을 비롯한 여러 도덕 개념들이 놀라울 정도로 단순한 생물학적 측면에서 설명될 수 있음을 살펴봄으로써 이미 시작되었다. 되짚어 살펴보면 '선'과 연관된 특징들은 집단이 단일체로서 제 기능을 할 수 있게 기여하는 반면에 '악'과 연관된 특징들은 집단을 희생시키고 개별 구성원들의 이익에 기여한다. 나는 또한 서로 믿고 의지할 수 있는 훌륭한 구성원들로 이루어진 집단일지라도 다른 집단에게는 악한 개별 구성원들이 자기 집단의 구성원들에게 행동하는 것과 동일하게 행동할 가능성이 있음을 암암리에 보여주었다. 요컨대 선과 악에는 여러 단계가 있는 것처럼 보이며 이 점에 대해서는 다음에 이어지는 장들에서 계속 살펴보겠다.

나는 이러한 사실을 주장할 때 선과 악에 대한 내 해석을 사람들에게 강요하는 대신에 학생들에게 선과 악이 무엇을 연상시키는지 물어보았다. 그리고 집단의 발전과 쇠퇴라는 측면에서 설명하기가 매우 용이했던 것은 내 목록이 아니라 바로 그들의 목록이었다. 사실 나는 이러한 연습을 전 세계 다른 문화권에서도 반복 실시할 수 있길 바란다. 그래서 말인데, 만일 나와 다른 문화권에 사는 독자가 있다면 친구들과 이런 조사를 실시해 그 결과를 내게 보내주면 더없이 고맙겠다. 추측건대 개인과 문화마다 어느 집단(가족, 부족, 국가, 남성, 인간, 모든 종)이 도덕적 범주에 속하는지, 도덕 집단이 제 기능을 원활히 수행하려면 무엇(복종, 관용 등)이 필요한지에 대한 생각이 다를 것이다. 그러나 그와 동시에 대부분의 사람들은 도덕성 하면 도덕적 범주에 속한 집단의 선함을, 비도덕성 하면 집단의 파괴를 연상할 것이다.

비교문화 연구가 부재한 경우에는 전 세계와 역사를 통틀어 존재하는 종교적 전통을 참고하면 된다. 예컨대 6세기 말에 성 그레고리오 대교황은 색욕, 탐식, 탐욕, 나태, 분노, 질투, 교만을 일곱 가지 중죄 ─ 그중에서 색욕은 가장 경미한 죄이고 교만은 가장 큰 죄에 속한다 ─ 라고 말했다. 물론 이 중에는 오늘날처럼 소비를 숭배하는 풍요로운 사회에 사는 사람들이 듣기에 말도 안 되거나 우스갯소리에 불과한 것도 있을 수 있다. 그러나 시대적 배경을 고려하면 이 일곱 가지 중죄를 명확하게 이해할 수 있다. 일례로 단테는 교만을 '자신에 대한 사랑이 이웃에 대한 증오와 경멸로 변질된 것'이라고 정의했다. 또 다른 유명한 사례로, 랍비 힐렐은 한 발로 서 있는 동안에 유대의 율법을 모두 설명해보라는 말을 듣고 "네가 하기 싫어하는 일을 이웃에게 하라고 하지 마라. 그 외의 모든 것들은 주석에 불과하다"라고 대답했다. 사실 모든 위대한 종교적 전통들은 이러한 황금률Golden Rule, 즉 자신이 대접받고 싶은 대로 남에게 대접하라는 규범을 구현한다고 한다. 영국의 인류학자 에반스 프리차드E. E. Evans-Pritchard는 '자아 제거, 개인성 부인, 자아의 무의미 또는 부재, 자아가 아닌 더 위대한 무언가의 일부'를 우리가 원시종교라고 부르는 것의 '심리적 근본'으로 간주했다.

만일 철학자들이 내가 종교적인 도덕 개념들을 얼마나 신뢰하는지 안다면 그들은 그 주제에 관해 더 이상 할 말이 없다는 듯이 진저리를 칠지 모른다. 그렇다면 실용주의와 칸트의 정언명령(도덕적 명령 가운데 무조건 따라야 하는 명령－옮긴이)을 비롯해 우리의 직관을 깜짝 놀라게 할 정도로 정교하게 다듬어진 모든 도덕적 딜레마들과 연관된 문제들은 어떤가? 우리의 도덕감각은 미적감각처럼 황금률과 소위 세속적인 것들에 의해 포착 가능한 무언가가 있는 것처럼 보인다. 그러므로 우리는 미를 분석할 때처럼 제일 먼저 도덕을 싸구려 달력용 그림의 등가물로 설명하고, 이러한 설명이 성공적일 경우 우리의 업적에 유념해야 한다.

생명이 있는 곳이라면 어디에서든 선악의 황금률이 발견될 가능성이 있다.

일부에서는 도덕성을 인간 고유의 것이며 진화와 무관하다고 주장한다. 그러나 도덕성 가운데 '일반적인' 것으로 여겨지는 측면이 진화의 관점에서 쉽게 설명될 수 있다는 주장도 있다. 소위 '세속적인' 것과 관련된 문제가 남아 있기는 하지만 말이다.

생명이 있는 곳이면 어디에서든 선악의 황금률이 발견될 가능성이 있다. 예컨대 지구에서 가장 단순한 생명체는 바이러스인데, 이 바이러스는 독립생활을 하는 생명체의 복잡한 기관에 기생하기 때문에 단순할 수 있는 것이다. 구체적으로 바이러스가 세포에 침입할 때 바이러스의 유전자들은 세포의 유전자들에게 더 많은 바이러스로 조합될 수 있는 생산물을 만들라고 명령한다. 그리고 이러한 생산물은 세포 전체로 확산되어 일종의 바이러스 복제 배양액을 만들어낸다. 그 결과 세포는 폭발하고 그 과정에서 방출된 수백 개의 자(子)바이러스들은 다른 세포를 찾아 침입한다.

바이러스 입자는 간혹 일부 유전자를 잃어버림으로써 무능한 기생체가 되기도 한다. 그렇게 되면 바이러스 입자는 세포의 유전자들에게 복제를 위한 생산물을 만들라고 더는 명령할 수 없게 된다. 그러나 동일 세포 내에 존재하는 다른 바이러스 입자들이 제공하는 생산물을 계속 사용할 수는 있다. 실은 이렇게 길이가 줄어든 게놈이 정상적인 길이의 게놈보다 더 빨리 복제될 수 있다. 다시 말해서 정상적인 바이러스는 경제적으로 동일 세포 내에 존재하는 모든 바이러스들에게 유전자 생산물의 배양액을 제공함으로써 공공의 이익에 이바지한다. 반면에 비정상적인 바이러스는 배양액은 제공하지 않고 공공의 이익 덕만 봄으로써 '부정한 짓'을 저지른다. 즉 '나태'라는 네 번째 중죄를 저지르고 있는 것이다.

부정한 바이러스 입자는 동일 세포 내에 존재하는 건실한 이웃들의 희생을 대가로 이득을 취한다. 그러나 자(子)바이러스들이 새로운 세포를 찾기 위해 방출될 때 무슨 일이 일어나겠는가? 운이 좋아 건실한 이웃들이 거주하는 세포에 침입한다면 그런 나태한 태도로도 이득을 취할 수 있겠지만 자신과 똑같은 바이러스들만 있는 세포에 침입할 경우에는 결코 그럴 수 없을 것이다. 따라서 그들의 장기적 성공은 기존 세포를 감염시키는 바이러스 입자의 평균 수치에 달려 있다. 생물학자들은 이를 '동시감염co-infection'이라고 부르는데, 이 수치는 실험실에서 쉽게 조작할 수 있다. 예컨대 바이러스 입자들의 농도를 감소시키면 대다수 세포들은 입자 하나에 의해 감염될 것이다. 그렇게 되면 부정행위자들은 이용할 것이 하나도 없게 되어 그 개체에 출현하는 빈도가 매우 낮아질 것이다. 반대로 바이러스 입자들의 농도를 증가시키면 대다수 세포들은 많은 입자들에 의해 감염될 것이다. 그렇게 되면 부정행위자들은 이용할 건실한 이웃들이 항상 옆에 있게 되므로 그 개체에 출현하는 빈도가 매우 높아질 것이다. 종종 지상의 도덕관념에 무관심하고 짓궂은 장난조차 서슴지 않는 올림포스 산의 그리스 신들처럼, 우리는 실험관에 담긴 바이러스 입자들의 농도를 변경함으로써 선과 악, 즉 근면과 나태 사이에서 일어나는 전투의 흐름을 바꿀 수 있다.

박테리아는 독립생활을 하는 생명체 중에서 가장 단순하다. 나는 이미 8장에서 박테리아의 진화와 관련해 창틀에 놓아둔 한 그릇의 수프를 통해 어떻게 하와이와 같은 외딴 섬에서 변이가 일어나게 되는지 설명했다. 즉 박테리아는 세대시간(미생물의 개체수가 처음의 2배가 되는 데 걸리는 시간-옮긴이)이 극히 짧기 때문에 '섬'에 가장 먼저 당도한 박테리아는 단 며칠 만에 다양한 변이를 일으켜 생태에 유리한 수많은 곳을 차지한다. 이와 관련해 미생물학자 폴 레이니Paul Rainey는 실험실을 세심한 통제 조건하에 두고 박테리아의 진화를 연구했다. 그는 멸균정제수 배양액의 형태로 만든 수프 안에 슈도모나스 플루오르센스Pseudomonas fluorescens라는 단일 박테리아 종을 넣었다. 그러면 박테리아 개체는 산소가 부족해질 때까지 급증하며 표면에 막을 형성해 변형된 개체가 위에서는 산소를 섭취할 수 있고 아래에서는 영양분을 섭취할 수 있는 유리한 환경을 창출한다. 이때 박테리아의 원래 형태를 '스무드smooth', 변형된 형태를 배양 접시에 증식한 개체의 모양에 기초해 '링클리 스프레더wrinkly spreader'라고 부른다.

링클리 스프레더는 박테리아끼리 밀착할 수 있게 점성이 큰 중합체를 어마어마하게 생산해 막을 형성한다. 그런데 중합체를 생산하는 데에는 그에 따르는 대가가 있기 때문에 사회적 딜레마를 초래하게 된다. 즉 표면 막 내의 변이는 "아교가 아니라 자손을 생산하라!"를 좌우명으로 삼는 게으름뱅이를 낳는다. 그리고 그 게으름뱅이들은 아틀란티스의 잃어버린 도시처럼 표면 막이 붕괴되어 모두가 수프 그릇 바닥으로 떨어질 때까지 건실한 이웃의 희생을 대가로 자손을 퍼뜨린다. 결국 아교로 이루어진 이 문명은 나태로 말미암아 몰락한다.

미생물들 사이의 선과 악에 대한 이 두 가지 사례는 끝없이 반복될 수 있다. 이는 미생물들 역시 이러한 특징을 가진 사회적 삶에 기초하기 때문이다. 예컨대 개별 생명체는 주로 의지와 무관하게 집단생활을 영위하기 때문에 앞서 살펴본 바이러스의 사례처럼 자신을 위한 노력이 다른 생명체에 이용되기 쉽다. 또한 박테리아 사례처럼 개별적으로는 결코 성취할 수 없는 것을 창출하기 위해 서로 협력하지만 이러한 노력 또한 대가는 치르지 않고 이득만을 공유하는 개별 생명체에 이용되기 쉽다. 이러한 문제는 사회적 삶이 존재하는 곳이면 어디든 존재하며 인간 사회에서는 이를 도덕적 문제로 간주한다. 그러나 우리 진화론자들은 근면과 나태, 즉 선과 악을 상이한 방식으로 성공과 실패에 도달하는 양자택일의 전략으로 이해해야 한다. 그렇다고 이를 도덕성의 포기로 오해해서는 안 된다. 단지 도덕성의 본질을 진화론적 시각에서 사고하기 위한 시작일 뿐이다. 우선 우리는 지상에서 일어나는 삶의 희비극을 무덤덤하게 지켜보는 그리스 신들의 관점을 채택할 필요가 있다. 즉 집단마다 건실한 이웃을 이용하는 게으름뱅이가 있는 반면에 ─ 그러한 중죄를 범하는 사람들 때문에 집단이 몰락할 때까지 ─ 집단이 원활하게 굴러갈 수 있게 기여하는 건실한 이웃이 있게 마련이다. 그리고 이러한 싸움은 영원히 계속된다. 우리가 충동적으로 그러한 이점에 기대게 되더라도 말이다.

미생물의 미덕 가운데 가장 인상적인 사례는 아마도 세포성 점균 딕티오스텔리움 디스코이데움Dictyostelium discoideum일 텐데, 이 점균을 연구하는 과학자들 사이에서는 딕티라는 귀여운 별명으로 불리곤 한다. 딕티는 '모델 생물model organism' 중에서도 엘리트 집단에 속한다. 모델 생물이란 과학계가 집중적인 연구를 위해 선별한 종으로, 이는 소수의 종들을 아주 상세히 연구하면 다수의 종들에게 공통적으로 나타나는 생명의 기본 과정을 밝힐 수 있으리라는 생각에서 비롯되었다. 딕티는 그들의 매혹적인 자연사 자체보다 모델 생물로서 훨씬 더 지대한 관심을 받는다. 이 엘리트 생물은 유전자 배열에서부터 단일 세포 내부에서 일어나는 화학적 상호작용을 시각화하는 방법에 이르기까지 모든 것과 관계가 있다. 딕티 연구자들은 정보를 교환하기 위해 딕티베이스dictyBase라는 웹사이트http://dictybase.org를 만들었는데, 이곳을 방문해 이러한 첨단 기술을 직접 확인하면 아마 깜짝 놀라 입을 다물지 못할 것이다. 물론 이를 보고 무슨 멍청한 짓이냐고 비웃는 사람도 있겠지만 장담컨대 한 번이라도 방문한 사람은 더 알아보고 싶어서 다시 들어오게 될 것이다.

아메바의 일종인 딕티는 몸의 형태를 끊임없이 바꾸는 단세포 생물로, 위족pseudopodium이라고 불리는 유동성 세포질의 확장을 통해 움직이고 먹이를 감싸 삼킨다. 딕티베이스 웹사이트를 방문하면 놀라운 측면 영상을 비롯해 독립적인 아메바들의 비디오를 볼 수 있는데, 이것은 레이저 빔과 복잡한 컴퓨터 처리 과정을 이용해 아주 작은 물체의 3차원 영상을 만들어내는 공초점 현미경으로 촬영한 것이다. 딕티는 다른 아메바들과 차원이 다르다. 다른 아메바 종들은 먹이나 수분이 떨어지면 상황이 나아질 때까지 포낭이라고 불리는 보호 캡슐로 형태를 바꾸는 데 반해 딕티는 자신의 이웃들에게 도움을 청하니 말이다. 구체적으로, 딕티는 수많은 세포분열 과정에서 매우 중요한 역할을 하는 분자인 아데노신 1인산cAMP, cyclic adenosine monophos phate을 방출한다. 또한 각 딕티의 표면에는 cAMP에 민감하게 반응하는 수천 개의 수용체가 박혀 있다. 따라서 딕티가 cAMP의 농도경사를 만나면 한쪽 끝에 있는 수용체들은 다른 쪽에 있는 수용체들보다 더 자극을 받아 이웃이 있는 쪽으로 향한다.

곤경에 처한 딕티는 자신이 생산한 cAMP 농도경사의 한가운데에 놓여 있는데 어떻게 이웃이 생산한 농도경사를 감지할 수 있는지 의아하게 여기는 사람도 있을 것이다. 그런데 영리하게도 딕티는 펄스 방식으로 cAMP를 생산해 나선형 파동으로 확산시킨다. 그리고 그 수용체들은 cAMP에 민감해지기 위해 나선형 파동의 골에 있는 동안에만 동시에 반응한다. 이로 말미암아 딕티는 이웃들로부터 방출되는 파동을 지각할 수 있게 된다. 딕티 연구자들은 이러한 파동과 수용체 위치를 비디오 클립으로 시각화하는 독창적인 방법을 개발했는데, 딕티베이스 웹사이트를 방문하면 이를 직접 볼 수 있다. 이러한 파동은 컴퓨터 예술처럼 각각의 딕티로부터 나선형으로 방출되며 수용체들은 소형 헤드라이트처럼 빛을 밝혀 딕티가 이웃들에게 다다를 수 있게 안내한다. 마침내 딕티들이 결집해 덩어리를 이루면 그들은 주기적으로 순환하는 등대 불빛처럼 더 큰 나선형 파동을 방출하기 위해 동시에 신호를 보낸다. 이로써 작은 덩어리들은 큰 덩어리 쪽으로 계속 결집하게 되고 종국에는 수십만의 딕티들로 이루어진 거대한 집합체가 된다.

이 종족들은 한데 결집하고 나면 민달팽이처럼 생긴 하나의 유기체로 바뀐다. 이 유기체는 딕티들이 분비하는 젤라틴 결합 조직이 포함된 세포들로 이루어져 있으며 20센티미터나 되는 먼 거리를 이동할 수 있다. 딕티 한 마리의 크기를 고려하면 20센티미터라는 이동 거리는 우리가 40마일을 이동한 것이나 진배없다. 게다가 빛을 따라 이동할 수 있을 만큼 시력도 아주 좋다! 딕티들의 이러한 경이로운 협력이 어떻게 가능한지는 그에 못지않은 딕티 연구자들의 세심한 노력을 통해 밝혀졌다. 예컨대 어떤 실험에서는 유기체의 세포들에 형광 염료를 이용해 세포의 발생 단계에 따라 여러 가지 색깔로 밝게 빛나게 표시를 했다. 앞쪽 끝은 녹색으로, 뒤쪽 끝은 오렌지색으로 표시를 했는데, 모든 세포들은 앞으로 이동할 때 젤라틴 결합 조직 안에서 마치 토네이도처럼 측면으로 회전했다.

이 유기체가 적정 지점까지 이동하면 훨씬 놀라운 일이 일어난다. 세포들이 안에서 계속 회전하고 있는 상태에서 이 유기체는 마치 볼링 핀처럼 곧추선다. 이 때문에 앞쪽에 있던 일부 녹색 세포들은 위쪽에 위치하게 되며 견고하고 점성이 강한 토대를 형성할 때까지 나머지와 분리되어 나선형으로 하강한다. 이때 나머지 녹색 세포들은 가느다란 버팀목을 형성하는 반면에 오렌지색 세포들은 위쪽으로 이동해 생식을 위한 정교한 구 모양의 포자를 형성한다. 이로써 최종 구조물은 마치 포자(생식세포)를 버팀대(자루세포)가 떠받치고 있는 모양이 되며, 미운 오리 새끼가 백조로 탈바꿈하듯이 이전의 유기체와 뚜렷이 구별되는 정교함을 지니게 된다.

이와 같은 딕티 집단의 장엄한 노력은 개별 딕티들이 혼자의 힘으로는 결코 도달할 수 없는 더 먼 곳까지 이동하기 위함이다. 즉 이 유기체는 전국을 횡단하는 기관차와 같으며 높은 곳에 위치한 포자들은 대륙을 횡단하기 위해 비행하는 곤충들에게 달라붙어 더 멀리 이동할 가능성이 높다. 이러한 집단 노력은 엄청난 협력을 요구하는데, 아메바처럼 '단순한' 생명체에게 이러한 힘이 있다니 정말 놀랍지 않은가! 그러나 이러한 협력에는 어느 정도의 희생이 뒤따른다. 즉 최종 구조물의 토대와 버팀목을 구축하는 세포들은 번식 능력을 상실하게 된다. 다윈의 용어로 말하면, 그들은 집단의 다른 구성원들이 번식할 수 있도록 자신의 생명을 희생하는 것이다. 만일 인간이 이와 비슷한 상황에서 자진해서 이처럼 행동한다면 십중팔구 사후에 명예훈장을 받거나 성자로 추대될 것이다.

우리가 해야 할 일은 올림포스 산의 공평무사한 횃대에 앉아 딕티의 위업을 칭찬하는 것이 아니다. 우리는 포자가 되겠다고 우기는 사기꾼들이 버팀목과 토대를 구축하는 건실한 이웃들의 희생으로부터 막대한 이득을 취하려 하는 경우에 그러한 노동의 분업이 어떤 식으로 진화되었는지 가늠해봐야 한다. 우선 기존의 세포는 선택의 여지가 없을 수 있다고 가정할 수 있다. 따라서 유기체 안에서 회전하는 모든 세포들은 로또 복권 당첨 숫자가 적힌 공이 들어 있는 구 안에서 회전하는 것과 같으며 승자, 즉 포자가 되는 세포들은 오직 운에 따라 결정될 수 있다. 또는 유기체를 형성하기 위해 결집하는 모든 세포들은 아주 오래전에 단일 조상으로부터 숱한 세포분열을 거쳐 파생한 것으로, 유전적으로 동일할 수 있다. 그러나 안타깝게도 이 두 가지 가능성 모두 완전히 옳다고는 할 수 없다. 유기체는 유전적으로 다른 혈족에서 파생된 세포를 포함할 때가 많기 때문에 일부 유기체들은 당첨 운을 자신들에게 유리하게 조정하기도 한다. 즉 이 세포성 점균은 미생물의 미덕을 대표하는 전형이지만 딕티라고 해서 전혀 죄를 짓지 않는 것은 아니다.

선과 악의 측면에서 우리가 고안한 이러한 갈등은 이웃끼리 상호작용하는 모든 생명체에 존재하며 생명체의 정교함이나 고차원적인 정신 활동과 무관하다. 따라서 이쯤에서 우리는 이러한 측면들이 어떠한 의미를 내포하고 있는지 질문해볼 만하다. 물론 나는 사자, 코끼리, 침팬지 등과 연관된 성자와 죄인의 이야기로 독자들에게 즐거운 이야기를 제공할 수도 있었지만 그럴 필요가 없었다. 미생물들만 해도 우리 주변에서 일어나는 눈에 보이지 않는 숱한 이야깃거리를 제공하니 말이다.

협동하는 유전자들

어느 날 윌리엄 제임스William James가 막 강의를 끝내고 나오는데 나이가 지긋한 한 여성이 다가와 지구는 거대한 거북이 등이 지탱하고 있다고 주장했다. 이에 대해 제임스는 그럼 그 거북이는 무엇 위에 놓여 있느냐고 점잖게 물었다. 그러자 그 여성은 자신 있게 "두 번째로 큰 거북이요!"라고 대답했다. 그는 "그럼 그 두 번째 거북이는 무엇 위에 놓여 있나요?"라고 계속 반문했다. 그 여성의 주장이 얼마나 터무니없는 것인지 깨닫길 바라면서 말이다. 그러나 그 여성은 의기양양하게 "제임스 씨, 그런 것은 다 소용없어요. 어쨌든 그 아래로 거북이들이 쭉 놓여 있으니까요!"라고 소리쳤다.

개인과 집단에 대한 우리의 이해는 이와 같은 무한한 거북이의 연속과 기이할 정도로 유사하다. 개인은 집단보다 훨씬 사실적으로 보인다. 즉 개인은 신체적으로 뚜렷이 구분되는 반면에 집단은 모호하고 추상적인 개념처럼 보인다. 또한 우리는 개인에게 의도나 이기심 같은 정신적 속성을 부여하는 반면에 집단은 개인이 자기 이익을 추구하기 위해 서로에게 하는 행동을 편의적으로 표현한 용어 정도로 간주한다. 사실 제임스가 살던 당시에는 사회를 독립된 유기체로 간주하는 것이 훨씬 일반적이었지만 지난 반세기 동안에는 개인을 지적 우주의 중심으로 간주했다. 일례로 영국의 수상이었던 마가렛 대처는 1978년도 연설에서 "개인들과 그들의 가족만 존재할 뿐, 사회 같은 것은 없습니다"라고 말했는데, 이는 당시의 일반적인 사고를 대변하는 것이었다.

마가렛 대처가 이런 연설을 할 때, 세포생물학자 린 마굴리스 Lynn Margulis는 사회만 존재할 뿐 개인 같은 것은 없다는 정반대의 주장을 피력했다. 모든 동식물의 세포, 즉 진핵세포eukaryote는 박테리아의 세포, 즉 원핵세포prokaryote와 다를 뿐만 아니라 훨씬 복잡하다. 예컨대 진핵세포의 DNA는 핵 내부에 자리 잡고 있으며 나머지에 해당하는 세포질cytoplasm은 에너지를 생산하는 미토콘드리아, 식물 내부에서 빛을 이용해 에너지를 생산하는 엽록체, 소포체라고 불리는 통로망 등과 같은 다른 복잡한 조직 내에 거주한다. 사실 모든 생물학자들은 진핵세포가 원핵세포에서 근소한 변이 단계를 거쳐 개별적으로 진화했을 것이라고 추정했다. 그러나 린은 진핵세포는 박테리아와의 공생관계, 즉 집단에서 개인으로 진화했다고 주장했다. 오늘날에는 원생동물문(門)

조직 내에서 공존하는 박테리아와 조류처럼 수많은 공생관계가 있음이 밝혀졌지만 말이다. 린은 또한 공생관계에 있는 구성원들은 서로에게 충분히 의존하게 될 때 유기체organism에서 기관organ으로 변하게 되고 그 공생은 더 높은 단계의 유기체를 만들어낸다고 추정했다.

린의 주장은 완전히 새로운 것은 아니었다. 아프리카와 남아메리카의 해안선이 퍼즐 조각처럼 꼭 들어맞는다는 것을 발견한 초기 지도 제작자들이 대륙이동설을 제기했던 것처럼 초기 세포생물학자들은 미토콘드리아와 박테리아 세포의 생김새가 비슷하다는 사실을 발견했다. 그러나 두 이론 모두 터무니없는 소리로 간주되었고 결국 그 이론의 부활은 미래의 용감한 사람의 몫이 되었다. 그리고 바로 린이 동료들의 맹렬한 반대를 무릅쓰고 진핵세포의 공생 이론을 부활시켰다. 나는 앞서 과학을 수레바퀴의 축을 회전시키는 것처럼 단순한 과정으로 기술했지만 이런 유형의 중대 사안은 종교전쟁을 연상시키는 격앙된 분위기를 초래했다. 그러나 과학의 수레바퀴는 회전하게 마련이고, 그 덕에 오늘날 대륙이동설이나 진핵세포의 공생적 기원에 대한 증거를 문제삼는 사람은 없다. 생각이 있는 사람이라면 말이다. 린은 1983년에 그 공적을 인정받아 미국에서 과학자에게 수여하는 최고의 영예인 미국 국립과학원의 회원으로 선출되었다.

공생 이론의 일부 측면은 아직도 논쟁의 여지가 있다. 이를테면 편모와 섬모, 즉 진핵세포의 운동에 관여하는 채찍과 머리카락 모양의 구조들의 기원이 바로 그렇다. 린은 이러한 구조가 항구에서 배를 끌고 가는 예인선처럼 공생하는 공동체들을 끌고 다닐 수 있게 진화한 이동성 박테리아, 즉 스피로헤타spirochete에서 비롯되었다고 생각했다. 또한 우리의 신경세포 축색돌기를 비롯해 세포 내부의 실 모양의 구조filamentous는 스피로헤타에서 기원됐다고 생각했다. 린은 "내가 바라는 것은 단지 우리가 인간의 의식과 스피로헤타의 생태를 비교하는 겁니다" 등과 같은 말로 보수적인 동료들을 못살게 굴면서 즐거워했다. 물론 세부 사항에 대한 린의 주장 중 일부는 사실이 아닌 것으로 밝혀졌다. 그러나 오늘날 개별 생명체라는 강한 인상을 풍기는 진핵 단세포 유기체들이 먼 과거에 박테리아 공동체였다는 린의 주장은 여전히 사실이다. 이로써 부분이 아닌 전체를 볼 수 있는 통합이 시작된 것이다.

인간처럼 고등동물인 다세포 유기체들은 진핵세포들로 이루어진 사회집단이고 하등동물인 박테리아는 유전자로 이루어진 사회집단이다. 즉 끝도 없이 계속되는 거북이 더미처럼 개별적으로 인식되는 모든 생명체는 하부 조직을 구성하는 개체이기도 하다. 우리는 이 하부 조직을 유기체가 아니라 기관이라고 부르는데, 전체를 위해 협력을 아주 잘하기 때문이다.

유기체를 사회로 간주하는 개념은 멋진 은유 이상으로 많은 의미를 함축한다. 앞서 살펴봤던 것처럼 사회적 삶은 집단의 일부로서 원활하게 제 기능을 다하는 '건실한 이웃'과 집단 내부에서 건실한 이웃의 희생으로 자기 이득을 취하는 '사기꾼' 사이의 싸움과 다름없다. 그런데 하나의 유기체를 구성하는 부분끼리도 이와 동일한 싸움을 한다. 즉 유전자가 세포 내부에서 복제를 하고 세포들이 다세포 유기체 내부에서 분열을 할 때마다 건실한 이웃과 집단 전체의 희생을 담보로 자기 이득을 취하는 누군가가 존재할 가능성이 높다. 이러한 일이 일어날 때 전체는 유기체라기보다 단순한 하나의 무리에 더 가깝게 되며, 하부 요소들은 기관이라기보다 저마다 딴 속셈을 품고 투쟁하는 유기체에 더 가깝게 된다. 요컨대 유기체의 조화는 당연한 일이 아니다. 다시 말해서 내부로부터의 몰락을 예방할 수 있는 메커니즘의 진화가 반드시 필요하다.

개별 생명체를 사회집단으로 인식하게 되면서 사회적 행동의 영역은 개별 생명체끼리의 상호작용 차원을 넘어 개별 생명체 안의 조직으로까지 광범위하게 확대되었다. 이를테면 염색체는 왜 존재하는 걸까? 만일 유전자가 독립된 단위로 존재한다면

유기체의 조화는 당연한 일이 아니라 내부로부터의 몰락을 예방할 수 있는 메커니즘의 진화가 전제된다.

앞 장에서 기술했던 바이러스와 박테리아처럼 세포 내부에서 차별적으로 복제가 될 것이다. 그런데 이러한 차별적 복제의 문제는 유전자들을 하나로 결합해 조직 차원에서 복제가 일어나는 단일 구조로 만들면 깨끗하게 해결된다. 또 감수분열의 규칙은 왜 그렇게 정교한 걸까? 감수분열은 생식세포gamete인 정자와 난자를 형성하는 세포분열 과정이다. 그런데 생명주기 중에서 이 단계는 차별적 복제에 특히 취약하기 때문에 감수분열은 각각의 유전자에게 생식세포가 될 수 있는 기회를 동등하게 주도록 정교하게 설계되어 있는 것이다. 그러면 발생 초기에 번식을 위해 태어

난 세포(생식세포)와 유기체의 신체를 형성하기 위해 태어난 세포(체세포) 사이에서 분열이 일어나는 것은 무슨 까닭일까? 이는 생식세포 내부에서 돌연변이를 초래하는 세포분열의 수를 최소화함과 동시에 체세포가 생식세포가 되기 위해 경쟁하기보다는 오직 유기체 자체의 적응도만 강화시킬 수 있도록 하기 위함이다. 그럼 또 수많은 체세포들은 왜 일정 정도의 분열이 일어난 후에 스스로를 파괴하도록 설계된 걸까? 이는 숱한 세포분열이 일어나는 동안 속임수 전략이 진화하는 것을 막기 위함이다.

유전과 발생에 관한 이러한 사실들은 꽤 광범위하게 적용되기 때문에 간혹 법칙이라고 불리기도 한다. 그러나 이제 이러한 사실들은 '법칙'이란 단어에 내재된 다른 뜻, 즉 공통의 선을 증진시키기 위해 고안된 사회계약이란 뜻을 획득했다. 내가 '건실한 이웃' '사기꾼' 등 인간의 사회생활에서 사용되는 단어를 차용하는 것은 그저 일반 독자들의 이해를 돕기 위한 시적 허용이 아니다. 전문가들끼리 논의를 할 때도 이와 같은 단어를 서슴없이 사용한다. 그 대표적인 사례가 데이비드 헤이그David Haig의 리뷰 논문 「사회적 유전자 *The Social Gene*」이다. 이 주제와 관련해 권위를 인정받은 하버드 대학교의 생물학자인 그는 이 논문 하나에서 충성, 구속력 있는 계약, 비밀결사, 아첨, 속임수, 파벌, 제휴, 강압, 집단 공동체, 서민, 공모, 합의, 부패, 기만, 평등주의, 착취, 당파, 공명정대한 행동, 기업, 사기, 무임승차, 폭력배, 행상인, 제도, 허가, 복권, 조작, 시장, 횡령, 독점, 동기 부여, 개방사회, 의회, 파트너십, 보수, 경찰, 정치, 보호라는 명목의 금품 갈

취, 불한당, 사보타주, 보안 체계, 이기심, 사회계약, 사취, 승강이, 전략가, 감시, 교역, 거래 비용, 무단 등과 같은 무수히 많은 단어를 사용했다. 50년 전에 하나의 개별 생명체 내부에서 일어나는 유전적, 발생적, 생리적 상호작용을 기술하기 위해 이러한 단어를 사용하게 될 줄 누가 상상이나 했겠는가!

나는 인간처럼 덩치 큰 생명체는 세포 집단들이고, 이 세포 집단들은 박테리아 집단들이며, 이 박테리아 집단들은 유전자 집단들임을 살펴보았다. 각각의 위계 집단들은 사회생활과 관련된 불가피한 사실들과 마주치게 된다. 협력을 통한 집단 차원의 이득과 그러한 집단을 이용하는 개인 차원의 이득이 바로 그것이다. 상위 집단이 유기체로서의 자격을 획득할 수 있는 것은 단지 하위 집단의 이기심 및 비도덕성과 연관된 문제들이 상당수 해결되었기 때문이다. 그러나 정말로 집단은 무한히 연속되는 하위 집단들로 이루어져 있는가? 우리가 도달할 수 있는 최하위 단계는 생명의 기원 그 자체다.

만일 최초의 생명 형태가 개별 생명체였다면 그것은 유전자 알파벳으로 된 유명한 네 개의 문자 ACGU(DNA를 구성하는 뉴클레오티드는 A, G, C, T 4종류가 있는데, 이 4종의 배열 순서에 따라 서로 다른 DNA가 만들어진다. ACGU란 우라실Uracil이 DNA의 네 번째 알파벳인 티민Thymine을 대신하여 일어난 배합−옮긴이), 즉 뉴클레오티드 배열이 다른 RNA와 같은 분자들의 처음 사슬이었을 것이다. AAACCGUU 배열과 같은 각각의 사슬은 자연환경에서 이용 가능한 뉴클레오티드로부터 상보적인 사슬 UUUGGCAA를 만들어내고, 이 사슬은 또 원래의 사슬을 만들어낸다. 이 다양한 아미노산 배열은 복제 효율성이 다를 수 있고, 결국 자연선택의 원시적 형태를 초래할 수 있다. 그런데 실험실에서 시도되는 이러한 시나리오의 문제점은 원시 수프primordial soup에 존재하지 않았을 수 있는 매우 특이한 효소가 부재할 경우에 RNA 복제가 효율적이지 못하다는 것이다. 아마 뉴클레오티드의 복제 충실도는 99퍼센트를 넘지 못했을 것이다. 99퍼센트라고 하면 매우 높아 보이겠지만 100개의 뉴클레오티드로 이루어진 하나의 사슬에 복제가 일어날 때마다 그 길이를 따라 어디에선가 변이가 일어나고 있다는 사실을 깨닫고 나면 생각이 바뀔 것이다. 어쨌든 그 결과는 단일한 우성 배열로 이루어진 매우 짧은 RNA 사슬들의 배양액, 그리고 긴밀하게 연관된 변이 배열들로 이루어진 집합체인데, 이는 생명이라고 부르기에 턱없이 부족하다.

논의를 진척시키기 위해, 생명은 협력적인 분자 반응들로 이루어진 공동체로 시작됐다고 가정할 필요가 있다. 예컨대 오늘날의 생명 형태에 나타나는 DNA와 RNA 복제는 레플리카제replicase라고 불리는 다른 분자들의 도움으로 효율적으로 일어나지만, 이러한 도움 분자들 역시 전체로서의 시스템을 그대로 유지하기 위해 복제되어야 한다. 그런데 협력적인 분자들의 상호작용에 대해 생각하자마자 고등생물들이 직면하는 것과 똑같은 사회생활의 불가피한 사실들과 마주치게 된다. 즉 비협력적인 분자들이 제각기 반응을 일으키며 종국에는 상호작용 네트워크를 파괴시킬 수 있다는 것이다. 헝가리의 생물학자 에오르스 스자트마리Eörs

Szathmáry는 최근에 발표한 리뷰 논문에서 "분자 촉매 반응 네트워크에 촉매 지지체를 제공하는 것은 기생적 분자에게 이용당해 종국에는 사멸할 운명인 이타적 행동이다"라고 말했다. 이는 우리가 인간의 측면에서 선과 악으로 인식하는 것이 화학반응의 영역에까지 확대된다는 뜻이 아닌가!

고등생물이 그렇듯이 원시시대부터 있던 이러한 이기적 이용의 문제를 해결했다고 함은 촉매 반응 네트워크들로 이루어진 수많은 집단이 존재했음을 뜻한다. 또한 일부 집단은 다른 집단보다 이러한 문제를 더 잘 해결했다. 5장에서 살펴봤던 나의 무인도 시나리오와 17장에서 살펴봤던 미생물의 미덕 사례에서처럼 말이다. 아마 최초의 집단은 점토 분자나 자기 조직적인 지질소포체lipid vesicle를 중심으로 조직되었을 것이다. 종국에 나의 믿음은 과학적 이해에 굴복하게 되겠지만, 어쨌든 생명의 기원은 여전히 미스터리로 남아 있다. 그런데 상황이 그러하다면 그 미스터리를 푼다고 해서 그 심원함을 잃게 되지는 않을 것이다. 사실 나는 생명이 미세한 분자들 간의 협력의 기적을 통해 출현했다는 가정이 매우 근사하다고 생각한다. 그리고 또 그게 사실이라면 무한한 거북이 더미에 관한 여성의 이론처럼 집단은 무한히 연속되는 하위 집단으로 이루어져 있을 것이다.

흩어지면 죽는다

　집단 내부의 선택이 억제되어 집단 사이의 선택이 진화의 주요
한 원동력이 될 때 집단은 유기체가 된다. 그리고 유기체라고 불
리는 그 집단들은 놀라울 정도로 이러한 불균형을 달성한다. 사
실 우리 인간은 평생 변치 않는 고유한 유전자 집합체로 이 세상
에 태어난다. 또한 감수분열 과정이 정자나 난자의 차이를 만들
어내지만 이들 각각의 유전자가 나타날 확률은 동일하다. 즉 감
수분열은 동등한 기회를 제공하는 고용주다. 그런데 유전자 집합
체로서의 안전성에 감수분열의 공평성이 더해져 우리 내부에서
는 결코 진화가 일어나지 않게 된다. 이 때문에 생식세포를 통해
떠난 유전자들은 돌연변이가 아니고서는 부모의 생식세포들이
결합함으로써 들어온 유전자들과 일치한다. 그렇다면 우리의 유

전자가 유전자풀gene pool(어떤 생물 집단 속에 있는 유전 정보의 총량–옮긴이)에 차별적으로 기여할 수 있는 방법은 무엇인가? 그것은 각자가 개체 내의 다른 개인들보다 더 잘 생존하고 번식하는 것뿐이다.

그런데 다소 부족한 점이 있다. 우리는 단세포에서 다세포 유기체로 발전할 때 많은 세포분열을 필요로 한다. 성인이 되어서도 세포들은 스스로를 대체하기 위해 계속 분열하는데, 피부세포처럼 빨리 노화하는 세포들은 특히 더하다. 각각의 세포분열은 시곗바늘이 한 번 똑딱하는 것과 같아서 그 짧은 순간에 변이가 일어날 수 있으며 다른 세포 혈통과의 경쟁을 통해 퍼질 수 있다. 그러나 소위 암세포와 같은 변이에 성공한 세포 혈통이 종국에 그 유기체는 물론 자신도 파괴시킬 수 있다는 사실은 완전히 다른 이야기다. 우리의 몸 안에서 일어나는 진화에는 선견지명 따위는 없다. 진화란 단지 기계적인 과정일 뿐이며, 그 과정에서 새로운 형태가 생기고 즉각적인 상호작용에 기초해 다른 형태를 능가하게 되는 것이다.

감수분열의 공평한 법칙과 관련해 말하면 법칙이란 깨기 위해 만들어진 것이다. 일부 변이 유전자들은 생식세포에 자신을 50퍼센트 이상 과표현할 수 있다. 침몰하는 배의 승객들이 구명보트 쪽으로 전력 질주하는 것처럼 말이다. 게다가 생식세포에 대한 이러한 유전자의 과표현은 이점이 매우 크기 때문에 소위 '감수분열 구동meiotic drive(감수분열 과정에서 배우자의 어떤 일형이 우세하게 표현되는 것–옮긴이)' 유전자는 전체로서의 유기체를 약화시킬 때조차도 진화할 수 있다. 요컨대 진화는 이를 비롯한 매우 다양한 방법으로 단일 유기체 내에서 일어나며 유기체의 조화를 무너뜨림으로써 단순한 집단의 형태로 환원시킬 수 있다.

　암을 이해하려면 단일 유기체를 세포들로 구성된 거대한 집단으로 간주할 필요가 있는데, 이 집단은 조만간 우리 이야기의 주인공이 될 변이 유전자들을 제외한 동일 유전자 집단을 운반한다. 어느 세포든 그 생명은 주어진 역할을 잘 수행할 수 있게 요람에서 무덤까지 관리된다. 이 때문에 이러한 협력의 기적을 달성하는 유전자들은 '관리자 유전자' '문지기 유전자' '정원사 유전자' 등으로 불린다. 마치 영국의 국영지처럼 몸이 꼼꼼히 관리되는 것이다. 심지어 세포의 죽음도 세포가 더는 쓸모가 없거나 규칙에 따라 제 역할을 수행하지 못할 때 질서 정연한 방식으로 세포들을 해체시키는 세포자살apoptosis이라는 과정을 통해 관리된다. 이 경우에는 영국의 국영지보다는 전체주의 국가라는 비유가 더 적절하다.

　세포분열은 통제가 매우 잘 이루어진다. DNA 복제는 마치 수도사가 성서 원본을 베껴 쓰듯이 매우 정교하게 일어난다. 교정이 얼마나 정확한지 최종 오류 비율이 원본 문자 100만 개당 1개가 나올까 말까 할 정도이다. 그런데도 전체 텍스트는 수백만 개의 문자를 포함하기 때문에 어쩔 수 없이 약간의 오류는 있게 마련이다. 즉 변이는 시계처럼 규칙적으로 일어나는 모든 세포분열 과정에서 이러한 약간의 오류로 일어나게 된다.

변이는 시계처럼 규칙적으로 일어나는 모든 세포분열 과정에서 이러한 약간의 오류로 일어나게 된다.

상당수의 변이들은 세포의 기능에 전혀 영향을 미치지 않는다. 설령 영향을 미친다고 해도 그 대다수는 무조건 효율성만 따지는 경찰처럼 행동하는 면역체계에 의해 탐지되거나 파괴된다. 즉 한밤중에 문 두드리는 소리가 나면 불운한 변이 유전자들은 경찰에게 잡히는 신세가 되는 것이다. 간신히 경찰을 피해 몸을 숨기는 무리들도 소수 있긴 한데, 보는 시각에 따라 국가의 적처럼 보일 수도 있고 독재에 저항하는 영웅적인 민주주의 투사처럼 보일 수도 있다. 그러나 그보다는 포식자를 피하기 위해 진화하는 유기체처럼 생각하는 것이 훨씬 합당하다. 이를테면 눈에 잘 띄는 화려한 곤충들은 새들에게 잡아먹히고 주변 환경과 색이 비슷해 눈에 잘 안 띄는 곤충들은 살아남듯이, 눈에 잘 띄는 변이 세포들은 면역체계에 금세 제거되는 반면에 잘 탐지되지 않는 변이 세포들은 살아남아 작은 집단을 이루게 된다. 아마 우리 몸에는 지금도 수백 개의 이러한 변이 집단들이 존재하고 있을 것이다.

포식자를 피할 수 있게 진화된 변이 집단은 자원을 놓고 제 기능을 계속 수행하는 이웃한 정상 세포들과 경쟁을 해야 한다. 대부분의 경우 이러한 경쟁은 교착 상태로 끝이 난다. 변이 집단은 규모가 작을 뿐만 아니라 전체로서의 유기체에 해로움이나 이로움을 주는 일이 거의 없기 때문이다. 그러나 변이 세포들의 시계는 계속 똑딱이며 가는 데다가 일부 집단에서 추가적으로 변이가 더 일어남으로써 이웃 세포들과의 경쟁에서 때로는 더 공격적이 된다. 즉 일부 식물들이 자신은 견딜 수 있지만 이웃은 견딜 수 없는 독소를 생산해 영역을 확장하듯이, 이중 변이 집단들은 공격적으로 영역을 확대해 초기 단계의 종양이 된다.

초기 종양이 포식자 및 경쟁자와 대적할 만큼 진화하게 되면 새로운 요인들이 더 이상의 성장을 제한한다. 이를테면 세포들은 영양을 공급받고 그 노폐물은 혈관을 통해 제거되는데, 초기 종양이 정상 조직과 동일한 방법으로 혈관을 확보하지 못하면 특정 크기 이상으로 성장할 수 없게 된다. 이 때문에 대부분의 초기 종양은 그 정도에서 멈춘다. 그러나 일부에서는 이러한 제한 요인을 극복할 수 있는 추가 변이가 일어나기도 한다. 이런 일은 규모가 크고 복잡한 단계처럼 보이지만 혈관 확보를 위한 이런 유전자 명령은 정상적인 발생의 일부로 이미 오래전에 진화했다. 따라서 초기 종양의 변이는 이러한 명령을 활성화시키기만 하면 되기 때문에 비교적 단순한 편이다.

이와 같이 종양들은 변이에 변이를 거쳐 자신이 처한 환경에 적응한다. 새와 물고기처럼 독립생활을 영위하는 생물들이 자신의 환경에 적응하듯이, 그리고 또 병원균이 숙주에서 급속히 진화하듯이 말이다. 즉 인체 면역결핍 바이러스HIV와 같은 병원균이 독립된 생명체인데 반해 종양은 우리 몸 안 세포에서 비롯된 것이라고 해서 달라질 것은 전혀 없다. 바이러스든 종양이든 우리 몸 안에 살고 있고 건강과 무관하며 변이용 시한폭탄처럼 계속 똑딱거린다는 점은 똑같으니까.

인체 면역결핍 바이러스는 똑딱거리는 속도가 매우 빠르기 때문에 특히 더 위험하다. 이 바이러스는 세대시간이 짧을 뿐만 아니라 마치 수도사가 부주의한 척하며 일부러 실수를 바로잡지 않고 원본을 마구 베끼는 것처럼 유전자 암호를 베끼는 듯한 인상을 준다. 그런데 이러한 부주의함이 바로 적응 방식인 것이다. 다시 말해서 부주의함 때문에 해로운 변이체가 수십 개씩 생겨나긴 하지만 그렇지 않았을 때보다 훨씬 더 빠르게 이로운 변이체가 생겨난다. 종양의 변이체도 동일한 결과를 초래하는데, 변이체가 정상 세포의 생명을 조정하는 정교한 기계를 방해하기 시작하는 순간 종양 세포들이 급성장함과 동시에 그만큼 과오도 더 늘어나게 된다. 변이율을 증가시키는 환경요인들 또한 동일한 결과를 초래한다. 요컨대 두 가지 경우 모두에서 변이용 시한폭탄은 더 빠르게 작동하기 시작하고 종양은 상이한 세포 집단으로 구성된 모자이크 그림으로 완성됨으로써 새로운 경쟁의 장을 창출한다. 즉 최초의 변이체가 정상 세포를 희생시켜 영역을 확대했듯이 가장 공격적인 클론은 다른 클론을 희생시켜 영역을 확대한다.

독립생활을 하는 동식물들이 새로운 영역을 차지하기 위해 현재 점유하고 있는 영역을 버리고 떠나가듯이, 종양의 성공을 보증하는 최종 적응 방식은 몸의 새로운 영역을 차지하기 위해 사방으로 흩어져 번식체를 만드는 것이다. 이 시점이 되면 종양은 유기체의 중추 기능에 치명상을 입히게 되고 웅장한 진화 실험은 종결된다. 실제로 암으로 인한 사망의 90퍼센트는 조직 침범과 전이에 의한 것이다.

암의 진화는 근시안적 시각에서 보면 최종 단계처럼 보인다. 변이를 통한 '진화'로 말미암아 세포계는 '포식자'(면역체계)를 피해 도망가고 '경쟁자'(정상적으로 기능하는 세포)를 물리치고 신체의 다른 영역(전이)을 차지하게 된다. 그러나 그와 동시에 자신도 죽음에 이르게 된다. 설령 종양이 양성으로 남아 있더라도 유기체가 자연사하면 다른 몸으로 이동할 메커니즘이 없기 때문에 소멸하고 만다. 즉 유기체 내부의 진화는 이러한 허무함까지 막을 여력이 없기 때문에 세포들끼리의 즉각적인 상호작용과 관련해서만 적응이 일어난다. 따라서 유기체들 간의 진화만이 공통의 선을 위해 협력하는 세포들의 장기적인 성과를 확립할 수 있다. 우리 인간은 대단히 운이 좋아 선택이 이 단계에서 매우 강렬하고 오랫동안 작용함으로써 암은 주로 노년기에 일어나는 병이 되었다.

애석하게도 단일 종의 유기체들은 자기 집단 내부에서 상호작용할 때 잠재적으로 암세포의 역할을 수행할 수 있다. 즉 집단 내부의 선택은 단기 전략을 선호하기 때문에 집단 간의 선택은 공통의 선을 위해 협력하는 유기체들의 장기적인 성과를 확립할 필요가 있다. 그러나 유기체 간의 선택이 유기체 내부의 선택을 물리치는 것만큼 결정적으로 집단 간의 선택이 집단 내부의 선택을 물리치더라도 그 문제는 생물적 위계의 다음 단계에서 또다시 나타난다. 만일 우리가 종으로서 사멸을 자초한다면 그것은 바로 암세포가 죽음을 자초하게 만드는 것과 동일한 유형의 근시안적 시각 때문일 것이다.

생명의 기원부터 인간의 도덕과 종교까지의 여행에서 우리가 이번에 둘러볼 이야기는 사회적 곤충에 관한 것이다. 이 이야기는 집단 내부의 선택보다 집단 간의 선택을 택한 집단이 유기체로 전환되는 것과 거의 동일하다. 그러나 이번 경우에 하위 집단은 개별 곤충이고 상위 집단은 군집colony이다. 개개의 유기체들과 달리 사회적인 곤충 군집은 물리적으로 구별되는 실체가 아니다. 실제로 꿀벌 군집의 일꾼들은 몇 제곱킬로미터나 되는 지역 위를 날아갈 수 있다. 심지어 개미 군단은 물리적으로 구별되는 집조차 없는데, 놀랍게도 100만이 넘는 개별 구성원들로 이루어진 이 사회집단은 항상 분주하다. 복부가 잔뜩 부풀어 오른 여왕개미는 걸을 수가 없기 때문에 충성스런 일꾼들의 등에 업혀 이동한다. 여왕개미가 낳는 수천 개의 알은 성충이 될 때까지 헌신적인 유모 계층이 운반과 양육을 담당한다. 이동 중에 길이 험해지면 일부 일꾼들은 자진해서 살아 있는 다리 역할을 함으로써 군집의 나머지 일원들이 지나갈 수 있게 한다. 요컨대 사회적 곤충 군집을 유기체로 간주할 수 있는 것은 물리적으로 결합되어 있기 때문이 아니라 구성원들이 전체 군집을 영속시키기 위해 기관처럼 조화롭게 활동하기 때문이다. 또한 번식과 관련해 여왕과 일꾼의 노동이 분리되어 있는 것은 인간 같은 다세포 생물의 생식세포와 체세포가 서로 분리되어 있는 것과 유사하다.

유기체로 이루어진 집단에서 유기체로서의 집단으로 넘어가는 문지방을 통과하기는 쉽지 않다. 현재까지의 계산에 따르면 이러한 비약적인 진화는 곤충의 진화에서 단지 15번밖에 일어나지 않았다. 그러나 협력의 이점은 매우 커서 이러한 15번의 도약은 각각 수천 종의 흰개미, 개미, 말벌, 꿀벌 등을 낳았는데, 모두 합치면 전체 곤충 생물량의 절반을 차지할 정도다. 실제로 우리가 지나다니는 숲과 들판을 살펴보면 최상품 부동산의 대부분은 사회적 곤충 군집들이 차지하고 군집을 이루지 않는 곤충들은 그 틈새를 차지한다. 이와 관련해 에드워드 윌슨은 사회적 곤충 군집을 숲 속의 공장으로 기술하면서 군집을 이루지 않는 곤충들은 결코 이들과 경쟁해서 이길 수 없다고 주장했다. 즉 썩은 통나무로 이동하는 개미 군집은 동네 슈퍼마켓이 도저히 경쟁할 수 없는 월마트가 동네에 개장한 것과 다름없다. 그러니 알아서 피할 수밖에 없지 않은가!

모든 유기체는 각각의 부분이 조화를 이룰 방법을 필요로 한다. 예컨대 우리처럼 물리적으로 구별이 되는 유기체는 신경과 호르몬 시스템을 가지고 있다. 반면에 사회적 곤충 군집처럼 물리적으로 분산된 유기체는 멀리 떨어져서도 작동할 수 있는 시스템을 가지고 있어야 한다. 따라서 신경세포의 축색돌기로 전달되는 신호가 또 다른 신경세포로 전달되려면 아주 짧은 거리의 시냅스를 통과해야 하는 것처럼 사회적 곤충 군집에서는 개별 구성원에서 또 다른 개별 구성원으로 신호가 전달되려면 먼 거리도 한 번에 도약할 수 있어야 한다. 또한 이와 유사하게 신체 내부의 화학 신호인 호르몬은 신체와 신체 사이를 이동하는 화학 신호인 페로몬으로 보충되어야 한다. 간단히 말해서, 일개인의 정신이 신경세포나 호르몬 내부에 존재하는 것이 아니듯이 사회적 곤충 군집은 개개의 곤충에는 존재하지 않는 정신을 보유하고 있다.

집단정신이란 개념은 공상과학 이야기처럼 들릴 수 있다. 그러나 코넬 대학교의 토머스 실리Thomas Seeley를 비롯해 사회적 곤충 군집을 연구하는 생물학자들은 이에 대해 정교하게 기록하고 있다. 토머스는 꿀벌이라는 단일 종 연구에 일생을 바친 과학자인데, 7장에서 살펴본 더글러스 엠른과 그의 쇠똥구리 연구처럼 꿀벌에 대해 일종의 레이저 비전과 같은 정밀함을 달성했다. 나는 9월 어느 날, 그의 실험실을 방문해 그와 이야기를 나눴다. 실험실은 코넬 대학교의 번잡한 캠퍼스에서 몇 마일 떨어진 들판과 숲 사이에 자리 잡은 현대식 건물 안에 있었다. 주위에 만발한 메역취와 쑥부쟁이, 그리고 교외의 조용한 분위기는 도시에서 성가

시계 끊임없이 울려대는 굉음과 대조를 이루면서 기분을 상쾌하게 했다.

토머스는 키가 크고 마치 수도사 같은 외모였다. 부친이 코넬 대학교의 식물학 교수였기 때문에 어린 시절 바로 그 들판과 숲에서 뛰놀았으며 그 덕에 유년기가 눈 깜짝할 사이에 지나갔다고 한다. 그는 어린 시절에 낡은 농가 옆에서 몇 개의 벌집을 발견하고부터 사회적 곤충들에게 매료되었다. 밀랍과 꿀 향기 그리고 잔디밭에 누워 있는 그의 머리 위에 펼쳐진 여름 하늘을 수천 마리의 벌들이 십자가 모양으로 종횡하는 광경이 그에게 지울 수 없는 강한 인상을 주었던 것이다. 나중에 고등학생과 대학생이 되어서도 여름만 되면 코넬 대학교의 양봉 교수의 조수로 일했다. 처음에는 벌집 칠하기와 잔디 깎기 같은 단순한 일을 했지만 종국에는 실험을 돕고 고대의 양봉 기술을 배웠다. 사람들은 과학이 문화의 일부로 존재하기 아주 오래전부터 벌을 길러왔다.

토머스는 대학 시절에 벌에 대한 자신의 애정을 취미로 삼을지 아니면 직업으로 삼을지 고심했다. 그런 그의 갈등에 종지부를 찍은 것은 바로 에드워드 윌슨의 저서 『곤충 사회 *The Insect Societies*』였다. 그의 권위가 돋보이는 『곤충 사회』는 『사회생물학』을 저술하기 4년 전에 출간되었는데, 토머스는 이 책의 첫 문단에 깊은 영감을 받았다.

우리는 왜 이러한 곤충을 연구하는가? 이 곤충들이 인간과 벌새 그리고 브리슬콘 소나무와 더불어 생물 진화의 위업 한가운데에 놓여 있기 때문이다. 그들의 사회조직은 열등한 지능과 문화의 부재로 인해 인간 조직보다는 훨씬 떨어지지만 뚜렷이 구분되는 계급과 개별 구성원들의 이타주의라는 측면에서는 훨씬 월등하기 때문에 둘도 없는 최상의 조직이다. 게다가 분자에서 사회로 진보하는 조직의 발전 단계를 광범위하게 포괄하는 최고의 사례를 제공하기에 생물학자들의 관심을 끌고 있다.

이로써 토머스는 벌에 대한 애정과 에드워드가 제공한 지적 자극에 이중으로 영감을 받게 되었다. 다트머스 대학교에서 받은 화학 학위와 노련한 양봉가의 지식으로 무장한 그는 마침내 하버드 대학교의 대학원에 지원했다. 에드워드는 물론 그와 오랫동안 개미를 연구해온 베르트 횔도블러Bert Holldobler와 함께 연구하고 싶었기 때문에 토머스는 다른 대학원은 처다보지도 않았다.

"너무 무모하다고 생각하지 않았나요?" 나는 그를 방문했을 때 물었다.

"성적은 좋았거든요." 그는 대답했다. 그렇다고 거만하게 대답한 것은 결코 아니었다.

나는 미소를 지으며 에드워드가 그의 지원서를 훑어보면서 수도사처럼 벌에 헌신적인 이 훌륭한 학생에 대해 알아가는 장면을 상상했다. 물론 토머스는 입학 허가를 받았다. 양봉가가 꿀을 모으고 작물의 수분을 돕기 위해 조심스레 벌집을 들판과 과수원으로 옮기듯이, 토머스는 벌집을 트럭 뒤칸에 실어 매사추세츠 캠브리지까지 운반했다. 그리고 하버드 대학교의 비교동물학 박물관 지붕에 벌집을 설치했다.

그때가 벌써 25년 전 일이고, 현재 토머스는 꿀벌 군집이 집단 차원에서 어떤 식으로 지적인 결정을 내리는지에 관한 연구 분야의 권위자가 되었다. 한번은 벌들이 찾아갈 꽃들이 거의 없는 깊은 숲 속으로 벌집을 운반한 후, 벌집에서 좌우 400미터 떨어진 위치에 각각 사료 급여대를 설치해 자신의 '꽃'을 공급했다. 그 중 한 곳에는 다른 한 곳보다 농도가 더 높은 당분 용액을 제공했는데, 몇 시간 만에 꿀벌 군집은 대부분의 일벌들을 당도가 더 높은 급여대로 파견했다. 그래서 그다음에는 반대쪽 급여대의 당도를 더 높였는데, 이전과 마찬가지로 몇 시간 만에 당도가 더 높은 급여대로 일벌들이 몰려들었다. 꿀벌 군집은 도대체 어떻게 자원의 질을 정확히 파악하는 것일까? 그리고 또 어떻게 그렇게 빨리 변화에 반응하는 것일까? 토머스와 그의 조수들은 군집을 이루는 4,000마리의 벌 등에 각각 번호를 매긴 작은 유색 디스크를 붙여 표시를 함으로써 벌의 행동을 개별적으로 관찰하여 그 정답을 찾아내었다. 각각의 사료 급여대에는 조수를 배치했고 토머스는 유리 패널을 통해 벌집 내부를 관찰함으로써 전체 의사결정 과정을 상세히 감시했다. 대부분의 벌들은 단 한 곳의 급여대만 방문했기 때문에 의사결정을 위한 비교 준거 틀 같은 것은 없었다. 그 대신에 벌들이 각각의 급여대에서 벌집으로 돌아와 다른 벌들에게 위치를 알려주기 위해 춤을 출 때 춤을 추는 시간이 당분의 농도와 정비례했다. 그러나 다른 벌들은 그 정보가 매우 유용한 것이었음에도 상이한 춤들의 길이를 비교하지 못했다. 단지 그들은 춤을 추는 벌 한 마리를 무작위로 골라 그 벌이 일러준 급여대로 갔다. 일부 벌들이 다른 벌들보다 더 오래 춤을 춘다는 사실은 당분의 농도가 더 높은 급여대로 더 많은 벌들을 향하게 만드는 통계적 편견을 초래했다. 물론 더 오래 춤을 추는 벌들은 더 많은 추종자들을 끌어들였다. 그러나 이는 단지 그들이 다른 벌들보다 무대 위에 더 오래 있었기 때문일 뿐이었다. 즉 양쪽 급여대를 모두 방문한다든지 벌들의 춤을 비교한다든지 해서 그 차이를 비교하는 벌은 한 마리도 없었다. 그 대신에 그들의 사회적 상호작용으로 말미암아 집단 차원의 비교가 가능했던 것이다.

분산된 지능decentralized intelligence의 또 다른 사례로, 꿀벌 집단은 꿀 저장량이 적을 때 마치 배가 고픈 것처럼 더 많은 일벌들을 들판에 파견해 꿀을 모아오게 한다. 그러나 꿀벌 집단의 굶주림은 개별 벌들의 굶주림에서 비롯되지 않는다. 꿀을 모으러 다니는 벌은 벌집으로 돌아왔을 때 꿀을 벌집에 저장하는 벌에게 자신이 모아온 것을 토해낸다. 그런데 꽃이 귀해 꿀 저장량이 적을 때 꿀 채집 벌은 일이 없어 한가한 저장 벌에게 즉석에서 꿀을 전달하는 반면에 꽃이 흔해 벌집에 꿀이 넘칠 때는 일이 많은 저장 벌들에게 꿀을 전달하기 위해 기다려야만 한다. 이때 채집 벌이 기다리는 시간은 얼마나 많은 꿀을 모아와야 하는지를 알려주는 믿을 만한 신호를 제공한다. 토머스에 따르면 채집 벌은 즉석에서 꿀을 전달할 수 있을 때, 즉 꿀 보유량이 적을 때 흥분해서 더 오랜 시간 춤을 추게 되며, 이로 말미암아 더 많은 일벌들을 채집 벌로 끌어들인다고 한다. 반대로 꿀을 전달하기 위해 기다려야 할 때, 즉 꿀 보유량이 많을 때는 짧은 시간 동안 춤을 추고 더는 꿀을 모으러 나가지 않는다. 한편 이 중대한 실험에서는 저장 인력의 일부를 제거함으로써 꿀 보유량이 적은데도 채집 벌이 꿀을 전달하기 위해 기다리게 유도해보기도 했다. 그 결과 꿀벌 군집은 거짓 신호에 반응해 벌집에 꿀이 많은 줄 알고 꿀을 덜 모아왔다.

분산된 지능과 관련된 이 두 사례 외에도 많은 사례들이 토머스의 저서 『벌집의 지혜 The Wisdom of the Hive』에 아주 상세하게 기술되어 있다. 이 책 제목은 1930년대에 출간된 월터 캐넌 Walter B. Cannon의 유명한 저서 『신체의 지혜 The Wisdom of the Body』에서 따온 것인데, 『신체의 지혜』에는 개별 유기체들의 놀라운 생리적 과정이 기술되어 있다. 벌집의 지혜는 신체의 지혜처럼 매우 복잡 난해해서 속속들이 이해하기가 쉽지 않다. 꿀벌 군집은 수 제곱킬로미터로 펼쳐진 지역 위로 깜빡거리며 나타났다 사라질 때 수백 곳의 꽃밭을 조사한다. 채집 벌은 꿀뿐만 아니라 꽃가루와 물도 모아야 하며 환경의 변화에 따라 자신의 노력을 현명하게 분배할 수 있는 메커니즘도 가지고 있어야 한다. 게다가 벌집의 온도도 정확하게 유지되어야 한다. 꿀벌 군집은 온혈동물이니까! 이를테면 땀이 나는 원리처럼 벌집을 흔들면 온도가 상승하고 물을 모아 벌집 표면에 뿌리면 온도가 내려간다. 요컨대 꿀벌 군집은 벌집 안에서 벌집 짓기, 여왕벌과 자손 돌보기, 죽은 일벌 처리하기 등과 같은 무수히 많은 임무를 수행한다. 이러한 기능들은 모두 피드백 과정을 통해 실행되는데, 앞서 기술한 꿀 모으기 과정과 매우 흡사하다. 즉 집중된 지능이 없기 때문에 꿀벌 한 마리가 전체 과정을 지휘하는 법이 없을 뿐만 아니라 여왕벌이라고 해도 다르지 않다. 그 대신에 사회적 상호작용의 패턴을 통해 벌집의 지혜가 구축된다. 신경계와 호르몬의 상호작용 패턴을 통해 개별 유기체의 지혜가 구축되듯이 말이다.

토머스는 내가 방문한 동안에 최근에 연구하고 있는 주제에 대해 몹시 설명하고 싶어했다. 그것은 바로 꿀벌 군집의 생애 주기 가운데 새로운 군집을 형성하기 위해 분리되는 중대한 시기에 관한 것이었다. 이 시기에 여왕벌과 절반가량의 일벌들은 벌집을 떠나 근처 나뭇가지 위에서 축구공만 한 크기의 덩어리로 전환된다. 그리고 벌집에 남아 있는 나머지 일벌들은 애벌레들 중에서 선택된 여왕벌에게 로열젤리라고 불리는 특별한 물질을 먹여 돌본다. 한편 정찰 벌들은 새로운 보금자리가 될 만한 나무 구멍을 찾기 위해 무리를 떠나 들판을 날아다닌다. 일반적으로 열 내지 스무 군데가 물망에 오르기 때문에 어느 곳을 선택할지 결정을 해야 한다. 토머스는 그 무리가 현명한 선택을 할 수 있는지, 또 정확히 어떤 방식으로 그런 결정을 내리는지 연구했다. 그리고 그 결정 과정이 개별 유기체가 현명한 결정을 내리도록 유도하는 신경세포들 간의 상호작용과 매우 흡사하다는 사실을 알고는 몹시 흥분했다.

토머스는 신경과학자들이 TV 화면에서 점들의 집합이 이동하는 것을 관찰하도록 훈련받은 붉은털원숭이들에게 실시했던 실험을 예로 들면서 이에 대해 설명했다. 이 실험에서 일부 점들은 오른쪽으로 이동했고 나머지 점들은 왼쪽으로 이동했는데, 원숭이들은 과반수 이상의 점들이 이동하는 방향을 쳐다보게 훈련을 받았다. 만일 원숭이들이 정답을 맞히면 보상으로 몇 방울의 과일주스가 제공된 반면에 정답을 맞히지 못하면 처벌로 몇 방울의 소금물이 제공되었다. 훈련을 받은 원숭이들은 이내 이런 임무에 능숙해졌다. 물론 이동하는 점들의 수가 양쪽 모두 거의 동일할 때는 여전히 실수를 범하긴 했지만 말이다. 이런 일이 일어나는 동안에 과학자들은 토머스가 군집 내부에 거주하는 개개의 꿀벌 활동을 관찰하듯이 원숭이 뇌 안에 있는 개개의 신경세포 활동을 기록했다.

그 결과, 점이 오른쪽으로 이동할 때만 방출되는 신경세포가 있는가 하면 점이 왼쪽으로 이동할 때만 방출되는 신경세포도 있는 것으로 밝혀졌다. 또한 이 두 부류의 신경세포들은 각 방향으로 이동하는 점들의 수에 따라 상이한 비율로 방출되었다. 그리고 두 부류 중 어느 한쪽의 방출 비율이 특정 수위에 도달하자마자 원숭이는 결정을 내리고 머리를 그에 상응하는 방향으로 돌렸다. 즉 원숭이의 결정은 신경세포들 간의 단순한 경쟁 과정에 기초한 것이었다.

토머스의 꿀벌 집단 실험은 메인 주의 해안에서 조금 떨어진 나무가 없는 섬에서 실시되었는데, 이는 그가 제공한 인공 둥지 구멍의 효용성을 철저히 통제하기 위함이었다. 그는 인공 둥지 구멍의 속성을 변경함으로써 정찰 벌들이 일곱 가지 요인에 집중하도록 했다. 일곱 가지 요인에는 둥지 구멍의 부피, 입구 구멍의 크기, 입구 구멍의 높이, 입구 구멍의 나침반 방향, 둥지 구멍의 입구 위치(위와 아래), 벌집의 존재(꿀벌 군집은 겨울에 굶어 죽는 경우가 많아 다른 군집이 그 둥지 구멍을 재사용할 수 있다), 무리로부터의 거리(모 군집과의 경쟁을 피하기 위해 모 군집에서 가까운 곳보다 먼 곳을 선호한다)가 포함되었다. 정찰 벌들은 무리로 돌아와 춤을 추었는데, 채집 벌들이 꿀의 위치와 질을 나타내기 위해 그랬던 것처럼 춤을 추는 시간은 둥지 구멍의 질과 정비례했다. 이와 같은 방식으로 더 많은 정찰 벌들이 최고의 둥지 구멍을 찾기 위해 징집되었다.

최종 결정은 무리에서가 아니라 개개의 둥지 구멍에서 이루어지는 것으로 밝혀졌다. 정찰 벌은 둥지 구멍에 들어간 후에 바로 무리로 돌아가지 않고 한 시간 정도 그곳에서 서성거렸다. 그리고 그곳에 모인 정찰 벌의 수가 특정 수치를 초과하자마자 무리로 돌아가 파이핑piping이라고 불리는 의사결정 과정의 종결을 알리는 새로운 행동을 선보였다. 토머스는 가장 최근에 발견한 바로 이 점 때문에 특히 더 의기양양했는데, 독창적인 실험을 통해 이를 확인했다. 그는 5개의 동일한 둥지 구멍을 일렬로 설치했는데, 서로 너무 가깝게 붙어 있어서 정찰 벌들은 구별하기가 힘들었다. 그 지점에 모인 정찰 벌들은 5개의 구멍에 무작위로 들어갔고 한 개당 5분의 1이라는 정상 비율로 모였으며 의사결정 과정 또한 그만큼 길어졌다. 이로써 최종 분석은 무리가 아니라 둥지 구멍에서 이루어진다는 사실이 입증되었다.

전체 의사결정 과정은 전체 무리 가운데 극소수에 해당하는

100여 마리의 벌들 사이에서 이루어졌다. 여왕벌을 비롯한 다른 벌들은 정지한 채로 의사결정자들이 춤을 추는 모습을 위에서 지켜보았다. 장소를 선별해 무리로 돌아온 정찰 벌들이 춤을 추기 시작하자마자 모든 벌들은 날개 근육을 풀어주더니 60초도 안 되어 일반 거실만 한 크기의 짙은 구름 모양으로 팽창되었다.

"그다음에는 무슨 일이 일어났죠?"

내가 조바심을 내며 묻자 토머스는 난감한 표정을 지었다. 그 과정을 수차례 관찰했지만 정확한 연구 방법을 찾지 못했던 것이다. 그는 정찰 벌들이 벌 구름 속을 왔다 갔다 하면서 다른 벌들에게 어느 쪽으로 가야 할지 알려준다고 생각했다. 벌 구름은 화물열차가 역에서 멀어질 때처럼 천천히 탄력을 받아 거의 2킬로미터 되는 거리를 날아갔고 목적지가 가까워지자 속도를 천

높은 단계의 지능은 특정 부분에서 발견되는 것이 아니라 부분들 간의 상호작용을 통해 드러난다.

천히 줄이더니 멈췄다. 이 시점에서 정찰 벌들은 옹이만 한 둥지 구멍 입구 주변에 몰려들었는데, 페로몬을 방출해 무리의 나머지 일원들을 새 집으로 안내하기 위함이었다.

토머스는 이 여행의 최종 단계를 상세히 밝혀내지는 못했지만 꿀벌 무리가 새 둥지를 결정하는 과정이 붉은털원숭이가 어느 쪽으로 고개를 돌려야 할지 결정하는 과정과 기이할 정도로 비슷하다는 사실을 보여주었다. 두 경우 모두 높은 단계의 지적 의사결정은 낮은 단계의 기계적 과정에서 비롯된다. 그리고 그 과정은 양자택일의 선택을 대표하는 분파들 간의 조직적인 경쟁을 수반하며 승패는 어느 쪽이 특정 경계에 먼저 도달하느냐에 달려 있

다. 또한 높은 단계의 지능은 특정 부분에서 발견되는 것이 아니라 부분들 간의 상호작용을 통해 드러난다. 요컨대 모든 정신은 집단정신이기 때문에 분산된 유기체의 정신 또한 신경세포들의 상호작용뿐만 아니라 사회적 상호작용을 포함한다.

토머스와의 만남은 토머스가 양봉가 친구와 벌집에서 꿀을 추출해야 하는 바람에 끝이 났다. 그의 친구는 건강식품 시장에서 여과하지 않은 꿀을 최상의 가격으로 사겠다는 구매자를 찾았던 터였다. "전혀 여과하지 않은 꿀이라 죽은 꿀벌의 시체들이 그대로 남아 있지." 토머스는 미소를 지으며 말했다. 그는 정신의 본질을 묻는 가장 근본적인 질문을 연구하는 과학자일 뿐만 아니라 양봉가이기도 했던 것이다.

평등주의도 유전적 자질이다

앞서 기술한 네 개의 장에서 살펴본 주제들은 그 나름대로 흥미로운 것들이지만 인간의 도덕성과 종교라는 주제로 넘어가기 위한 초석이기도 하다. 간단히 되짚어보면, 선과 악의 측면에 기초한 갈등들은 바이러스와 박테리아를 비롯해 이웃과 상호작용하는 모든 생명체에 존재한다. 그리고 개별 생명체들은 놀랍게도 집단의 일원일 뿐만 아니라 그 자체로 집단이기도 한데, 개별 생명체라고 불리는 것은 집단 내의 갈등에서 비롯된 문제들을 매우 잘 해결하기 때문이다. 그러나 앞서 암 사례에서 볼 수 있었던 것처럼 '유기체'라는 단어를 통해 연상되는 총체적인 조화는 부족하다. 반면에 곤충 군집은 구성원들은 물리적으로 분산되어 있지만 조화를 새로운 차원으로 끌어올림으로써 유기체로서의 자격을 부여받는다. 즉 분산된 유기체는 '사회적 생리'와 '집단정신'을 통해 상호 조화를 이루는데, 이는 개별 유기체 내부에서 일어나는 생리적, 신경적 상호작용에 필적할 만하다.

우리는 현재의 여행을 계속하기 위해 인간의 진화에 초점을 맞출 필요가 있다. 나는 앞에서 우리 인간 종을 방이 아주 많은 대저택에 비유했고 그 방들 가운데 대부분은 다른 종들과 함께 쓰고 있다고 기술했다. 또한 우리보다 월등한 다른 종들의 능력을 기술했다. 어디 그뿐인가? 마치 인간만이 지적능력과 도덕적 관념, 미적감각을 가진 존재인 것처럼 기술하는 것을 자기만족적인 행태라고 비판했다. 그럼에도 우리는 인간으로서 고유한 측면이 있는데, 우리와 인접한 영장류 조상들과 비교할 때 특히 더 그렇다. 우선 언어는 물론 그 이상의 상징적 사고능력은 다른 종들이 결코 따라올 수 없을 정도로 월등하다. 학습된 정보를 사회 전반에 전달하는 능력 또한 마찬가지인데, 우리는 이를 문화라고 부른다. 마지막으로 상호 협력하는 능력은 다세포 유기체와 사회적 곤충에 필적하지만 다른 척추동물보다는 월등히 우수하다.

그렇다고 이런 특별한 능력을 '고유한'이란 단어로 기술하는 것은 적절하지 않다. 진화는 연속성을 요구하기 때문에 우리의 능력은 침팬지, 보노보, 고릴라, 오랑우탄 등과 같은 유인원과 공유하는 600만 년 전의 공통된 조상에게 그 전조가 있었음에 틀림없다. 그렇다면 그 전조는 무엇이었고, 어떻게 하다가 그 전조가 인간 진화의 3대 요소, 즉 인지, 문화, 협력으로 변형된 것일까?

가장 있음 직한 정답은 인간을 유기체로 이루어진 집단이 유기체로서의 집단으로 진화된 가장 최근의 생명체로 간주하는 것이다. 인간의 사회 집단은 꿀벌 집단과 벌집에 상응하는 영장류다. 이러한 변화는 사회적 곤충에서 살펴봤듯이 매우 보기 드문 현상이지만 일단 일어나면 그 파장은 거대하다. 이를테면 개별 구성원들과 조직적이지 못한 집단은 새로운 집단 유기체의 상대가 되지 못하기 때문에 이 '집단 유기체'는 순식간에 생태학적 우위를 차지한다. 또한 사회적 곤충에서 살펴봤듯이 신체활동뿐만 아니라 정신활동도 상호 조화를 이룬다. 게다가 인간의 경우에 상징적 사고와 정보의 사회 전파라는 본질적으로 공동체 활동과 연관이 있는 특성 때문에 인간 진화의 3대 요소는 모두 협력이라는 요소의 발현이라고 할 수 있다.

다들 인정하다시피, 인간 집단은 꿀벌 집단 및 벌집과 여러 측면에서 차이가 나기도 한다. 예컨대 인간 집단의 구성원들은 변이체를 제외하고는 단일 유기체의 세포들처럼 유전적으로 서로 동일하지 않다. 그러나 이러한 차이점을 중요하게 부각시킬 필요는 없다. 인간 집단이 꿀벌 집단과 벌집에 비교가 되는 것은 구체적인 특징을 공유하기 때문이 아니라 세 가지 경우 모두에서 집단 간의 선택이 집단 내부의 선택을 이기기 때문이다. 이러한 일의 원인이 되는 근접적 메커니즘은 혈통마다 다를 것이라고 추정되는데, 그 증거로 극피동물인 불가사리와 척추동물인 개복치는 모두 해부학적으로나 생리학적으로 상당히 차이가 남에도 유기체로서의 자격을 갖추고 있다.

인간의 변화는 염색체와 감수분열 법칙처럼 유전자의 사회적 행동을 조정하는 메커니즘과 매우 흡사하다. 그런데 앞에서 살펴봤듯이 이러한 메커니즘에서는 집단의 모든 구성원들이 공평하게 번식하거나 최소한 번식할 기회가 공평하게 제공된다. 예컨대 세포성 점균인 딕티의 생식세포와 자루세포처럼 공통점이 거의 없는 운명체일지라도 로또 복권 당첨 구슬이 구 안에서 회전하는 것과 유사한 복권 추첨을 통해 공평하게 다뤄질 수 있다. 다시 말해서 인간의 변화는 집단 구성원들 간의 평등을 확립하는 메커니즘에 기초한다. 그리고 바로 이러한 연유에서 데이비드 헤이그와 같은 생물학자들은 18장에서 살펴봤듯이 인간의 사회적 행동을 나타내는 언어를 가지고 유전자의 사회적 행동을 기술한다.

우리 주변에 불평등한 요소가 많다는 사실을 감안할 때 인간의 사회적 행동을 평등주의에 입각해 기술하는 것을 이상하게 여기는 사람도 있을 것이다. 그러나 오늘날과 같은 대규모 사회는 인류가 출현할 당시에 존재하던 소규모 사회 집단과 전혀 다르다. 그러므로 그보다는 열대 섬에 30명의 사람과 좌초된 자신의 모습을 상상해보는 것이 더 낫다. 그와 같은 처지에 놓일 경우 생존하기 위해 협력해야 한다는 사실을 깨닫게 됨과 동시에 혼자서 가로챌 수 있는 것은 강압적으로든 비밀리에든 가로채고 싶은 유혹을 받을 것이다. 그런데 강압적인 방법은 30명의 사람을 혼자서 물리칠 만큼 힘 센 사람은 없기 때문에 성공할 가능성이 없다. 비밀리에 하는 방법 또한 혼자 있는 경우가 거의 없기 때문에 마찬가지로 성공할 가능성이 없다. 따라서 완전히 배제할 수는 없지만 이기적인 목적을 달성할 수 있는 기회는 대폭 줄어든다. 다행히 다른 30명의 사람들도 한 배에 타고 있거나 같은 섬에 좌초되어 있기 때문에 경계를 늦추지 않는다면 그들에게 사기를 당할 가능성이 거의 없다. 즉 이러한 집단이 평등적인 것은 모두가 덕성이 높아서가 아니라 사기를 치려고 하거나 폭력을 사용하려는 사람들을 탐지해 처벌할 집단적인 수단을 보유하고 있기 때문이다.

오늘날 텔레비전 쇼는 이러한 소재를 이용해 제작되곤 한다. 그러나 바로 이런 상상은 수렵과 채집에 전적으로 의존해 사는 사람들, 인류가 출현한 이래로 소규모 집단을 구성해 살던 사람들에게는 현실에서 일어나는 일이다. 게다가 그들은 이러한 평등주의를 예술적 형태로 승화시키기까지 한다. 일례로 1970년대에 남아프리카의 칼라하리 사막에 사는 쿵산족!Kung San의 한 주민은 인류학자 리처드 리Richard Lee에게 부족민의 관습을 설명하면서 다음과 같은 말을 했다. "한 남자가 사냥을 하고 있다고 가정해보세요. 그는 집에 돌아와 '덤불 속에서 큰 놈을 한 마리 잡았소'라고 허풍쟁이처럼 큰소리쳐서는 안 됩니다. 그 대신에 조용히 자신의 모닥불 앞에 앉아 있다가 저나 다른 사람이 다가와 '오늘 무얼 잡았소?'라고 물으면 그때 비로소 조용히 '사냥할 마음이 전혀 생기지 않더군요. 아무것도 없었어요. 아주 조그마한 놈밖에……'라고 대답합니다. 그럼 저는 그가 뭔가 큰 놈을 잡았다는 것을 눈치 채고는 미소를 짓죠."

이런 농담은 그들이 죽은 동물을 회수하러 갈 때도 계속된다. "자네의 이 뼈 더미를 집까지 싣고 가라고 여기까지 우리를 끌고 왔다고 말할 작정인가? 내가 이렇듯 뼈만 앙상한 놈인 줄 알았으면 여기까지 오지도 않았을 걸세. 내가 이것 때문에 그늘에서 서늘하게 쉴 수 있는 하루를 포기했다고 생각해보게나. 집에 있으면 배가 고플지는 몰라도 최소한 마실 물이라도 있지 않은가."

리의 정보 제공자는 이 모든 농담의 목적을 이렇게 말한다. "어느 젊은이가 커다란 짐승을 사냥해 돌아와서는 자신을 족장이나 대단한 인물처럼 생각하고 나머지는 부하나 열등한 사람으로 취급한다면 어떻겠습니까? 우리는 이러한 행동을 용인하지 않습니다. 왜냐하면 언젠가는 그 거만함 때문에 그가 누군가를 희생시키게 될 것이기 때문입니다. 그래서 우리는 항상 그가 잡은 고기를 별 가치가 없는 것처럼 말하지요. 이런 식으로 우리는 그의 들뜬 가슴을 식히고 그의 품성을 온화하게 만듭니다."

인류학자 콜린 턴불Colin Turnbull은 수백 마일 떨어진 찜통처럼 더운 적도 부근의 아프리카 정글에서 위의 경우와 유사한 사례를 발견했는데, 피그미족으로 널리 알려진 음부티족Mbuti이었다. 그는 용맹무쌍한 최고의 사냥꾼에 대해 기술한 후 다음과 같이 덧붙였다. "그들 가운데 누구도 다른 사람에게 권위를 내세우지 않았다. 개인적인 고려나 존경을 통해 결정에 영향을 미치기 위해 도덕적 압력을 가하는 경우도 결코 없었다. 그 대신에 유일한 도덕적 고려는 결정의 순간에 그것이 '좋은 것'으로 여겨지는지, 숲을 기쁘게 할 것인지에 관해서 뿐이었다. 따라서 결정에 찬성하지 않는 사람은 누구든 숲을 화나게 할 가능성이 높기 때문에 '나쁜 것'으로 간주되었다. 또한 자신의 의견을 강력하게 주장하고 싶은 사람은 그 의견이 '좋은 것'과 '기쁘게 하는 것'이라는 점에 근거해 숲에 기원할 수도 있었다. 그러나 부족민들의 최종 결정만이 그의 주장이 타당한지 아닌지를 결정했다."

인도양 건너편의 말레이 반도 정글에 사는 취옹족Chewong은 '퓨넌punen'이라는 미신 제도를 신봉한다. 퓨넌이란 '급박한 욕구를 만족시키지 못해서 일어난 재난 또는 불행'이란 뜻이다. 인류학자 사인 호웰Signe Howell에 따르면 "취옹족의 사회에서 욕구는 음식과 연관해 일어날 가능성이 가장 높다. 예컨대 누군가가 음식을 봤음에도 함께 먹자는 초대를 받지 못했거나 정글에서 가져온 음식 중 자신의 몫을 받지 못했을 경우, 그 사람은 퓨넌 상태에 놓이게 되는데, 이는 사람들은 누구나 일정한 몫을 받길 원한다고 생각하기 때문이다. 따라서 취옹 부족의 시각으로 볼 때 '혼자 먹는 것'은 가장 나쁜 행동이며 이를 입증할 몇 가지 신화가 있다. 대표적으로 음식을 나눠 먹는 것에 대한 구속력은 인루겐 버드Yinlugen Bud에 관한 신화에서 비롯되었다. 동남아시아 신화에 나오는 이 신은 그들에게 혼자 먹는 것은 인간의 올바른 행동이 아니라고 말함으로써 취옹 부족을 전(前)사회적 상태에서 벗어나게 했던 원동력이 되었다"고 한다.

퓨넌에 대한 믿음은 정글에서 음식을 구해서 돌아올 때마다 거행되는 의식을 포함하는데, 호웰은 다음과 같이 덧붙여 말했다. "죽은 동물을 짊어지고 오면 모두에게 다 나눠주기 전에, 사냥꾼 가족 중 한 사람이 나와 그 동물을 손가락으로 누른다. 그런 다음에 '퓨넌'이라고 말할 때마다 부락에 있는 모든 사람들이 돌아가면서 그 동물을 손가락으로 누르게 한다. (중략) 이는 부락의 사람들에게 그 음식이 곧 그들의 것이 될 것이므로 잠시 동안만 먹고 싶은 욕구를 참아달라고 선포하는 또 다른 방법이다. 한편 주인이 한창 식사 중일 때 손님이 찾아오면 즉시 같이 먹자는 초대를 받는다. 이때 손님이 방금 먹었다면서 초대를 거절하면 음식을 손가락으로 찍고 '퓨넌'이라고 말한다."

퓨넌 상태에 놓인 사람에게 다가올 재난은 호랑이나 뱀 또는 독성이 강한 노래기의 공격과 같은 형태를 띤다. 이러한 동물들은 물질적 형태뿐만 아니라 혼령의 형태로도 존재한다고 생각하기 때문에, 거의 모든 불행은 사회의 법규를 어긴 대가로 해석될 수 있다.

겸손, 신화, 의식, 허가와 처벌을 주관하는 혼령에 대한 믿음 등과 같은 특징은 분명 인간 고유의 것이며 진화가 아닌 종교에 연관된 사람들에게 대체로 해당되는 것이다. 그러나 수렵 채집 집단의 맥락에서 바라보면 그러한 특징들이 집단 내부에 존재하는 개인 간의 적응 차이를 억제함으로써 그 집단이 적응 단위로서 제 기능을 다할 수 있게 돕는 메커니즘이라는 진화론적 의의가 분명해진다. 즉 그 특징들은 염색체와 감수분열 법칙의 인간적 등가물이라고 할 수 있다.

이러한 해석은 내 경우엔 몇 가지 사례에 기초한 근거 없는 추정에 불과하지만 호머의 『오디세이』만큼 학문적 약력이 긴 크리스토퍼 보엠Christopher Boehm의 가정은 정교하기 이를 데 없어 그 상세함이 매우 인상적이다. 대학교에서 철학을 전공한 크리스토퍼는 생물학 교수로부터 진화론의 맛을 처음 접했다. 그는 도덕성의 본질에 특히 관심이 많았으며 하버드 대학교에서 인류학 석사와 박사 학위를 받았다. 그리고 당시 유고슬라비아의 일부였던 몬테네그로의 어퍼모라카족Upper Moraca과 3년 동안 함께 살았던 경험에 기초해 부족사회의 갈등과 해결을 기술한 『피의 복수 Blood Revenge』를 출간했다. 노스웨스턴 대학교의 젊은 조교수로 재직할 당시에는 도널드 캠벨의 영향을 받았다. 몇 년 지난 후이긴 하지만 도널드 캠벨은 16장에서 살펴본 미의식에 대해 나와 함께 연구했던 케빈 니핀의 멘토이기도 했다. 어찌 되었건 크리스토퍼는 도널드의 요청으로 읽게 된 에드워드 윌슨의 『사회생물학』 덕분에 진화론에 대한 관심이 되살아났다. 냉전으로 유고슬라비아에서의 현지 연구가 불가능해졌을 때는 제인 구달Jane Goodall에게 편지를 써서 제인의 탄자니아 곰비 국립공원 연구 현장에서 자신도 침팬지 집단의 갈등과 해결을 연구할 수 있게 도와달라고 부탁했다. 그와 동시에 수렵 채집 사회의 평등주의적 특징에 대한 자신의 주장을 입증하기 위해 인류학 논문을 검토하기 시작했다. 사실 영장류에서 인간 사회로의 전환을 연구하는 데 크리스토퍼만큼 자격을 갖춘 사람은 거의 없다.

크리스토퍼가 1999년에 저술한 『숲의 위계질서 Hierarchy in the Forest』에서 밝혔듯이 평등주의는 수렵 채집 집단뿐만 아니라 모든 소규모 인간 집단에 널리 퍼져 있다. 일례로 1920년대 어느 보고서에 기술된 알래스카 이뉴잇족Inuit에 대한 일반적인 에토스ethos의 전형을 살펴보면 다음과 같다.

"그의 눈에 비친 모든 사람들은 공동체의 다른 모든 사람들과 똑같은 권리와 특권을 가지고 있다. 누구는 사냥을 더 잘하고 누구는 춤을 더 잘 추고 또 누구는 영혼의 세계를 더 잘 통제할 수 있을지 모른다. 그러나 모두가 자유롭고 원칙적으로 평등한 집단에서는 그런 이유 때문에 개개의 구성원과 다른 특별 대우를 받지는 않는다."

남성 평등에 대한 강조는 특히 인상적이다. 항상 그런 것은 아니지만 대체로 여성들은 도덕 범주에서 배제될 뿐만 아니라 평등을 주장하는 바로 그 남성들에게 지배를 받는다. 예컨대 남아메리카 남단에 거주하는 오나족Ona의 한 주민은 그들 부족은 추장이 한 명이 아니라는 사실을 믿지 못하는 서구인에게 "우리 오나족은 추장이 많습니다. 남성들은 모두 선장이고 여성들은 모두 선원이지요"라고 설명했다. 이와 비슷한 맥락에서 자신에게 속하지 않는 다른 집단의 구성원들은 모두 도덕 범주에서 배제될 수 있다. 이와 관련해 크리스토퍼는 대학원생으로 짧은 시간이나마 북아메리카 남서부에 거주하는 인디언 나바호족 틈에 끼어 그 부족을 연구할 때 대대로 생계유지를 위해 다른 부족을 약탈하는 것을 개의치 않던 부족이 부족민들끼리는 결코 호전적이지 않다는 사실을 알고 매우 놀랐다.

우리는 이런 비일관성을 보고 위선적인 행태인 양 경악을 금치 못하는 경향이 있지만 그보다는 오히려 우리가 왜 그렇게 경악하는지에 대해 의문을 품어야 한다. 일관성이란 철학자에게는 꼭 필요한 덕목일지 몰라도 유기체의 입장에서는 결코 그렇지 않다. 개별 생명체이든 집단이든 상관없이 말이다. 유기체는 변화하는 상황에 적응하기 위해 자신의 행동을 변화시켜야 하는데, 이는 일관성과 정반대되는 것이기 때문이다. 우리가 예측하는 바에 따르면 개개의 유기체들은 먹잇감과 포식자의 관계에 있든, 기생관계에 있든, 경쟁관계에 있든, 공생관계에 있든 상관없이 조화로운 내적 생리 기능을 보유하고 있다. 그런데도 우리는 왜 나바호 족과 같은 인간 집단들이 다른 집단을 약탈할 때조차도 내부적으로 조화를 이루는 것을 보고 놀라야 한단 말인가? 우리는 도덕성과 연관된 특징들이 어떻게 생물학적 적응 방식으로 진화했는지 이해하려고 애쓰고 있음을 명심하

평등주의는 고대 그리스에서 시작된 문화적 산물이 아니다. 그러기는커녕 적절한 상황에 직면할 때마다 저절로 드러나는 유전적 자질의 일부다.

라. 그리고 또 이러한 이해는 올림포스 산 위에서 지상 세계를 내려다보는 그리스 신들처럼 관조적인 시각에 기초해야 함을 잊지 마라. 아테네인들이 실시한 민주주의조차도 남성에게 적용될 뿐 여성과 노예 그리고 그리스인이 아닌 소위 '야만인'은 배제하지 않았던가! 요컨대 크리스토퍼를 비롯한 여러 과학자들이 입증했듯이 평등주의는 많은 사람들이 추정하듯이 고대 그리스에서 시작된 문화적 산물이 아니다. 그러기는커녕 적절한 상황에 직면할 때마다 저절로 드러나는 유전적 자질의 일부다. 실제로 소규모 사회에서 남성들은 거의 항상 상호 통제의 상황에 직면하는데 이에 반해 여성들에게 이런 일은 극히 드물게 일어난다. 그런데도 여성들이 도덕 범주에 포함될 때는 아마도 그들이 남성의 지배에 저항할 수 있는 수단을 보유하고 있는 경우일 것이다.

크리스토퍼는 소규모 인간 사회를 '공통된 가치를 공유할 뿐만

아니라 잠재적이지만 강력한 정치 연합체로서 개별 일탈자들을 조정하거나 제압할 준비 태세를 갖춘 도덕 공동체'로 기술한다. 긍정적 가치에는 용기, 능력, 추진력, 관용, 정직, 겸손, 공평, 근면, 정숙, 인내, 신뢰, 자기통제, 기지, 지혜 등이 포함되는데, 이 용어들은 크리스토퍼가 수집한 실제 민족 연구 자료에서 따온 것들이다. 또한 개인의 탁월한 능력은 당연히 존경의 대상이 되지만 그와 동시에 치명적인 죄악 중의 하나인 오만함을 초래하기 쉽기 때문에 두려움의 대상이 되기도 한다. 그러나 무엇보다도 소규모 사회의 구성원들은 위압적이어도 안 되고 타인의 자율을 침범해서도 안 된다. 공동체의 가치와 자율의 강조가 상호 결합된다는 점에 고개를 갸우뚱하는 사람도 있을지 모른다. 그러나 공동체의 미덕이 집단 내부의 구성원들에게 이용당하지 않게 경계해야 한다는 사실을 상기하면 쉽게 이해가 될 것이다.

소규모 사회는 내부로부터의 전복을 막기 위한 방어책들로 가득하다. 첫 번째 방어책은 소문gossip인데, 이를 통해 구성원 개개인에 대한 일단의 정보를 보유할 수 있고 사회적 약점을 신속히 감지할 수 있다. 1930년대에 수집한 미크로네시아의 레수Lesu 사례는 이러한 소문이 얼마나 큰 힘을 발휘하는지 적나라하게 보여준다. 한 남자가 기르던 돼지가 남의 밭에 침입해 타로토란을 먹어치웠다. 그런데 정작 피해를 입은 남자는 잠자코 있는데 피해를 입힌 돼지 주인은 그 사건으로 초래된 소문에 평판이 안 좋아져 안절부절못하는 처지에 놓이게 되었다. 그래서 그는 돼지를 밭 주인에게 주면서 '소문을 잠재워달라'고 부탁했다. 피해를 입은 남성은 워낙 성격이 좋은 사람이라 돼지 선물은 사양하고 사람들에게 그 사건은 이제 그만 잊으라고 공표해 소문을 잠재웠다. 즉 소문은 이런 예의에 어긋나는 사소한 위법행위조차 감지하고 해결하는 면역체계와 같은 기능을 했던 것이다.

소문이 방어책으로 실패하면 더 강력한 메커니즘이 작동한다. 이와 관련해 크리스토퍼는 "제재가 일기 시작할 때 냉담한 인사 태도는 곧장 비판이나 조소로 이어질 수 있는 불길한 징조가 된다. 게다가 평생 소규모 집단에서 살아야 하고 자신의 평판으로부터 도망갈 길이 없는 사람에게 동료로부터의 조소는 특히 치명적인 해가 된다. 예컨대 벼락 출세할 가능성이 높은 사람들 중에는 때로 집단의 비판이나 조소를 받는 처지에 놓이게 되는 사람들이 생겨난다. 하지만 이들 중 어떤 이들은 비난에 둔감하기 때문에 견뎌낼 수 있는 반면 어떤 이들은 오히려 스스로 내몰리게끔 더욱 화를 자초하기도 한다. 또한 중범죄자나 상습범은 훨씬 가혹한 제재를 받기 십상인데, 암묵적이거나 적극적인 외면으로 따돌림당할 수도 있고 아예 집단에서 추방당할 수도 있다. 만일 벼락 출세한 사람이 타인의 생명과 자유에 위험 요인이 되는 데다 제재에도 별 반응을 보이지 않으면 두려움을 느끼거나 도덕적으로 분노한 약탈자들은 사회와의 결별을 위한 최종 수단으로 사형을 단행한다"라고 기술한다.

방어책으로 가득한 이런 무기고가 필요하다고 해서 모든 사람들이 사기와 이기적 이용에 몰두해 있다고 생각하면 안 된다. 오히려 방어체계는 이기적인 늑대들을 궁지에 몰아넣기 때문에 진정한 신뢰와 이타심이 번성할 수 있는 사회적 환경을 제공한다. 게다가 이러한 사실을 입증하기 위해 먼 곳을 찾아다닐 필요도 없다. 단순한 실험을 통해 직접 입증할 수 있으니 말이다. 예컨대 열 사람에게 그냥 갖고 있거나 집단 자금으로 투자할 수 있게 각각 100달러를 준다고 가정해보자. 또한 자금 조성을 위해 투자된 돈이 2배로 늘어나면 그 열 사람에게 똑같이 분배된다고 가정해보자. 이와 같은 경우에 열 사람이 모두 자신의 돈 100달러를 투자하면 그에 대한 보상으로 각각 200달러를 되돌려 받게 될 것이다. 그러나 아홉 사람은 투자하고 한 사람은 투자하지 않는다면 어떻게 되겠는가? 자금으로 투자된 900달러가 두 배로 늘어 1,800달러가 되면 열 사람에게 똑같이 분배될 것이기 때문에 아홉 사람은 각각 180달러를 갖게 되는데 반해 그 사기꾼은 280달러를 갖게 될 것이다. 그 정도면 사기를 칠 만하지 않겠는가? 이런 경우에 당신이라면 얼마를 투자할 것 같은가? 그리고 다른 사람들은 얼마를 투자할 것 같은가? 요컨대 이런 실험은 인간에서 바이러스에 이르기까지 모든 생명체가 직면한, 사회적 삶으로 말미암은 불가피한 사실들의 본질을 여실히 보여준다. 이와 관련해 17장에서 이미 모든 생명체들이 세포 내부의 바이러스들이 이용할 수 있는 유전적 산물로서의 '집단 자금'에 기여하는 것을 살펴보았다. 게다가 사회과학자들까지 이런 실험을 다양하게 변형시켜 실시함으로써 세계 각지의 소규모 사회에 대한 크리스토퍼의 연구를 더욱 빛나게 하고 있다.

이 실험의 변형 사례 한 가지를 살펴보면, 구성원들은 반복해서 상대방과 게임을 하지만 그들의 투자는 익명으로 이루어진다. 대부분의 사람들은 처음에 다소 후하게 투자를 하지만 몇몇 사람들은 상대방을 속이고 싶은 유혹에 굴복한다. 그리고 사람들은 자신이 이용당하고 있음을 깨닫는 순간 투자를 보류하고 욕조 배수구로 물이 빠져나가듯이 순식간에 협력관계를 청산한다. 또 다른 유형의 실험에서는 구성원들이 사기꾼들을 처벌하는 데 사용되는 두 번째 집단 자금에도 투자할 수 있다. 특히 두 번째 자금에 1달러가 투자될 때마다 3달러씩 사기꾼의 소득에서 공제된다. 이렇게 해서 구축된 처벌 역량은 게임의 결과를 완전히 뒤바꿔놓는다. 사람들은 자신들 사이에 사기꾼이 있다는 것을 알게 되면 자신의 몫을 불리는 대신에 사기꾼을 처벌하는 데 초점을 맞춘다. 결국 이러한 처벌자들 덕분에 남을 속이는 일은 더는 개인적으로 이롭지 않게 되고 집단 구성원들은 모두 상호 협력하게 된다. 이러한 실험들은 크리스토퍼 보엠이 세계 각지의 소규모 사회를 수고스럽게 돌아다니며 연구한 결과를 실험실에서 한나절이면 되풀이하여 입증할 수 있음을 보여준다.

특히 몇몇 사람들은 불의를 보고 도저히 참지 못해 모든 물질적 동기가 제거되어도 분노를 그대로 가지고 있을 때가 있다. 일례로 어느 실험에서는 피실험자들에게 두 사람 간의 불공평한 사회적 거래를 지켜보게 한 후에 위반자를 사비로 처벌할 수 있는 기회를 제공했다. 거래를 하는 두 사람은 피실험자의 존재를 전혀 알지 못했기 때문에 피실험자는 평판이나 미래의 쌍방관계에서 득이 될 것이 전혀 없었다. 그런데도 상당수의 피실험자들은 위반자를 처벌하는 것을 선택했다.

공정한 평등주의의 측면에서 소규모 인간 집단과 영장류 집단의 비교 연구는 어떻게 가능할까? 크리스토퍼는 냉전 때문에 유고슬라비아 고원지대로의 출입이 금지되자 탄자니아의 곰비 국립공원에서 침팬지를 찾아 구슬땀을 흘리고 다녔는데, 바로 그때 그 차이점을 직접 경험했다. 크리스토퍼는 전형적인 수컷 침팬지를 다음과 같이 기술했다.

어린 수컷들은 성년이 되어갈수록 정치적 포부에 휩싸이게 된다. 처음에는 서열이 낮은 암컷들이 순종의 표시로 헐떡거리는 소리(서열 낮은 침팬지가 서열이 높은 침팬지에게 다가갈 때 내는 이런 소리를 팬트 그런트pant-grunt라고 한다 – 옮긴이)를 내며 인사할 때까지 자신을 과시한다. 그런 다음에는 좀 더 만만치 않은 암컷에게 다가간다. 간혹 실패를 경험하기도 하는데, 암컷들이 원조 세력의 후원을 받을 때 특히 더 그렇다. 종국에 모든 암컷들을 지배하고 나면 방향을 바꿔 서열이 낮은 수컷들에게 다가가 자신을 과시한다. 이러한 일련의 과정이 성공리에 달성되면 그 수컷은 더 이상 올라갈 곳이 없을 때까지 수컷의 위계를 순차적으로 밟아 올라선다.

권력을 장악한 수컷 침팬지들은 무자비하게 자신의 지위를 주장한다. 이를테면 노려보기도 하고 털을 곤두세우기도 하고 위협적으로 다가가기도 하고 공공연히 공격하기도 한다. 반면에 서열이 낮은 침팬지들은 몸을 웅크린 채 말썽이 생기는 것을 피하고 마치 "그래, 네가 대장이다, 대장!"이라고 말하듯이 쓴웃음을 짓는다. 그렇다고 침팬지 사회가 완전히 전제적인 것만은 아니다. 영장류학자 프란스 드 발Frans de Waal이 『침팬지 폴리틱스 *Chimpanzee Politics*』와 『선한 본능 *Good Natured*』 등과 같은 책에서 멋지게 상술했듯이, 수컷 침팬지는 동료들의 도움 없이 높은 지위에 오를 수 없을 뿐만 아니라 집단 구성원들의 갈등을 평화롭게 해결하는 조정자의 역할을 수행할 때도 많다. 크리스토퍼는 곰비 침팬지들의 상호작용을 관찰했는데, 일례로 권력을 장악한 사탄이라는 수컷 침팬지는 싸우는 두 수컷 침팬지를 그의 거대한 두 팔로 감싸 양쪽으로 떼어놓았다. 또한 수컷 침팬지들은 서로 협력해서 그들의 영역을 방어하기도 하고 외부에서 온 수컷들을 공격하기도 하는데, 이것은 간혹 생사를 건 싸움이 될 때도 있다. 그리고 또 적어도 동료 정예 집단에서는 협력해서 먹잇감을 사냥한 후에 서로 나눠 갖기도 한다. 한편 서열이 가장 낮은 수컷 침팬지들도 어느 정도는 존경을 받는다. 이와 관련해 크리스토퍼가 탕가니카 호수의 산비탈에서 관찰한 인상적인 장면에 따르면 조메오라는 서열이 낮은 수컷 침팬지가 개코원숭이가 잡은 새끼 멧돼지를 빼앗았다고 한다. 그런데 그 즉시 자신의 먹잇감을 갈기갈기 찢고 있던 서열이 더 높은 수컷 침팬지 무리들이 조메오를 에워쌌다. 그러자 조메오는 '얼굴을 찡그리고 가느다란 비명을 계속해서 질러대면서 이빨을 전부 드러내 보였다'. 그런데 놀랍게도 서열이 더 높은 수컷 침팬지들은 조메오가 포획한 먹잇감을 전부 **빼앗을** 수 있었음에도 그렇게 하지 않고 일부를 그에게 남겨주었던 것이다.

전제적인 침팬지 사회는 평등한 소규모 인간 사회와 완전히 상반되는 것처럼 보이지만 그들을 갈라놓을 수 있는 유일한 방법은 힘의 균형이 전환되는 것뿐이다. 만일 상호 통제 기능이 없다면 수렵 채집 사회는 침팬지 사회로 방향을 전환할 것이다. 반대로 우리가 조금이나마 낮은 서열의 침팬지들이 더욱 효과적으로 자신을 방어할 수 있게 돕는다면 침팬지 사회는 평등주의를 지향하는 사회로 방향을 전환할 것이다. 그런데 만일 600만여 년 전에 침팬지류의 종에게 '무슨 일'이 일어나 힘의 균형이 평등 쪽으로 전환되었다면 그 종은 침팬지류의 다른 종들과 달리 연이은 진화 과정을 급격하게 겪었을 것이다. 물이 대륙 분수령Continental Divide의 사방으로 단계적으로 흘러내리듯이 말이다.

분자생물학자 폴 빙엄Paul Bingham은 '무슨 일'이 무엇인지 안다고 생각한다. 그는 인간의 진화를 연구하기 위해 정식 교육을 받지는 않았지만 앞에서 살펴봤듯이 외부인일지라도 전문가를 가르칠 수 있는 잠재력을 충분히 보유할 수 있다. 폴에 따르면 인간의 핵심 적응력은 돌을 던지는 능력이라고 한다. 즉 현대인은 침팬지나 그 외의 종들이 따라올 수 없을 만큼 돌을 잘 던지는데, 이런 능력은 투수의 전체 몸동작이 증명하듯이 다양한 해부학적 변화를 요구했다. 폴은 돌을 던지는 행위가 처음에는 아프리카 사바나에서 포식자와 경쟁자를 쫓기 위해 진화되었다고 생각한다. 그러나 우리는 정확한 조준과 위협적인 힘에 기초해 돌을 던질 수 있게 되자마자 서로를 향해 돌을 던지기 시작했다. 이 때문에 우두머리 수컷은 일대일 싸움에서 상대 경쟁자를 위협할 수 있을지 몰라도 집단 싸움에서는 안전지대에서도 돌에 맞아 죽을 수 있다.

폴의 돌 던지기 가정은 크리스토퍼 보엠의 더 일반적인 가정, 즉 인간 종을 다른 영장류 종들과 구별되게 하는 핵심 적응력으로서의 강제된 평등이 구체화된 것이다. 또한 유기체로 이루어진 집단에서 벌집과 몸, 심지어 생명 자체의 근원이 되는 유기체로서의 집단으로 전환되는 구체적인 사례이기도 하다. 일부 사람들은 인간 종의 기원에 대한 지식은 시간의 안개 속에서 영원히 묻혀 있을 것이므로 과학적으로 탐구하기가 불가능하다고 생각할지 모른다. 그러나 과거의 사건은 정교하게 이어 맞출 수 있는 실마리들을 남기기 마련이다. 바로 이 때문에 우리는 범죄사건을 해결할 수 있고 빙하기나 혜성 충돌 등과 같은 과거의 사건에 대해 거의 확실하게 알 수 있는 것이다. 따라서 범죄사건이나 과거에 관한 과학 수수께끼를 해결할 수 있는 길은 이런 실마리들을 가장 정교하게 이어 맞출 수 있는 방법을 예측하는 이론을 확보하는 것이다. 나는 인간 종의 발생에 관한 미스터리를 해결했다고 주장하는 것이 아니라 우리의 출발이 매우 전도유망하다고 생각할 뿐이다. 생각해보라. 선한 관용과 준거에 대한 강요, 공동체 가치와 빈틈없는 자율권 보장, 진심 어린 불가침과 타 집단에 대한 냉혹한 착취, 이타적인 사랑과 돌 던지기까지. 인간의 도덕성과 연관된 이러한 극단적인 특징들이 공유되는 기괴한 현상을 제대로 설명할 수 있는 이론이 진화론 말고 또 무엇이 있겠는가?

　　나는 앞 장에서 인간 종이 다른 영장류에서부터 떨어져 나오게
된 과정을 물이 대륙 분수령의 사방으로 흘러내리는 것에 비유했
다. 인간의 입장에서 이는 협력 분수령이었다. 즉 평등주의가 견
고하게 확립되자마자 유전적 진화는 집단 구성원들과 경쟁하는
것이 아니라 팀 선수로서 활약할 수 있게 우리의 몸과 정신을 재
구성하기 시작했다. 물론 신체적, 정신적 협력의 기본 원칙은 항
상 그 자리에 있다. 다만 거스르느냐 마느냐의 문제가 아니라 선
택의 문제일 뿐이었다.

　　그렇다면 팀 선수로서 제 기능을 다할 수 있게 하는 특징은 정
확히 무엇인가? 일부 특징들은 놀라울 정도로 단순한데, 우리의
눈을 예로 들어보자. 포유동물의 눈은 빛을 내부로 들어오게 하

는 동공, 카메라의 조리개 역할을 하는 홍채, 보호막을 제공하는 공막으로 이루어져 있다. 그런데 인간 종의 경우, 공막은 선명한 하얀색인데 반해 홍채는 유채색이라서 시각적 대비가 매우 뚜렷하다. 우리는 누군가를 쳐다볼 때 상당히 먼 거리에서도 그 사람의 얼굴 방향과 무관하게 눈동자의 방향을 명확하게 알 수 있는데, 그것이 바로 공막과 홍채의 대비 때문이다. 또한 좀 더 가까이에서 보면 눈의 팽창 정도도 알 수 있는데, 그것은 홍채와 동공의 대비 때문이다. 게다가 눈은 감정과 의사 표현의 측면에서 대단한 힘을 발휘하기 때문에 영혼의 창문이라고 불리기까지 한다.

만일 그게 사실이라면 우리는 타인에게 안을 들여다볼 수 있는 창문을 제공하는 유일한 영장류 종일 수 있다. 일본 연구자 고바야시 히로미Kobayashi Hiromi와 고시마 시로Kohshima Shiro는 92가지 영장류 종을 검토했는데, 인간 종만이 유일하게 눈의 윤곽과 홍채의 위치가 선명하게 보인다는 사실을 발견했다. 인간을 제외한 다른 모든 종들은 공막에 색소가 있어 홍채와 나머지 얼굴 부분과의 시각적 대비가 오히려 낮은 편이다. 게다가 인간은 다른 영장류에 비해 상대방에게 보이는 눈 부분이 과도하게 많고 가로로 길다. 일례로 고릴라는 우리보다 덩치가 큰데도 눈 전체 중에서 노출된 부분이 훨씬 작아 째진 모양을 하고 있다. 즉 우리 인간 종을 제외한 나머지 영장류 종들의 눈은 자신에 관한 정보를 드러내기보다 숨기기 위해 상대방이 보기 힘들도록 진화되었다. 결국 그들에게 눈은 선글라스나 커튼이 드리워진 창문

우리는 타인에게 안을 들여다볼 수 있는 창문을 제공하는 유일한 영장류 종일 수 있다.

같은 셈이다.

나는 4장에서 사실은 벽돌과 같아서 개별 사실들은 별 볼일 없지만 다른 사실들과 결합되면 커다란 힘을 발휘한다고 말했다. 영장류의 눈을 연구할 수 있게 보조금을 지불해달라고 하면 미국의 정치가들은 십중팔구 혈세를 낭비하는 짓이라고 거세게 비난할 것이다. 그러나 이러한 연구가 다른 사실들과 결합되면 우리 시대의 가장 중요한 미해결 과학 미스터리, 즉 인간 종의 기원에 대해 결정적인 증거를 제공할 수 있다. 미국의 과학자 마이클 토마셀로Michael Tomasello는 최전선에서 이런 미스터리를 풀기 위해 동분서주하고 있다. 이를 위해 해외로 나가야 했지만 말이다. 그는 독일 라이프니츠에 있는 막스 플랑크 진화인류학 연구소의 공동소장으로, 미국에서는 구하기 어렵거나 아예 불가능한 자원을 제공받고 있다.

라이프니츠 동물원을 방문하면 대규모 자연 복합 시설에 분리 수용되어 있는 4종의 유인원인 침팬지, 보노보, 고릴라, 오랑우탄을 모두 관찰할 수 있는 진귀한 경험을 할 수 있다. 이 동물들은 동물원에서 가장 인기 있는 명물이지만 그 이외의 다른 목적을 위해 수용되어 있다. 즉 이 복합 시설은 공공 관람 이외에 세계 정상급 영장류 연구소로서 활용하기 위해 고안되었다. 그래서 마이클과 동료 과학자들은 반(半) 자연 서식지에서 유인원 4종을 모두 관찰할 수 있을 뿐만 아니라 개별 동물들을 보조실로 데리고 와서 통제 실험을 실시할 수 있다. 이뿐만 아니라 유인원 연구와 병행해 아동 행동 연구를 실시할 수 있는 실험실까지 마련되어 있다.

마이클은 인간의 눈이 다른 영장류들의 눈과 어떻게 그런 차이가 나게 됐는지 설명하기 위해 눈의 협력 가설을 연구했다. 모든 유인원은 집단의 다른 구성원들을 정확히 알고 있고 얼굴 방향에 기초해 그들이 어디를 보고 있는지 집중한다. 그러나 그들은 이런 정보를 활용하기 위해 협력까지 할 필요는 없다. 이는 권력을 장악한 구성원이 하위 구성원을 노려볼 수는 있어도 하위 구성원이 함께 노려볼 수는 없는 사회에서는 정보를 숨기는 쪽으로 자연선택이 이루어지기 때문이다. 그런데 머리 방향은 숨길 수 없지만 눈의 방향은 노출량 그리고 홍채와 공막과 나머지 얼굴 부위의 대비를 최소화함으로써 숨길 수 있지 않은가? 반면에 평등 사회에서는 팀 구성원들이 정보를 공유하는 것이 이롭기 때문에 눈은 시각 기관 이외에 의사소통 기관으로까지 발전하게 되는 것이다.

마이클과 동료 과학자들은 이러한 견해의 일부를 연구하기 위해 유인원과 아동에게 동일한 실험을 실시했다. 우선 개별 유인원들을 복합 시설의 보조실로 유인한 후에 플렉시 유리 패널 반대편에 앉아 있는 연구자들과 마주 보고 앉게 했다. 그리고 유인원이 집중하고 있는지 확인한 다음 연구자들은 무작위로 (1) 눈을 감은 채 머리를 천장 쪽으로 들어 올리기, (2) 머리는 움직이지 않고 눈만 천장 쳐다보기, (3) 머리와 눈 모두 천장 쳐다보기, (4) 머리와 눈 모두 정면 응시하기, (5) 유인원에게서 얼굴을 돌리고 머리를 천장 쪽으로 들어 올리기, (6) 유인원에게서 얼굴을 돌리고 정면 응시하기 등과 같은 행동을 했다. 또한 비디오카메라를 이용해 유인원이 이런 다양한 행동에 대한 반응으로 천장을 쳐다보는지 기록했다. 그 결과에 따르면 유인원들은 눈 방향보다 머리 방향에 주의를 기울이는 경우가 훨씬 더 많았다.

이와 대조적으로, 엄마의 무릎에 앉아서 연구자의 동일한 행동을 관찰한 한 살짜리 유아들은 연구자가 고개를 돌릴 때는 머리 방향을 따라갔지만 서로 마주 보고 있을 때는 거의 대부분 눈 방향을 따라갔다. 즉 인간에게는 유아 단계에서조차 눈은 관심의 초점이었던 것이다.

마이클을 비롯한 여러 영장류학자들은 이보다 훨씬 놀라운 사실을 발견했는데, 이는 가리키기와 관계가 있다. 사물을 가리켜서 시선을 집중시키는 일처럼 단순하고 자연스러운 것이 또 뭐가 있겠는가? 그러나 이는 인간에게만 해당되는 사실이다. 포획된 유인원이든 야생의 유인원이든 팔을 들어 올리거나 그와 유사한 몸짓으로 다른 유인원에게 뭔가를 가리키는 광경을 관찰했다는 신뢰할 만한 정보는 하나도 없다. 물론 사람 손에 자란 유인원들은 원하는 것을 가리키는 방법을 배우지만 그렇다고 관심을 공유할 만한 사물을 가리키며 사육사의 이목을 집중시키는 일은 결코 없다. 인간은 생후 1년만 돼도 다 하는 그런 행동을 말이다.

유인원들은 또한 사람들이 그들에게 사물을 가리켜 보일 때 반응하지 않는다. 마이클은 어느 실험에서 유인원이 세 개의 양동이 중에 어느 양동이에 음식이 있는지 알 수 있게 양동이를 앞쪽으로 잡아당겨 보여주었다. 유인원이 이 게임에 익숙해지자 연구자는 양동이를 앞쪽으로 잡아당기는 대신에 손으로 가리켰다. 우리 아이들 같으면 쉽게 그 신호를 이해했을 테지만 유인원은 나이와 무관하게 당황스러워했다. 그러나 연구자가 유인원과 음식을 두고 경쟁관계를 만든 후에 음식이 담긴 양동이 쪽으로—가리키는 동작과 매우 유사하게—서툴게 다가가 그걸 가지고 갈 것처럼 행동하면 유인원은 즉시 그 행동을 이해하고 그 양동이 쪽으로 다가갔다.

마이클은 이런 당혹스런 결과를 그의 논문에서 "만일 당신이 우연히 길에서 나와 마주쳤는데 내가 무턱대고 건물 쪽을 가리킨다면 당연히 '뭐야?'라고 의아스러운 반응을 보일 것이다. 그러나 당신이 새로운 치과를 찾고 있다는 사실을 당신과 내가 모두 알고 있다면 그와 같은 가리킴이 무엇을 뜻하는지 즉시 이해할 것이다"라고 설명했다. 인간은 심지어 갓난아이조차 관계있는 사물에 서로의 관심을 집중시키기만 하면 서로가 공동의 활동에 참여하고 있을 뿐만 아니라 도움을 줄 수 있을 거라는 사실을 암묵적으로 이해함으로써 자연스럽게 의도를 공유한다. 그러나 인간의 친척뻘 되는 유인원은 확실히 이러한 자각 능력이 부족하기 때문에 다른 측면에서 아무리 영리해도 가리키는 행동이 무엇을 뜻하는지 이해하지 못한다.

마이클과 동료 과학자들은 나이가 아주 어린 아동의 의도 공유를 입증하기 위해 수차례 정교한 실험을 실시했다. 첫 번째 실험에서는 어린아이가 어른의 관심을 끌도록 뭔가를 가리키는 상황에 놓이게 했다. 이때 어른은 (1) 사물만 쳐다보기, (2) 사물을 쳐다보지 않고 아이에게 긍정적인 감정 표현하기, (3) 반응을 보이지 않기, (4) 사물과 아이를 번갈아 보면서 긍정적인 감정 표현하기 등의 네 가지 중에서 한 가지 반응을 보였다. 생후 1년밖에 안 된 어린아이들은 대체로 처음 세 가지 반응에 매우 속상해했고 마지막 네 번째 반응에만 만족스러워했다. 이는 곧 그들의 목적이 그 사물에 대한 관심과 집중을 함께 공유하는 것임을 시사한다. 마이클도 말했듯이 '이것(의도의 공유) 자체가 유아에게는 보상인 것이며, 지구상에 이런 식으로 행동하는 좋은 인간뿐'이다.

두 번째 실험에서 어른은 아이의 관심이나 참여를 유도하지 않고 아이 앞에서 스테이플러를 찍었다. 그런 다음에 스테이플러를 어디에 두었는지 몰라 찾는 척했는데, 한 살밖에 안 된 어린아이들도 대부분 스테이플러가 어디 있는지 가리킴으로써 관심과 의도를 공유하고 있음을 보여주었다.

세 번째 실험에서 어른은 세 개의 인형을 모호하게 가리키면서 어린아이에게 "와, 저거 너무 멋지다! 저거 내게 줄래?"라고 말했다. 그 두 사람은 이전에 세 개의 인형 중 두 개를 함께 가지고 놀았고 어린아이는 그 인형 세 개를 모두 잘 알고 있었다. 그런데 놀랍게도 한 살밖에 안 된 어린아이는 어른에게 새로운 인형을 골라줌으로써 어른의 이전 경험을 인식하고 있음을 입증했다.

네 번째 실험에서는 어른과 어린아이가 식탁을 사이에 두고 인형을 주고받는 게임을 했다. 그런데 어른이 아이에게 인형을 제대로 건네지 못할 때가 간혹 있었는데, 마지못해 하는 것이라 그런 척할 때도 있었고 노력했는데도 안 돼서 그런 척할 때도 있었다. 이런 위장은 다양한 방법으로 이루어졌는데 생후 9개월 된 어린아이는 어른의 의도를 구별하고는 어른이 마지못해 하는 것처럼 보일 때 더 화를 냈다.

다섯 번째 실험에서 어린아이는 어른이 불을 켜기 위해 상자 꼭대기에 머리를 갖다 대는 것을 지켜봤다. 이때 두 가지 조건이 설정되었는데, 첫 번째 조건에서 어른은 양손에 뭔가를 들고 있었고 두 번째 조건에서는 양손이 모두 자유로웠다. 아이에게 불을 켤 수 있는 기회가 제공되었을 때 첫 번째 조건에서 아이는 양손을 이용함으로써 어른이 불을 켜려고 했는데 양손에 뭔가가 들려 있었기 때문에 머리를 이용했다는 사실을 인식했음을 보여주었다. 반면에 두 번째 조건에서 아이는 머리를 이용함으로써 어른이 손이 자유로운데도 머리를 이용하는 데에는 뭔가 특별한 이유가 있다는 사실을 인식했음을 보여주었다. 인간의 경우에 이런 추론은 생후 18개월 된 어린아이조차도 가능한 일이지만 유인원은 나이를 막론하고 이런 추론이 불가능하다.

이러한 실험은 물론 그 외의 여러 실험에서도 인간의 지력은 공유에 입각해 예측됨을 보여준다. 만일 우리가 의도와 관심을 공유하지 않는다면 공통된 관심이 있는 사물을 가리키는 단순한 일조차 불가능할 것이다. 하물며 우리의 행동과 상징적 표현들은 어떻게 공유할 수 있겠는가? 그러나 다행스럽게도 공유는 유전적으로 우리의 정신에 통합될 수 있을 정도로 충분한 기간 동안 우리의 외적 사회환경의 일부였다. 그것도 너무 깊게 그리고 무의식적으로 통합되어 과학적으로 연구하기 전에는 그것이 공유인지조차 인식하지 못할 정도로 말이다.

사물을 가리키지 못하는 유인원. 어른이 한 번도 갖고 놀지 않은 인형을 골라내는 생후 1년 된 어린아이. 이와 같은 과학적 결과는 우리를 깜짝 놀라게 하는데, 이는 부분적으로 인간을 유일하게 지적인 존재라고 생각하고 지력을 단일한 것으로 간주하는 데 너무 익숙해져 있기 때문이다. 그래서 사람들은 당연하다는 듯 유인원이 지구상에서 인간 다음으로 지적인 창조물일 것이고, 어른은 갓난아이보다 더 지적일 것이고, 가리키기와 같은 단순한 것은 누구에게나 단순한 일일 것이라고 생각한다. 그러나 이러한 생각은 정신적, 신체적 팀워크를 일종의 인간이라는 종이 지닌 특유한 지력이 아니라 인간 진화의 증거로 간주하게 되면 완전히 뒤죽박죽이 된다. 즉 팀워크를 가능하게 하는 적응 방식은 복잡할 필요가 없고, 그래서 갓난아이도 태어날 때부터 그런 적응 방식에 참여한다. 이로써 아무리 똑똑해도 팀워크와 관련해서는 아둔한 유인원과 다른 측면에서 아무리 발육이 덜 되었어도 팀워크 측면에서는 똑똑한 갓난아이의 패러독스가 해결된다.

이러한 견해들은 대부분 지난 10년 동안에 제기된 것들이라 매우 생소할 뿐만 아니라 밝혀져야 할 사실도 아직 많다. 심지어 과학적 방법의 계속되는 주시 속에서 완전히 산산조각 날지도 모른다. 그러나 다행히도 개 길들이기라는 매혹적이고 예상치 못한 곳으로부터 추가 지원을 받고 있다.

분자유전학의 증거에 따르면 개는 늑대의 자손이며 13만 5천여 년 전부터 인간의 손에 길들여졌다. 늑대 사회는 유인원 사회와 많은 측면에서 차이가 나지만 권력에 기초한다는 점은 동일하다. 인간과 처음 관계를 맺은 늑대들은 경쟁 기반 사회에서 팀 기반 사회로 방향을 바꾸었는데, 이는 인간 사회의 점진적인 전환이 급격하게 일어난 유형이라고 할 수 있다. 또한 정신적 팀워크가 일반적인 지력보다 자연선택적으로 유리한 것에 더 많이 좌우된다면 길든 개는 가리키기를 비롯한 인간의 의사소통을 늑대와 유인원보다 더 잘 이해할 것이다.

헝가리 진화론자 아담 미클로시Adam Miklosi와 동료 과학자들은 이와 관련해 일련의 실험을 실시했다. 첫 번째 실험에서 개와 인간이 키운 늑대가 두 개의 용기 중 어느 용기에 음식이 담겨 있는지 알아보는 실험을 했다. 이때 연구자는 음식이 담긴 용기를 만진 후에 5센티미터와 10센티미터 거리에서 가리키거나 아니면 만지지 않고 50센티미터 거리에서 가리키기만 했다. 개는 늑대보다 음식이 담긴 용기를 잘 맞혔고 연구자가 가장 먼 거리에서 가리켰을 때는 특히 더 차이가 났다. 늑대를 개와 비슷한 조건에서 키웠는데도 말이다. 개가 이런 임무를 왜 더 잘 수행하는지 알아내기 위해 실시된 두 번째 실험에서는 동일한 동물에게 실을 잡아당겨 음식을 확보하는 단순 임무를 수행할 수 있게 훈련시켰다. 그런 다음에는 실을 잡아당길 수 없게 만들어 임무 수행을 방해했다. 늑대와 개는 똑같이 그런 단순한 임무를 쉽게 배웠다. 그러나 임무 수행이 방해를 받자 개는 늑대보다 훨씬 먼저 그리고 더 오랫동안 자신의 주인을 응시했다. 즉 개는 주인을 정보 출처로 인식하는 정도가 늑대보다 훨씬 강했던 것이다. 그러나 이는 살면서 쌓은 경험 때문이 아니라 정보를 자유롭게 공유하는 사회 환경에 유전적으로 적응했기 때문이다. 사실 개 찬양자들은 다양한 품종의 개들에게 이런 단순한 실험에서 요구하는 임무를 능가하고도 남는 탁월한 의사소통과 조정 능력이 있음을 알고 있다. 따라서 정신적 팀워크 측면에서는 유인원이 아니라 개가 인간 다음으로 탁월하다고 할 수 있다.

개는 불과 13만 5천여 년 전에 인간과 관계를 맺음으로써 협력 분수령을 횡단했다. 개에 비하면 오히려 인간이 정신적, 신체적 팀워크라는 비옥한 평원에 이르는 데 더 오랜 시간이 걸린 셈이다. 마이클은 유인원이 왜 가리키는 행위를 하지 못하는지에 관한 논문을 그런 단순 행동에 언어적 요소 대부분이 포함되어 있음을 암시하면서 끝마쳤다. 가리키는 행동과 언어는 모두 공통된 의도와 관심을 요구하는 의사소통 행위이다. 또한 둘 다 이해될 때까지 피드백과 상호작용을 통한 조정이 필요할 뿐만 아니라 신호를 받은 사람이 신호를 보내는 사람이 되기도 하는 반전을 가져오기도 한다. 그리고 또 둘 다 원하는 목적을 달성하거나 상호 관심이 있는 것에 주의를 환기시키거나 혹은 다른 사람이 원하는 목적을 달성할 수 있게 돕는 등 다양한 목적에 이용될 수 있다. 시간이 충분히 제공되기만 하면 가리키는 손가락이 대단한 위력을 지닌 언어 매개체로서의 기능을 하게 되는 것을 쉽게 상상할 수 있지 않은가?

현대사회는 소규모 사회와 현저하게 차이가 날 뿐만 아니라 간혹 침팬지 집단이나 늑대 무리처럼 계급적이고 경쟁적인 사회로 돌변하기도 한다. 만일 우리가 다른 방법으로 협력 분수령을 횡단한다면 무슨 일이 일어나겠는가? 서로에게 말도 하지 않고 뭔가를 가리키지도 않게 될까? 아니면 눈 마주치기를 꺼리게 될까? 나는 선글라스가 인간의 친척뻘이 되는 유인원들의 칙칙한 눈처럼 영혼의 창문을 가리는 최신 유행이 아닐까 하는 생각이 든다. 선글라스가 햇빛 차단용이 아니라면 주로 경쟁적이고 계급적인 사회환경에서나 애용되지 않겠는가? 나는 호기심에 가득 차서 마이클에게 이메일을 보냈고 다음과 같은 답신을 받았다. "그와 관련해 아는 자료가 하나도 없습니다. 그렇지만 텔레비전에서 세계 포커 챔피언 경기를 보니까 모두 선글라스를 끼고 있더라고요!"

최초의 웃음

2002년 9월 새 학기가 시작되었다. 아내 앤은 이제 갓 고등학교를 졸업한 신입생 600여 명을 상대로 생물학 개론을 가르쳐야하는 험난한 임무를 맡았다. 158센티미터의 키에 몸무게가 48킬로그램인 앤은 그들보다 한 수 위이긴 했지만 그리 재미있지는 않았다. 학생들은 모두 총명했지만 그렇다고 모두 배움에 열정적이었던 것은 아니니까 말이다. 일부 학생들은 너무 총명해서 고등학교를 다니는 내내 쉽게 공부하다가 이제야 훈련의 필요성을 자각하기 시작했다. 또 일부는 가족들에게 떠밀려 공부하다가 이제야 스스로 공부하는 법의 필요성을 자각하기 시작했다. 어디 그뿐인가? 일부는 훈련을 잘 받았지만 몇몇은 직업적인 야망에만 매몰되어 A학점 받는 일에만 관심이 있었는데, 그 대표적인 사례가 바로 악명 높은 의예과 학생들이었다. 게다가 많은 학생들이 사회적 전망에 현혹되거나 스트레스를 받아 교과과정은 아예 뒷전이었다. 물론 이 많은 학생들 가운데 극소수는 수업 중에 대담하게 질문을 하기도 하고 궁금한 사항을 알아보기 위해 수업이 끝난 후에 찾아오기도 하는 등 진정으로 그 과목에 관심이 있는 듯 보였다. 이런 학생들이야말로 학습에 도움이 되는 정신 상태를 지니고 있었는데, 문제는 이런 식의 대규모 강의는 그들에게 별 도움이 되지 않는다는 점이었다.

앤은 그들의 딜레마를 고심한 끝에 뭔가 조치를 취해야겠다고 결심했다. 그래서 생태와 진화 그리고 행동에 대한 흥미로운 주제를 탐구하기 위해 다음 학기에 1학점짜리 강의를 개설하겠다고 수업시간에 선언했다. 그들이 무엇을 읽을지, 어떤 식으로 토론을 조직할지는 모두 그들에게 달려 있었다. 또한 필수 수강 과목도 아니었기 때문에 오로지 학습 주제에 대한 관심에 기초해 수강할 수 있었다.

대략 12명의 학생이 앤의 제안을 받아들였다. 대부분이 앤의 생물학 개론 강의 수강생이었지만 소문을 듣고 온 학생도 몇몇 있었고 그 밖의 경로를 통해 온 학생도 있었다. 그다음 학기에 그들은 자신이 선택한 책과 논문을 읽고 토론했다. 앤은 함께 참석했지만 토론을 주도하지는 않았다. 나도 한 번 참석했지만 멀리서 지성으로 충만한 앤의 살롱을 지켜보기만 했다. 그런데 그 학생들이 이후에 유명해지는 것을 보고 나는 깜짝 놀랐다. 사실 최고의 학생들은 협소한 학위 조건에 구애받지 않고 다양하게 선택

과정을 이수하기도 하고 연구 과정에 참여하기도 하고 그렇지 않을 경우에는 독립적인 사상가로서 제 기능을 다한다. 그렇게 하고 나면 졸업할 때 자신이 뭘 선택하든 여기저기서 그들을 데리고 가려고 아우성을 친다. 바로 이런 유형의 학생들이 앤의 제안을 기회로 삼았던 학생들이었다. 좁은 시각에서 보면 자신의 이력에 도움이 안 되는데도 말이다. 물론 그 경험이 개인의 성장에 효과가 있었는지, 아니면 이미 지적 호기심에 충만한 학생들에게 단순히 모임 장소를 제공한 것뿐인지 알 길은 없다. 그러나 어느 쪽이든 이러한 사실은 지적 성장에 정신 상태가 매우 중요하다는 것을 입증한다.

앤의 강좌를 수강했던 신입생 매트 저바이스Matt Gervais는 얼마나 자신만만하던지 상급 학생과 대학원생들이 수강하는 나의 진화와 인간 행동 강좌를 수강할 수 있게 해달라고 했다. 나는 나중에 매트가 고등학교 때 우등생이 아니라 운동선수로 맹위를 떨친 학생이었음을 알게 되었다. 그는 고등학교 2학년과 3학년 때 미식축구팀 주장이었을 뿐만 아니라 뉴욕 파워리프팅 챔피언십에서 1등을 하기까지 했다. 그는 자신을 파티를 좋아하고 좋은 성적을 받을 수 있을 만큼만 공부하던 전형적인 운동선수라고 표현했다. 그러다가 〈매트릭스The Matrix〉라는 영화를 보고 나서 지적 호기심에 휩싸이게 되었고 대학에 입학할 때쯤에는 운동장에서 불태우던 동력으로 학문적 관심사에 매진하게 되었다고 한다.

매트는 내 강의를 잘 따라왔을 뿐만 아니라 고학년 학생들에게 뒤처지는 일도 없었다. 진화론이 그가 찾던 포괄적인 지적 틀을 제공했던 것이다. 그의 기말 리포트는 상대 선수를 제치고 필드를 전력 질주해서 터치다운한 듯 학급에서 단연 최고였다. 기말 리포트를 쓰려면 진화론 관점에서 탐구할 수 있는 주제를 골라야 했는데, 매트는 기발하게도 웃음이란 주제를 선택했던 것이다.

웃음은 자살, 동성애, 입양, 예술 같은 것들처럼 겉으로 보기에는 진화론적 관점에서 설명하기가 어렵게 보일 수 있다. 우리는 도대체 왜 이런 행동을 하는 걸까? 생존과 번식에 불필요하거나 불리한 듯 보이는데 말이다. 그러나 매트의 기말 리포트를 보자마자 내가 깨달았던 것처럼 웃음이란 결코 불필요하지 않다. 우리가 아는 기본적인 사실 몇 가지만 생각해보라. 정신적으로 심하게 상처를 입은 소수의 비극적인 사람들을 제외하고 웃지 못하는 사람은 없다. 언어를 습득하기 훨씬 이전인 생후 2개월에서 4개월 된 갓난아이들도 웃지 않는가! 게다가 선천적으로 시각과 청각에 장애가 있는 갓난아이도 웃는 걸로 봐서는 다른 사람이 웃는 것을 듣거나 봐야 웃을 수 있는 것은 아님을 알 수 있다. 웃음은 주로 사회적인 현상인데, 이는 개인적인 경험으로도 충분히 알 수 있지만 연구 결과를 통해서도 혼자 있을 때보다 여러 사람과 함께 있을 때 30배 이상 더 많이 웃는다는 사실을 알 수 있다. 웃음은 개인적, 문화적 차이에도 불구하고 쉽게 분간할 수 있으며 웃는 소리만 들어도 같이 웃고 싶게 만드는 전염성이 있는 행동이다. 마지막으로 웃음은 사람을 유쾌하게 만들기 때문에 분위기를 좋게 할 뿐만 아니라 행동에서도 웃음이 없는 곳과 차이가 난다. 요컨대 진화론적 설명이 요구되는 유전적으로 타고난 능력이 있다면 그것은 바로 웃음이다.

웃음은 2000여 년 동안 많은 사람들, 특히 아리스토텔레스와 다윈 등과 같은 위대한 학자들을 통해 진지하게 연구되었고, 그만큼 진술된 내용도 많다. 그러니 대학 신입생, 그것도 전 미식축구 선수가 웃음에 대해 뭐라 제기할 게 거의 없을 듯 보였다. 그리고 있다손 치더라도 설명할 게 너무 많았다. 갓난아이들에게는 간지럼과 까꿍놀이 등을 통해, 어른들에게는 상스러운 농담 등을 통해 웃음을 유발할 수 있다. 또한 웃음은 자연스럽게 터져나오기도 하지만 전략적으로 이용되기도 하는데, 좋은 감정을 유발하기 위해 이용되기도 하고 침략의 도구로 이용되기도 한다. 그런데 이처럼 다양한 현상을 어떻게 하나로 묶어 설명할 수 있겠는가?

매트가 기말 리포트에서 시도한 것은 12장에서 살펴봤던 마지 프로펫이 입덧이란 주제에 대해 시도한 것과 비슷했다. 다름 아니라 그는 진화론을 완성된 그림으로 삼아 과학 논문에 나와 있는 웃음에 관한 개별적 사실들을 조각 그림 맞추기처럼 짜 맞췄다. 게다가 그 그림 조각들을 영장류학, 인류학, 심리학, 신경생물학 등을 비롯한 다양한 과학 분야에서 빌려왔다. 진화론은 매트가 내 강의를 수강하면서 알게 된 것처럼, 그리고 독자들이 이 책을 읽으면서 알게 되길 바라는 것처럼 학문의 경계를 뛰어넘는다. 따라서 매트는 자기 분야에만 빠져 있는 전문가들에 비해 두 가지 이점이 있었다. 그의 연구를 바른 길로 인도할 훌륭한 이론과 연구에 도움이 될 풍부한 그림 조각들이 바로 그것이다.

우선 매트는 영장류학을 통해 인간의 친척뻘 되는 유인원도 간지럼 태우기와 뒤쫓기 놀이를 하며 인간이 웃을 때와 비슷하게 얼굴 표정이 바뀌고 헐떡거리는 소리를 낸다는 사실을 알게 되었다. 대표적으로 프란스 드 발은 『나의 가족 앨범 *My Family Album*』에서 영장류를 사진으로 멋지게 표현했는데, 그중에서 어른 수컷 보노보가 젊은 수컷 보노보의 배에 간지럼을 태우자 입을 크게 벌리고 포복절도하며 웃는 사진이 있었다. 따라서 짝과의 상호작용을 통해 일어나는 인간의 웃음은 인간의 언어와 달리 유인원에게서 분명 그 전조가 있음을 알 수 있다.

매트는 또한 신경생물학을 통해 두 종류의 웃음이 있다는 사실을 알게 되었다. 첫 번째 유형의 웃음은 '뒤셴 웃음'으로 불리는데, 1862년에 출간된 『표정의 메커니즘 *The Mechanisms of Human Facial Expression*』의 저자인 선구적인 신경생리학자 뒤셴 드 불로뉴Duchenne de Boulogne의 이름을 딴 것이다. 이 웃음은 아이들은 놀이에서, 어른들은 농담, 재담, 익살스런 작은 사고 등처럼 유머를 유발하는 상황에서 일어나는 자연스러운 감정적 반응이다. 그런데 이런 놀이와 상황은 모두 안전한 사회적 환경에서 일어나는 조화롭지 못하고 예기치 못한 것이라는 특성을 지니고 있다. 즉 간지럼 태우기, 뒤쫓기, 갑작스런 인물의 출현 등은 어떻게 받아들이느냐에 따라 아이들에게는 웃음을 유발할 수도 있지만 공포를 유발할 수도 있다. 또한 바나나 껍질에 미끄러지는 장면은 미끄러진 사람이 심하게 다치지 않을 경우에만 재미있다. 반면에 뒤셴 웃음 이외의 웃음은 전략적이고 자연스럽게 나오지 않으며 심지어 유머를 동반할 필요가 없다. 예를 들어 일상적인 대화에서 말하는 이는 핵심을 강조하기 위해, 듣는 이는 동감을 표시하기 위해 종종 웃곤 한다. 또한 이런 종류의 웃음은 부드럽게 대화와 연결되는데, 이는 웃다가 숨이 가빠져 대화를 중단케 하는 '진심에서 우러난' 뒤셴 웃음과 대조가 된다. 이렇듯 대화에서 윤활유 역할을 하는 것 이외에도 긴장된 상황을 진정시키기(불안한 웃음), 다른 사람을 불쾌하게 만들기(악의적인 웃음), 그리고 기타 전략적 목적을 위해 이용된다. 한편, 신경생물학의 연구 결과에 따르면 뒤셴 웃음은 놀이 및 긍정적 감정과 연관된, 그리고 모든 영장류와 대부분의 포유동물에게도 있는 태곳적 뇌 회로를 활성화시킨다고 한다. 반면에 그 외의 웃음은 인간의 고등 인지능력과 연관된 뇌 회로를 활성화시킨다.

이러한 사실은 뒤셴 웃음이 원시인류의 진화 초기부터, 즉 인간이 고도의 인지능력을 발달시키기 훨씬 이전부터 진화했음을 알 수 있다. 또한 뒤셴 웃음이 인간보다 먼저 출현한 동물들의 행동 레퍼토리에서 발견된다면 언어와 상징적 사고를 비롯한 고차원적인 인지 기능들의 진화 과정 속에서 통합되어 다양한 유형의 비(非)뒤셴 웃음을 초래했을 가능성도 있다. 간단히 말해서 우리 조상은 소위 인간으로서 말하고 사고하기 훨씬 이전부터 웃기 시작했을 것이다.

매트의 종합은 대단히 설득력 있어서 나는 조금만 더 연구하면 발표해도 되지 않을까 싶었다. 게다가 그는 내가 동료들과 막 시행하려고 했던 야심찬 비전에도 딱 들어맞았다. 다름이 아니라 나와 동료들은 진화론을 공통의 언어로 이용해서 모든 과목을 연구할 수 있는 캠퍼스 단위의 프로그램을 계획했는데, 원하는 학생과 교직원은 모두 참여할 수 있었다. 마침내 이러한 비전은 1장에서 언급했던 에보스 프로그램으로 완성되었고 그다음 해에 시행되었다. 당연히 매트는 앤의 지적 살롱에 참여했던 대부분의 학생들과 더불어 창단 멤버가 되었다.

매트는 에보스의 도움으로 자신의 웃음 연구를 진척시킬 수 있는 강좌를 계속 수강할 수 있었다. 사실 한 개의 학과로는 그의 관심을 모두 충족시킬 수 없었다. 그는 우선 동물 행동에 관한 앤의 강좌를 수강해 인간이 아닌 종들의 놀이에 대해 학습했다. 그리고 인지신경과학과 심리언어학 강좌를 수강해 뇌의 메커니즘에 대해 학습했다. 그리고 또 연구 반경을 더 넓히기 위해 나와 함께 개별 연구 강좌를 수강했다. 사실 독립적인 사상가들은 알고 싶은 것을 배우기 위해 특정 강좌를 기다릴 여유 따위가 없다. 그래서 매트는 궁금증이 발동하면 수시로 도서실에서 몇십 권씩 책을 대출하곤 했다. 나는 앤처럼 매트가 요청할 때 피드백을 제공하는 조력자 역할을 했지만 그렇지 않을 경우에는 매트가 알아서 하게 내버려두었다.

매트가 처음 맛본 성공은 연구 성과 덕분에 배리 골드워터 장학생이 된 것이었다. 이 장학제도는 전국적인 경쟁을 거쳐 수혜자를 선발할 뿐만 아니라 매우 유명해서 대학신문과 지역신문에서 대서특필할 정도이다. 그러나 그렇다고 매트가 무조건 빅 리그에 출전할 수 있는 것은 아니지 않은가? 매트가 3학년일 때 우리는 『계간 생물학 평론 *Quarterly Review of Biology*』에 「웃음과 유머의 진화와 기능: 종합적 접근 *Quarterly Review of Biology: A Synthetic Approach*」이란 제목으로 장황한 원고를 제출했다. 이 원고는 매트가 대학생이라는 것을 전혀 모르는 두 명의 권위자가 익명으로 검토했는데, "다양한 자료와 시각을 탁월하게 종합했으며……, 세심하고 미묘한 차이를 잘 감지하고 있으며 설득력이 있고……, 처음부터 끝까지 흥미롭고 접근하기 쉬우며……, 장차 큰 파장을 일으킬 것이고……, 주옥같은 연구다"라고 평가하여 우리는 둘 다 얼굴이 새빨갛게 달아올랐다.

매트의 종합은 분산된 유기체로서의 인간 집단 개념과 상당한 조화를 이루는데, 이러한 분산된 유기체는 20장에서 살펴본 사회적 곤충 군집 못지않게 협력이라는 사회적 메커니즘을 요구한다. 우리 인간은 서로에게 의존하게 될수록 동일한 방법으로 동시에 느낄 필요가 있었다. 그래서 우리의 뇌도 이런 식으로 협력할 수 있게 배선되어 있는 것처럼 보인다. 그것도 우리가 뭔가를 할 때뿐만이 아니라 다른 사람이 그렇게 하는 것을 인식할 때도 활성화되는 거울과 같은 매칭 시스템의 형태로 말이다. 물론 이런 시스템은 다른 영장류에게서 그 전조가 나타나긴 하지만 특히 우리 인간 종은 어느 연구자의 말처럼 '상호주관성intersubjectivity(많은 주관 사이에서 서로 공통적인 것이 인정되는 성질 – 옮긴이)의 공유된 다양성'을 제공하기 위해 훨씬 정교하게 되어 있다. 즉 인간은 마치 상대방이 된 듯이 뇌가 동일하게 활성화되기 때문에 상대방의 동작과 지각과 감정을 알아챌 수 있다.

웃음은 집단 구성원들이 동일한 방법으로 동시에 느끼게 하는데 특히 효과가 있는 메커니즘이다. 비유적으로 신경세포의 축색 돌기로 이동하는 전기신호를 생각해보자. 전기신호는 축색돌기 끝에 도달하면 시냅스라는 신경세포 사이의 작은 틈새로 화학물질을 방출시키며, 이는 또 인접 세포를 방출시켜 신호를 확산시킨다. 그렇다면 이제는 어떤 사람이 웃는 상황을 생각해보자. 적절한 상황에서 웃음이 유발되면 이는 자연스럽게 다른 사람들을 웃게 만들고 종국에는 집단 전체를 웃게 만든다. 이러한 신호의 확산은 전기신호가 뇌의 일부에서 다른 일부로 확산되는 것과 다를 바 없이 신속하고 자동적으로 이루어진다. 그러나 만일 장례식장과 같이 부적절한 상황에서 웃음이 유발되면 웃음을 유발한 당사자는 집단의 나머지 구성원들로부터 따가운 시선 세례를 받게 될 것이고 자신의 실수로부터 뭔가 잘못되었음을 빨리 배우게 될 것이다. 물론 우리 자신을 뇌의 신경세포로 간주하기는 어렵겠지만 이를 통해서 우리는 분산된 집단 유기체의 일부라는 것이 무엇을 뜻하는지 충분히 이해할 수 있다.

　누구나 경험을 통해 알 수 있듯이 적절한 상황에서의 웃음은 모든 사람을 즐거운 분위기에 도취되게 한다. 사실 뇌는 아편과 모르핀처럼 인위적으로 기분을 좋게 하기 위해 섭취하는 것과 비슷한 화학물질을 기계적으로 방출한다. 그러나 이러한 화학물질을 인위적으로 섭취하는 것은 기분을 좋게 할지 몰라도 좋은 행동을 유발하지는 않기 때문에 매우 위험하다. 이 때문에 영겁의 세월을 거쳐 이루어진 진화는 이러한 화학물질들이 우리로 하여

금 생존과 번식에 도움이 되는 방식으로 행동하게 할 때만 자연스럽게 방출되게 만들었다. 말이 난 김에 하는 말이지만 뇌의 화학물질에 관해서는 당연히 자연이 가장 잘 알지 않겠는가?

그렇다면 왜 즐거운 분위기가 우리 조상들의 생존과 번식에 도움이 된 걸까? 에이브러햄 매슬로Abraham Maslow를 비롯한 여러 심리학자들이 인정했듯이 생명은 욕구의 위계질서로 이루어져 있다. 우리가 만일 다음 끼니를 찾기 위해 휘젓고 다니거나 삶을 두려워한다면 새로운 것을 배울 수 없을 것이다. 사실 우리 조상들은 나무에서 내려와 아프리카 평원을 향해 불안한 두 다리를 내디뎠을 때 많은 시간을 끼니를 찾기 위해 휘젓고 다녔고, 삶을 두려워했다. 안전하고 지루한 시기는 거의 없었다. 따라서 인간의 웃음은 이러한 시기를 식별하고 '상호주관성의 공유된 다양성'을 신속히 확립해 이를 최대한 활용하기 위한 신호로서 최초에 진화했을 것이다.

> 인간의 웃음은 집단 구성원들 사이에서 안전하고 지루한 시기를 식별하고 공유하기 위해 진화된 것이다.

우리 조상들이 즐거울 때 습득한 것들은 결코 하찮지 않았다. 말이나 소는 3년이면 다 자라는데 왜 침팬지는 12년 그리고 인간은 18년이나 걸리는지 궁금해 해본 적이 있는가? 그 이유인즉, 인간은 집단 구성원들로부터 더 많은 정보를 습득해야 하며, 그래서 그만큼 더 삶의 주기가 연장되는 것이다. 또한 다른 유인원에 비해 더 오랜 시간이 필요한 인간의 성장기는 웃을 수 있는 능력과 거의 같은 시기에 진화했다. 우리는 행동 방법에 대해 유전자에 덜 의존하게 되면서 집단 구성원에 더 의존해야 했고, 이는 안전하고 지루한 시기를 최대한 활용할 것을 요구했다. 요컨대 우리나 우리의 먼 조상이나 똑같이 두려움과 배고픔은 성장에 치명적인 데 반해 웃음은 성장을 돕는 영약이었던 것이다.

매트는 3년 만에 〈매트릭스〉에 감명을 받은 운동선수에서 지식에 중대한 공헌을 한 과학자가 되었다. 물론 이런 변화는 정신 상태가 학습에 도움이 되는 비범한 사람에게만 가능한 일이었다. 그러나 그와 동시에 세계를 이해할 수 있는 이론과 두려움이 아닌 기쁨을 유발하는 그 이론을 전파할 수 있는 방법 또한 필요했다. 그래서 에보스가 만들어졌다. 진화론을 가르치는 데 도움이 되는 사회환경을 제공하기 위해서 말이다. 그리고 실제로 매트와 앤의 지적 살롱에 모인 여러 학생들이 에보스 덕분에 똑똑해지는 것을 보니 기쁘기 그지없다.

내가 너무 자랑하는 듯 보인다면 그건 일개인의 업적이 아니라 그 이론에 관한 것임을 기억해주길 바란다. 궁극적으로 내게 재능이 있느냐 없느냐는 전혀 중요하지 않다. 그건 앤과 매트 그리고 그 외의 사람도 마찬가지다. 중요한 것은 유능한 사람들이 주변 세계를 이해하기 위해 기초로 삼을 '사고방식'인 것이다. 매트의 업적은 이런 사고방식이 웃음처럼 수천 년 동안 위대한 사상가들이 숙고했던 오래된 주제에 대해서조차 많은 보탬이 될 수 있음을 보여준다. 또한 에보스는 이런 사고방식이 온갖 주제를 다루는 대학 공동체 전체를 결합시키는 데 이용될 수 있음을 보여준다. 그리고 이 책의 목적은 그 범주를 확대시키는 일에 있다.

독자 여러분은 이제 매트가 시작할 수 있었던 것과 동일한 기본 원리들을 배웠다. 이는 곧 자신을 과학자라고 여기지 않더라도 전문가들을 위한 논문을 이해하고 즐길 수 있는 배경지식은 이미 습득했다는 의미이다. 그리고 이런 지식을 통해 자신만의 관심사를 갖게 될 수도 있다. 또한 직접 우리를 만날 수 없는 독자도 있겠지만 장담하건대, 우리의 대화는 유머와 웃음을 동반할 것이다.

24

Evolution for Everyone

Chapter | 생명 유지에 필요한 예술

역사학자로 유명한 윌리엄 맥닐William H. McNeill은 박사 학위를 받기 위해 학업에 매진하던 1941년에 군대에 징집되었고 기초 훈련을 받기 위해 텍사스로 파견되었다. 당시 대대 전체의 군사 장비라고는 고장 난 고사포 한 대밖에 없었기 때문에 훈련이라고 해봤자 영화를 보거나 작열하는 태양 아래서 구령에 맞춰 먼지 나는 들판을 행진하는 게 전부였다. 맥닐은 자신이 받은 고등교육을 동원하지 않고도 밀집대형 행진이 군대의 이동과 전술적 측면에서 아무짝에도 쓸모없는 훈련임을 이내 깨달았다. 그러나 놀랍게도 자신이 이런 행진을 좋아한다는 사실을 발견했다. 이와 관련해 그는 1995년에 출간된 그의 저서 『박자에 맞춰 단결하기 *Keeping Together in Time*』에서 "훈련 과정에서 일제히 실시되는 장시간의 동작이 초래하는 감정은 말로 표현하기 힘들다. 내가 기억하기에 그것은 광범위한 행복감이며, 더 구체적으로는 집단의 의식에 참여함으로써 자신이 계속 부풀어올라 세상보다 더 커진 듯한 기이한 팽창감이다"라고 기술했다.

오늘날 우리는 춤을 연인들의 사랑 표현이나 돈을 지불하고 봐야 하는 전문 무용수의 공연으로 생각한다. 그러나 역사적으로 대부분의 춤은 집단의식이었다. 군사훈련에서 무아지경의 종교적 춤, 축제 때 마을에서 실시되는 공동체 춤, 전 세계 토착민들의 부족 춤 등에 이르기까지 인간 집단들은 함께 모여서 일제히 몸을 흔들 뿐만 아니라 간혹 너무 오래 지속되어 지쳐 쓰러지거나 혼수상태에 이르기조차 한다. 예컨대 인류학자 래드클리프 브라운A. R. Radcliffe-Brown은 1922년에 안다만 섬의 주민들에 대해 "오랫동안 헤어져 있다가 만난 두 집단이 함께 춤을 추며 서로 화합되는 것을 느낄 때, 전사들이 전투에 참가하기 전에 집단적인 분노를 일으켜야 할 때, 조정과 화해의 의식을 치러야 할 때 등 춤을 출 때의 상황과 그에 따른 감정은 정확히는 다 달랐다. 그러나 어떤 경우든 춤을 추는 사람들은 모두 강렬한 일체감과 화합을 느꼈는데, 이것이 바로 춤의 주요 기능이었다"라고 기술했다. 만일 유럽인 한 명의 말로는 부족하다면 스와지족Swazi의 왕 소부자 2세Subhuza Ⅱ의 말을 들어볼 수도 있다. 그는 1940년에 자신의 백성들이 어떻게 통합되어 있는지에 대해 "전국 각지에서 온 전사들은 비록 그 수가 많고 자존심이 강함에도 불구하고, 인크왈라(연례 축제) 때 다 함께 춤을 춤으로써 싸우지 않을 수 있다. 그들은 춤을 출 때 하나라고 느끼며 이에 서로를 칭찬할 수 있다"라고 설명했다.

맥닐은 청년기의 경험에 기초해 춤을 통해 느끼게 되는 화합은 본능적이기 때문에 분명 유전적 토대를 갖고 있을 거라는 사실을 발견했고 그 이후에 평생토록 이를 지적으로 탐구했다. 그가 자신이 느낀 행복감을 말로 표현할 수 없다고 한 이유는 인간의 언어능력이 진화하기 이전부터 존재한 뇌 영역들에서 이런 행복감이 방출되기 때문이다. 앞 장에서 살펴본 웃음처럼 우리는 아마 소위 인간으로서 말하고 사고하기 훨씬 이전부터 춤을 추었을 것이다. 즉 인간에게 진화가 일어나기 시작한 초창기부터 춤은 인간 집단을 규정하고 통합하는 '사회적 생리'의 일부였을 것이다. 1700년대 프랑스의 육군 원수 모리스 드 삭스Maurice de Saxe는 과학적으로 연구하지 않고도 춤의 본능적인 특징을 이해했다. 그는 "군인들을 박자에 맞춰 행진하게 하라. 그 안에 비밀이 숨겨져 있다. 그것이 바로 로마인들의 군사작전이다. ……모두가 사람들이 밤새 춤을 추는 것을 보았다. 그러나 한 사람에게 음악 없이 15분 동안 춤을 추라고 시킨 뒤에 그가 얼마나 참고 해내는지 지켜보라. ……음악에 맞춰 움직이는 것은 자연스러울 뿐만 아니라 무의식적으로 이루어진다. 나는 행진을 위해 북이 울리는 동안에 모든 군인들이 자신들이 그렇게 행동하고 있다는 사실을 전혀 깨닫지 못하고 박자에 맞춰 행진하는 것을 종종 목격했다. 즉 자연과 본능이 그들에게 그렇게 하라고 하는 것이다"라고 말했다.

춤의 본능적 위력은 객관적으로 싸울 이유가 전혀 없는 사람들을 군인으로 만든다. 사람들은 단순히 박자에 맞춰 행진하고 그 외의 강도 높은 공동체 활동에 참여함으로써 서로에 대해 감정적인 유대를 구축했다. 물론 나를 비롯해 이런 유대감을 경험하지 못한 사람들은 그 강렬함을 이해하기 힘들 수 있다. 그러나 글렌 그레이J. Glenn Gray는 자신의 저서 『전사들 *The Warriors*』에서 "많은 퇴역 군인들은 전쟁터에서 경험한 공동의 노력이 그들의 삶을 절정에 달하게 했다는 사실을 인정할 것이다. …… '나'는 서서히 '우리'가 되고 '나의 것'은 '우리의 것'이 되며 개인의 운명은 그 중요성을 잃게 된다. ……나는 이러한 순간에 자기희생이 비교적 쉬워지는 것은 불멸에 대한 확신과 다르지 않음을 믿는다. ……나는 죽을지 모르지만 실제로는 죽지 않는다. 내 안에 실존하는 것은 계속 전진할 것이고 내 삶을 포기하면서까지 살리고 싶은 동료들의 마음속에서 계속 살아 있을 테니까"라고 기술했다.

프랑스의 루이 14세는 군사훈련과 정반대처럼 보이는 발레까지도 집단의 결속을 위한 수단으로 이용했다. 당시 보병 감찰관이었던 장 마르티네Jean Martinet가 유럽에서 가장 강력한 군대를 만들기 위해 엄격한 훈련을 실시하는 동안 루이 14세는 오랫동안 자신의 권력을 영속시키기 위해 궁전에서 춤을 비롯한 다양한 의식에 참여하면서 가장 강력한 귀족주의를 보강시켰다. 춤을 잘 췄던 루이 14세는 스물여섯 살까지 주도적으로 그 역할을 맡았지만 그 이후에는 전문 무용수들이 그 역할을 대신했고 이때 고전 발레라는 예술 형태가 생겨났다. 루이 14세는 계속 무도회에 참석했고 그의 신하들도 그렇게 하길 기대했다. 결국 춤이 프랑스를 통합시켰다고 할 수 있다.

춤에 해당되는 이야기는 음악에도 해당이 된다. 물론 음악은 언제나 춤을 동반하지만 말이다. 나의 동료 진화론자 제프리 밀러Geoffrey Miller는 자신의 저서 『메이팅 마인드 *The Mating Mind*』에서 모든 유형의 예술과 더불어 음악을 여성을 유혹하기 위한 남성의 성적 과시 수단으로 설명하려고 했다. 사실 뮤직 비디오들만 보더라도 젊은 남성 가수들이 혼기에 찬 반라의 여성들 사이에서 자신의 부를 화려하게 뽐내지 않는가? 그 외에도 이와 관련한 다양한 주장이 있는데, 나의 또 다른 동료 진화론자 스티븐 브라운Steven Brown이 쓴 논문 「음악의 진화론적 모델들: 성적 선택에서 집단 선택으로 *Evolutionary Models of Music: From Sexual Selection to Group Selection*」를 보면 이를 알 수 있다. 전통 문화에서 음악은 남성들이 여성들 앞에서 공작처럼 거드름 피우는 형태를 거의 띠지 않는다. 그 대신에 집단 활동을 통합하는 다양한 정황에서 일어난다. 예컨대 음악학자 심하 아롬Simha Arom의 중앙아프리카 아카 피그미족 연구는 수렵 채집 사회의 음악을 가장 포괄적으로 설명한다. 아카 피그미족의 음악은 리듬과 음계, 악기 유형, 공연 앙상블 등의 차이에 따라 최소한 24개의 개별 범주로 구성되어 있다. 각각의 범주는 집단 사냥과 관련된 의식이나 장례와 같은 사회적 정황과 긴밀하게 연결되어 있을 뿐만 아니라 그런 정황에서만 공연된다. 아카 피그미족은 이런 각각의 범주를 즉석에서 식별할 수 있으며 장례 음악처럼 사회적 정황에 맞게 자신의 언어로 표현한다. 스티븐은 "아카 피그미족과 같은 수렵 채집 집단에서 음악은 말 그대로 모든 사회 활동의 기본 구성 요소이며, 상상의 날개를 펼치지 않더라도 이는 인류의 조상에게도 적용되는 사실임을 쉽게 추정할 수 있다. ……정서와 동기 유발 차원에서 음악은 일종의 감정 강화제 역할을 하기 때문에 음악을 의식 행사에서 집단적으로 경험하게 되면 집단의 감정과 의욕 및 행동을 동시에 불러일으키는 데 일조한다"라고 결론을 내렸다.

음악에 대한 이런 해석은 집단 유기체 개념을 진지하게 고려하기만 하면 충분히 예측 가능하다. 만일 인간 집단의 생리가 몸이나 벌의 생리와 꽤 차이가 난다면 다양한 집단 활동을 통합할 필요가 있는데, 이는 구성원들 간의 전반적인 일체감만으로는 부족하다. 이 때문에 구체적인 사회적 정황과 관계되는 구체적인 음악 형태는 '생리적' 측면에 내재된 복잡성에 가까워진다.

현대 서구 문화는 음악의 기능성 및 특수성과 관련된 다양한 사례를 보여준다. 스티븐은 러시아의 음악가 드미트리 쇼스타코비치Dmitri Shostakovich가 나치의 레닌그라드 포위 작전이 시작되었을 때 작곡한 애국적인 〈제7번 교향곡〉에 대한 설명으로 그의 논문을 시작한다.

"〈제7번 교향곡〉은 나치의 위협에 대한 러시아 국민의 저항을 함축한 국제적으로 중요한 상징물이 되었다. 또한 사람들은 이 교향곡이 레닌그라드의 시민들과 군인들에게 나치의 공격에 저항할 수 있는 도덕적 힘을 제공했다고 찬사를 보냈다. 그뿐만이 아니다. 사람들의 사기 진작에 매우 중요한 역할을 했기 때문에 1942년 8월 13일 나치의 포위 공격이 절정에 달했을 때는 음악교육을 받은 전방의 군인들은 전선에서 음악회장으로 수송되어 그 교향곡을 연주했고 이는 라디오로 생중계되었다."

쇼스타코비치는 또한 그다음 교향곡에서 레닌그라드를 비롯한 도처에서 일어나고 있는 자국민의 죽음과 고통을 애도했다. 이에 대해 스티븐은 "〈제8번 교향곡〉은 절망과 공포를 속속들이 표현한다. 그런데 흥미롭게도 그 작품은 1948년 공산당 중앙위원회 회의에서 전쟁을 지나치게 비극적으로 표현했을 뿐만 아니라 쇼스타코비치가 '형식적인 왜곡'을 광범위하게 사용했다는 이유로 비난을 면치 못했다"라고 덧붙였다. 음악은 우리 조상 못지않게 우리에게도 중요하다. 이를 입증

인간의 적응은 주로 유전자로부터 획득되는 행동 양식은 줄어들고 주변 사람들로부터 획득되는 행동 양식은 늘어나는 방식으로 이루어진다.

하는 사례는 1960년대의 저항 음악에서 오늘날 공포를 조장하는 정치성 공격 광고의 소름끼치는 음악에 이르기까지 미국 사회에도 무수히 많다. 또한 우리 귀에 쏟아붓고 있는 음악에 소비되는 막대한 시간과 돈은 우리의 사고와 감정을 조절하는 데 외부로부터의 입력이 얼마나 중요한지를 보여준다. 그리고 이런 외부로부터의 입력은 헤드폰과 아이팟이 나오기 이전에는 우리 집단의 다른 구성원들로부터 흘러나왔다.

춤과 음악에 해당되는 이야기는 시각 미술에도 해당이 된다. 생존과 번식의 문제를 협소하게 생각하면 사람들이 왜 그토록 많은 시간을 들여 도구를 장식하거나 전혀 실용성이 없는 물건을

만드는지 이해하기 힘들 수 있다. 그러나 인간의 적응은 주로 유전자로부터 획득되는 행동 양식은 줄어들고 주변 사람들로부터 획득되는 행동 양식은 늘어나는 방식으로 이루어진다. 정보의 유전적 전달은 DNA나 RNA 사슬이 그들 자신을 복제하는 것만이 전부가 아니다. 즉 18장에서 다룬 생명의 기원에서 살펴봤듯이 분자들 간에 조직적인 상호작용이 일어나는 공동체가 필요하다. 이와 마찬가지로 정보의 사회적 전달은 주위를 배회하면서 자신들이 좋아하는 것을 습득한다고 모두 해결되는 것이 아니라 사회적 상호작용이 조직적으로 일어나는 공동체가 필요하다. 요컨대 생존과 번식에 필요한 일상적인 요소 이외에 사회적 전달을 통한 인간의 적응을 포함시켜 생존과 번식의 문제를 광범위하게 바라보면 인간의 미술 활동이 그렇게 이해 못할 일은 아닐 것이다.

『미술의 존재 이유 *What Is Art For*』의 저자 엘렌 디사나야케 Ellen Dissanayake와『여자 조상 *The Ancestress Hypothesis*』의 저자 캐슬린 코Kathryn Coe는 이런 문화진화론적 시각에 기초한 시각 미술 연구를 선도하고 있다. 이 두 여성은 모두 흥미로운 이력을 가지고 있는데, 다름이 아니라 정식 미술교육을 받은 것 말고도 토착문화를 경험하기까지 했다. 애리조나의 피마족 여성인 애나 쇼Anna Shaw가 바구니 짜는 방법을 어떻게 배우는지에 대해 캐슬린이 기술한 것을 살펴보자.

"앤은 할머니와 함께 몇 시간씩 소노란 사막을 돌아다니면서 검은 악마의 발톱devil's claw(아프리카 칼라하리 사막에서 자라는 희귀 식물로 통증 완화제나 소염제로 사용됨 – 옮긴이), 버드나무 가지,

부들 갈대를 모았다. 그리고 할머니를 지켜보고 도우면서 자신이 필요한 재료를 언제 어떻게 모으는지, 바구니를 짜기 위해 이런 재료를 어떻게 가공하는지에 대한 기술을 배우고 연마했다. 할머니가 바구니를 짜기 시작하면 서서히 바구니 형태가 갖춰지고 디자인 모티프가 드러났다. 앤의 여린 손가락으로는 바구니 짜기가 쉽지 않았지만 어찌 되었든 짜야 했기 때문에 잘 짤 수 있을 때까지 풀었다 짰다를 반복했다. 앤은 할머니가 자신에게 '바구니 짜는 일은 네게 인내심을 가르쳐줄 것이다'라고 말했다고 한다. 처음으로 제대로 된 바구니를 완성했을 때 앤은 비로소 여성으로 대우받았고 그 바구니를 할머니에게 주었을 때 비로소 어른이 되었다."

이런 사례는 공예품을 만드는 과정이 최종 결과물 못지않게 중요하다는 사실을 보여준다. 캐슬린은 "몇 년 동안 소녀는 할머니와의 관계를 개선시키고 그들의 조상에 관한 이야기를 들을 기회가 있었다. 그 이야기는 조상으로부터 물려받은 디자인 모티프에 함축된 뜻을 비롯해 최초로 바구니를 짠 피마족 여성까지 거슬러 올라갔다. 조상들은 대대로 할머니가 손녀에게 바구니 짜는 법을 가르쳐왔다. 또한 앤이 들은 바에 따르면 손녀가 직물 짜는 법을 배우면, 자신에게 기술을 전수해준 할머니에게 처음으로 제대로 완성한 바구니를 선물하는 것이 전통이었다. 어디 그뿐인가? 연장자들에게 예의 바르게 행동하고, 성실하고 관대하며, 좋은 아내에 좋은 엄마가 되길, 그리고 또 가족과 다른 피마족 사람들과 협력하고 그들에게 너그럽길 기대했다"라고 덧붙였다.

높은 지위를 얻는 데 숙련된 미술 실력이 필요하고, 이 미술 실력에는 인내, 복종, 존경 그리고 미술 기술을 포함한 여러 정보를 전달해주는 연장자와 오랜 시간을 함께하는 것이 요구된다면, 광의의 의미에서 미술은 적응 가치가 있음직하다.

춤과 음악 그리고 시각 미술에 대한 이러한 견해들은 다들 인정하다시피 추측에 근거한다. 그래서 내가 동료들과 이런 견해들에 대해 토론할 때면 '그랬을 것 같은 이야기'라는 인색한 소리를 자주 듣곤 한다. 그러나 9장에서 강조했듯이 추측은 죄가 아니다. 오히려 과학 탐구는 항상 추측에서 시작되며 이를 동조하는 뜻에서 검증되지 않은 가정이라고 불리기도 한다. 그런데 왜 이런 견해들 대부분이 검증되지 않는지 의혹을 품을 때 우리는 구체적인 주제를 초월한 문제에 직면하게 된다. 그것은 춤이나 음악 혹은 시각 미술에 관한 과학적 가정의 틀을 세우고 검증한다는 바로 그 개념 자체가 이런 활동을 좋아하고 연구하고 직접 참여하는 대다수 사람들에게 매우 낯설다는 사실이다.

고등교육제도에서 지식이 어떤 식으로 조직되어 있는지 생각해보라. 예컨대 우리 대학교도 다른 대학교들처럼 수많은 분과로 나뉘어 있다. 우선 과학과 수학 분과에는 물리학, 화학, 생물학, 지질학 그리고 인간과 연관된 분과인 심리학이 있다. 둘째, 사회과학 분과에는 인류학, 경제학, 지리학, 역사, 정치학, 사회학이 있다. 그런데 인간과 연관된 이런 유형의 주제들은 물리학이나 생물학과 같은 '하드 사이언스hard science'보다 과학적 엄밀성이 덜하다고 해서 '소프트 사이언스soft science'로 간주되곤 한다. 셋째, 인문 분과에는 미술, 영어, 음악, 철학, 종교, 연극이 있다. 인간과 연관된 이런 유형의 주제들은 사회과학보다 더 소프트할 뿐만 아니라 심지어는 모조리 과학 탐구의 영역 밖에 있다고 간주된다.

이러한 체계는 학계 문화에 아무리 깊게 뿌리박혀 있을지라도 진화론적 관점에서 볼 때 전혀 이치에 맞지 않는다. 만일 진화론이 생물학이라는 하드 사이언스의 일부라면 우리 종 연구에도 그와 같은 엄밀한 틀을 제공할 수 있을 것이다. 그런데 오히려 인문학과 관련된 주제들은 사회과학과 연관된 대부분의 주제들보다 진화론적 시각에서 연구하기가 더 쉬울 것 같다. 어찌 되었든 춤과 음악 그리고 시각 미술은 모두 유전적으로 진화된 역량의 귀표이니까 말이다. 앞에서 살펴봤듯이 이 세 가지 모두 태곳적부터 존재했고, 본래 누구나 좋아하며, 어느 문화에서든 볼 수 있고, 오래된 신경세포 메커니즘을 통해 조정되고, 매우 중요한 사회적 기능을 수행할 때가 많다. 이와 대조적으로 경제학이라는 과학은 어린아이들은 이해하기가 불가능할 뿐만 아니라 심지어 대학생들조차 배우기가 난해하고, 극소수 문화에만 존재하고, 최근에 진화된 신경세포 메커니즘을 통해 조정된다. 사실 경제학 연구는 노래하고 춤추고 시각 미술을 창조하는 일보다 과학적 방법과 연관될 가능성이 훨씬 높다. 그러나 춤과 음악 그리고 시각 미술이 무엇 때문에 삶의 가치를 부여할 정도로 자연스럽게 여겨지고 인간의 행복에 없어서는 안 될 필수 요소인지 이해하려면 진화론과 과학적 방법이 필요하다.

그런데 안타깝게도 인문학을 연구하는 사람들은 대부분 그렇게 생각하지 않는다. 그들은 과학 일반 그리고 특히 진화론을 그들의 관심사와 무관한 것으로 여길 뿐만 아니라 심지어 그들이 소중히 여기는 모든 것에 위협을 가하는 존재로 여긴다. 게다가 이런 견해에 흥미를 느끼는 사람들조차도 기본적인 과학 훈련이 덜 된 탓에 권위자보다 신출내기라는 입장에 놓이게 됨으로써 위협을 받기가 쉽다. 어디 그뿐인가? 주변 상황도 매우 열악해서 전문가들은 인문학부 일원들이 진화론에 접근하는 것을 용인하지 않을 정도다. 예컨대 윌리엄 맥닐은 자신의 지위가 확고해서 원하는 것은 뭐든 할 수 있다. 제프리 밀러는 과학과 진화론이 더 존중받을 수 있는 심리학과의 일원이다. 스티븐 브라운은 신경영상neuro-imaging이라는 의학 분야에 종사하며 음악학자로서 일자리를 구하는 것은 포기했다. 엘렌 디사나야케는 학계에 영구적인 본거지를 구축하지 않고 독립적인 학자로 불확실한 삶을 살고 있다. 캐슬린 코는 보건 분야에 본업을 갖고 있다. 그런데 이러한 사람들이 진화론적 관점에서 인문학 연구를 선도하고 있고 단 한 사람도 인문학부에 일자리를 갖고 있지 않다. 그러니 그들의 생각이 추측 단계에 머물러 있는 것은 당연하지 않은가!

나는 몇 년 전에 조너던 고트쉘이란 젊은이가 내 연구실에 찾아왔을 때 이런 유형의 저항을 직접 경험했다. 그는 우리 대학교 영어과 대학원생이었는데, 호머의 『일리아드』에 대한 논문을 진화론적 관점에서 쓰려고 했다가 지도교수에게 거부당했다. 종국에는 성공했지만 논문 심사위원회가 그의 학과 외부 사람들로 구성되어서야 비로소 가능했다. 조너던이 박사 학위를 취득한 후에 우리는 『문학적 동물』이란 제목으로 공동 편집해서 책을 출간하기로 결정했다. 나는 이 책을 출간해줄 출판사를 찾을 때 학계가 진화론에 대한 두려움과 편협함 속에서 어떻게 종교적 창조론과 경쟁할 수 있을지 나만의 식견을 터득했다.

1장에서 언급했던 『행동과 뇌 과학』의 논문 저자들이 그렇듯이, 조너던 또한 혼자의 힘으로 진화론을 발견했다. 다름이 아니라 그는 우연히 근대 최초의 과학자 데즈먼드 모리스Desmond Morris가 1967년에 쓴 『털 없는 원숭이 The Naked Ape』를 헌책방에서 하나 구입했던 것이다. 그 책은 진화론이 우리 종에 관해 뭔가 할 말이 있을지 모른다고 일반 대중들에게 의문을 제기한 책이었다. 또한 조너던은 당시에 대학원 세미나에서 호머의 『일리아드』를 되풀이해서 읽고 있었다. 그는 『문학적 동물』의 서문에 자신의 유레카적인 경험을 다음과 같이 기술했다.

"언제나 그랬듯이 호머는 인간의 조건에 대한 공포와 아름다움으로 나를 무릎 꿇게 했다. 그러나 이번에 나는 『일리아드』를 털 없는 원숭이의 드라마로서 경험하게 되었다. 거드름 피우고, 의기양양하고, 싸우고, 가슴을 두드리고, 사회적 권력과 마음에 드는 짝 그리고 자원을 차지하려는 치열한 경쟁 속에서 자신의 힘을 휘두르는 털 없는 원숭이 말이다. 그렇다고 등장인물들에 대한 나의 동정심이 경감된 것은 결코 아니었지만 그 서사시를 구성하는 편협한 질투심, 배신, 말다툼, 거짓말, 사기, 강간, 살인 등의 이면에 시간을 초월한 진화론의 논리가 있음이 드러나자 나는 새로운 유형의 위엄을 깨닫게 되었다. 다윈이 기술했던 것처럼, 그리고 모든 진화론자들이 상세히 알고 있듯이, 삶에 대한 이러한 관점에는 웅장함이 배어 있다."

문학과 문화 이론가들은 그들의 포용력을 자랑으로 여긴다. 어찌 되었든 포스트모더니즘의 주요 원리는 모든 신념 체계는 그 자체로 수용되어야 한다는 점이다. 그러나 그들의 포용력은 진화론으로까지 확대되지 않았는데, 조너던은 자신의 새로운 관심사를 교수들과 동료들과 논의하려고 했을 때 이를 깨달았다. 이와 관련해 조너던은 "서사시 전공 교수처럼 나이가 지긋한 교수들은 '털 없는 원숭이' 관점을 웬 시골뜨기가 인간성과 위대한 작품들을 모욕한다는 식으로 받아들였다. 그뿐만 아니라 동료 대학원생들과 젊은 교수들은 훨씬 더 부정적으로 받아들였다. 내가 인간의 행동과 심리, 문화 등을 진화론적 관점에서 말할 때 그들의 머릿속에서 즉각적이고 무의식적인 해석 과정이 일어나고 종국에는 '히틀러' '골턴' '스펜서' 'IQ 차이' '대학살' '인종적 골상학' '강제 불임' '유전자 결정론' '진화론적 근본주의' '학문적 제국주의' 등을 떠올리게 된다는 사실을 나는 금세 깨달았다. (중략) 친한 한 여성은 나를 향해 안타까움과 동정 그리고 고집스런 희망을 한꺼번에 내비치면서 고개를 흔들더니 '조너던, 정말 그렇게 생각하는 건 아니죠?'라고 말했는데, 그 친구의 말은 세미나에 참석한 사람들의 의견을 대변하는 것처럼 보였다"라고 술회했다.

내가 조너던과 힘을 합쳐 책 한 권을 공동으로 편집한 데에는 몇 가지 이유가 있었다. 우선 개인적으로 나는 소설가의 아들인데, 내 아버지 슬론 윌슨Sloan Wilson은 『회색 양복의 사나이 *The Man in the Gray Flannel Suit*』와 『피서지에서 생긴 일 *A Summer Place*』 등의 작가이다. 나는 항상 진화론의 관점에서 인간과 연관된 모든 일을 탐구하려는 나의 열정이 인간의 조건을 탐구하려는 아버지를 비롯한 여러 소설가들의 열정과 비슷하다고 생각해왔다. 한편 전문적인 차원에서 문학은 다른 문화에 대해 배울 수 있는 더없이 훌륭한 방법을 제공한다. 호머의 『일리아드』와 같은 서사시를 역사의 기록으로 간주할 수는 없겠지만 시대와 장소에 따라 사람들이 어떻게 생각했고 행동했는지 알길 원한다면 그들의 역사를 학문적으로 재구축하는 것뿐만 아니라 그들이 꾸며낸 이야기도 읽을 필요가 있다. 즉 문학은 조너던이 『일리아드』에서 발견한 것처럼 많은 종에 적용할 수 있는 진화론적 기본 주제를 반영한다. 우리 책의 어느 기고가는 개코원숭이가 글을 읽을 수 있다면 아마도 셰익스피어에 매료되었을 것이라고 유머러스하게 말했다. 문학은 또한 문화적 진화에 없어서는 안 될 중요한 역할을 수행한다. 이번 장 앞부분에서 말했듯이 인간의 적응은 주로 유전자로부터 획득되는 행동 양식은 줄어들고 주변 사람들로부터 획득되는 행동 양식은 늘어나는 방식으로 이루어진다. 그렇다면 다양한 종류의 이야기들 또한 춤과 음악 그리고 시각 미술과 함께 이러한 과정에서 중요한 역할을 할 것이 틀림없다.

『문학적 동물』은 이러한 주제들을 식별하고 탐구함으로써 문학적 다위니즘이라는 새로운 분야를 확립하기 위해 출간되었다. 그래서 문학 분석에 대해 교육을 받았을 뿐만 아니라 조너던처럼 진화론에 관심이 있는 기고가들과 나처럼 인간과 연관된 모든 것을 연구하는 데 문학을 넣고 싶어하는 진화론자들을 포함시켜 균형을 이루고자 했다. 또한 이런 새로운 목표를 달성하기 위해 대다수 관점들을 대변하고자 했다. 그 와중에 우리는 조셉 캐럴 Joseph Carroll과 같은 문학적 다위니즘의 선구자들과 에드워드 윌슨과 같은 생물학 권위자들, 데니스 듀턴Denis Dutton과 같은 문학 분석의 대가들, 심지어 진화론적 주제에 어느 정도 영감을 받은 소설 『이런 사랑 *Enduring Love*』의 영국 작가 이언 매큐언 Ian McEwan 등을 비롯한 유명 기고가 목록을 수집할 수 있었다. 그리고 나는 이런 탁월한 주제와 저자들로 원하는 출판사를 고를 수 있을 거라고 확신했다.

우리는 우선 나의 책 『종교는 진화한다』를 출간했던 시카고 대학교 출판사에 그 책을 보여주었다. 출판사의 검토 과정은 매우 순조롭게 진행되었다. 그런데 놀랍게도 그 원고는 시카고 대학교 출판사를 감독하는 교수단 이사회에서 거부당했다. 한 명 이상의 이사회 위원이 앙심을 품은 신처럼 우리 책에 손을 뻗어 내팽개 쳤던 것이다. 이유인즉, 진화론 관점에서 쓴 종교 서적은 출간할 수 있지만 진화론 관점에서 쓴 문학 서적은 안 된다는 것이다!

우리는 어쩔 수 없이 하버드, 프린스턴, 예일, 옥스퍼드, 캠브리지 등을 포함한 주요 대학 출판사를 찾아다녔다. 그러나 매번 생물학 편집자는 관심을 표명했지만 문학 편집자 그 이상을 올라가지 못했다. 그러다가 마침내 노스웨스턴 대학교 출판사에서 출간 제의를 받아들여 우리는 겨우 안도의 한숨을 쉴 수 있었다.

『문학적 동물』은 내가 이 용어를 사용한 리뷰와 논문을 『네이처 Nature』지나 『사이언스 Science』지 같은 과학 포럼과 『뉴욕타임스 선데이 매거진 New York Times Sunday Magazine』지와 같은 대중적인 포럼에 게재함으로써 대중의 관심을 끌고 나서야 비로소 출간되었다. 나는 조너턴과 내가 그렇게 많은 출판사들로부터 거절당한 후에 우리가 옳다는 것이 밝혀져 그런 기쁨을 맛보게 된 거라고 생각한다. 그러나 나는 더 나아가 문학과 시각 미술, 음악, 춤, 그리고 인간과 연관된 다른 모든 주제들을 진화론적 관점에서 연구하는 것이 논란의 여지가 없게 될 그날을 고대하고 있다. 현재의 논쟁은 바벨탑과 같아서 모든 사람들이 서로 다른 언어로 말하고 있는 상황에서는 제대로 진행될 수가 없다. 그런데 진화론은 자연과학과 사회과학 그리고 인문학 사이의 구분을 허물 수 있는 공통의 언어를 제공한다. 일단 우리가 공통의 언어로 말하기만 하면 한층 건설적인 논쟁을 진행시킬 수 있을 것이고 이는 참된 진보를 가져올 것이다. 그것이 바로 우리가 추구하고 있는 비전이고, 그래서 인문학부의 많은 학생들과 교수들이 에보스에 열정적으로 참여하고 있다는 사실이 너무 기쁠 따름이다.

과학은 예술의 중요성과 생명력을 빼앗아간다고 여겨질 때가 많다. 그러나 진화론의 관점에서 보면 예술은 역설적이게도 '사회적 생리'의 중요한 일부가 된다. 이로써 예술은 생명 유지에 꼭 필요한 기관으로 여겨질 수 있는 것이다.

닥터 두리틀은 옳았다

닥터 두리틀Dr. Doolittle(동물과 의사소통이 가능한 어느 의사를 다룬 코미디 영화의 주인공 – 옮긴이)이 앵무새 폴리네시아와 영어로 대화를 나누고 다른 동물들과 그들의 언어로 대화를 나누는 장면을 떠올리면서 멋지다고 생각하지 않는 사람은 거의 없을 것이다. 물론 꾸며낸 이야기에 불과하지만 말이다. 언어와 상징적 사고능력은 인간 고유의 보석 같은 것이다. 그렇지 않은가? 아마 그럴 테지만, 유인원은 가리키는 행동을 하지 못하고 갓난아이는 어른의 의도를 추론할 수 있는 세상에서 상징적으로 사고하고 이를 영어로 말할 수 있는 앵무새도 있을 수 있지 않을까?

우선 진화론과 신경과학 그리고 발생학을 매혹적으로 혼합한 『상징적 종 *The Symbolic Species*』을 쓴 박식가 테렌스 디콘

Terrence Deacon으로 우리의 이야기를 시작해보자. 내가 지난번에 그의 강의를 들었을 때 그는 심지어 눈(雪) 결정체의 형성을 자신의 강의에 엮어넣었다. 테렌스는 상징적 사고가 인간 고유의 것이기는 하지만 유인원의 비상징적 사고에서 곧장 진화되었다고 생각한다. 마치 마술을 이용해 모자에서 토끼를 꺼내듯이 말이다. 그럼 어떻게 연속적인 일련의 과정에서 고유한 무언가가 튀어나올 수 있는 걸까? 이와 관련된 테렌스의 설명을 이해하려면 상징적 사고의 특징을 그 외의 사고방식과 비교해서 생각할 필요가 있다. 예를 들어 내가 쥐에게 '치즈'라고 말할 때마다 치즈를 준다고 가정해보자. 그 쥐는 파블로프의 개가 종소리를 듣고 음식을 연상하듯이 치즈라는 말을 들을 때마다 그 물체를 재빨리 연상할 것이다. 이번에는 '치즈'라고 되풀이해 말하지만 더는 치즈를 동시에 제공하지 않는다고 가정해보자. 그럴 경우에 쥐는 처음의 연상 작용만큼이나 확실하게 그 말을 듣고 치즈를 연상하지 않게 될 것이다. 자, 그럼 아주 무례한 사람이 우리에게 치즈는 한 개도 주지 않고 '치즈'라고 100만 번 말한다고 가정해보자. 그럴 경우 우리는 그를 한 대 때려주고 싶긴 할 테지만 그 말에서 여전히 치즈를 연상할 수 있을 것이다. 비록 지금 처한 상황에서는 서로 쌍을 이루지는 않지만 말이다. 심지어 우리는 '유령'이란 말을 듣고 평생 한 번도 경험하지 못할 수 있는 것을 연상하기도 한다.

이것이 바로 상징적 사고의 남다른 점이다. 파블로프 조건에서 정신적 연상 작용은 그 환경에 실제로 존재하는 연상물과 일치하지만 상징적 사고에서는 환경적 연상물과 분리됨으로써 그 자체의 생명력을 획득하게 된다.

이번에는 테렌스가 진화의 연속성이란 모자에서 인간의 고유성이란 토끼를 꺼낼 수 있었던 풍부한 상상력을 살펴볼 차례다. 상징적 사고는 연산 측면에서 어렵기만 한 것은 아닐 뿐만 아니라 다른 종들보다 더 크거나 남다른 뇌를 요구하지 않을 수도 있다. 그런데 상징적 사고의 문제점은 쓸모가 없다는 것이다. 그렇다면 생존과 번식은 실제로 존재하는 연상물을 이해하는 데 달려 있는데 현실세계에 존재하지도 않는 불변의 정신적 연상물을 만드는 이유가 도대체 뭘까?

우리 인간이 왜 상징적으로 사고하는 유일한 종이 되었는지는 다른 모든 종들과 달리 상징적 사고가 우리 조상에게 어떻게 해서 유용하게 되었는지 입증함으로써 설명할 수 있다. 그리고 그 정답은 이미 22장에서 살펴보았다. 상징적 사고는 본질적으로 공동체적이며 협력 분수령을 횡단함으로써 가능해진다. 또한 적합한 사회적 환경을 만나 싹을 틔울 수 있길 기다리는 씨앗처럼 우리의 눈과 가리키기 능력 그리고 예술적 본능 등과 나란히 위치하고 있다.

상징적 사고는 본질적으로 공동체적이며 협력 분수령을 횡단함으로써 가능해진다.

테렌스의 마술은 놀라운 뜻을 함축하고 있다. 다름이 아니라 그는 상징적 사고의 원리가 연산 측면에서 어려운 것이 아니라면 다른 동물에게도 가르칠 수 있을 것이라고 생각했던 것이다. 이것은 동물들 고유의 불가해한 방식으로 사고하는 것이 아니라 곰이 자전거를 타듯이 그들에게 인간처럼 사고할 수 있는 방법을 가르칠 수 있느냐의 문제다. 테렌스는 이를 알아보기 위해 인간의 친척뻘 되는 유인원에게 언어를 가르치는 다양한 방법들을 시도했다. 유인원은 실제로 말할 수 있는 소리를 만드는 능력 – 의사소통이 가능한 인간의 눈과 함께 인간 종에게서 진화된 그 밖의 다른 것 – 이 없다. 그래서 그들에게 몸짓언어 혹은 순서대로 배합되어야 하는 단어처럼 질서정연하게 눌리는 컴퓨터 제어장치의 상징체계를 가르치는 일에 노력의 초점을 맞추었다. 일례로 컴퓨터를 이용하는 방법은 조지아 주립대학교의 수 새비지 럼바우Sue Savage-Rumbaugh와 듀안 럼바우Duane Rumbaugh가 사용하는 방법인데, 키보드 자판을 칠 때마다 기록할 수 있어 학습 과정과 그로 말미암은 사고체계를 상세히 기록할 수 있다는 장점이 있다. 예컨대 '먹다'나 '마시다'처럼 동사를 가리키는 자판이 있는가 하면 '바나나'나 '주스'처럼 명사를 가리키는 자판이 있다. '바나나를 먹다'와 '주스를 마시다'처럼 순서가 올바르면 보상을 하고 '바나나를 마시다'나 '먹다 주스를'처럼 틀린 문장은 보상을 하지 않는다. 실험 결과, 유인원은 올바른 배합을 능숙하게 습득하는 것으로 밝혀졌다. 물론 경우에 따라 특히 더 잘하는 것도 있고 몇백 번이나 시도를 하고서야 성공하는 것도 있지만 말이다. 그렇다면 그들은 수많은 구체적인 연상물을 습득한 것에 불과한 것인가, 아니면 그 상징물이 나타내는 더 일반적인 관계 시스템을 이해하기 시작한 것인가? 이를 알아보기 위해 '포도'처럼 새로운 물체를 가리키는 새로운 상징물을 도입했다. 만일 유인원이 상징적으로 사고한다면 포도가 '딱딱한 음식'의 범주에 속한다는 것을 깨달을 것이고, 따라서 즉석에서 올바른 순서로 키를 누름으로써 '포도를 먹다'라고 말할 것이다. 포도는 이미 습득한 범주와 관계 시스템에 속하기 때문에 특별히 배울 것은 전혀 없었다. 그런 것이 바로 상징적 사고가 아닌가! 유인원이 수많은 구체적인 연상물을 습득한 것에 불과하다면 어떻게 배합해야 보상을 받는지 알기 전까지 '포도를 마시다'와 '포도 바나나'처럼 길고 지루한 사설을 늘어놓을 것이다. 테렌스에 따르면 유인원의 언어 실험 중 극히 일부만 상징적 사고를 가르치는 데 성공했으며 이는 또한 매우 전문적인 훈련 절차를 요구했다고 한다. 그러나 단 한 번 일어났어도 이는 인간 이외의 종이 상징적 사고능력을 배울 수 있다는 놀라운 가능성을 입증하는 것이다.

현재까지 유인원 중에서 상징적 사고의 챔피언은 칸지Kanzi라는 보노보이다. 칸지는 새끼 때 마타타Matata라는 암컷 침팬지의 손에서 자랐다. 당시 마타타는 언어 습득 실험을 위한 피실험동물이었는데, 어린 칸지는 주위를 엉금엉금 기어다니며 방해꾼 노릇을 하곤 했다. 그러나 칸지는 마타타처럼 정식 훈련을 받지 않았는데도 마타타를 훨씬 능가했다. 갓난아이는 저절로 언어를 습득하는 반면에 어른들은 어렵게 제2외국어를 배우는 것처럼 말이다. 결국 칸지는 컴퓨터 제어장치의 상징체계를 통해서만 말할 수 있었지만 영어를 이해하기 시작했다.

칸지는 PBS의 〈네이처Nature〉 시리즈 중 〈거울 속의 원숭이 Monkey in the Mirror〉 에피소드를 비롯해 수많은 과학 다큐멘터리에서 특종 기삿거리가 되었다. 실험은 두 명의 사육사와 소풍을 간 칸지가 사과를 칼로 능숙하게 썬 다음에 알루미늄 포장지에 싸서 불 속에 집어넣는 장면으로 시작된다. 한 명의 사육사가 칸지에게 "사과를 싸보세요!"라고 말하자 칸지는 알루미늄 포장지를 이용해 사과를 싼다. "사과를 불 속에 집어넣어 볼까?"라고 요청하자 포장한 것을 태연하게 프라이팬 위에 던진다. 실험실에 돌아와서는 칸지를 잡다한 물건들 사이에 앉혀놓는다. 이때 칸지 앞에 있는 사육사는 얼굴 표정을 통해 무심코 신호가 전달되는 것을 방지하기 위해 용접공들이 쓰는 마스크를 쓰고 있다. "공에 비누칠 좀 해줄래?"라고 사육사가 말하자 칸지는 전에 그런 요청을 받은 적이 없는데도 농구공 위에 액체 비누를 뿌린다. 칸지는 "냉장고에 솔잎을 갖다 놓을래?" 등 갈수록 기이한 일련의 요청에 정확히 반응한다. 또한 광천수를 젤리에 부으라는 말을 듣자 일반 식수가 아닌 광천수 병을 정확히 집어든다. 냉장고에 있는 솔잎을 가져오라는 요청에는 바로 옆에 있는 솔잎은 무시하고 이전에 냉장고에 넣어둔 것을 다시 가지고 온다. 이 실험은 "진공청소기를 밖에 갖다 놓을래?"라는 가장 기이한 요청으로 끝이 난다. 칸지는 진공청소기의 전기 코드를 한데 모으는 일부터 시작하지만 "도대체 내가 뭘 하길 원하는 거죠?"라고 말하는 듯 잠시 멈춰 서서 마스크를 쓴 사육사를 쳐다본다. 그런 다음에 진공청소기의 전기 코드를 콘센트에서 뽑아 집어들고는 문밖에 갖다 놓는다. 이를 비롯한 그 외의 다양한 시연은 칸지가 영어를 이해할 뿐만 아니라 구체적인 연상 작용을 습득하는 차원을 넘어섰음을 설득력 있게 입증했다.

앵무새는 인간의 언어를 말할 수 있는 음성 장치를 가지고 있다. 그렇다면 그들에게 상징적 사고능력을 습득케 해서 닥터 두리틀의 앵무새처럼 말하게 할 수 있지 않을까? 이러한 가능성은 처음에 들었을 때보다는 덜 허무맹랑하다고 생각할 것이다. 우선 지능은 일직선처럼 한쪽 끝에는 인간, 그다음에는 유인원, 그리고 그다음에는 앵무새 순으로 쭉 늘어선 것이 아니다. 그런데도 진화론자조차 이런 사고의 오류를 자주 범한다. 이를테면 우리는 침팬지가 막대기를 이용해 흰개미를 잡아먹거나 고릴라가 개울을 건널 때 기댈 나뭇가지를 고르는 것을 목격하면 마치 인간 종이 처음으로 도구를 사용하던 때를 보고 있는 것처럼 기뻐 어쩔 줄 모른다. 그런 다음에는 못 믿겠다는 듯이 눈을 비비며 태평양에 있는 뉴칼레도니아 섬의 까마귀들이 갈고리를 만들어 후미진 곳과 나무 틈새에서 딱정벌레의 애벌레를 잡는 것을 지켜본다. 그런데 많은 앵무새와 까마귀류의 종들은 영장류처럼 사회집단을 구성하고 다양한 먹이를 찾아다니기 때문에 영장류를 연상케 하는 유연한 지능을 가지고 있는 것으로 밝혀졌다. 두 번째로 우리는 유인원이 그렇듯이 앵무새 또한 상징적으로 사고할 수 있게 진화되었다고 가정할 필요가 없다. 중요한 것은 그들을 인간처럼 생각할 수 있게 훈련시킬 수 있는가이다. 세 번째로 테렌스 디콘의 주장이 사실이라면 상징적 사고는 무엇을 훈련해야 하는지 알기만 하면 그렇게 복잡할 필요가 없다.

앵무새에게 진짜로 말을 가르치는 기이한 일을 시도한 사람은 바로 이 분야와 전혀 무관한 아이린 페퍼버그Irene Pepperberg였다. 아이린은 뉴욕 시티의 어느 상점 위에 위치한 아파트에서 어린 시절을 보낸 무남독녀였는데, 당시 자신의 애완용 잉꼬와 대화를 나누는 시간이 꽤 많았다. 아버지는 생화학자가 되고 싶었지만 대학에 갈 여유가 없어 학교 교사가 되었고 어머니는 가끔 책방에서 일하긴 했어도 전업주부였다. 아이린은 처음에는 화학을 재미없어했지만 아버지의 격려 덕분에 자신이 그 분야에 소질이 있는 것을 발견했다. MIT를 졸업한 후에 하버드에서 순수 화학으로 박사 학위를 딸 준비를 할 때 PBS에서 방영하는 〈노바Nova〉와 같은 과학과 자연 프로그램을 시청하기 시작했다. 그전에 아이린이 대학에서 경험한 생물학이라고는 그녀의 표현에 따르면 '인체를 토막 내는' 것뿐이었다. 어디 그뿐인가? 텔레비전에서 시청한 유일한 자연 프로그램은 마린 퍼킨스Marlin Perkins와 그의 건장한 동료 스탠 브록Stan Brock이 출연해서 아나콘다와의 격투를 선보이곤 했던 〈와일드 킹덤Wild Kingdom〉뿐이었다.

동물을 토막 내지 않고도 연구를 할 수 있다는 생각은 아이린에게 정말 뜻밖의 사실이었다. 하버드는 이런 유형의 연구에서 중심 역할을 했지만 순수 화학을 연구하는 사람이 그런 것을 알리 없었다. 아이린은 유인원 언어 습득 실험에 관한 프로그램을 보는 순간 앵무새를 이용해야겠다는 생각을 바로 떠올렸다. 그러나 전공을 바꾸기에는 너무 늦었기 때문에 화학 박사 학위를 받기 위해 계속 공부하면서 하버드에서의 마지막 2년 동안 자신이 원하는 교과과정들을 수강했다. 졸업한 후에는 남편을 따라 퍼듀 대학교에 갔는데, 남편은 그곳에서 정식 일자리를 얻었고 아이린은 내 아내 앤처럼 연구실을 제공받았다. 그녀는 바로 그곳에서 아이린과 더불어 유명인이 된 아프리카 산 회색 앵무새 알렉스를 구입했다. 그리고 연구에 필요한 자금을 얻기 위해 처음으로 지원금 신청서를 작성했는데 거절당하고 말았다. 아이린의 말에 따르면, 신청서 검토 내용의 주요 골자는 "도대체 지금 무슨 헛소리를 하고 있는 겁니까?"였다고 한다. 종국에는 자금을 지원받아 연구를 하긴 했지만, 이는 단지 아이린의 연구를 혁신적이라고 여긴 지지자들이 아이린을 위해 적극적으로 싸웠기에 가능했다.

아이린은 한 사람을 더 투입해 삼자가 대화를 나누는 방식으로 알렉스를 훈련시켰다. 예컨대 아이린이 코르크를 집어들고 다른 한 사람에게 "이것은 무엇입니까?"라고 물으면 그 사람은 "코르크!"라고 대답했다. 그러면 아이린은 코르크를 그 사람에게 주었고, 그 사람은 즐거운 양 코르크를 쪼갰다. 이 과정이 끝나면 두 사람은 알렉스에게 고개를 돌려 그것이 무엇인지 물었다. 만일 알렉스가 '코르크'라는 소리와 비슷한 소리로 대답하면 알렉스에게 코르크를 주어 쪼갤 수 있게 했다. 이때 코르크는 잘했다고 주는 음식 같은 것이 아니라 단순한 보상이었다. 그러나 얼마 지나지 않아 알렉스가 어느 정도 어휘를 습득해서 잘했다는 결과로 뭔가 다른 것을 요구할 수 있게 되자 음식으로 보상을 받았다.

알렉스는 몇 년 후에 칸지와 동일한 상징적 사고능력을 입증하는 놀라운 증거를 보여주었다. 게다가 컴퓨터 제어장치의 자판을 누르는 것이 아니라 영어로 직접 말했기 때문에 한층 더 놀라웠다. 일례로 〈사이언티픽 아메리칸 프런티어스Scientific American Frontiers〉 에피소드에 방영된 훈련 기간 중에 알렉스는 다양한 사물의 형태와 색깔을 구별할 수 있음을 보여주었다. 그러나 알렉스에게 진짜로 지능이 있음을 입증한 것은 흥미를 잃어 "이제 그만할 거야!"라고 소리칠 때였다. 알렉스는 말하기 능력 이외에도 6까지 수를 셀 수 있었고 크고 작음, 같고 다름, 차이가 없음 등과 같은 개념을 습득했다. 예컨대 크기가 똑같은 빨간 블록과 파란 블록을 보여주고 무슨 차이가 있는지 물었을 때 알렉스는 "색깔!"이라고 대답했다. 또한 크기가 똑같은 두 개의 파란 블록을 주고 무슨 차이가 있는지 물었을 때 차이가 없다고 대답했다. 심지어 아라비아 숫자를 보여주었을 때는 6이란 숫자가 4란 숫자보다 더 크다는 사실을 알고 있었다.

알렉스의 기분이 최상이었을 때는 아이린이 후원자들에게 실험을 보여줄 때였다. 당시 아이린은 알렉스가 각 글자의 소리를 습득했음을 보여주고 있었지만 알렉스의 주된 관심은 땅콩을 먹는 데 있었다. 아이린은 냉장고에 붙이는 색색의 자석 글자가 담긴 쟁반을 알렉스 앞에서 집어들고는 "파랑은 어떤 소리지?"라고 물었다.

알렉스는 파란 T자 자석의 소리를 정확히 발음한 후에 "땅콩 먹고 싶어"라고 덧붙였다. 아이린은 알렉스의 말을 무시하고 "자주색은 어떤 소리지?"라고 다시 질문했다. 알렉스는 자줏빛 S자 자석의 소리를 정확히 발음한 후에 "땅콩 먹고 싶어"라고 반복했다. 그런데 아이린이 이를 또 무시하고 다시 질문하자 인내심을 잃은 알렉스는 아이린의 말을 막고는 "땅콩을 원해. 땅-콩"이라고 또박또박 한 글자씩 정확히 발음했다.

　무엇보다 중요한 것은 상징적으로 사고하고 대화하는 방법을 배운 알렉스와 칸지 그리고 기타 여러 동물들의 업적을 과장하지 않는 것이다. 즉 그들은 사육사와 친밀한 대화를 나누지는 못한다. 사실 키보드를 이용한 칸지의 대화는 90퍼센트 이상이 뭔가를 얻기 위한 것일 뿐이었다. 이와 마찬가지로 알렉스도 주로 먹을 것이나 관심을 얻기 위해 말을 할 뿐이었다. 또 중요한 점은 과학적으로 입증된 사실에 대해 겸손해야 한다는 것이다. 아마 이런 동물들은 곰이 자전거를 타듯이 자신들의 고유한 방식보다 우리 인간처럼 생각하도록 배웠을 것이다. 혹은 우리가 아직 해석할 수 없는 언어를 이용해 상징적으로 사고하고 대화할지도 모른다. 어찌 되었든 그들은 놀랍게도 상징적으로 생각하고 말하는 법을 훈련을 통해 습득할 수 있었다. 게다가 장차 훨씬 더 나은 훈련 방법이 고안될 가능성도 높다. 그러나 이런 유형의 연구가 계속 되지 않는 한 어떻게 될지 알 길이 없다. 7장에서 살펴본 러시아의 은빛 여우 연구처럼 안타깝게도 미국에서는 이런 유형의 연구가 안정적이지 못하다. 미국 국립과학재단을 비롯한 정부 기관에서 제공하던 연구 지원금이 1999년에 끊기게 되자 아이린은 민간 후원자를 찾기 위해 미친 듯이 뛰어다녀야 했고 심지어 알렉스의 머그잔과 알렉스의 깃털로 만든 귀걸이를 팔기까지 했다. 만일 이들을 후원하고 싶은 독자가 있다면 인터넷에서 알렉스 재단의 홈페이지http://www.alexfoundation.org를 방문해보라. 현재 알렉스 이외에 그리핀과 아서라는 이름의 앵무새 두 마리가 훈련을 받고 있다. 그런데 한 방을 쓰는 터라 개별적인 훈련과 통제된 환경에서 실험을 실행하기가 어려운 실정이다. 그러나 이런 비좁은 조건 덕분에 알렉스는 깐깐한 교사 역할을 톡톡히 하고 있다. 다름이 아니라 어린 두 앵무새가 훈련을 받고 있을 때 알렉스는 간혹 훈련 과정에 끼어들어 "또박또박 말해!"와 같은 잔소리를 퍼붓곤 한다.

전모가 다 밝혀진 것은 아니지만 우리는 알렉스와 칸지를 통해 인간의 진화에 대한 매우 중요한 사실을 알 수 있다. 우리는 인간의 보석 같은 고유성을 설명하기 위해 마술 같은 정신 창조를 가정할 필요가 없다. 상징적 사고의 씨앗은 협력 분수령을 횡단해 도달했던 비옥한 환경처럼 자연선택적으로 유리하고 적절한 환경을 기다리면서 유인원과 앵무새 등에 잠복해 있을 뿐인 것이다.

Evolution for Everyone

전구를 고치는 데 몇 명이 필요할까?

전구를 교체하는 데는 과연 우수한 관리자가 몇 명이나 필요할까? 전구와 관련된 이 농담은 다수로 이루어진 집단이 한 사람이 하면 쉽게 할 수 있는 일을 제대로 못하는 것을 빗댄 것이다. 그런데 기이하게도 집단적 사고방식에 대한 과학 논문을 읽다 보면 상당수가 마치 전구에 관한 농담을 읽는 것 같은 느낌이 들 때가 많다. 일례로 집단사고group think란 개념을 살펴보자. 집단사고란 1970년대에 어빙 재니스Irving Janis가 집단 의사결정의 역기능적인 측면에 대해 기술하기 위해 사용한 신조어다. 그는 "나는 '집단사고'란 용어를 사람들이 응집력이 강한 집단에 깊게 연루되어 있을 때, 즉 구성원들이 무리하게 만장일치를 이루려고 하는 탓에 대안이 되는 행동의 분석이나 이의 제기가 짓밟히는 것과 같은 사고양식을 쉽게 설명하기 위해 사용한다. 요컨대 집단사고는 집단 내부의 압력으로 정신적 효율성, 현실 검증력, 도덕적 판단력 등을 하락시킨다"라고 말한다. 재니스는 또한 다수의 외교정책 실패를 집단사고의 사례로 간주한다. 외교정책은 전구를 교체하는 일과 같아서 개인이 하면 최상의 결과를 얻을 수 있는 일을 집단이 나서면 망치게 되는 경우가 생기곤 한다.

또는 브레인스토밍brainstorming이란 개념을 살펴보자. 1939년에 알렉스 오스본Alex Osborne이라는 광고 담당 중역은 그의 직원들이 혼자일 때보다 집단을 이룰 때 더 멋진 아이디어를 더 많이 짜낸다고 주장했다. 심리학자들은 이런 주장이 사실인지 검증하기 위해 집단의 브레인스토밍 성과를 동일한 수의 개인들(명목집단)이 혼자서 사고할 때의 성과와 비교해 수십 가지 실험을 실행했다. 그런데 그 결과가 한결같이 부정적이라서 1991년 어느 리뷰 논문에서는 "성과 측면에서 브레인스토밍 기법을 정당화하기가 특히 더 어렵기 때문에 장수를 누려온 브레인스토밍 기법의 인기는 분명히 그리고 실제로 잘못된 것이다"라고 결론지었다.

외관상 믿음직스러운 이러한 결과들은 내가 앞의 다섯 장에 걸쳐 기술했던 정신적 팀워크 개념에 이의를 제기한다. 그러나 나라면 정반대로 예측했을 것이다. 20장에서 살펴봤던 것처럼 꿀벌은 집단적 사고능력이 뛰어나 한 가지 생각으로 통합된다. 게다가 인간 집단의 구성원들이 그들의 근육을 협력이 필요한 신체활동에 집중시킬 수 있다면 정신은 왜 집중시키지 못하겠는가? 우리는 인간 종으로서의 역사를 통틀어 집단을 이뤄 살았으므로 담장이 높을수록, 즉 내부 응집력이 강한 집단일수록 집단적인 의사결정은 훨씬 더 나은 결과를 초래했을 것이다. 따라서 인간 진화를 전구와 관련된 장황한 농담으로 간주하는 견해는 전혀 이치에 맞지 않다. 그런데도 거대한 일단의 과학 연구들은 이를 지지하는 것처럼 보인다.

나는 10여 년 전에 이런 문제를 혼자서 해결해보기로 결심했다. 사전 훈련도 없이 이런 새로운 주제에 어떤 식으로 접근했는지 궁금하지 않은가? 나는 가장 먼저 심리학 논문을 전문적으로 검색해주는 서비스인 사이크인포PsycInfo에 '집단 의사결정'과 '집단 문제해결'이란 핵심어를 입력했다. 그리고 버튼을 클릭하자 495개에 달하는 논문의 인용문과 발췌문이 검색되었고 나는 이를 인쇄한 다음 세 군데 구멍을 뚫어 커다란 책으로 엮었다. 그렇게 많은 논문을 모조리 읽으려면 엄청난 시간이 걸릴 테지만 발췌문은 몇 시간이면 다 읽을 수 있을 듯했다. 그래서 주말을 이용해 그렇게 했고 다 읽는 게 좋을 듯이 보이는 관련 논문 색인을 만들었다. 상아군도에 대한 내 예상대로 논문들은 서로에 대해 일부분만을 논하는 다양한 연구 집단들을 대변했다. 나는 즉시 그 주제를 대충 훑어보았다. 그리고 연구의 깊이가 더해지자 저자들을 직접 만나거나 이메일을 보내 "X에 관한 Y의 연구에 대해 잘 아시나요?"라고 물었다. 그러나 모르는 경우가 다반사였기 때문에 오히려 그들이 다룬 주제에 대해 내가 조언을 해주는 이상한 처지에 놓이게 되었다.

나는 마침내 진화론을 상자의 바탕 그림으로 삼아 끼워 맞출 퍼즐 조각들을 상자에 한가득 채워넣었다. 입덧이란 주제를 연구했던 마지 프로펫과 웃음이란 주제를 연구했던 매트 저바이스처럼 말이다. 게다가 나는 나만의 연구를 시도하고 싶었다. 나는 대부분의 심리 실험에 이용되는 정신적 과제가 그렇게 어려운 것이 아님을 알고 있었다. 어찌 되었든 전구 교체처럼 단순한 물리적 과제는 일개인이 혼자서 할 때 가장 잘할 수 있는 일이기 때문에 사람이 많으면 오히려 방해만 되는 것이 사실이다. 따라서 물리적 협력의 이점을 입증하려면 피아노 옮기기와 같은 더 어려운 과제가 필요하다. 그렇다면 정신적 과제가 매우 어려워 이전의 노력이 실패했던 사례를 이용하면 정신적 협력의 이점도 입증할 수 있을 거라는 생각이 들었다.

나는 이 책 전반에서 과학을 정원 돌보기나 건설 공사와 다름없는 실제적이고 적극적인 활동으로 묘사하고자 노력했다. 물론 힘든 일이긴 하지만 그만큼 보상도 크기 때문에 못할 정도로 하기 힘든 일은 아니다. 또한 과학은 신뢰에 관한 것이기 때문에 노력도 많이 필요하다. 나는 내 주장에 회의적일 똑똑한 사람들에게 적어도 일부 정신적 과제들은 집단이 개인을 능가함을 입증해 보여야 했다. 게다가 그들은 내 연구 방법과 결과를 상세히 검토할 것임이 분명했다. 따라서 하나라도 잘못된 게 있을 경우에는 내 연구를 출판해주지 않을 수도 있고 출판이 되더라도 의심을 받게 될 수도 있었다.

집단사고와 브레인스토밍에 대해 심리학자들이 뭐라고 말하든 이처럼 어려운 일을 단행하려면 도움이 필요했다. 이 프로젝트를 함께할 내 파트너는 우리 대학에서 유명한 심리학자 랄프 밀러 Ralph Miller와 나의 대학원생 존 팀멜John Timmel이었다. 랄프는 쥐와 인간의 학습에 관한 매우 세심한 실험을 하고 있었지만 내가 그의 분야에 야만인처럼 침범하는 것을 즐겁게 받아주었다. 존은 스태튼 아일랜드에서 어린 시절을 보냈는데, 근처에 관목이 무성한 숲과 습지가 있는 공원이 있어서 뱀과 개구리를 잡으러 다녔다고 한다. 어머니 또한 그가 각종 애완동물을 키우는 것에 대해 간섭하지 않았다. 그는 뱀과 개구리 같은 것들에 대해 공부할 생각으로 대학원에 입학했지만 내 강좌를 들은 후에 진화론적 관점에 기초한 인간 행동에 순식간에 매료되었다.

우리의 첫 번째 과제는 개인과 집단이 실행할 정신적 과제를 결정하는 것이었다. 고심 끝에 아이들이 즐겨하는 스무고개 게임으로 결정했는데, '예' '아니오' '잘 모르겠다'로 대답할 수 있는 질문을 통해 단어를 추측하는 게임이다. 이 게임을 선택한 이유는 매우 다양했다. 우선 많은 사람들이 이 게임에 대해 알고 있기 때문에 장황한 설명 따위가 필요 없어서 좋다. 또한 이것은 어려운 정신적 과제에 속하는데, 추측해야 하는 단어가 모호할 때 특히 더 그렇다. 게다가 질문하고 대답하는 과정에서 다음 질문을 위해 기억하고 있어야 할 정보가 늘어나기 때문에 어려움이 가중된다. 마지막으로 이 게임은 개인과 집단이 모두 할 수 있다는 장점이 있다. 따라서 개인에 비해 집단이 얼마나 잘하는지 비교가 가능하고 게임이 어려워질수록 집단의 이점이 증대되는지 알 수가 있다.

우리가 그들에게 추측하도록 선택한 단어는 사람들이 생계를 유지하기 위해 선택하는 직업의 종류들이었다. 실험을 시작하기 전에 직업 목록을 만들어야 했기 때문에 우리는 40명의 학생에게 1시간 동안 생각할 수 있는 직업명을 모두 작성하게 했다. 그리고 그들의 대답을 취합해서 442개의 직업명을 추출했다. 또한 각각의 직업명이 포함된 목록 수를 조사했다. 이를테면 '의사'라는 직업명은 40명 학생 모두의 목록에 포함되어 있었던 반면에 '벽돌공'이란 직업명은 단지 1명의 목록에만 포함되어 있었다. 이러한 결과는 그 자체로 기억의 구조와 관련된 매우 흥미로운 사실을 말해주는 것이었다. 다시 말해서 사람들은 모두 '벽돌공'이 직업명이란 사실을 알고 있었지만 직업 목록을 작성하라고 했을 때 이를 기억해내는 사람은 거의 없었던 것이다. 따라서 각각의 직업명이 등장한 목록의 수는 우리에게 기억하기 어려운 색인을 제공했다. 만일 정신적 협력이 어려운 과제를 수행할 때 주로 요구된다면 집단의 성과 이점은 '의사'와 같은 단어보다 '벽돌공'이란 단어에서 발휘될 것이 분명했다.

그다음에 해야 할 일은 게임을 할 사람들을 모으는 것이었다. 대부분의 심리 실험은 심리학 개론을 수강하는 대학생들을 대상으로 하기 때문에 그들은 강좌가 진행되는 동안 몇몇 상이한 실험에서 30분 내지 1시간 정도 실험용 쥐가 되어야 했다. 그런데 우리는 더 많은 시간을 할애할 학생들이 필요했기 때문에 아예 '의사결정에 관한 진화론과 심리학'이라는 교과목을 만들었다. 이 실험은 강좌가 시작된 이후 몇 주 동안 실시될 예정이었고 그

동안에 학생들은 실험용 쥐가 되어야 했다. 그런 다음 그 나머지 시간에 학생들은 과학 논문을 읽고 토론하면서 실험을 분석하는 것을 도울 예정이었다. 이런 유형의 실험을 하는 데 왜 한 강좌 전체가 필요한지 의아하게 생각하는 사람도 있을 것이다. 그러나 이 강좌는 학생들 자신이 최종 평가서에 썼다시피 일반 강좌보다 더 교육적인 경험을 제공했다.

몇 달 동안의 계획이 끝나고 학기가 시작될 때 36명의 학생들이 강좌를 신청함으로써 마침내 실험의 대장정이 시작되었다. 절반의 학생들은 개인으로 게임에 참여했고 나머지 절반은 3명씩 집단을 이루어 참여했다. 그리고 처음 2주 동안 5번에 걸쳐 1시간씩 모임을 가졌다(제1단계). 그런 다음에 역할을 바꿔서 추가로 4번에 걸쳐 1시간씩 모임을 가졌다(제2단계). 이로써 각각의 학생들은 개인으로서 뿐만 아니라 집단의 일원으로서 게임에 참여했다. 각각의 모임은 탁자와 의자 이외에는 가구가 전혀 비치되지 않은 방에서 실시되었는데, 이는 단서가 될 만한 것들을 제거하기 위함이었다. 추측해야 할 단어들은 완성된 목록에서 무작위로 선택되었고 주어진 시간이 다 될 때까지 한 게임이 끝나면 곧장 다음 게임을 시작했다. 게임에는 시간제한이 없었고 너무 많은 시간이 흘러 미해결된 게임은 분석에서 제외시켰다. 뭔가를 적을 수는 없었지만 그 외에는 원하는 대로 게임을 할 수가 있었다. 존이나 그 강좌를 수강하지 않는 대학생 조수로 이루어진 감시자는 각각의 질문과 대답 그리고 대답이 나오기까지 걸린 시간을 기록했다. 학생들은 게임에 관한 대화는 물론 모임 이외의 곳에서 전략을 토론해서도 안 되었다.

왜 이렇듯 상세하게 설명하는지 지루하게 느끼는 사람도 있겠지만 과학적 신뢰도를 위해서는 어쩔 수 없는 일이다. 그리고 이 때문에 랄프와 존 그리고 나는 찬반양론을 펼치는 것을 결코 지루하게 생각하지 않았다. 집단을 성별로 구성해야 할지 아니면 혼합해야 할지, 존과 그의 조수가 감시자로서 똑같이 행동할 필요가 있는지, 그리고 개인과 집단을 비교하기 위해 계획된 것 이외의 모든 요소들을 일정하게 유지하는 데 필요한 수십 가지 사항에 대해서 말이다. 예컨대 모두가 처음에는 개인으로, 그다음에 집단의 일원으로 게임에 참여하도록 했다고 가정해보라. 그와 같은 경우에 실험 결과가 집단효과(개인 대 집단)나 연쇄효과(처음 대 나중)에서 비롯될 가능성이 있기 때문에 치명적인 오류를 내포할 수 있다. 사실 과학의 바다 밑바닥에는 이런 치명적인 오류 때문에 좌초된, 그래서 다시는 결코 볼 수 없는 실험들이 나뒹굴고 있다. 우리는 우리의 실험이 그런 운명에 처하길 원치 않았기 때문에 세부적인 것 하나하나에 집중했다.

실험이 끝나자마자 랄프와 존과 나는 결과를 분석해서 학생들에게 알려주기 위해 고군분투했다. 실험 결과는 집단이 개인보다 2배 정도 더 많은 문제를 푼 것으로 밝혀졌다. 그들의 성과 이점은 의사처럼 일반적인 직업명보다 벽돌공처럼 모호한 직업명에서 더 크게 발휘되었는데, 이는 우리가 과제의 난이도에 기초해 예측했던 것과 정확히 일치했다. 그런데 놀랍게도 개인이나 집단이 제1단계에 실시된 5번의 모임이나 제2단계에서 실시된 4번의 모임에서 갈수록 호전되는 경향이 전혀 없었다. 게다가 제1단계에서 집단으로 게임에 참여했던 학생들은 제2단계에서 개인으로 참여했을 때보다 성과가 더 높지 않았다. 분명 집단은 개인이 이용할 수 있는 특정 전략을 습득하지 못했던 것이다. 그 대신에 집단으로 게임을 할 때의 이점은 집단에 있을 때만 발휘되었다.

우리는 혼자서 게임했을 때 개인의 성과와 집단의 일원으로 게임했을 때 그들의 성과를 비교했다. 다른 학생들보다 성적이 우수한 개인 선수들이 있었는데, 그중에서 최고의 개인 선수는 그 후 계속 공부해 예일 대학교에서 MBA 학위를 취득했고 나중에 투자은행가가 되었다. 이 선수는 집단에 결합하자마자 바로 그 집단의 리더가 되어 다른 학생들에게 게임하는 방법을 가르쳐주었다. 그러나 그 집단은 개인적으로 게임을 잘 못했던 구성원들로 이루어진 다른 집단과 비교했을 때 성과가 형편없었다. 이는 혼자서 게임에 참여한 개인의 성과와 그가 집단의 일원으로 참여했을 때의 성과가 전혀 관계가 없음을 뜻했다.

이러한 결과에 대한 의문은 모임이 진행되는 동안 개인과 집단이 보여준 실제 행동을 고려하자 이해되었다. 개인들은 처음에는 "대학 학위가 필요합니까?"나 "실내에서 하는 일입니까?" 등과 같은 합리적인 질문을 했지만 게임이 진행될수록 다음 질문을 위해 기억해야 할 정보의 무게에 눌려 고생했다. 일부 학생들은 이런 경험을 '고통스럽다'고 했을 뿐만 아니라 몇 시간씩 게임에 참여하는 것을 힘들어했다. 반면

분명 집단은 개인이 이용할 수 있는 특정 전략을 습득하지 못했던 것이다. 그 대신에 집단으로 게임을 할 때의 이점은 집단에 있을 때만 발휘되었다.

에 집단은 자연스럽게 대화가 쏟아져나왔다. 이는 종종 파티 분위기로까지 발전해 질문이 옳았을 때는 환호성이 터져나왔고 전혀 무관한 질문이 나왔을 때는 여기저기서 구시렁댔다. 이와 같은 맥락에서 볼 때 나중에 MBA를 취득한 학생이 이끌었던 집단은 다른 구성원들이 흥겨움 없이 그의 지시를 따르고 자발적인 분위기를 조성하지 못했기 때문에 성과가 나빴을 수 있었다. 요컨대 일반적으로 집단이 개인보다 성과가 더 좋았을 뿐만 아니라 재미를 느끼기까지 했다.

이런 결과는 물리적 협력처럼 정신적 협력의 이점을 입증하려면 어려운 과제가 필요하다는 나의 첫 직감이 옳았음을 보여주었다. 스무고개 게임에서 첫 번째 질문은 전구를 교체하는 일처럼 단순하지만 열 번째 질문은 피아노를 옮기는 일처럼 혼자서 하기에는 힘든 일이다. 게다가 집단 행동에서의 자발성은 진화론적 관점에서 볼 때는 누구나 예측 가능한 사실이다. 즉 집단사고는 수학처럼 우리가 배워야 할 것이 아니라 눈으로 보는 것처럼 배우지 않아도 할 수 있게 진화된 것이다. 물론 보는 것도 과학적으로 연구하면 대단히 복잡한 정신 과정을 요구하지만 누구나 눈을 뜨면 가르쳐주지 않아도 보지 않는가! 또한 우리는 서로 관심이 있는 주제에 대해서는 누가 지시하지 않아도 흥겹고 자연스럽게 대화가 쏟아져나온다. 이 또한 개인 간에 일어나는 정신 과정은 복잡할 수 있지만 말이다. 사실 약간의 진화론적 사고에 기초하면 집단의 의사결정을 눈으로 보는 것과 같은 행위로 상상하기가 매우 쉽다. 또한 우리의 이런 간단한 실험은 우리가 올바른 길 위에 서 있음을 보여주었다.

우리는 논의를 진전시키기 위해 실험이 끝난 후에 전체 학급의 학생들이 모두 참여해야 하는 분석 과정에 착수했다. 일례로 스무고개 게임에서 추측해야 할 단어가 '선원'이고 첫 번째로 "대학 학위가 필요합니까?"라는 질문이 나왔다고 가정해보자. 이 질문은 선원뿐만 아니라 완성된 직업명 목록에 있는 그 외의 모든 직업에 대해서도 대답이 가능하다. 따라서 이 첫 번째 질문을 통해 일부 직업이 정답에서 제외될 수 있다. 이와 마찬가지로 "실외에서 하는 일입니까?"와 같은 두 번째 질문도 첫 번째 질문에서 제외되지 않은 직업 목록의 모든 직업에 대해서 대답이 가능하다. 이런 식으로 하다 보면 하나의 게임에서 제기되는 일련의 질문들은 고려 대상으로 남아 있는 직업명 목록의 직업 수에 대해 하강 곡선으로 나타나게 될 것이다. 그리고 이 하강 곡선은 게임이 끝날 때 실제로 추측된 직업이 무엇이든 상관없이 게임을 잘할 경우에는 급경사를 이룰 것이고 게임을 못할 경우엔 완만한 경사를 이룰 것이다. 이와 같은 분석은 엄청난 파일을 구축할 것을 요구했는데, 이 파일은 수차례 실시된 게임에서 개인이나 집단이 제기한 800가지 이상의 질문에 대해 442개의 직업명에 기초해 어떻게 대답했는지 보여주었다. 만일 우리의 실험이 집짓기와 같다면 이런 분석은 공동체의 헛간 준공식 같은 것이었다. 물론 상당히 어려웠지만 결과가 대단히 만족스러웠기 때문에 지나치게 어렵지는 않았다. 하강 곡선은 처음 몇 가지 질문에 대해서는 개인이나 집단이 거의 동일했지만 갈수록 개인보다는 집단의 경우에 경사가 두드러지게 가팔랐다. 이는 정신적 과제가 힘들 때에만 집단이 의사결정 단위로서 개인보다 우수함을 입증하는 것이었다.

과학자들은 매우 회의적인 집단이다. 그래서 실험이 완벽하게 보일 때조차도 다른 연구소에서 동일한 실험을 실시해 동일한 결과가 나올 때까지 혹은 동일한 연구소에서 다른 방법을 이용해 동일한 결과가 나올 때까지 종종 입장을 보류한다. 이 때문에 강좌가 모두 끝난 후에 랄프와 존과 나는 실험 결과를 재확인하기 위해 브레인스토밍 형식으로 두 번째 실험을 실시했다. 이번 장의 서두에서 말했듯이 브레인스토밍 실험에서는 아이디어의 수와 창의성 측면에서 실제 집단과 구성원들이 개별적으로 아이디어를 창출하는 명목집단을 비교한다. 이때 실제 집단과의 비교를 용이하게 하기 위해 명목집단의 구성원들이 제출한 아이디어는 상호 결합될 뿐만 아니라 앞서 직업 목록을 완성할 때처럼 중복되는 것은 배제시킨다. 이러한 실험의 결과는 보통 명목집단이 실제 집단에 비해 창의성이 떨어지지 않을뿐더러 아이디어의 수에서는 거의 항상 실제 집단을 능가한다. 그런데 놀랍게도 수많은 브레인스토밍 실험 중에서 과제의 난이도가 지닌 중요성을 검토한 사례는 하나도 없었다. 그래서 우리는 실제 집단과 명목집단을 과제의 난이도에 기초해 비교했다. 우선 가능한 많은 직업명을 생각해내는 것이 쉬운 과제로 제시되었다. 물론 이 과제는 앞에서 말했듯이 '벽돌공'처럼 모호한 직업명은 기억하기가 쉽지 않기 때문에 그렇게 쉽지만은 않았다. 한편 어려운 과제로 제시된 것은 스무고개 게임에서처럼 일곱 가지 질문에 대한 대답을 만족시킬 수 있는 직업명을 가능한 많이 생각해내는 것으로 우리는 첫 번째 실험의 실제 게임을 이용했다. 또한 각각의 참가자들은 1시간 안에 주어진 과제를 완수해야 했기 때문에 첫 번째 실험보다 실시하기가 훨씬 간단했다. 실제 집단과 명목집단은 단순한 과제에 대해서는 똑같이 우수한 성과를 달성했다. 그러나 어려운 과제에 대해서는 실제 집단이 50퍼센트 이상 더 많은 직업명을 생각해냈다. 놀랍게도 브레인스토밍에 대한 모든 과학 논문들이 집단사고를 피아노 옮기기가 아닌 전구 교체와 같은 단순한 과제에 국한시킴으로써 이러한 집단사고의 이점에 대해 잘못된 결론에 도달했던 것이다.

이런 실험이 진행되는 동안에 나는 495개의 발췌 논문을 모아 하나의 파일로 만들었다. 하나의 일관된 그림으로 완성될 수많은 퍼즐 조각처럼 말이다. 각각의 발췌 논문은 우리 연구와 대략 비슷한 노고를 들인 연구들을 기술하고 있었다. 또한 과학적 리뷰 과정을 통과함으로써 출판되었고 이로써 사실일 가능성이 높은 것들로 기록되었다. 그런데도 이러한 사실들은 집단을 정신적 과제를 수행하는 데 역기능적인 것으로 간주하는 더 큰 그림 속에 통합되었다. 나는 이러한 논문을 끝까지 읽고 자세히 알아갈수록 집단사고의 이점에 대해 더욱 확신하게 되었다. 문제는 이러한 사실들이 아니라 더 광범위한 총체적 결론에 도달하기 위해 이러한 사실들을 통합했던 방법에 있었다.

일부 논문들은 개별적으로는 보석처럼 훌륭했다. 내가 가장 좋아했던 것은 아리 크루글란스키Arie Kruglanski와 도나 웹스터 Donna Webster가 실시한 실험이었는데, 그 실험에서 이스라엘 스카우트 단원들은 봉사 캠프를 위한 부지 두 군데 중 하나를 결정하는 과제를 수행했다. 그런데 이 두 부지 중에서 하나가 다른 하나보다 객관적으로 훨씬 나았다. 개개인들은 취향, 이해, 존중 등에 기초해 서로를 미리 평가했고 그 결과는 사회적 지위라는 단일 지표로 통합되었다. 각 집단에서 사회적 지위가 중간에 해당하는 구성원에게는 실험 공모자가 되어달라고 부탁했다. 그런 다음에 그 공모자에게 두 가지를 지시했는데, 하나는 더 나은 부지(다수의 입장)에 찬성하거나 더 나쁜 부지(소수의 입장)에 찬성하라는 것이었고 다른 하나는 의사결정 과정에서 초반이나 후반에 주장하라는 것이었다. 의사결정 과정이 끝난 후에는 집단의 구성원들에게 서로에 대한 사전 평가 결과를 잃어버렸다고 말하고 다시 평가 양식을 작성해달라고 요청했다. 그리고 이러한 책략 덕분에 공모자의 사회적 지위를 의사결정 과정의 전후에 기초해 재평가할 수 있었다. 그 결과, 의사결정 과정 후반에 소수의 입장에 찬성을 한 공모자만이 이전에 획득했던 사회적 지위를 잃었다. 나는 아리와 도나가 어떤 식으로 이러한 실험을 성공리에 끝마쳤는지는 잘 모른다. 그러나 어찌 되었든 이 실험은 자발적인 집단 지능을 절묘하게 입증했다. 즉 우수한 의사결정 과정은 평가 단계 이후에 일어나는 대립 발생 단계에서 시작되며 종국에는 최종 결정 이외의 모든 것을 거부하기에 이른다. 따라서 의사결정 초반에 소수의 입장을 지지하는 것은 별 문제가 없지만 집단이 거의 결정 단계에 이르렀을 때 소수의 입장을 지지하는 것은 부적절한 행동이 된다. 그 스카우트 단원들 또한 공모자가 부적절한 시기에 소수의 입장을 대변할 때에만 화를 냄으로써 이러한 의사결정 춤을 자발적으로 조정했다. 한편 내 퍼즐 상자에 수집해둔 다른 실험에서는 집단의 리더에게 의사결정 과정 후반이 아니라 초반에 자신의 의견을 발표하라고 지시했을 때 결정의 질이 떨어지는 것으로 밝혀졌다.

비록 '집단사고'는 여전히 일반화된 용어로 사용되고 있지만 나는 그 개념이 일련의 연구를 통해 검증됨과 동시에 대체로 거부되기도 했음을 발견했다. 예컨대 조지 케넌George Kennan은 자문관들의 토론과 의견 대립을 고의로 조장해 마셜 플랜Marshall Plan(제2차 세계대전 후, 1947년부터 1951년까지 미국이 서유럽 16개국에 행한 대외원조계획 – 옮긴이)을 공식화했다. 이와 대조적으로 린든 존슨Lyndon Johnson은 고압적인 리더였다. 즉 그는 의견이 다른 자문관들을 보면 "그가 자신의 효율성을 잃고 있어 안타깝습니다"라는 불길한 말을 건넸기 때문에 사람들은 어쩔 수 없이 그의 측근 집단을 떠나야 했고 남아 있는 사람들은 자신들의 의견을 억눌러야 했다. 이와 관련해 역사가들은 마셜 플랜은 정교하게 수립된 결정이었던 반면에 존슨의 베트남 전쟁 정책은 재앙이었다는 점에 동의한다. 그러나 우리는 이런 지적을 통해 의사결정 단위로서 집단과 개인의 질적 차이에 대해 무얼 알 수 있단 말인가? 케넌은 자신의 결정을 무작정 떠넘기지 않고 집단 의사결정 과정의 조정자 역할을 했던 반면에 존슨은 그의 의사결정의 집단 규모를 자신 한 사람으로 축소시켰다. 재니스는 '집단사고' 란 용어를 만들 때 일반적인 주장들을 많이 했다. 의사결정은 집단의 응집력이 강할 때나 의사결정의 중요성이 증대될 때 등과 같은 상황에서 악화된다고 말이다. 그런데 이런 주장들은 외교정책에 대한 일련의 분석과 집단 응집력과 결정의 중요성을 독립변수로 조작한 실험실 실험을 통해서는 전혀 입증되지 못했다. 일례로 어느 논문에서는 "우리가 검토한 바에 따르면 완벽한 집단사고 모델을 지지할 만한 것은 거의 없다. ……게다가 응집력이라는 주요 변수가 일관된 역할을 하는 사례를 찾을 수 없었다. ……이러한 사실들은 고도의 응집력 그리고 비판적 사고를 방해하는 집단 일치의 경향이 '집단사고의 주요 특징'이라고 주장하는(1982) 재니스의 견해와 완전히 상반된다"고 기술했다. 결국 495개의 발췌 논문에서 찾은 수십 개의 내 그림 퍼즐 조각들은 일단 상세히 훑어보자 멋지게 제자리를 찾았다.

내가 발견한 또 다른 사실은 개인과 집단의 비교가 완전히 별개의 일일 때가 많았다는 점이다. 일례로 브레인스토밍 실험을 살펴보자. 브레인스토밍 실험에서는 아이디어를 상호 검토하는 사람들로 구성된 실제 집단과 개별 구성원들이 단독으로 사고하는 명목집단을 비교한다. 그런데 문제는 명목집단이 개인이 아니라는 점이다. 즉 명목집단은 집단의 일원으로 조사자를 포함시킨 또 다른 유형의 집단인 것이다. 우선 조사자는 명목집단의 일원들이 수집한 아이디어를 취합해서 목록으로 통합함과 동시에 중복되는 것은 제거한다. 그리고 이런 목록이 실제 집단이 수집한 목록보다 길이도 길고 창의성도 부족함이 없다는 사실은 명목집단이 실제 집단보다 뛰어나다는 증거로 이용된다. 그러나 실제 집단은 그들의 목록을 취합할 조사자가 필요 없을 뿐만 아니라 조사자에게 필요한 시간은 명목집단이 사용하는 시간에 더해지지도 않는다. 의사결정을 위해 그 목록을 이용하려면 목록의 모든 항목을 검토까지 해야 한다. 게다가 실제 집단에서는 이런 일이 목록을 취합함과 동시에 실행되는 반면에 명목집단에서는 실험이 끝나도록 시작조차 하지 못한다. 그러므로 이러한 요소들을 고려하면 실질적인 결정을 원하는 실제 집단이 소위 명목집단의 구조를 모방할 거라는 주장은 불확실하기 짝이 없다. 브레인스토밍 실험에서 사용되는 단순한 과제일지라도 말이다. 또한 두 집단의 일개인을 성과 측면에서 비교할 경우 그 결과는 불 보듯 뻔하다. 즉 개인은 훨씬 더 적은 아이디어를 생산한다. 이와 관련해 첫 번째 실험에서 우리가 직업명의 완성된 목록을 취합했을 때 대부분의 개인은 머리를 쥐어짜 내고도 70여 개 정도밖에 생각해 내지 못했지만 집단은 442개를 생각해냈다! 요컨대 개인과 비교했을 때 집단의 우수성은 명백하기 그지없기 때문에 브레인스토밍 연구자들은 이런 점에 대해서는 거의 언급하지 않고 실제 집단과 명목집단의 차이점처럼 다루기 힘든 주제에 매달린다.

비교 틀을 바꾸면 정신적 팀워크를 가장 명료하게 입증하는 사례들이 개인적인 사례처럼 보일 때가 간혹 있다. 두 명의 친구와 시험 공부를 하는 대학생을 한번 생각해보자. 세 사람이 개별적으로 시험을 치른 후에 세 사람이 함께 힘을 합쳐 똑같은 시험을 본다면 어떻게 되겠는가? 래리 미켈슨Larry Michaelsen과 동료들은 5년에 걸쳐 강의한 25개 강좌에서 총 222개의 집단을 대상으로 이러한 실험을 실시했다. 그 결과 개인별로 치른 시험의 평균 점수는 74.2점이었고, 집단의 최우수 학생이 받은 평균 점수는 82.6점이었으며, 집단별로 치른 시험의 평균 점수는 89.9점이었다. 또한 집단의 97퍼센트가 최우수 학생보다 더 높은 점수를 받았다. 이런 결과가 정신적 팀워크를 입증하는 증거가 아니고 도대체 뭐란 말인가? 집단 구성원들이 사례별로 서로의 실수를 평가하고 바로잡아 줄 수 있는 능력은 우리의 유전 장치가 DNA 복제본이 제공하는 '정답'에 기초해 다른 복제본의 돌연변이적 실수를 감지하고 고쳐줄 수 있는 능력과 비슷하기까지 하다. 그런데도 이러한 연구는 다른 연구자들에게 비난을 면치 못했다. 이유인즉, '집단의 시너지 효과'를 입증하려면 그 집단은 구성원 모두가 틀린 질문에 대해 정답을 말할 수 있어야 한다는 것이었다. 이에 대해 래리와 동료들은 그들의 집단들은 분명 집단의 시너지 효과를 입증했다고 대답했다. 그러나 내 답변은 그보다 훨씬 단순하다. "그들은 도대체 왜 집단 과정이라고 하면 뭐든 그렇게 목표를 높게 잡는 걸까? 누군가가 제대로 알고 있을 때 서로의 실수를 바로잡으려면 집단이 필요한 게 사실 아닌가?"

심리학 논문을 거의 다 완성할 즈음해서, 나는 그 논문이 집단적 사고의 이점을 입증하는 설득력 있는 증거를 제공한다고 확신할 수 있게 됐다. 그리고 마침내 나는 이러한 분석 결과를 「적응주의적 프로그램으로 통합하기: 인간의 의사결정을 포함한 사례 연구 *Incoporating Group Selection into the Adaptationist Program: A Case Study Involving Human Decision Making*」라는 논문으로 발표했다. 랄프와 존과 함께 실행했던 실험 또한 「인지적 협력: 상황이 불리할 때는 집단을 이뤄 생각하라 *Cognitive Cooperation: When the Going Gets Tough, Think as a Group*」란 제목으로 두 번째 논문을 발표했다.

사실 모든 심리 실험에서 활용되는 정신적 과제들은 실제 삶에서 직면하게 되는 난제들 앞에서는 무색해지고 만다. 유명한 물리학자 존 자이먼John Ziman이 편집한 『진화 과정으로서의 기술 혁신 *Technological Innovation as an Evolutionary Process*』이란 매혹적인 책은 이 세상에 나와 있는 수많은 발명품들이 왜 집단 과정의 산물인지를 보여준다. 이제껏 토머스 에디슨 혼자서 전구를 발명했다고 생각했다면 다시 한 번 생각해보라. 전구라는 발명품이 만들어지기까지는 수십 명의 사람들이 필요했고, 그들은 또 그들이 그렇게 할 수 있게 했던 문화의 일부였으며, 그리고 또 그 문화는 태곳적부터 존재한 수많은 사람들이 구축한 것이었다. 따라서 의사결정 기준으로써 개인과 집단을 비교한다고 하면, 전구와 관련된 농담은 오히려 개인에게 해당되는 이야기다.

단일한 유전자, 수천 가지의 문화

우리 집에는 책은 많지만 비디오는 거의 없다. 사실, 나의 큰딸 케이티가 어렸을 때 집에 있는 유일한 비디오는 〈오즈의 마법사〉였고, 나는 그것을 케이티와 함께 수백 번이나 봐야 했다. 어쨌든 싫지는 않았다. 사라지는 기교를 연기하는 훌륭한 뮤지컬 배우들의 세세한 부분까지 집중했으니 말이다. 비록 그 영화가 할리우드만이 할 수 있는 것처럼 원작에서 벗어나긴 했지만, 그 자체로 시간을 초월한 듯했다. 내가 가장 좋아하는 장면은 마법사가 기구를 타고 떠날 때 도로시가 그에게 돌아오라고 부탁하는 마지막 부분이었다. "못하겠어!"라고 대답하는 그의 목소리가 멀리 사라져갔다. "어떻게 작동하는지 모르겠어!"

그 대사는 우리에게 현재를 이해할 수 있는 진언이 될 만하다.

한 세기가 넘도록 우리는 진화에 대해 거의 언급하지 않은 협소한 이론들로 가능한 한 많은 것을 설명하려고 애썼다. 진화론적으로 설명하려는 노력은 생소한 것들이라 이 책에서 내가 이야기했던 거의 모든 것들은 지난 20년 이내에 발견된 것이다. 이런 발견들은 진화론적 설명이 필요하다는 점을 분명히 했지만, 이제 첫발을 내디딘 것에 불과하다. 앞으로도 정말 많은 것들이 발견될 것이다.

합리적 선택 이론의 최대 효용이나 행동주의와 사회 구성주의의 빈 서판 같은 최소한의 가설 대신, 우리는 유전적 진화를 통해 진화되고 소규모 집단들이 조화롭게 기능하는 단위들로 조직되도록 만들어진 복잡한 심리학적 구조를 깨달을 필요가 있다. 알렉시스 드 토크빌Alexis de Tocqueville은 1835년에 "마을이나 군구(郡區)는 유일하게 완벽하고 자연스러운 연합체라서…… 스스로를 구성하는 것 같다"라고 썼을 때 이에 대해 제대로 이해하고 있었다. 그러나 현대 과학은 아직도 그의 추측을 심각하게 받아들이지 않는다. 의도를 내포한 의식적 사고는 빙산의 일각에 불과하다. 빙산의 나머지는 의식적인 지각 밑에서 활동하기 때문에 매순간 우리 내부에서 일어나고 있음에도 불구하고 과학적으로 발견되지는 못했다. 게다가 더욱 이상한 점은 신경세포의 상호작용뿐만 아니라 우리의 외부, 즉 사회적 상호작용에서도 일어난다는 사실이다. 그런데도 우리가 집단 차원의 정신적 과정에서 무의식적으로 특정 역할을 수행한다는 견해는 지난 반세기 동안 지적인 분야를 지배해온 개인주의 때문에 익숙해지는 데 시간이 좀 걸릴 것이다.

이러한 무지의 층들조차 충분하지 않은 듯, 유전보다는 문화에 관련된 또 다른 층이 있다. 우리의 유전적 구조는 면역체계가 항체를 생성하고 전달하고 선택하는 것과 똑같은 방식으로 행동을 생성하고 전달하고 선택하게 한다. 그런데 일부 과정은 의식적이고 의도적이기 때문에 앞 장에서 살펴봤던 것처럼 우리는 어느 정도 문제점을 인식하고 능동적으로 해결책을 모색할 수 있다. 그러나 그보다 더 광범위한 범위에서는 행동을 생성하고 보유하고 선택하는 일들이 의식적인 지각 밑에서 일어난다. 어린아이들은 스펀지처럼 언어를 흡수하듯이 문화양식을 배운다. 그리고 어른이 되어서도 의식적으로 못지않게 무의식적으로 새로운 행동과 특징을 받아들인다. 또한 현재의 행동들 대부분은 누군가가 그런 행동이 유용하다고 결정했기 때문이 아니라 경쟁 속에서 살아남았기 때문에 존재하는 것이다. 인간의 삶은 의도하지 않은 다양한 사회적 실험을 통해 이루어진다. 심지어 우리가 사건의 진로를 조종하려고 노력할 때도 우리의 노력은 무작위나 다름없는 예기치 못한 방식으로 다른 사람들의 노력과 상호작용한다. 그중에서 소수의 사회적 실험만이 상호 결합하고 나머지는 수포로 돌아간다. 또한 애초부터 숱한 실패를 기억하지도 못하기 때문에 기억할 실패조차 없다. 결국 우리는 다루기 힘든 열기구 안의 마법사처럼 스스로 만든 문화 속에서 그것들이 어떻게 작동하는지도 모른 채 하늘을 떠돌고 있는 것이다.

문화적 진화의 중요성을 올바르게 이해하려면 사회적 곤충 군집과 등가를 이루는 영장류로서의 인간 종에 대한 개념으로 되돌아가야 한다. 20장에서 언급했듯이 곤충들은 협력 분수령을 불과 15번 횡단했을 뿐인데도 그 후손들은 모든 곤충 생물량의 50퍼센트 이상을 차지했다. 생물학적 우세에 잇따른 이 희귀한 기원의 결합은 확실히 우리 인간 종의 기원을 설명한다. 개인적인 공헌 뿐만 아니라 다른 이에게 미친 영향력 때문에 이 책에서 반복적으로 언급되는 에드워드 윌슨은 오랜 동료 베르트 횔도블러와 공동 집필하여 미국 국립과학원 회보에 실린 최근 논문에서 이러한 점을 지적했다. 「진사회성: 기원과 결과 *Eusociality: Origin and Consequences*」라는 제목의 이 논문은 주로 사회적 곤충에 관한 것이지만 인간에 대해 "출현의 희귀성과 보기 드문 전(前)적응성의 특징을 가진 호모Homo라는 초기 종은 개미와 흰개미가 진화하는 것과 유사한 방식으로 진화되었다. 즉 눈부신 생태학적 성공과 경쟁관계에 있는 것들의 선점적 배제를 통해 호모사피엔스에 도달하게 된 것이다"라는 난해한 말로 끝맺는다.

이와 같은 절제된 표현은 제임스 왓슨James Watson과 프란시스 크릭Francis Crick이 DNA에 관련된 그들의 유명한 논문 마지막 구절을 생각나게 한다. "그것은 우리가 가정했던 특정 염색체 쌍이 유전적 재료로 쓰일 가능성 있는 복제 메커니즘을 연상시킨다는 우리의 견해에서 벗어나지 않았다."

이 둘 모두는 함축의 세계로 안내한다는 점에서 같은 문장들이다. 그러나 인간과 비교할 때 사회적 곤충이 달성한 생태학적 지배는 차이가 있다. 15개의 사회적 곤충 종은 협력 분수령을 횡단한 이후에도 계속 쪼개져서 현재는 수천 종에 이른다. 반면에 우리는 협력 분수령을 횡단한 이후에 단일한 종으로 생존하면서 전 세계 생태계의 지배자가 되었다. 이는 인간의 다양화가 유전 차원이 아닌 문화 차원에서 일어났기 때문이다. 즉 인간의 문화는 수천 종의 사회적 곤충처럼 수천 가지나 되지만 전 세계 어디서나 거의 동일한 유전적 구조에 기초해 생성되었다.

생각해보라. 이미 알고 있는 사실에 따르면 우리는 대략 7만 년 전에 아프리카에서 퍼져 나와 세력권을 전 지구로 확대한 소규모 집단의 자손이다. 또한 그 와중에 호모를 비롯한 다양한 종들을 대신하게 되었다. 바로 이것이 에드워드와 베르트가 말한 '생태학적 성공과 선점적 배제'다. 이러한 주장을 적극 지지할 수도 있고 반대로 거세게 비판할 수도 있지만 어찌 되었든 이는 가히 놀라운 행동의 융통성을 요구했다. 즉 이런 변화는 아프리카라는 환경에서 유전적 진화를 통해 진화된 '전쟁 계획'을 실행하는 문제가 아니라 '새로운 적응을 창조하고 유지'하는 제한 없는 과정이었다. 우리 인간은 서로 다른 언어를 사용하고 곡식 수확에서 고래 사냥에 이르기까지 다양한 생존 활동을 하면서 수천 가지의 '생활 방식'으로 다양화가 이루어졌다. 또한 찌는 듯이 더운 정글에서 바짝 마른 사막과 얼어붙은 북극에 이르기까지 모든 기후대에 적응했다. 어디 그뿐인가? 배를 타고 나가 바다를 침범하기도 했다. 결국 우리는 생태학적으로 불과 몇만 년 만에 수백의 다른 종들에 필적하게 되었는데, 사실 유전적 진화를 통해 이와 맞먹는 적응 복사가 일어나려면 수백만 년이 필요하다. 즉 우리의 문화 수용력이 진화를 급속도로 향상시켰던 것이다.

끊임없이 확대되는 사회조직의 규모는 소위 인간의 역사라는 근시안적인 시간 개념으로 우리를 이동시켰고 이러한 사고는 오늘날까지 계속되고 있다.

농경사회의 도래는 종으로서의 인간 역사에서 결코 직면하지 않았던 수많은 변화들을 일으켰다. 집단의 규모는 식량이 아닌 사회적 조직에 의해 제한되었다. 어떤 문화들은 다른 문화보다 더 효과적이고 더 큰 규모로 작용하는 방법을 찾아냈고, 초기 호모 집단은 자신들이 그랬듯이 다른 문화에 의해 대체되었다. 이러한 대체는 간혹 폭력적인 정복의 형태로 일어났지만 모방과 동화의 형태로 일어날 때도 있었다. 또한 문화적 진화로 말미암아 전쟁터에서만 전쟁이 일어나라는 법도 없어졌다. 윌리엄 맥닐과 같은 세계적인 역사가들이 평가하듯이, 끊임없이 확대되는 사회조직의 규모는 소위 인간의 역사라는 근시안적인 시간 개념으로 우리를 이동시켰고 이는 오늘날까지 계속되고 있다.

만약 우리가 상아군도로 열기구 여행을 떠난다면 현재 진행 중인 문화적 진화의 몇 가지 눈에 띄는 사례들을 찾을 수 있을 것이다. 일례로 1800년대 초기, 아프리카 나일 강 상류 지역에는 딩카족Dinka이 차지한 부분을 제외한 좁은 지역에 누에르족Nuer이 살고 있었다. 두 부족은 같은 자연적 환경에서 소를 기르고 기장을 재배했지만, 누에르족은 딩카족을 죽이고 그들의 영토를 광대하게 확장했다. 그리고 딩카족을 대신하게 되었다. 1800년대 후기에 전염병이 출몰해 두 부족의 가축을 몰살했을 때와 1900년대 초반에 영국계 이집트인의 식민 통치 정부가 내정간섭을 했을 때를 제외하고는 말이다. 누에르족의 이러한 영토 확장은 60년 이상 인류학자들을 통해 연구되었기 때문에 문화적 대체가 어떻게 일어나는지에 대한 사례로 가장 잘 기록되었다. 또한 이러한 문헌에 훌륭한 자료를 제공한 레이먼드 켈리Raymond Kelly의 저서 『누에르 정복 The Nuer Conquest』은 문화적 진화가 얼마나 철저하고 과학적으로 연구될 수 있는지 보여주었다.

부족들은 단일한 민족 단위가 아니라 하위 부족으로 구성되어 있으며 이러한 하위 부족은 단위별로 광범위하게 변화가 일어난 씨족으로 재구성된다. 누에르족은 딩카족의 하위 부족이었지만 그들만의 부족을 구성할 수 있을 만큼 독특했다. 언어와 관습은 대부분 비슷했지만 상호작용 측면에서 중요한 차이가 있었던 것이다. 예컨대 두 부족은 결혼할 때 신부의 가족에게 소를 지불해야 했는데, 그 지불액이 커지면서 누에르족은 딩카족보다 더 많은 수소가 필요하게 되었다. 이 사소해 보이는 차이점은 큰 차이를 유발했다. 누에르족은 가축 떼를 다른 식으로 관리하게 됨으로써 과도한 방목을 조장하게 되었고 결국 소와 땅 그리고 여자를 얻기 위해 딩카족의 영토를 침범하게 되었던 것이다.

두 부족은 친족 체계도 달랐다. 딩카족에서는 친족이라고 자칭하는 사람들이 소를 기르고 기장을 재배하는 촌락으로 모였다. 반면에 누에르족의 친족 체계는 소떼를 습격하는 경우를 제외하고는 상호작용할 이유가 없는 다른 촌락의 사람들과 연결되었다. 바로 이런 친족 체계 덕분에 누에르족은 딩카족보다 일관되게 전투력을 향상시킬 수 있었다. 즉 이러한 친족끼리의 사회적 책임은 누에르족에게 '친족'이 유전적으로 연관되어 있는지와 관계없이 집단 간의 경쟁에서 이점을 제공했던 것이다.

누에르족은 더 강력해진 동기와 전투력으로 무장한 상태에서 단 몇십 번만의 공격으로 딩카족의 영토를 간단히 잠식했고 1880년에 비해 영토는 4배로 증가했다. 물론 죽이기도 했지만 그보다 더 많은 수의 딩카족들이 아내와 노예로 누에르족 사회에 편입되었다. 노예조차도 그들의 사회 정체성을 빠르게 변화시켰다. 대영제국의 인류학자 에번스 프리처드E. Evans-Pritchard가 1940년대에 누에르족을 연구할 때는 적어도 누에르족 인구의 절반이 이전의 딩카족이었고, 딩카족의 2세대는 '순수 혈통의' 누에르족과 구별이 잘 안 되었다. 하나의 문화가 다른 문화를 대체하고 있었는데, 이는 서로를 대신하는 개인의 문제가 아니었다.

이 매혹적인 예를 더 많이 설명하고 싶지만 짧은 설명으로도 문화적 진화에 대한 일부 중요한 사실이 드러났을 거라고 확신한다. 3장에서 살펴봤듯이 진화 과정의 첫 번째 요소는 변이다. 그런데 누에르족의 사례는 문화적 변이가 부족함이 없음을 보여준다. 즉 문화적 변이는 인간 사회의 상호작용에서 자연발생적으로 나타나며 딩카족같이 이미 존재하는 사회에서 누에르족 같은 분파를 형성하는 것처럼 보인다. 이러한 종류의 자연적인 발생은 놀랄 만한 것처럼 보이지만 사실 날씨 같은 자연현상을 비롯해 모든 복잡한 체계에서 예측 가능한 일이다. 날씨는 초기 상태의 작은 변화가 시간이 지남에 따라 복잡한 상호작용으로 증대될 수 있기 때문에 예상하기가 힘들기로 유명하다. 이것은 종종 나비효과라고 불리는데, 브라질에 있는 나비의 날갯짓이 미국 텍사스에 토네이도를 발생시킬 수 있는 가능성을 언급한 재미있는 비유다. 날씨의 예측 불가능성만 생각해봐도 사회적 집단 간의 작은 문화적 차이가 시간이 지남에 따라 더 큰 차이로 증대될 수 있다는 것은 놀라운 일이 아니다.

진화 과정의 두 번째 요소는 변이의 결과와 연관이 있다. 사람들이 어떻게 행동하는가의 차이는 생존과 번식이라는 점에서 차이를 만들어낸다. 누에르족의 사례는 결혼 관습이나 친족 체계와 같은 것들이 문화들 사이에서 경쟁적인 상호작용에 얼마나 크게 영향을 줄 수 있는지를 보여준다. 그러나 이와 동시에 누에르족과 딩카족에게 나타나는 모든 차이점이 기능적인 의미를 가지고 있다고 생각하는 것은 착각이다. 6장과 8장에서 조심스럽게 강조했다시피 기능적인 측면으로 변이가 이루어지는 것은 자연선택보다는 진화에 더 많이 있으며, 그것은 유전적 진화만큼이나 강력하게 문화적 진화에도 적용된다. 레이먼드 켈리는 미친 원숭이나 개의 말린 꼬리의 등가물에 해당하는 문화로서 누에르족과 딩카족 같은 부족사회의 수많은 특징들을 논의한다.

진화 과정의 세 번째 요소는 유전성이다. 생존과 번식의 차이가 누적 효과를 발휘하려면 행동들이 시간이 지나도 영속되어야 한다. 세 번째 요소는 첫 번째 요소와 충돌하는 것처럼 보일 수 있다. 문화의 경우, 작은 차이가 역사의 방향을 바꿀 수 있다면 성공적인 해결책을 보존하는 데 필요한 안정성은 어디에 있는가? 누에르족의 사례는 자기모순처럼 들릴 수도 있지만 문화가 변화성뿐만 아니라 안정성도 지닐 수 있음을 보여준다. 누에르족의 문화는 딩카족 문화의 분파였지만 매우 안정적이어서 딩카족 구성원들의 거대한 유입에도 불구하고 흔들림 없이 견딜 수 있었다. 또 다른 문화적 안정성의 사례는 1800년대 후반에 전염병으로 소떼가 감소되었을 때 드러났다. 대부분의 누에르족은 더 이상 그들의 문화에서 새 신부를 얻을 때 필요한 만큼의 소를 가지고 있지 않았다. 그런데도 혼인은 여전히 이루어졌다. 그러나 그 사고만큼은 변하지 않았기 때문에 가축의 수가 늘어나자마자 그 숫자는 저절로 부활되었다. 켈리는 "누에르족의 가축 양에 변동이 생겨 신부 대금의 액수에 변화가 생기기는 했지만 이러한 변동이 신부 대금을 특징짓는 만족스럽고 이상적인 지불 액수를 재정의하지는 않았다. 이러한 것들은 친족 관계의 의무로 깊이 새겨져 있다"라고 했다. 문화는 행동하는 방법, 그리고 심지어 현실에서 그 지침에 따라 살 수 없을 때조차도 지속성 있는 전반적인 지침을 제시한다.

요컨대 누에르족의 사례는 어떻게 진화 과정의 근본적인 요소들이 유전적 변화뿐만 아니라 문화적 변화를 위해서도 존재할 수 있는지 보여주지만, 무엇보다도 문화적 진화가 어떻게 의식적인 지각 밑에서 발생하는지를 가장 잘 보여준다. 누에르족과 딩카족은 모두 의심할 여지없이 소를 기르고 기장을 재배하고 결혼하고 습격을 계획하는 등과 같은 일상적인 삶의 중요한 문제들에 대해 골똘히 생각했지만, 그들의 일상적인 결정의 틀을 구성하는 더 큰 문화적 매개변수는 전혀 인식하지 못한 것처럼 보인다. 예를 들어 딩카족이 왜 자신들이 계속해서 누에르족에게 땅을 잃고 있는지, 경쟁력을 키우려면 어떤 식으로 관습을 바꾸어야 하는지에 대해 의문을 품은 증거가 조금도 없다. 그들의 문화에 대한 무지는 유전적으로 진화된 적응에 대한 무지만큼이나 뿌리 깊었다.

이제 누에르족을 떠나 기록이 문화적 적응으로 나타난 인간의 역사 시점으로 가보자. 우리의 안내자는 가톨릭 사제이자 세계적으로 유명한 인류학자 월터 옹Walter J. Ong으로 2003년 90세의 나이로 세상을 떠났다. 그의 저서 『구전문화와 기록문화 Orality and Literacy』에서 옹은 기록이 인간 사고의 성격을 근본적으로 변화시켰다고 설득력 있게 주장했다. 순수한 구전문화에서 알려진 모든 것들은 되풀이하여 반복됨으로써 기억되어야만 했고, 이는 지식의 체계화와 의사소통에 엄청난 제약을 주었다. 그런데 기록은 이전과는 달리 정보를 우리의 두뇌 외부에 저장 - 예술과 물질적인 공예품은 유사한 기능을 수행했을 것이다 - 하는 것을 가능하게 했고, 이로써 우리의 정신은 새로운 활동을 할 수 있는 자유를 갖게 되었다. 옹에 따르면, 고대 그리스에서 철학, 논리학, 수학, 그리고 다른 형태의 분석적인 사고가 꽃피울 수 있었던 것은 우연이 아니라고 한다. 이러한 정신 작용은 기록문화가 도래하기 전에는 누구도 할 수 없는 사치였던 것이다.

오늘날 인간의 사고는 급변하여 글을 읽고 쓰는 사회의 구성원들은 문자의 도움 없이 어떻게 생각하는 것이 가능할지 상상할 수조차 없다. 이와 관련해 옹은 "우리는 기억할 수 있는 것을 안다. 예컨대 유클리드 기하학을 안다고 말할 때 이는 그 순간에 그

명제와 논증을 모두 암기하고 있음을 뜻하는 것이 아니라 손쉽게 생각을 불러낼 수 있음을 뜻한다. 우리는 그것들을 기억할 수 있다. '우리는 기억할 수 있다는 것을 안다'라는 명제는 구전문화에도 적용된다. 그러나 구전문화에 속한 사람들은 어떻게 기억할까? 오늘날 지식인들이 알기 위해, 즉 기억하기 위해 습득하는 체계화된 지식은 거의 예외 없이 한데 모임으로써 그들이 글을 쓸 때 이용할 수 있게 되었다. 이는 유클리드 기하학에만 해당하는 것이 아니라 미국 독립전쟁의 역사에도, 심지어 야구 타율과 교통 규칙에도 해당한다"라고 기술했다.

구전문화에서 지식은 대체로 격언의 형태로 축적되고 전해졌다. 우리는 여전히 기억할 만한 유익한 정보로 격언을 이용하며, 격언은 '제때의 바늘 한 땀이 후에 아홉 땀을 덕 본다'처럼 특정 상황에 특히 적합하지만 우리의 사고와 대화에서는 구전문화에서보다 훨씬 적은 역할을 한다. 이에 대해 옹은 "공식은 운율이 있는 담화에 도움이 될 뿐만 아니라 입과 귀를 통해 순환하는 표현 세트로서 그 자체로 기억을 돕는 조력자의 역할을 한다. 예를 들면 '아침노을은 선원에게 경고, 저녁노을은 선원에게 기쁨' '분열과 정복' '과오는 인지상사(人之常事)요 용서는 신의 본성이다' '슬픔이 웃음보다 나음은 얼굴에 근심이 가득할 때 비로소 현명해지기 때문이다' '남자에게 지나치게 의존하는 여자' '튼튼한 떡갈나무' '자연을 내쫓으면 자연은 전속력으로 되돌아온다' 같은 것들 말이다. 이런 유형뿐만 아니라 다른 유형의 고정되고 운율적으로 균형이 잡힌 표현들은 격언집에서 간혹 발견되지만 구전문화에서는 그리 진귀한 것은 아니다. 아니 그러기는커녕 쉴 새 없이 발견된다. 즉 이런 '표현'들은 그 자체로 사고를 구축하기 때문에 이런 것 없이는 사고를 확장할 수 없다"고 덧붙여 말했다.

구전에 기초한 사고와 기록에 기초한 사고의 차이는 치누아 아체베Chinua Achebe가 1960년대의 나이지리아를 배경으로 쓴 소설 『평안과의 이별 No Longer at Ease』에 잘 기록되어 있다. 주인공 오비 오콩코Obi Okonkwo는 마을 사람들 덕분에 영국으로 유학을 갔는데, 이는 현대 교육을 받고 돌아와 나이지리아 정부의 고위직을 얻고자 함이었다. 그는 영국에서 기록에 기초한 사고로 전환했고 자신을 우무오피아Umuofia 마을의 아들이 아니라 나이지리아 사람인 것을 자랑으로 여기게 되었다. 그러나 그를 교육시키기 위해 희생을 마다하지 않았던 마을 사람들은 여전히 그를 마을의 일원으로 여겼다. 이로 인한 충돌과 비극적 결말은 이 책의 토대가 되지만, 마을 주민의 대화 또한 구전문화의 구성원들이 격언을 이용해 어떻게 사고하고 어떻게 대화를 나누는지 보여준다. 다음 구절은 오비가 영국에서 돌아온 후 처음으로 마을을 방문할 때의 장면이다.

영국에서의 4년은 오비가 우무오피아로 되돌아가고 싶게 했다. 이 감정은 때때로 너무 강해서 학위를 위해 공부하는 그 스스로를 부끄럽게 생각하게 만들기도 했다. 그는 기회가 있을 때마다 이보어로 말했다. 런던의 버스 안에서 이보어로 말하는 학생을 찾는 것보다 더 큰 기쁨은 없었다. 그러나 다른 부족 출신인 나이지리아 학생과 영어로 말해야 할 때는 목소리를 낮추었다. 모국의 사람과 외국어로 말해야 한다는 것은 굴욕적이었기 때문이다. 그 언어가 모국어라는 데 자부심을 가진 사람들 사이에 있을 때는 특히 그랬다. 그들은 당연하다는 듯 우리만의 언어가 없다고 생각했다. 오비는 그들이 오늘 이 자리에 있기를 바랐다. 그래서 그들을 지금 우무오피아로 초대하여 멋진 화술을 가진 우리들의 이야기를 듣게 하자. 그리고 그들을 초대하여 어떻게 살아야 하는지를 아는 남자와 여자 그리고 아이들을 보여주고, 그들이 느끼는 삶의 기쁨이 제3세계 사람들에게 어떻게 살아야 하는지 가르쳐주어야 한다고 주장하는 사람들에 의해 파괴되지 않았음을 알려주자.

이 '멋진 화술'은 격언을 기교적으로 연결해 구성했기 때문에 다듬어진 돌처럼 기교가 뛰어나다. "그녀가 그와 함께함은 달이 하늘에 머무름과 같다. 시간이 오면 그녀는 사라질 것이다" "우리에게도 잘못은 있지만 그들이 우리를 백인으로 본다고 하얗게 되고 흑인으로 본다고 까맣게 되는 바보 같은 존재는 아니다" "큰 나무는 어디에서 자랄지 선택하기 때문에 우리는 그저 그 나무가 자라는 데서 그 나무를 발견할 뿐이다. 그리고 사람의 위대함도 그와 같다" 같은 문장들을 감상해보라!

구전에 기초한 사고와 기록에 기초한 사고의 장벽은 러시아의 위대한 심리학자 알렉산더 루리아Alexander Luria가 1930년대 글자를 모르는 소작농을 대상으로 실행했던 일련의 인터뷰에서도 잘 설명된다. 인터뷰는 다실이라는 위협적이지 않은 분위기 속에서 진행되었다. 그런데 탁자를 사이에 두고 차를 조금씩 마시는 것으로 사회적 거리는 좁혔지만 기록문화 사회의 구성원인 루리아와 구전문화 사회의 구성원인 소작농 사이의 내적인 거리는 좁힐 수 없었다. 기하학적인 형태를 식별하도록 요청했을 때 소작농들은 '원'이나 '사각형'과 같은 관념적인 용어가 아닌 '접시'나 '거울'과 같은 실제적인 사물의 이름으로 대답했다. 루리아가 그들에게 망치, 톱, 손도끼 그리고 통나무 그림을 주면서 이중에서 어떤 세 가지가 동일한 범주에 속하고 나머지가 다른 범주에 속하는지 물었을 때 소작농들은 세 개의 연장을 통나무와 분리할 수 없었다. 대신에 그들은 계속해서 그 연장들을 통나무에 사용하는 것을 생각했다. "이것들은 모두 같아요. 톱은 통나무를 베고, 손도끼는 그것을 작은 조각으로 자릅니다. 만약 이중 하나를 선택해야만 한다면, 나는 손도끼를 버릴 겁니다. 그것은 톱만큼 쓸모 있지 않기 때문입니다."

그 소작농은 특히 자신에 대한 질문에 당혹해했는데, 이와 관련해 아래의 기록을 살펴보자.

질문 : 당신은 어떤 유형의 사람이고 성격은 어떻습니까? 당신의 장점과 단점은 무엇인가요? 자신을 어떻게 설명하겠습니까?
대답 : 나는 유-쿠르간 출신이고, 매우 가난했지만 현재는 결혼해서 아이들도 있습니다.
질문 : 당신은 자신에게 만족하나요, 아니면 달랐으면 합니까?
대답 : 내가 조금 더 많은 땅을 가지고 있어서 밀을 약간 더 파종했

으면 좋겠습니다.

질문 : 당신에게 부족하다고 생각하는 점은 무엇인가요?

대답 : 올해 나는 한 푸드(구소련에서 사용한 무게의 단위, 16.38kg – 옮긴이)의 밀을 파종했기 때문에 조금씩 빈곤에서 벗어나고 있습니다.

질문 : 사람들은 모두 다릅니다. 침착하기도 하고 성급하기도 하고 또는 기억력이 나쁘기도 합니다. 당신은 어떻지요?

대답 : 우리는 바르게 행동합니다. 만약 우리가 나쁜 사람이라면, 아무도 우리를 존경하지 않았을 겁니다.

또 다른 소작농은 마지막 질문에 "내가 나 자신에 대해 어떻게 말할 수 있겠습니까? 내 성격을 어떻게 말할 수 있겠습니까? 다른 사람에게 물어보세요. 그들이 나에 대해 이야기해줄 겁니다. 나는 자신에 대해 어떤 것도 말할 수가 없습니다"라고 설득력 있는 대답을 했다.

위 대답들은 구전사회의 사람들은 두뇌를 실용적인 목적을 위해 사용할 필요가 매우 많다는 사실을 지적한다. '원'이나 '연장' 또는 '나라는 사람의 유형'과 같은 추상적인 개념은 기록을 통해 체계화된 사회환경에서나 유용한 사치이다. 또한 옹은 "기록 체계가 없다면 생각을 분해하는 것, 즉 분석은 매우 위험스러운 절차다"라고 말한다.

구전사회의 구성원들은 다른 사람들과 다를 것 없이 똑똑하지만 문자를 사용하는 기록사회 기준에서는 지능이 낮은 것처럼 보인다. 그런데 이와 반대로 옹은 문자를 사용하는 사람 또한 구술을 사용하는 사회 기준에서는 지능이 낮은 것처럼 보일 수 있다고 주장한다. 이를테면 그는 "지능검사 옹호자들은 일반적인 지능검사 질문들이 특별한 종류의 의식, 즉 읽고 쓰기와 인쇄물에 길들여진 사람에게 맞추어져 있음을 알아야 한다. ……구전문화 혹은 그 잔재가 남아 있는 문화 출신의 총명한 사람이라면 루리아의 질문을 어리석다고 생각할 것이다. 그리고 질문에 대답하기는커녕 구전적 사고가 합산하는 당황스러운 총 상황을 평가하려고 들 게 분명하다. 그리고 많은 응답자가 실제로 그렇게 했다. 저 사람은 왜 내게 이런 바보 같은 질문을 하는 걸까? 저 사람은 도대체 뭘 하려는 걸까? '나무가 뭐지?'라는 질문에 정말로 내가 대답할 거라고 기대하는 걸까? 수수께끼라면 풀 수 있을 테지만 이건 수수께끼가 아니다. 그럼 게임인가? 물론 게임이지만 구전문화에 속한 사람은 규칙에 익숙하지 않다. 질문하는 사람은 유년기부터 그런 질문 세례를 받으며 살았기 때문에 그들이 특별한 규칙을 사용한다는 사실을 인식하지 못한다"라고 말한다.

기록사회는 누에르족과 딩카족처럼 유전적 진화와 문화적 진화의 소산인데도 구성원들은 그 두 가지에 대해 무지하기 짝이 없다.

이제 이 장의 종착역은 미국이고 우리의 안내자는 저명한 사회심리학자 리처드 니스벳Richard Nisbett이다. 문화적 진화에 대한 그의 관심은 젊은 시절의 경험에서 비롯되었는데, 이는 24장에서 살펴본 윌리엄 맥닐의 춤에 대한 관심과 비슷하다. 텍사스에서 태어나 자란 리처드는 열여덟 살에 매사추세츠로 이사를 갔고,

그곳에서 문화적 차이를 발견했다. 남부는 예의범절과 환대 이외에 폭력으로도 유명한데, 반목과 결투 그리고 폭력적인 사적 제재는 미국 역사를 통틀어 주로 남부에서 일어났다. 일례로 켄터키와 웨스트버지니아 경계에서 일어난 해트필드Hatfield 가와 맥코이McCoys 가의 유명한 반목은 뉴잉글랜드에서는 좀처럼 보기 힘든 생소한 사건이었다. 또한 어느 추정치에 따르면 1865년과 1915년 사이에 테네시 주 컴버랜드 산맥의 고원지대에서 발생한 살인율은 오늘날과 비교했을 때 전국 평균의 10배가 넘고 가장 살인율이 높은 도심의 2배였다고 한다. 남부인들은 전쟁에도 관심이 많기 때문에 미국 역사상 군에 복무한 남부인의 수치는 타의 추종을 불허했다. 심지어 남부에서는 오락조차 폭력적인데, 술집에 가면 두 사람이 상대의 어깨를 붙잡고 한 명이 포기할 때까지 서로를 차는 '퍼링purring'이라는 놀이를 볼 수 있다.

리처드는 『인간의 추론 Human Inference』과 같은 책을 저술해 일반 사회심리학자로서 명성을 굳힌 후에, 젊은 시절 호기심을 갖게 된 북부와 남부의 차이점을 시작으로 문화적 변이를 전문적으로 탐구하기로 결심했다. 그와 그의 제자 도브 코헨Dov Cohen은 1996년에 그들의 저서 『명예의 문화 Culture of Honor』에서 요약했던 복합적인 증거의 가닥들을 이어나갔다. 그 책은 내게 추리소설만큼이나 재미있었다.

남부의 폭력성은 가난과 기후 그리고 과거에 사회 통제의 형태로 폭력이 인정된 노예제도 등에서 비롯되었다는 다양한 추론들이 있다. 물론 이러한 요소들의 역할을 무시할 수는 없겠지만 문제는 미국의 역사와 무관한 네 번째 요소를 무시한다는 점이다. 북부와 남부를 식민지로 개척한 사람들은 이미 그들이 미국 땅에 발을 딛기 전부터 문화적 관습에서 차이가 있었다. 북부는 주로 농부와 상인에 의해 식민지로 개척되었는데, 그들은 뉴잉글랜드를 식민지화했던 청교도나 펜실베이니아와 델라웨어를 식민지화했던 퀘이커 교도와 같이 강한 종교적, 정치적 권위를 통해 개인적인 문제를 통제받는 데 익숙했다. 남부는 부분적으로 기름진 저지대에 대농장을 세웠던 영국 귀족 가문의 아들들에 의해 개척되었지만, 그보다 더 많은 부분이 영국제도(英國諸島)의 고지대에서 온 유목민에 의해 개척되었다. 그 대표 사례가 미국의 남부 고원 지역에 와서 예전과 유사한 생활양식을 유지했던 스코틀랜드계 북아일랜드 사람이다.

전 세계 유목민은 일련의 공통적인 문제들을 공유한다. 농부의 들판과 달리 그들의 재산은 이동성이 있어서 쉽게 도난당할 수 있다. 또한 인구가 드문 지역에서 사는 탓에 중앙집권적 정부가 통제하기가 어렵다. 이러한 문제를 해결할 유일한 방법은 자기방어뿐이고 이는 결국 '명예의 문화'를 낳는다. 이와 관련해 인류학자들은 아프리카의 누에르족과 딩카족, 그리스의 양치기들, 미국 남서부의 나바호족, 로마인들이 그 잔인성은 존경했으나 조직력 부족을 이유로 얕보았던 유럽의 켈트족처럼 역사적으로 명예의 문화가 두드러지게 나타났던 민족들에 대해 상세히 기록했다. 이러한 민족들은 서로 비슷한데, 역사적으로 관련되었기 때문이아니라 문화적 진화가 그들로 하여금 공통된 일련의 문제에 대해 공통된 해결책을 찾게 했기 때문이다.

명예의 문화에서 자신의 명성을 지키기 위해 폭력을 사용하는 것은 윤리적으로 용인될 뿐만 아니라 필수적이다. 언론인 호딩 카터Hodding Carter는 1930년대에 루이지애나에서 배심원이 되었던 것을 상기했다. 사건은 주유소 옆에 살던 한 남자와 관련된 것으로 주유소 일꾼들은 항상 그를 괴롭혀왔다. 어느 날 남자는 그들을 엽총으로 쏘아서 두 명에게 상해를 입히고 무고한 방관자 한 명을 살해했다. 카터는 유죄 평결을 제시했던 유일한 배심원이었다. 나머지 배심원들은 "그는 죄가 없다. 만약 그 녀석들을 쏘지 않았더라면, 그는 남자답지 못했을 것이다"라고 주장했다.

아이들의 경우에 명예의 문화는 그들이 아는 유일한 세계이다. 21장에서 살펴봤듯이 크리스토퍼 보엠은 평등주의에 대해 연구했는데, 초기에는 매우 강한 명예의 문화를 가진 몬테네그로의 유목민을 연구했다. 한번은 나에게 어느 가족의 저녁 모임에 대해 이야기했는데, 어른들이 잘 걷지 못하는 어린 소년에게 벽난로 부지깽이를 주고 놀려대자 결국 그 소년은 화를 내며 어른들을 공격했다. 이를 본 어른들은 유쾌하게 웃으며 그의 편을 들어주었다고 한다. 이와 유사하게 남부의 삶을 관찰했던 한 연구자는 어린아이들이 "물건들을 잡아채고, 부모를 즐겁게 하기 위해 카펫 위에서 싸우고, 장난감으로 달가닥거리는 소리를 내며 돌아다니고, 부모의 명령에 저항하고, 심지어 야단법석 속에 방문자들을 맞이하도록 되어 있다"라고 설명했다. 소년들이 성장하면 이런 게임은 격투를 위한 훈련의 기초가 되었다. 이를테면 소년이 골목대장에 대해 불평하며 집에 돌아오면 '네가 어떤 사람인지' 보여주라고 되돌려 보내곤 한다. 또한 돌을 피한 소년은 겁쟁이라 불리기 때문에 그냥 돌에 맞고 맞대응하게 되어 있다.

여성들은 명예의 문화와 실제 전투에 매우 중요한 역할을 할 때가 종종 있다. 남성에게 영향력을 행사할 때 특히 더 그렇다. 스코틀랜드계 아일랜드인의 조상이 된 로마 여성에 대한 다음의 기술을 보자. "만일 갈리아인 남성이 힘이 세고 눈이 파란 아내에게 도와달라고 부탁하면 외국인 일당 전체가 덤벼도 그 남성 한 명을 이길 수 없을 것이다. 특히 그의 아내가 목청을 높이고 이를 갈고 엄청나게 크고 거무스름한 팔을 휘두르면서 투석기에서 날아오는 돌처럼 주먹질에 발차기까지 하기 시작하면 도저히 당해낼 재간이 없을 것이다."

초기 미국의 남부인들은 전쟁터에 나가는 아들에게 방패를 가지고 돌아오든지 아니면 방패에 실려서 돌아오라고 말하는 스파르타의 어머니들을 우상화했다. 예컨대 샘 휴스턴Sam Houston(미국의 정치인이자 군인, 텍사스 주의 도시 휴스턴은 그의 이름을 딴 것임 – 옮긴이)의 어머니는 보병총을 건네며, "이 총을 절대 욕보이지 마라. 명심해라. 난 살겠다고 등을 돌리는 아들을 보느니 아들 모두가 영광스런 무덤에 묻히는 게 낫다"라고 말했다. 그런 다음에 '명예'라는 글자가 새겨진 실반지를 그에게 주었다. 남북전쟁에 참전했던 한 남부의 퇴역 군인에게 왜 남부의 군인들은 패배가 확실해진 다음에도 계속 싸웠는지 물었을 때 "우리는 멈출 수가 없었다. ……집에 있는 여자들이 두려워서……. 만일 그렇게 했다면 여자들은 우리를 부끄러워했을 것이다"라고 대답했다.

현대의 남부는 더 이상 유목사회가 아니고 대다수의 사람들은 북부와 같이 평범한 직업을 가지고 있다. 그러나 그렇다고 해서 북부와 남부의 문화적 차이가 사라지지는 않는다. 물론 문화적 진화는 유전적 진화에 비해 빠르긴 하지만 환경 변화에 반응하는 데에는 시간이 필요하다. 의식적인 지각과 의도적인 계획은 단지 빙산의 일각에 불과하다는 것을 기억하라. 의식적인 지각 밑에서 학습되고 전승된 가치와 관습은 훨씬 더 큰 관성을 지닌다. 우리는 유전적인 진화 못지않게 문화적 진화에서도 과거의 환경이라는 유령과 함께 춤을 춘다.

남부로 이사 온 텍사스 출신의 리처드와 북부 토박이인 도브가 실시한 일련의 실험들은 문화가 사람들에게 얼마나 많이 제2의 천성을 부여할 수 있는지를 보여준다. 그들은 미시간 대학교의 남자 학부생들을 대상으로 몰래카메라 촬영을 시행했다. 각각의 학생은 한 명씩 설문지를 작성해서 길고 좁은 복도 끝에 있는 탁자에 가져다 놓도록 요청받았다. 도중에 서류 정리용 캐비닛과 실험 진행자를 지나쳤는데, 진행자는 피실험자가 지나갈 수 있게 하던 일을 멈추고 서랍을 닫아야만 했다. 설문지를 놓은 후, 피실험자는 같은 복도로 되돌아와서 다시 진행자를 방해했고, 진행자는 일어서서 서랍을 쾅 닫고 피실험자를 지나쳐 어깨를 부딪치고 그를 "멍청이"라고 부르며 당당하게 걸어갔다.

세심하게 기획된 이 모욕의 목적은 남부에서 온 학생들이 북부에서 온 학생들과 다르게 행동하는지를 알아보기 위한 것이었다.

두 지역의 학생들은 평균 소득이 북부인의 경우 8만 5천 달러, 남부인의 경우 9만 5천 달러인 부유한 집안 출신이었다. 북부 대학에 들어가기로 결심했던 남부 학생들의 성향은 아마도 고향에 남기로 했던 이들보다 조금 더 북부인과 비슷할 것이다. 그런데도 모욕에 대한 남부와 북부 학생들의 반응은 사뭇 달랐다. 복도의 양쪽 끝에 있고 개별적인 피실험자의 신원을 전혀 알지 못했던 관찰자들에 따르면, 남부인들은 눈에 띄게 화를 내는 경향이 있던 반면에 북부인들은 재미로 반응하는 경향이 있었다. 두 번째 실험은 실험 진행자를 바꾸어 훨씬 더 정교하게 기획하고 관리했다. 두 번째 실험 진행자는 키가 191센티미터인 데다가 몸무게는 113킬로그램이나 나갔다. 모욕을 당한 피실험자는 두 번째 실험 진행자가 얼마나 가까이 접근해야 옆으로 비켜섰을까? 북부인들은 그들이 모욕을 당한 것과 상관없이 약 1.57미터 정도 거리에서 옆으로 비켜섰다. 남부인들은 모욕을 당하지 않은 경우에는 정중함으로 유명한 지역 출신답게 약 2.7미터 거리에서 매우 공손하게 비켜섰지만, 모욕을 당한 후에는 불과 90센티미터 정도로 좁혀질 때까지 호전적으로 기다렸다. 이 실험에서 주목할 만한 점은 모욕을 당한 전후의 타액 표본을 수집해 호르몬 분석을 한 것이다. 그 결과, 스트레스 및 공격성과 연관이 있는 호르몬인 코티솔cortisol과 테스토스테론testosterone 수치가 모욕 후에 남부인들은 급등했지만, 북부인들은 그렇지 않았다. 모욕 전이나 모욕 없는 통제 조건에서나 전혀 차이가 나지 않았다. 즉 북부에 있는 대학교에 입학하기로 결정했던 부유한 남부의 학생들조차도 그들의 문화를 통해 행동과 호르몬 측면에서 이미 명예를 지킬 준비가 되어 있었던 것이다.

리처드는 수십 년 동안 북부에서 살았지만 젊은 시절에 습득한 남부 문화의 잔재가 어느 정도 남아 있었기 때문에 남부 학생과 잘 지낼 수 있었다. 그는 일전에 내게 위층 창가에서 누군가가 그의 잔디에 침범하는 것을 보면 자신도 모르는 사이에 잔디를 지키기 위해 밖에 나와 있을 것이라고 말했다. 침범한 사람이 나이가 많든 술에 취해 있든 잠옷 차림이든 상관없이 말이다. 그러면서 그는 "그건 내 뼈에 사무쳐 있어!"라고 덧붙여 말했다. 그러나 그것이 그의 '유전자' 안에 있다는 뜻이라면 그건 '진짜 뼈'에 사무쳐 있는 게 아니다. 그렇게 반응할 수 있는 능력은 과거와 미래에 걸친 그 외의 다양한 능력과 함께 그의 유전자 안에 있다. 따라서 도대체 어떤 능력이 특정 개인이나 사회의 '뼈에 사무쳐 있는지' 이해하려면 유전적 진화가 아닌 문화적 진화의 과정을 살펴봐야 한다.

지금까지 우리는 주목할 만한 세 가지 문화적 진화의 사례를 살펴봤지만 자신만의 여행을 더 하고 싶은 사람도 있을 것이다. 동양과 서양 사회의 차이점을 알고 싶다면 리처드 니스벳의 『생각의 지도 *Geography of Thought*』를, 이탈리아 내부의 문화적 변이를 알고 싶다면 로버트 퍼트남Robert Putnam의 『사회적 자본과 민주주의 *Making Democracy Work*』를, 신뢰할 수 있는 능력의 국제적인 문화적 변이를 알고 싶다면 프랜시스 후쿠야마Francis Fukuyama의 『트러스트 *Trust*』를 읽어보라. 그러나 무엇보다도 문화적 변이의 원인과 결과를 놀라울 정도로 통찰력 있게 분석한 알렉시스 드 토크빌의 고전 『미국의 민주주의 *Democracy in America*』를 읽어보라. 아직까지 읽지 않았다면 말이다.

내가 이 장을 문화적 진화에 대한 우리의 무지를 강조한 뒤에야 비로소 문서로 잘 정리된 유명 사례들을 설명한 것을 보고 이상하게 생각했을지도 모른다. 레이먼드 켈리, 월터 옹, 리처드 니스벳, 로버트 퍼트남, 프랜시스 후쿠야마, 그리고 알렉시스 드 토크빌은 자기 분야에서 거장이기 때문에 나와 같은 떠돌이 진화론자가 굳이 소개할 필요가 없을 것이다. 내가 잘못 알고 있다고 생각하는가? 이는 우리가 상아군도의 어느 섬을 방문했는가에 달려 있다. 어느 한 분야의 거장이더라도 그와 다른 분야에서는 생소한 인물일 수도 있다. 심지어 어느 거장이 대표한다는 이론이 한 학문에서는 기초적인 것일 수 있지만 다른 분야에서는 여전히 이단적일 수 있다. 이론적인 학문 분야 또한 문화이기 때문에 어떤 명제는 그들의 뼈에 사무쳐 있지만 그 외의 것들은 상상 저편에 있다. 리처드 니스벳과 대다수 동료들은 초기에 미국인 대학생들에 대해 무엇을 발견하든지 우리 전체 종의 심리를 대표할 것이라고 가정했다. 그러나 문화의 중요성을 발견하고는 충격에 휩싸였고, 이로 말미암아 자신이 몸담고 있는 사회심리학 분야에서 영향력이 있긴 하지만 소수의 의견을 대변하는 사람이 되었다.

유전적 진화에 숙달된 동료 진화론자들조차도 종종 문화적 진화를 어떻게 설명해야 할지 모른다. 그들에게 오늘날 인간의 행동이나 심리의 일부를 제시해준다면 그들은 석기시대에 그것이 어떻게 작용했는지 상상하려 노력할 것이다. 그러나 이는 이 책의 앞 장들에서 강조했듯이 인간의 일부 적응 방식에 대한 합리적인 사고방식이긴 하지만 문화적 진화의 자유분방한 과정을 전적으로 무시하는 것이다. 물론 아직까지도 무엇이 유전적으로 타고난 심리학적 구조의 일부이고 무엇이 문화적으로 진화된 구조의 산물인지 진화론자들 사이에서도 의견이 분분하지만 말이다.

1장과 24장에서 설명했듯이, 우리는 문화적 변이에 대한 안목이 높은 상아군도를 여행하면서 그들 또한 진화론이라고 하면 무조건 반발하는 것을 보았다. 많은 사람들이 문화에도 공통된 복잡한 유전적 구조가 존재한다거나 진화론자들이 생물학적 다양성을 설명하듯이 문화적 다양성을 설명할 수 있다는 사실을 부인한다. 문화적 변이 전문가들 사이에서 진화에 대한 일치된 의견이 있다면 오히려 그것이 잘못된 것이다.

이것은 쓸데없는 지적 호기심의 문제가 아니다. 우리의 미래는 전례 없는 시공간의 규모에서 문화를 현대라는 삶의 현실에 적응시키는 데 달려 있다. 그런데 유전적, 문화적 진화에 관한 상세한 지식 없이 그렇게 할 수 있다고 생각한다면 나중에 참으로 어처구니없는 발상이었음을 깨닫게 될 것이다. 우리가 운이 좋아서 현재의 적응성 없는 문화를 오랫동안 지속할 수 있다면 말이다. 우리는 언젠가 우주선 엔터프라이즈호의 커크 선장처럼 자신 있게 미래로 향할 것이다. 그러나 그날이 올 때까지는 어떻게 작동이 되는지도 모른 채 열기구 안에 있는 오즈의 마법사와 같은 처지에 놓여 있을 것이다.

제4부
보이는 것과 믿는 것

2002년 1월, 내가 진화론과 종교에 관해 다시 강의를 시작하는 첫날이었다. 36명의 학생이 등록했다. 그들의 자기소개에 따르면 19명이 기독교인, 9명이 유대인, 3명이 이슬람교인, 1명이 힌두교인, 1명이 불교인, 그리고 3명은 비종교인이었다. 역사상 세계 전역에 존재해온 모든 종교에 관한 수업을 듣기 위해 바로 이 교실에 있는 학생들이 세계 전역에서 왔으며 우리가 공부할 대부분의 종교적 전통을 대표하고 있다는 사실이 매우 놀라웠다.

강의의 주교재는 내가 새로 쓴 『종교는 진화한다』였다. 『종교는 진화한다』는 나와 동료학자들이 다룬 수많은 주제들에 대해 실시했던 것을 종교에도 적용해보려는 시도의 일환이었다. 다양한 종교들에 대해 논의하였지만 대부분 취사선택한 것이었기 때문에 내가 편견을 가지고 있다는 비판을 받을 여지가 있다. 마치 대부분의 통계자료가 이용하는 쪽의 입장을 지지하기 위하여 선택적으로 인용되는 것처럼 나도 단지 내 지론을 지지하는 것들을 찾아 많은 종교들 중에서 선별했을 것이다.

선택의 문제점에 대한 해결책이 있는데, 이를 임의추출법이라 한다. 개념 자체는 단순하다. 즉 어떤 가설도 고려하지 않고 선택한 종교 표본을 결과가 어찌 되건 연구하는 것이다. 『종교는 진화한다』에서 나는 위대한 종교학자인 미르치아 엘리아데Mircea Eliade가 펴낸 16권의 『세계종교 백과사전 *Encyclopedia of World Religions*』을 이용하여 이 과정을 시작했다. 나는 컴퓨터 프로그램에 무작위로 권수를 선택하고, 이어서 그 한 권 내에서 무작위로 페이지 수를 선택하라고 입력했다. 그리고 나는 '다른 믿음 및 예배 의식과 구분될 수 있는 믿음과 예배 의식을 가진 구분될 수 있는 사람들의 집단'으로 정의되는 단일한 종교를 골라냈는지 확인하기 위해 해당 페이지에 써 있는 백과사전 수록어를 검토했다. 이 정의는 기독교나 불교와 같은 주요한 양식뿐만 아니라, 칼뱅주의나 루터주의와 같은 주요 종교적 양식 내의 교파도 구분한다. 만약 수록어가 정의를 충족시키면 그 종교는 내 표본으로 추출되었다. 일부 수록어는 단일한 종교라기보다 '신화'나 '다신교'와 같은 일반적인 주제를 언급했는데 그런 것들은 표분 추출에서 제외했다. 나는 나만의 지론을 고려하지 않고 선택된 종교 표본을 얻기 위해 이 과정을 반복했다. 결국 표본들은 종교 백과사전에서 취했기 때문에 모든 믿음과 예배 의식은 종교적인 것으로 추정되었다. 다시 말해서 나는 나의 정의를 강요하지 않고 엘리아데와 그의 편집 구성원들이 종교적인 것으로 간주한 것에 따랐다.

『종교는 진화한다』에서 나는 임의추출법의 원리를 설명하고자 이 방법으로 종교를 선택했다. 강의의 목적은 학생들의 도움을 받아 표본에 속한 종교를 실제로 연구하는 것이었다. 그들이 자기소개를 한 후에 나는 각 학생들이 표본에서 하나의 종교를 배정받아 그 학기 중에 연구를 하게 될 것이라고 설명했다. 물론 과제는 임의로 맡게 되므로 유대인 학생이 이슬람교를 배정받을 수도 있고 기독교인 학생이 힌두교를 배정받을 수도 있었다. 그들의 과제는 학술적인 문헌을 철저히 조사하여 자신들이 배정받은 특정 종교에 관한 전문가가 되는 것이었다. 그러고서 그 종교에 대해 내가 준비해두었던 서른두 가지 질문에 대한 대답을 포함한 증보된 에세이를 작성해야 했다. 나는 강의 과정 중에 그 에세이들을 읽어보고 필요하다면 더 많은 정보를 수집하도록 문헌을 학생들에게 보냈다. 마지막으로 우리는 사회과학자들이 개발한 방법을 이용해 이 산더미 같은 서술적인 정보를 수적 형태로 전환했다.

내가 강의 과정의 목적을 개괄했을 때 학생들은 마치 보이스카우트에 들어와 군부대 캠프에서 훈련 담당 하사관을 마주하고 있다는 듯이 숨을 죽였다. 그럼에도 학생들은 흥미를 느꼈기 때문에 학기 초에 쉽게 강의를 철회할 수 있었지만 아무도 그렇게 하지 않았다. 아마도 종교처럼 매혹적이고 중요한 주제에 대해 수

동적으로 지식을 받아들이기보다 능동적으로 지식에 기여할 수 있다는 생각이 호기심을 불러일으킨 듯하다.

　나는 3년 전에 350년 전 후터교Hutterite faith(기독교 재세례파의 한 종파 – 옮긴이)의 한 구성원이 쓴 다음의 구절을 발견한 후부터 종교에 매료되었다.

　　진정한 사랑은 유기체 전체를 위한 성장을 의미하며 그 구성원들은 모두 서로 의지하고 돕는다. 그것은 그리스도가 다스리는 신체라는 유기체, 즉 성령의 내적 작용의 외적 형태이다. 우리는 똑같은 열정으로 꿀을 모으는 벌들에게서도 이와 동일한 것을 발견한다.

　독자들은 이 책 서두에서 제시한 "오랜 세월 서로 앙숙이었으며 오늘날 인간 사고의 양극단에 서 있는 진화론과 종교가 사이 좋게 화해할 것이다"라는 거창한 나의 주장을 의아하게 생각했을지도 모른다. 그러나 아마도 지금쯤이면 독자들은 어떻게 결합이 가능한지 알 수 있을 것이다. 앞서 11개의 장은 생명의 기원에서 다세포 신체, 사회적 곤충 군집, 그리고 협력 분수령을 통해 다른 영장류와 크게 구별되었던 우리의 선조에 이르기까지 유기체로서의 집단에 관한 것이었다. 위에서 인용한 구절의 작가는 진화론이나 과학에 대해 알지 못했지만, 신체와 벌 집단 그리고 자신의 종교적 집단에 관한 그의 비유는 시적 은유보다도 훨씬 더 나를 감동시켰다. 만일 내가 정말 인간 집단을 신체나 벌들과 유사한 것으로 연구하고자 한다면 종교 집단을 연구해야만 하지 않겠는가? 그것이 적어도 일부 종교가들이 자기 자신을 설명하는 방법이다.

　이제 관심은 생겼지만 내가 정말 이렇게 야심적인 연구 과제를 위해 시간과 노력을 들일 여유가 있을까? 나와 같은 과학자들은 보조금으로 연구 자금을 마련한다. 나는 국립과학재단과 같은 연방 보조금 기관은 진화론적 관점에서 종교를 연구하는 데 보조금을 줄 만큼 결단력이 있다고 생각하지 않았다. 다행히 부유한 투자자 존 막스 템플턴 경Sir. John Marks Templeton이 창설한 민간 재단이 과학적 관점에서의 종교 연구를 후원했다. 템플턴 경은 테네시 주 외곽의 장로교파 가정에서 태어났는데, 열두 살 때 멀지 않은 곳에서 유명한 '원숭이 재판Monkey Trial'(1925년 고등학교 생물교사 존 스콥스John Scopes가 생물 시간에 진화론을 가르쳐서 기소된 사건 – 옮긴이)이 열렸다. 아흔두 살의 나이에도 여전히 활동적인 그는 일생 동안 종교의 가르침을 따랐고 단호한 기도로 그의 사업 회의를 시작했다. 그러나 젊은 시절에 창조론자인 이웃들과 달리 템플턴 경은 과학과 종교가 서로에게 많은 것을 줄 수 있다고 생각했다. 특히 전 세계의 종교적 전통들이 과학적 연구를 통해 더욱 빛을 발할 수 있는 지혜의 창고라고 생각했다. 그의 재단이 목표로 삼은 임무는 그러한 과학적 연구가 가능하도록 보조금을 제공하는 것이었다. 내가 진화론적 관점에서 종교에 관심을 가졌던 것과 같은 시기에 템플턴 재단은 용서와 관련된 과학적 연구에 새로운 보조금을 지원한다는 의안을 발표했다. 나는 친구이자 동료인 크리스토퍼 보엠과 팀을 꾸렸는데, 그의 평등주의 연구는 21장에서 이미 살펴보았다. 우리는 수렵 채집 사회에서의 용서와 진화론적 관점에서의 현대 종교에 관한 연구에 보조금 인가를 요청했다. 마침내 연구 과제는 보조금 지원을 받게 되었고 나는 나의 이력을 통틀어 가장 흥미로운 지적 모험을 시작할 수 있었다.

나의 지적 배경은 사실 종교적인 것과는 거리가 멀었다. 부모님들은 모두 따뜻하고 자상하고 도덕적이었지만 두 분 모두 교회에 나가지 않았던 데다가 특히 아버지는 종교를 경멸했다. 한번은 "우리 교구에 참여하지 않으시겠습니까, 윌슨 씨? 우리 일반 신자들은 2만 달러 - 그 당시에는 많은 돈이었다! - 가 넘는 봉급을 받습니다"라고 말하는 지역 성직자가 방문했다. 나는 아버지가 그 이야기를 하며 마치 모든 종교의 위선이 폭로된 듯 재밌어하던 표정을 아직도 기억한다.

나는 개인적 경험이 거의 없이 종교에 관해 알 수 있는 것을 찾아 상아군도로의 여행을 시작했다. 이는 톨킨의 소설 『호빗 *The Hobbit*』에서 세상이 생각보다 훨씬 더 크다는 것을 찾고자 샤이어 마을을 떠나는 빌보 배긴스와도 같았다. 종교와 관련된 문헌은 광범위했는데 수천 년 전으로 거슬러 올라가는 종교 문서들이 있는가 하면 각계의 학자들이 종교에 대해 쓴 논문들도 있었다. 어느 정도로 광범위한가 하면 우리 대학은 종교 분야가 강하지도 않을뿐더러 도서관도 어떤 기준에서든 특별히 내세울 것이 없는데도 1500년대 칼뱅이 창설한 특정 기독교 교리에 관한 책만 100권 이상을 소장하고 있었다. 그러니 미국 칼뱅주의의 본거지인 미시간주 그랜드 래피즈의 칼뱅 대학 도서관이 우리보다 10배 넘게 그런 유형의 책을 소장하고 있는 건 당연하지 않은가! 다른 주요한 종교 양식들은 말할 것도 없이 기독교의 두드러진 모든 교파들도 유사한 주목을 받았다. 마지막으로, 『종교의 과학적 연구 *The Journal for the Scientific Study of Religion*』와 같은 수십 권의 책과 잡지의 형태로 된 종교 관련 사회과학 문헌들이 있었다. 나뿐만 아니라 그 누구라도 3년 이내에 혹은 일생 동안이라도 그렇게 많은 정보를 모조리 습득할 수 있다고 생각하는 것은 터무니없는 일이었다.

그러나 나의 연구 과제는 이 모든 정보를 이해하는 게 아니라 그것을 체계화하기 위한 이론적 틀을 제공하는 것이다. 진화론적 관점에서 종교를 어떻게 보아야 하는가? 나의 주된 가설은 종교 집단들은 문화 공동체의 소산이며 결국엔 신체나 벌과 다를 것이 없다는 것이었다. 기존 종교는 구성원들을 그들 지역의 환경에 적응시켜 혼자서 또는 종교의 부재 시에는 함께라도 성취할 수 없는 것을 단체 행동을 통해 성취할 수 있게 한다. 종교의 1차적인 혜택은 내세가 아닌 현세에 있다. 비록 종교 집단이 비(非)신자에게 종종 기괴하고 불합리하며, 오히려 역기능을 유발시키는 듯이 보일지라도, 엄밀히 살펴보면 대부분은 행동을 통합하고, 내부에서 규칙을 어긴다는 가장 중요한 문제를 해결하는 '사회생리학'의 일부로 이해될 수 있을 것이다.

반면, 종교는 주로 집단 간 선택이라기보다 집단 내부 선택의 산물이다. 사람들에게 천국에서의 보상을 받기 위해 황금률을 준수하도록 장려하고 현세에서 희생하도록 할 때, 아마도 그들은 의식적이든 무의식적이든 그들의 지도자에 의해 현혹되는 것이다. 만약 그렇다면, 우리가 종교를 면밀히 볼 때, 지도자들이 신자들을 이끌기보다는 그들을 속여 이익을 취하는 사기 작용으로 보아야 한다. 물론 종교의 역사상 많은 남용과 착취의 사례들이 있었으며 그 대표적 사례가 종교개혁과 반종교개혁을 일으키게 한 가톨릭 교회의 관례였다. 아마도 칼 마르크스가 종교 대부분의 요소를 '대중의 아편'이라고 말했던 것이 옳았을 것이다.

문화적 진화가 사람들 사이의 사상의 전이와 관계있다는 사실은 세 번째 가설을 제기한다. 포진이나 감기 바이러스와 같은 병균들도 사람들 사이에 전이된다. 그것들은 개인이나 집단이 아닌 그들 스스로에게만 이롭다. 동료 진화론자인 리처드 도킨스는 『이기적 유전자』에서 '밈meme'이라고 불리는 어떤 문화가 기생적인 유기체로 진화할 수 있음을 탁월하게 보여주었다. 만약 그렇다면 종교적 운동을 자세히 관찰하다 보면 종교들이 지도자나 추종자들 모두에게 그전의 상태보다 더 악화시키는 전염병과 같다는 것을 밝혀낼 수도 있을 것이다.

또는 8장에서 살펴봤던 것처럼 종교에 대한 매력은 유령과 춤을 추는 것 같을 수 있다. 마치 우리의 식습관이 고대에는 이해가 되었으나 현대 환경에서는 그렇지 않은 것처럼, 아마도 타인을 돕고자 하는 충동이 유전적으로 동일한 친척들로 이루어지는 고대의 소규모 사회에서는 이해가 되었으나 오늘날의 대규모 사회에서는 그렇지 않을 수 있다. 만약 그렇다면 종교는 자세히 관찰하면 비록 우리에게 더 이상 도움이 되지 않지만 어쩔 수 없기 때문에 하는 어떤 것, 즉 비만과 같은 것으로 밝혀질 수 있다.

혹은 종교는 미친 원숭이나 개의 말린 꼬리처럼 그것 자체로는 아무런 기능이 없으나 지속하는 다른 어떤 것과의 연결의 미덕에 의해서만 지속적으로 발현되는 것일 수 있다. 즉 종교와 관련된 많은 특징들은 비종교적인 맥락에서 나타날 수 있다. 비종교적 표현은 분명히 적응성이 있고 만약 그렇다면 우리는 종교의 존재를 부산물로 설명하기 위해 종교 외부에서 바라보아야만 한다.

요컨대 진화론은 종교에 관해 하나가 아닌 적어도 다섯 가지의 주요한 가설을 제시한다. 그 모든 것들이 타당성 있고 종교의 특징 중 일부 혹은 모두를 그럴듯하게 설명해줄 수도 있다. 종교에 관해 생각했던 소수의 진화론자들은 어떤 가설들이 더 옳은지에 대해 의견이 분분하다. 나는 집단 차원의 적응 가설을 선호하지만 리처드 도킨스와 철학자 다니엘 데넷Daniel Dennett은 그들의 책 『만들어진 신 *The God Delusion*』과 『마법 풀기 *Breaking the Spell*』에서 문화적 기생 가설을 선호한다. 과학자들은 자신이 선호하는 가설을 검증하기 전에는 동의하지 않는다. 동의는 어떤 가설들이 다른 것보다 실제 세상의 요소들을 더 잘 설명한 후에 뒤따른다. 연구의 이번 단계에서 나는 단지 그것들을 검증하기 위한 준비로 종교에 관한 주요 진화론적 가설들을 분명히 해보려고 했다.

대부분의 종교 이론들은 E를 진화evolution라는 단어로 결코 사용해본 적이 없는 사람들에 의해 공식화되었지만 나는 재빨리 그것들이 추가적인 가설 없이 다섯 가지 주된 진화론적 가설에 의하여 분류될 수 있다는 것을 발견했다. 이를테면 위대한 사회학자 에밀 뒤르켐Emile Durkheim – 그는 랍비의 아들이었다 – 은 1912년 종교를 다음과 같이 정의했다. "종교란 두려움과 관련된 믿음과 예배 의식이 통합된 체계이다. 그것은 교회라 불리는 하나의 단일한 도덕 공동체로 통합되고 모두가 그것을 신봉한다." 뒤르켐은 분명히 종교 집단을 신체와 벌들(상술한 첫 번째 주요 가설)로 간주했지만 진화론적 설명을 제시하지는 않았다. 또한 그의 후계자들은 그의 이론을 '진화론적'이라기보다 '사회과학적'으로, 즉 종교에 관한 또 다른 사상 체계와 관련된 용어로 그의 이론을 분류했다. 이러한 사상의 배치는 당시에는 합리적으로 보였겠지만 현대 진화론에 근거하면 더는 타당하지 않다. 나는 심지어 뒤르켐의 종교관이 그가 주장했던 더 큰 기능주의 전통 – 사회의 개념이 한 유기체와 같다는 – 에 따라 현대 사회과학자들에의해 대부분 받아들여지지 않고 있음을 발견했다. 나는 뒤르켐의 『종교적인 삶의 기본적인 유형들 *Elementary Forms of Religous Life*』을 좋아하는데, 한번은 무척 흥분되어 아내에게 "앤! 뒤르켐이 시간의 공백을 넘어서서 내게 이야기를 해!"라고 외쳤다. 앤은 그런 말에 익숙해져 있어 관대하게 미소 짓고 그녀의 일을 계속했다. 나는 뒤르켐이 옳으며 현대 진화론을 공식화해줄 것으로 생각했지만 몇몇의 전문가를 설득하는 것조차도 어렵다는 사실을 알았다.

현재 사회과학자들은 종교의 본성을 설명할 때 뒤르켐보다는 주로 경제 이론에 의존한다. 나는 얼마 지나지 않아 로드니 스타크Rodney Stark와 윌리엄 베인브리지William Bainbridge의 연구를 발견했는데, 그들의 저서 중에는 『종교론 *A Theory of Religion*』과 『종교의 미래 *The Future of Religion*』가 있다. 그들의 이론에 따르면, 사람들은 원하는 것을 얻기 위해 자신을 둘러싼 세계에 대해 설명하고 비용과 이익이라는 관점에서 추론을 하는 데 매우 뛰어나다고 한다. 그런데 안타깝게도 가뭄 때의 비나 영생과 같은 것은 소유할 수가 없다. 그러나 그것을 소유할 수 없다는 사실이 우리가 그것을 원하는 것을 막지는 못하기 때문에 우리는 가질 수 없는 것을 갖기 위한 헛된 노력으로 종교를 창안했다. 우리는 신에게 아침에 직장에 보내달라고 기도하지 않고 영생을 달라고 기도한다. 종교는 그 자체로 어떤 실제적인 이익을 만들어내지 않는다. 그것은 경제적인 사고의 부산물이고, 비종교적인 맥락에서는 분명히 이익을 창출하지만 종교적인 맥락에서는 단지 일상적인 것이다. 스타크에 따르면, "종교의 모든 면(믿음, 감정, 종교의식, 기도, 희생, 신비주의, 그리고 기적)은 인간과 초자연적인 존재 사이의 교환관계를 기초로 하여 이해될 수 있다"라고 했다.

스타크나 베인브리지에게 E는 '진화evolution'라기보다 '경제economy'이지만 이것들은 대체 이론으로 간주될 수 없다. 대부분의 경제학자는 인간이 해석을 구상하고 비용과 이익에 근거하여 추론하는 능력이 유전적 진화에 의해 발전되었다는 것을 기꺼이 인정한다. 그들은 경제 이론을 진화론과 모순되지 않는 것으로 간주하고 진화론에 관한 많은 지식을 요구하지 않는 방법으로 최소한의 가정에 기초하여 그것들을 지속할 수 있게 한다. 나는 앞 장에서 이런 입장을 비판했지만 그럼에도 불구하고 스타크와 베인브리지의 이론을 종교에 관한 부산물 설명(상술한 다섯 번째 주요 가설)으로 분류하기는 쉽다. 진화론자 동료 중 두 명, 파스칼 보이어Pascal Boyer의 저서 『설명된 종교 *Religion Explained*』, 스콧 아트란Scott Atran의 저서 『우리는 신을 신뢰한다 *In Gods we Trust*』는 인간의 사고에 대한 개념에 있어서 스타크나 베인브리지와 다르지만 역시 종교를 비종교적인 맥락에서 발전된 심리적인 적응의 부산물로 간주한다. 만약 그들이 옳다면 다섯 번째 주요 가설이 승리한 것처럼 보이며 내가 선호했던 첫 번째 주요 가설은 종교에 관한 사실들을 고려할 때 쓰이지 않을 것이다.

『종교는 진화한다』의 처음 두 장은 이러한 개념적 기초 작업에 할애되었으나 그 책을 쓰는 진정한 재미와 긴장감은 실제적인 종교를 상세히 묘사하면서 시작되었다. 나의 진화론적 틀이 얼마나 그 사실을 잘 설명할 수 있을까, 그리고 주요한 가설 중 ― 만약 있다면 ― 어떤 것이 입증될까? 나는 기독교의 주된 교파 중 하나인 칼뱅주의부터 시작하기로 했는데, 칼뱅주의가 실새하는 실험을 대표했기 때문이다. 때는 종교개혁으로 혼란한 1530년대였다. 제네바는 당시 사보이 공국에서 독립하기 위한 일환으로 로마가톨릭교회를 추방했다. 제네바는 독립을 열망했으나 스위스 연방, 특히 베른의 군사력에 전적으로 의지했다. 스위스의 종교개혁운동이 제네바까지 확대되었으나 조직화될 필요가 있었다. 게다가 그 도시는 가톨릭교회로부터 이제 막 독립하여 민주적으로 선출된 의회에 의해 통치되고 있었으므로 새로운 종교적 권위에 자리를 내주려 하지 않았다.

이렇게 끊임없이 변화하는 정치적, 종교적 환경 속으로 칼뱅이 합류했는데, 그는 단순히 위기를 겪은 현학적인 학자가 아니라 제네바의 주요한 종교개혁가로 머물러 있는 것을 부끄러워했던 사람이었다. 역사적인 사건에 대한 칼뱅 자신의 설명을 인용해볼 만하다.

조금 전, 천주교는 훌륭한 기욤 파렐Guillaume Farel과 피에르 비레Pierre viret에 의해 추방되었다. 그러나 상황은 안정과는 거리가 멀며, 사람들은 분열되었고, 마을의 거주자 중에는 심각하게 위험한 분파도 있다. ……복음을 전하려는 놀라운 열정으로 불타는 파렐은 나를 끌어들이기 위해 몸소 왔다. 그러나 내가 스스로를 자유롭게 하기 위한 개인적인 몇 가지 연구로 인해 그의 요청을 따라 어디로도 가지 않을 것임을 알았다. 그러자 그는 내게 만약 절실히 도움이 필요한 자신들을 외면한다면 그의 연구를 가능하게 하는 평안 따위는 오지 않을 거라고, 그것이 신의 의지일 거라고 악담을 퍼부었다. 이 말은 너무 충격적이고 감동적이어서 나는 하고자 했던 여행을 포기했다.

칼뱅 자신의 설명에 의하면, 제네바는 민주적으로 선출된 강력한 통치 체제임에도 불구하고 하나의 사회적 단위로 응집할 수 없었다. 역사가들과 칼뱅의 동시대인들도 동의한다. 즉, 파벌주의는 명백히 '제네바의 질병'이라 불렸다. 칼뱅과 파렐은 교리문답과 교회 칙령Ecclesiastical Ordinances이라는 짧은 규칙 체계를 포함한 종교적 의제 사항의 윤곽을 마련했다. 처음에는 도시의 지도자들이 그 엄격함에 매우 놀라 칼뱅과 파렐을 추방했지만, 3년 후에는 결정을 번복하여 그들을 다시 초청했다. 그것이 바로 내가 칼뱅주의를 실재하는 실험으로서 나의 첫 번째 사례 연구로 선택한 이유다. 나는 하나의 단일한 인간 사회(1500년대의 제네바시)가 새로운 종교가 실재할 때와 부재할 때 각각 어떻게 기능했는지 고찰할 수 있었다.

비록 그 시기의 역사가들이 세부 사항에 대해서는 동의하지 않을지라도(모든 주제가 논쟁의 여지가 있거나, 그것들은 연구할 가치가 없을 것이다), 저명한 종교학자 알리스터 맥그래스Alister McGrath가 요약한 것처럼, 칼뱅주의가 파벌주의의 문제점을 해결하여 제네바시가 하나의 사회적 실체로서 생존하도록 돕는 수단이 되었다는 데에는 의심의 여지가 없다.

파렐과 칼뱅의 부재 시에 일어난 사건들은 종교개혁과 자치, 도덕과 사기(士氣) 사이의 밀접한 상호 의존성을 증명했다. 비록 시위원회가 먼저 시의 독립과 사기에 관여했지만, 파렐의 종교적 의제를 회피할 수 없다는 사실이 점차 드러났다. 파렐을 지지하는 모임은 아마도 종교개혁이나 대중의 도덕성 강조에 대한 열정은 가지고 있지 않았겠지만, 제네바 공화국의 생존은 그들에게 달려 있는 것처럼 보였다.

처음으로 위의 구절과 또 이와 비슷한 구절을 읽었을 때의 나의 흥분을 상상해보라. 칼뱅주의는 상술한 다섯 가지 주요 가설 중 어떤 것과도 일치할 수 있었다. 만약 종교 연구를 위한 전체 진화론적 틀이 부적절했다면 그 어떤 것과도 일치하지 않았을 것이다. 나는 칼뱅과 그의 친구들이 비밀리에 부정 축재를 했음을, 종교가 모든 사람들을 고통받게 하는 기생문화였음을, 도시가 아닌 수렵 채집 집단에서 이해될 수도 있는 것이었음을, 이로운 비종교적 측면을 가진 동전의 값비싼 다른 측면이었음을 발견할 수 있었을지도 모른다. 그러나 그 대신 나는 칼뱅주의가 그 도시의 생존에 필수적이었음을 찾아냈다. 더욱이 이것은 나 자신만의 심원한 견해가 아니며, 그 문제의 사실을 가장 잘 알고 있는 역사가들의 분별력 있는 평가다. 나는 특히 '도덕moral'과 '사기morale'라는 두 단어의 병치와 어원상의 관련이 마음에 들었다. '도덕'은 옳고 그름의 인지를 의미한다. '사기'는 행동을 위한 동기 부여를 말한다. 맥그래스는 제네바의 시민들이 강한 사기를 가질 것을, 그리고 강하고 통일된 옳고 그름에 대한 인식을 가져야 함을 제시하고 있었다. 크리스토퍼 보엠이 묘사한 훨씬 더 작은 수렵 채집 집단과 같이, 그들은 도덕적인 공동체를 필요로 했다. 그것은 분명 종교가 제시할 수 있는 것이었고, 강하고 민주적으로 선출된 정부는 할 수 없었던 것이었다.

정확히 어떻게 칼뱅주의 종교가 제네바에 마법을 걸었을까? 더 알아보기 위해 나는 칼뱅이 작성한 교리문답과 교회 칙령을 연구하기로 했다. 만약 무엇이라도 '문화적 게놈cultural genome'으로서 자격이 있다면 종교의 본질적 요소를 사람들 사이에 전하는 것이 이와 같았을 것이라고 추론했다. 나는 그것들이 십계명과 같은 일반적인 행동 규정뿐만 아니라 제네바의 사회환경에 맞는 더욱 구체적인 규정들도 포함하고 있음을 발견했다. 그 규정들은 신의 개념과 신과 인간 간의 관계에 대한 내용을 담고 있었다. 또한 시민의 순종적 태도를 교화하기 위하여 인상적으로 고안된 듯했다. 무엇보다도, 교회 칙령에 의해 구체화된 사회 관습은 가장 중요한 내부 부정부패라는 문제를 막기 위해 고안된 것처럼 보였다. 또 다른 종교개혁가이자 칼뱅과 동시대인인 마틴 부처Martin Bucer는 이런 식으로 표현했다. "계율과 파문 없는 곳에는 기독교 공동체도 없다." 즉 만약 그 행동(계율)이나 필요한 경우에는 사람을 배제(파문)하는 것으로 부정부패를 근절할 수 없다면, 협력적인 사회를 창조하는 것은 불가능할 수 있다.

나는 특히 그 메커니즘이 일반 대중 이외에 지도자에게까지 부정부패를 막기 위해 확장되는 방식에 깊은 인상을 받았다. 교회의 수장은 한 개인이 아니라 합의에 의해 의견을 도출하는 목회자 집단이었으며, 이는 모닥불 주변에 쭈그리고 앉은 평등주의 수렵 채취자들과 굉장히 유사했다. 그들이 합의하지 못할 때에는 의사를 결정하는 참여자 범위가 축소되기보다는 오히려 확장되었다. 칼뱅은 종교의 초기 설계자로서, 그리고 다른 곳의 종교 개혁가들과의 광범위한 통신자로서 엄청난 추가적인 작업량에도 불구하고 목사의 모든 임무를 공유했다. 도시의 지역을 감독하는 장로들은 목회자와 시의회에 의해서뿐만 아니라 그 지역의 주민들에 의해서도 승인을 받아야만 했다. 이중 회계법은 자선 기금의 부적절한 사용을 막기 위해 시행되었다. 이와 같은 실제적인 견제와 균형은 다른 세속적인 요소만큼이나 종교의 많은 부분을 차지했다. 칼뱅주의의 평등주의 정신은 전염병으로 죽어가는 사람들을 돌보는 임무에서 가장 잘 설명되었다. 생명을 위협하는 이 임무는 추첨에 의해 결정되었다. 칼뱅은 시의회의 포고령에 의해 추첨에서 면제되었는데, 이는 그의 죽음이 다른 목회자의 죽음보다 교회의 운명에 더 큰 충격을 줄 것이기 때문이었다. 칼뱅 사후 테오도르 베자Theodore Beza가 그의 직책을 승계했을 때 베자는 스스로 자신을 추첨에 포함시키도록 시의회를 설득했다. 두 번째 주요 진화론적 가설-종교는 일반 대중을 희생하여 지도자들이 혜택을 누리기 위해 고안되었다-은 초기 칼뱅주의의 사례에서 제외될 수 있었다.

나는 칼뱅주의나 또 다른 종교를 미화하려는 게 아니다. 그것은 자신의 구성원들을 위한 사회적, 심리학적 기반을 창조했지만, 그 미덕을 다른 종교 집단에까지 확장하지는 않았다. 제네바의 유대인 공동체는 신교에 의해 배제되기 전에 구교에 의해 추방되었다. 칼뱅은 로마 교황이 적(敵)그리스도라고 확고하게 믿었다. 교회 내부의 사회통제 정도는 현대의 기독교보다는 오늘날의 이슬람교의 근본주의와 더 유사하며, 사회통제에는 수많은 이교도 처형도 포함되었다. 칼뱅의 시대에 제네바에서는 부적절하게 춤을 추면 벌금을 내야 했고, 일요일에 도박을 하면 감옥에 가야 했다. 그 시기의 칼뱅주의와 사실상 모든 다른 종교는 현대 인간의 권리나 고상한 박애주의의 관점에서 판단한다면 결점이 있다. 그러나 진화론자로서 우리의 역할은 종교에 관해 도덕적 판단을 내리는 것이 아니라 종교를 발생론적, 문화적 진화의 소산으로 설명하는 것이다. 나는 이미 5장에서 적응이 항상 우리가 선하거나 유용한 것으로 여기는 것과 일치하지는 않는다는 것을 강조했다. 적응에 관해 이야기하자면, 바라는 것을 주의하라. 우리가 각자의 관점에서 칼뱅주의에 대해 어떻게 생각하든, 우리는 그것이 상술했던 나머지 네 가설과 비교해서 첫 번째 주요 가설(집단 차원의 적응)과 더 일치한다는 데 동의할 수 있다. 그것은 제네바라는 도시가 하나의 신체 또는 벌 집단처럼 하나의 단위로서 기능하게 함으로써 입증되었다.

나는 종교에 관한 광범위한 문헌의 바다를 헤매다가 칼뱅주의의 거대한 실용주의가 별난 것이 아님을 발견했다. 인류학자 스티븐 랜싱Stephen Lansing의 경이로운 책 『성직자와 프로그래머 *Priests and Programmers*』는 발리 섬에 있는 사원의 정교한 체계

우리는 종교에 관해 도덕적 판단을 내리기보다 이를 발생론적, 문화적 진화의 소산으로 설명해야 한다.

가 얼마나 벼농사와 조화를 이루도록 고안되었는지를 보여주었다. 유대교는 특히 진화론적 분석에 따르고 있는 듯했다. 나는 가장 좋아하는 소설가인 1978년 노벨 문학상 수상자 아이작 바셰비스 싱어Isaac Bashevis Singer의 역사소설 『노예 *The Slave*』가 내가 읽고 있던 유럽과 그 외 지역의 유대인 공동체에 관한 학술적인 문헌과 정확히 같은 종류임을 발견하고 전율을 느꼈다. 소설의 주인공인 야곱은 내가 『종교는 진화한다』에서 맨 처음에

인용한 것처럼 직관을 가지고 있다. "그러나 적어도 지금 그는 자신의 종교를 이해했다. 그 본질은 사람과 동료 사이의 관계였다."

종교학자인 일레인 페이절스Elaine Pagels는 초기 기독교에 관한 그녀의 저서 『사탄의 탄생 *The Origin of Satan*』『숨겨진 복음서, 영지주의 *The Gnostic Gospels*』로 유명하다. 신약성서의 네 가지 복음서가 모두 그리스도의 생애를 사실에 입각한 이야기로 표현하고 있음에도 왜 서로 다른지 궁금해한 적이 있는가? 철저한 연구자들은 그것들이 예수 사후 35년에서 100년 사이에 독자적으로 쓰였기 때문이라고 결론짓는다. 페이절스에 의하면 그것들은 시간의 경과로 기억이 희미해졌기 때문이 아니라 다양한 지역 기독교 공동체의 필요에 따라 맞추어졌기 때문에 다르다. 마가복음은 예루살렘이 70년경 로마에 의해 포위 공격을 받아 템플 성당이 파괴된 직후에 쓰였다. 로마인들은 기독교인이나 유대인의 친구가 아니었으나, 초기 기독교인들은 권위 있는 위치를 차지한 유대인을 그들의 주요한 적으로 바라보았고, 주된 개종의 대상자로서 그들의 특권을 박탈했다. 로마의 템플 성당 파괴는 그리스도가 예언했던 것처럼 유대교단의 죄에 대한 하느님의 벌로 해석되었고, 그리스도의 죽음에 대한 주된 책임은 주류파인 유대교단에 돌아갔다.

마태복음은 마가복음 이후 고작 10년에서 20년 후에 쓰였다. 그 당시 유대교는 바리새인으로 알려진 종교적 파벌에 의해 통제되었으나, 예수가 활동한 시기보다 훨씬 세력이 약했다. 그럼에도 불구하고 바리새인들은 주요한 적이었고, 마태가 쓴 복음서에서는 그들이 그리스도의 죽음에 대한 비난의 대상이 되었다.

요한은 아마도 다른 기독교 공동체보다도 주류파 유대교단을 더욱 신랄하게 비판하는 유대인으로 구성된 급진적 분파 교회의 구성원이었을 것이다. 그의 복음서는 다른 복음서보다 선과 악 사이의 포괄적인 투쟁의 일환으로서 교회의 투쟁을 강조하여 묘사했다. 페이절스에 따르면 그 이후 자신의 생명을 위해 싸우고 있는 스스로를 발견한 기독교 공동체는 요한복음에서 특별한 영감과 위안을 찾았다.

누가복음은 이방인을 위해 이방인에 의해 쓰인 유일한 복음서일 것이며, 그 내용에도 이러한 사실이 충분히 반영되어 있다. 다른 세 복음서에는 예수가 그의 고향 나사렛에서 설교할 때 환영받은 것으로 되어 있으나, 누가복음에서 그는 하느님이 이방인도 구원할 것이라고 말해 거의 벼랑에 떨어질 뻔했던 것으로 되어 있다. 누가복음에서는 바리새인이나 주류파 유대교단뿐만 아니라 모든 유대인이 예수를 죽이라고 외쳤다. 고대 유대의 로마 통치자인 본디오 빌라도는 예수를 구하기 위해 그의 위치에서 최선을 다한 합리적인 사람으로 묘사되었다. 그러나 비(非)성서적인 자료에서는 그를 '융통성 없고, 고집 센, 잔인한 성질'을 가진 사람으로, 그의 통치를 '욕심, 폭력, 강도, 폭행, 남용, 재판을 거치지 않은 빈번한 처형, 끊임없는 야만적인 만행'으로 묘사했다. 예수가 십자가에서 죽었을 때, 누가복음에서 한 로마의 백부장은 "분명히 이 사람은 죄가 없다!"(23장 47절)라고 말했다.

더욱 흥미로운 것은 신약성서에 포함되지 않은 복음서이다. 기독교 운동이 충분한 추진력을 얻었을 때, 종교적 가르침의 일부를 신성시하고 나머지는 파기함으로써 통일성을 부과할 필요가 있었다. 2세기 후반, 스스로를 정통이라 불러온 기독교 교회의 주교들이 신약성서를 정리하기 위해 모였고, 그 주교들 중 한 사람의 말과 같이 나머지 모든 것은 '광기의 구렁텅이이자 그리스도에 대한 신성모독'으로 낙인찍혔다. 운 좋게도 금지된 문서 중 일부가 살아남았고 일레인 페이절스와 같은 학자에 의해 구렁텅이 속에서 회수되었다. 그중 하나는 도마가 쓴 복음서로 신자들에게 유대가 강한 집단 내에서 순응하기보다는 자기 발견을 위한 여행을 시작하라고 장려했다. 페이절스에 따르면 신약성서에 포함된 복음서는 다음과 같은 이유로 선택되었다.

마가복음의 저자는 기독교 공동체 생활을 위한 기본적인 모범을 보여준다. 기독교인 대부분이 채택한 복음서는 어느 정도까지 마가복음의 예를 따른다. 다음 세대들은 신약성서의 복음서에서 초기 기독교 전통에서는 발견할 수 없었던 것, 즉 기독교 공동체의 실용적인 설계를 발견했다.

페이절스는 진화론적인 단어를 사용하지 않지만 문화적 진화의 과정을 명백하게 기술한다. 다른 분파들이 무너진 반면 강력한 공동체를 형성한 기독교의 분파는 생존했다. 생존을 위해 필요로 하는 종교 요소는 주변의 사회환경에 의존하고, 따라서 종교는 진화함에 따라 필수불가결하게 다양해진다. 나는 연구를 시작할 때 결코 신약성서가 지역의 문화적 적응에 있어서 화석 자료로 간주될 수도 있다는 것을 상상하지 못했다. 칼뱅주의에서와 같이 이는 나만의 심원한 해석이 아니며 존경받는 학자들의 의견이다.

종교학자 외에도 심지어 종교 지도자도 진화론적인 단어를 사용하지 않고서도 진화론적 관점에서 때때로 종교를 서술한다. 감리교로 알려진 기독교 교파를 창시했던 존 웨슬리John Wesley가 쓴 다음의 구절을 살펴보자.

나는 종교의 부흥이 필연적으로 어떻게 그리 오랫동안 지속될 수 있는지를 알지 못한다. 종교는 근면과 검소 모두를 반드시 산출해야만 한다. 그리고 이것들은 부를 만들어내지 않을 수 없다. 그러나 부가 증가함에 따라 자만, 노여움, 세상에 대한 사랑도 모든 부분에서 증가한다.

웨슬리는 종교가 그 구성원을 부유하게 하는 실질적인 혜택을 제공하는 데 꽤 도움이 되지만, 그 후에는 그들이 협력하려는 동기를 잃고 그들을 가난에서 벗어나게 한 구속을 완화하려고 노력한다고 말한다. 게다가 종교는 실제로 전적으로 공정하지만은 않다. 어떤 구성원들은 다른 사람들의 희생으로 이익을 얻고(상술했던 두 번째 주요 가설), 가지지 못한 자들이 떠나 그들만의 '순수한' 교회를 세우도록 부추긴다. 종교는 그들의 사회환경에 적응할 뿐만 아니라, 사회환경을 변화시키며 부정부패와 부흥이라는 끊임없는 순환을 한다. 그리고 학자들은 전 세계 역사상 모든 종교적 전통 속에서 이 과정을 문서로 만들어왔다.

내가 템플턴 재단으로부터 연구를 위해 기금을 받았던 주제인 '용서'는 어떠한가? 기독교의 용서는 종종 '다른 쪽 뺨을 내어주라'라는 구절에 의해 요약되지만 이 단일한 행동 명령은 진화론적 관점에서는 결코 단순하지가 않다. 가치 있는 모든 종교는 상황에 따라 융통성 있게 사용될 수 있는 용서에 관한 많은 규칙들을 제시해야만 한다. 가장 먼저 요구되는 것은 집단 내부와 집단 외부의 행동을 개별적으로 규율할 수 있도록 집단을 정의하여 그것을 나머지 사회로부터 분리시키는 것이다. 복음서를 잘 아는 사람이라면 누구나 예수가 자신의 이전 종교뿐 아니라 자신의 직계가족도 넘어서는 전적인 헌신을 요구했다는 것을 알고 있다. 달란트의 비유에서(누가복음 19장 12절~27절) 예수는 '왕위를 받기 위하여' 먼 길을 여행하는 한 귀족의 이야기를 한다. 그는 돌아오자마자 그가 없는 동안 불충했던 사람들의 처형을 요구한다. "내가 왕이 되는 것을 원하지 않았던 나의 적들을 이리로 데려와 내가 있는 곳에서 처형하라." 기독교의 이러한 면은 '다른 쪽 뺨을 내어주라', 그리하여 다른 쪽 뺨도 때리게 하라는 것과는 정반대이다. 열심히 헌신하는 집단이 있기에 앞서, 그 집단을 떠나는 것에 대한 무시무시한 (또는 사실상의) 결과가 인식되어야만 한다. 16세기로 되돌아가보면, 칼뱅의 하느님은 수적 정확성을 가지고 용서를 베푼다. 즉 신앙을 저버리는 사람들은 4대까지 저주를 받고, 신앙을 지킨 사람들은 천 세대 후까지 축복을 받는다.

집단 내에서 구성원들은 사회적인 죄에 관해서는 '다른 쪽 뺨을 내어주라'를 적용하지 않지만, 후터교의 한 구성원이 서술한 것처럼 상세한 일련의 규칙에 따른다. 그는 그의 집단을 하나의 신체나 벌 집단으로 묘사함으로써 초기 종교에 대한 나의 관심을 불러일으켰다.

사랑의 유대는 성령의 교정으로 순수하고 완전하게 유지된다. 만연하고 부패한 악행으로 짐 진 자들은 그에 속하지 않는다. 이 조화로운 공동체는 한마음이 아닌 사람은 누구든지 배척한다. 만약 어떤 사람이 강하게 저항한다면, 분리라는 극단적인 조치는 불가피하다. 그렇지 않다면 전체 공동체가 그의 죄로 끌려들어가 그와 같은 자가 될 것이다. 그래서 사도 바울은 "당신들 가운데 사악한 사람을 추방하라"라고 말한다.

사소한 죄의 경우 징계는 단순한 형제애에 의한 충고이다. 만약 누군가가 다른 사람에게 잘못을 행하였으나 심한 죄가 아니었다면 비난과 경고로 족하다. 그러나 만약 형제자매가 완강하게 형제애에 의한 징계와 유익한 조언을 하기를 거부한다면 상대적으로 사소한 것이라도 그 문제를 교회로 공개적으로 가져와야 한다. 만약 그 형제가 교회의 말을 들을 준비가 되고 그 스스로를 바로잡도록 허락한다면, 이 상황을 해결하는 옳은 방법을 찾게 되고 모든 것들이 해결될 것이다. 그러나 만약 그가 고집을 부리거나 교회의 말도 듣기를 거부한다면 이러한 상황에는 단 한 가지 해결책만 남는데, 그것은 그를 제명하고 추방하는 것이다. 해로움으로 가득 찬 사람 한 명을 제명하는 것이 전체 교회를 혼란 속으로 끌어들이거나 손상시키는 것보다 낫다.

그러나 이 징계 명령의 완전한 목적은 추방이 아니라 회심에 있다. 이는 비록 그가 극악한 죄에 빠지고 음란이라는 더러운 죄에 빠져서 하느님께 큰 잘못을 저질렀다 하여도, 형제의 파멸까지 이르지는 않는다. 이러한 경우 본보기와 경고를 위해, 진상을 교회 앞에서 공개적으로 공표해야 하며 백일하에 폭로해야 한다. 그때조차도 그 형제는 희망과 신앙을 지켜야만 한다. 그는 모든 것을 버리고 떠나서는 안 되며 교회가 그에게 부과한 것을 받아들이고 참아야 한다. 그는 얼마나 많은 눈물을 흘리든 얼마나 많은 고통이 수반되든 진정으로 회개해야만 한다. 그가 회개를 했을 때에는 적절한 시기에 교회에 모인 사람들이 그를 위해 기도하고, 천국 전체가 그들과 함께 기뻐하게 된다. 그가 진정한 회개를 하면 그 후 그는 교회 전체 모임에 큰 기쁨으로 다시 받아들여진다. 그들은 만장일치로 그의 죄가 용서되었고 영원히 사라졌음을 말한다.

내가 이토록 긴 구절을 인용한 것은 종교가 특정 상황에서 용서를 할 것인지에 대해 판단하는 방식에 관해서 어떻게 상세한 지침을 만들어내고 있는지를 보여주고 싶어서이다. 만약 당신이 게임 이론을 알고 있다면 아마 이 구절의 요소들이 협력의 진화를 촉진시킨다는 면에서 게임 이론의 전략 요소들과 유사하다는 것을 알아차렸을 것이다. 즉 죄인의 반응이 집단의 관용이나 용서의 크기를 결정하며, 행동 변화에 영향을 미친다.

이처럼 복잡한 '만일 ~라면 ~하라' 라는 규칙에서 '다른 쪽 뺨도 내어주라' 는 어떤 역할을 하는가? 『신의 전기 *God*』로 퓰리처상을 수상한 잭 마일스Jack Miles의 에세이 『신의 무장해제 *The Disarmament of God*』에 일부 해답이 있다. 히브리의 신은 본래 그의 민족들에게 싸울 것을 명하며, 과거에 얼마나 많은 패배를 맛보아야 했는가와 관계없이 미래의 승리를 약속했던 무인(武人)이었다. 기독교의 신은 무력에 의한 승리가 더 이상 가능하지 않으며 생존을 위한 유일한 전략은 더 평화로운 공존과 관련되어 있다는 현실을 반영했다. 기독교의 신은 그의 무기를 내려놓았다. 이는 근본적으로 매우 다른 사회 전략이어서 몇몇 학자가 지적하는 것처럼 기독교의 신이 히브리의 신과 전적으로 다르다고 말할 수도 있다. 문화적인 진화는 좀처럼 그렇게 근본적인 단절을 수반하지 않지만 기독교인은 그들의 신을 과거부터 연속되어 온 것으로 생각한다. 어떠한 경우이든 '다른 쪽 뺨을 내어주라' 는 집단 사이의 경쟁에 있어 연이은 사건들이 충분히 확인해주는 것처럼, 성공적인 비군사적 전략일 수 있다. 한때 기독교인은 정치적으로 강성하여 문화적 진화가 십자군 전쟁과 같은 군사적 전략의 재개를 촉진하기도 했다.

3년간의 여정을 끝낼 무렵, 나는 종교적 신자들이 그들의 집단을 신체나 벌들로 묘사하는 것이 본질적으로 옳다고 확신했다. 진화는 산란하고 다원적인 과정이다. 다섯 가지 주요 진화 가설 모두는 어느 정도 타당성을 가지고 있지만, 만약 종교에 관해 단지 한 가지만 말할 수 있다면 그것은 이 장의 앞부분에서 인용했던 뒤르켐의 정의와 가까울 것이다. 그리고 그것은 현대적인 진화 용어로 설명하자면 문화적 집단 선택 과정을 필요로 한다.

나의 연구 여정은 그리 계획적이지는 않았는데, 그것은 눈을 가린 공평한 정의의 여신처럼 내가 학생들에게 종교 표본을 무작위로 모으는 것을 도와달라고 한 이유와 같다. 나는 나의 학생들이 한 학기라는 시간 동안 멋진 진화론 종교학자 팀이었다고 말할 수 있길 바란다. 그것은 영감을 일으키는 TV용 영화의 멋진 플롯이 될 것이었다. 단지, 안타깝게도 그들은 서술적인 정보를 수적 형태로 전환하도록 계획되었던 연구 부분에서 요구되는 신뢰도 표준을 충족시키지는 못했다. 그러나 그들은 표본에서 종교에 관한 수백 권의 책과 논문들을 참조하여 매우 유익한 에세이를 작성하여 내가 그 학기가 끝난 후에 연구를 계속할 수 있게 해주었다. 그 결과는 「임의로 추출한 종교에 대한 주요 진화론적 가설 시험 *Testing Major Evolutionary Hypotheses About Religion with a Random Sample*」이라는 논문으로 출간되었다.

이제 독자들은 이 논문이 전문적인 독자를 위해 쓰였다는 사실에도 불구하고 충분히 그것을 즐기고 평가할 준비가 되었다. 임의추출은 내가 『종교는 진화한다』에서 더욱더 계획적이지 않았던 여정에 근거하여 이르렀던 결론을 확증했다고 말해야겠다. 임의추출법의 묘미는 변칙적인 표본추출 사고를 방지하면서, 표본에 대한 타당한 결론들이 그 표본들이 추출된 16권의 『세계종교 백과사전』에 있는 모든 다른 종교들에도 유효하다는 것이다.

『종교는 진화한다』를 저술한 후 나는 각계각층의 청중에게 진화와 종교에 대해 강의하기 위해 세계를 여행했다. 나는 다윈의 자서전 중 그가 젊은 시절 그의 교수 아담 세즈윅Adam sedgwick 과 웨일즈의 계곡으로 현장학습을 갔던 내용에 관한 다음의 구절로 강연을 끝마친다.

세즈윅은 그곳에서 화석을 찾고 싶어했기 때문에, 우리는 쿰 아이드윌에서 각별히 주의하며 모든 바위를 검사하며 오랜 시간을 보냈다. 하지만 우리 중 누구도 주변에 펼쳐진 놀라운 빙하 현상의 흔적은 보지 못했다. 그리고 우리는 확실히 자국이 표시된 바위, 놓여 있는 표석, 측퇴석과 종퇴석도 발견하지 못했다. 그러나 이러한 현상은 너무도 뚜렷해서…… 화재로 전소된 집도 이 계곡이 말해주는 것보다 더 명백한 이야기를 해줄 수는 없을 정도였다. 만약 계곡이 여전히 빙하로 가득 차 있었다면 그 현상은 지금처럼 두드러지지는 않았을 것이다.

이 구절은 우리 앞에 있는 것을 보기 위해서는 어떤 이론이 필요하다는 것을 훌륭하게 말해준다. 다윈과 세즈윅은 그 당시 빙하작용 이론이 아직 나오지 않았기 때문에 빙하의 흔적을 볼 수 없었다. 염두에 둔 이론이 있다면, 확증하는 증거가 매우 분명해져서 그 빙하가 여전히 존재하고 있는 것과 다름없다. 상세한 측량, 통계자료, 그리고 다른 현대적인 과학 기구도 필요하지 않았다. 당대의 지질학자들이 주의 깊게 수집한 서술적인 정보면 충분했다.

다윈의 자연선택 이론은 또 다른 분명한 것들의 변형을 나타낸다. 그의 이론은 생명체 세계에 대한 서술적인 정보에 전적으로 근거하여 확립되었다. 그 정보는 그 당시의 자연주의자들에 의해 주의 깊게 수집되었으며, 그들 중 대부분은 신의 작품을 연구하고 있다고 생각했다. 창조론자들은 다윈과 세즈윅이 쿰 아이드월 계곡에서 찾을 수 있었던 화석 그 이상의 사실을 이해할 수 없었다. 그러나 적절한 이론이 있다면, 확증하는 증거가 매우 분명해서 종(種)이 발생하고 다양화되는 동안 참여하는 것과 다름없다.

나는 분명한 것들의 유사한 변형이 우리들의 종교에 대한 이해의 경우에도 일어날 것이라고 생각한다. 종교학자들은 다윈 시대의 지질학자나 자연주의자들과 같다. 수십 년 동안 그들은 역사상 전 세계에서 종교에 관한 서술적인 정보들을 주의 깊게 수집하여 산더미처럼 많은 것들을 만들어왔다. 나는 그 방대함 속에서 결국 끝에 이르지 못하고 수년간 헤매었기 때문에 알 수 있다. 일부 종교학자들은 개인적인 확신에 있어 종교적이며, 다른 학자들은 한 가지 혹은 또 다른 이론적 틀에 의해 인도되지만 그 누구도 그것을 조금이라도 이해하지 못했다.

다행히도 지질학이나 생물학의 경우에 우리가 보았던 것처럼 미래는 과거와 다를 수 있다. 적절한 이론이 있다면 확증하는 증거는 분명해질 수 있으며 따라서 우리는 종교의 발생과 다양화에 참여했던 셈이 된다. 그리고 사실 우리 주변에서 그 과정은 여전히 계속되고 있기 때문에 이에 참여하고 있다. 정보가 서술적이라거나 현대 과학의 도구가 부족하다는 것은 문제가 되지 않는다. 양을 정하는 것은 당신의 연구를 세련되게 보이게 할 수 있지만 그것은 '과학적 과정'의 진짜 정의가 아니다. 바로 그것이 바로 다윈이 순수하게 서술적인 정보의 힘만으로 그의 이론을 확립할 수 있었던 이유다.

진화와 종교는 더 이상 인간 사고의 양극단에 서 있지 않다. 진화론자들은 인간에 관해서라면 종교를 그 일부로 포함시켜야만 하며 종교가들은 그들의 집단을 신체나 벌집처럼 묘사하는 한 과학을 두려워할 필요가 없다.

　　나는 음악에 조예가 깊지는 않지만 시각장애인인 흑인 가수 레이 찰스를 무척 좋아한다. 처음에 어떻게 그의 음악을 듣게 되었는지는 잘 기억나지 않지만 친구들이 비틀즈Beatles나 슈프림스Supremes의 노래를 따라 부르며 열광할 때 나는 레이 찰스의 〈무슨 말을 할 수 있을까What I'd Say〉나 〈당신은 날 모르죠You Don't Know Me〉 같은 노래를 목청껏 따라 불렀다. 최근에 산 다섯 장의 CD로 된 그의 노래 모음집에는 오래된 대표 곡과 최신 곡들이 함께 들어 있다. 그중에서 내가 가장 좋아하는 곡은 힘찬 가스펠송 〈거기 누구 없나요?Is There Anyone Out There?〉이다. 나는 진화론자이지만 가스펠송에 감동을 받을 때가 많다. 감정이 그대로 실린 레이 찰스의 목소리에 마치 천 명의 천사들로 이루어진 듯한 합창단의 목소리가 어우러진 노래를 듣노라면 나 같은 진화론자도 평범한 종교인처럼 전율을 느끼게 된다.

여기서 잠깐! 이 노래의 제목은 〈'위'에 누구 없나요?Is There Anyone up there?〉가 아니라 〈'거기' 누구 없나요?〉이다. 가사를 가만히 들어보면 사회적 관계를 갈구하는 노래임을 알 수 있다. 한두 번 신의 자비를 구하는 것 이외에 천상의 무한 권력자에 대한 언급은 없지만 그렇다고 이 노래의 힘과 기본적인 메시지가 손상되지는 않는다.

이미 살펴본 것처럼 종교는 〈거기 누구 없나요?〉라는 레이의 질문에 응답할 뿐만 아니라 사회적 관계 형성에 매우 효과적이다. 그러나 이와 동시에 종교는 〈위에 누구 없나요?〉란 질문에도 응답해야 한다. 이 노래에는 언급되어 있지 않지만 말이다. 그런데 종교학자들은 내가 제기한 바로 이 두 질문에 상응하는 단어로 '수평적horizontal'과 '수직적vertical'이라는 말을 사용한다. 이는 엘리아데의 『세계종교 백과사전』에서 이슬람교에 대한 정의만 봐도 알 수 있다.

'신'에게 복종하거나 굴복한다는 뜻의 동사 아슬라마aslama에서 파생된 명사로, 개개인이 신과의 관계는 물론 신에게 복종하는 이들로 이루어진 공동체와의 관계를 인식하는 행위를 나타낸다. 따라서 이 명사는 개인과 신과의 개별적이고 '수직적'인 관계뿐만 아니라 공통의 믿음과 관습으로 결집한 사람들과의 '수평적'인 관계를 모두 나타낸다.

종교에는 왜 수직적 측면과 수평적 측면이 있는가? 여기에 당장 자신의 욕구를 해결해줄 사람이 있는데 왜 신에게 신경을 써야 한단 말인가? 진화론은 근접적 메커니즘과 궁극적 메커니즘에 기반한 설명으로 그 질문에 대한 답을 제시한다.

7장과 10장에서 설명했듯이 모든 적응은 두 가지 형태로 나누어 설명할 수 있다. 예컨대 꽃은 왜 봄에 피는 걸까? 우선 생존과 번식에 기초한 궁극적 설명에 따르면 봄이 꽃을 피우기에 최적의 시간이기 때문이다. 봄이 오기 전에 꽃이 피면 서리를 맞아 얼어 죽을 테고, 봄이 지나서 꽃이 피면 열매를 맺을 시간이 부족하지 않겠는가? 한편 근접적 설명은 낮 길이에 대한 반응처럼 꽃이 실제로 봄에 필 수 있게 돕는 물리적 메커니즘에 기초한다. 그런데 낮 길이 자체는 생존과 번식에 전혀 영향을 미치지 않으며 단지 다른 환경요인들과 더불어 최적의 시기에 꽃을 피우게 하는 신호일 뿐임에 주목할 필요가 있다. 따라서 대개의 경우 어떤 특성에 대한 근접적 설명이 그에 상응하는 궁극적 설명과 반드시 연관되어야 하는 것은 아니다. 단, 다른 특성에 비해 생존과 번식에 유리한 특성을 제시하는 경우에는 연관이 된다.

다시 종교로 돌아가면 특정 믿음이나 관습은 생존과 번식을 강화하기 위해 존재한다. 이를테면 종교는 그 종교를 믿는 집단을 다른 집단보다 더 효율적으로 기능할 수 있게 돕는다. 그러나 이것은 궁극적 메커니즘일 뿐이다. 따라서 그런 특성을 유발하는 것 이외에는 궁극적 메커니즘과 전혀 무관한 근접적 메커니즘으로 보완이 필요하다. 예컨대 종교인이 타인을 돕는 것은 스스로

돕고 싶은 마음이 발현되어서일 수도 있고 혹은 남을 도우라는 신의 지시 때문일 수도 있다. 그런데 이런 두 가지 근접적 설명이 돕는 행위의 동기 부여에 똑같이 효과적이라면 진화론은 어느 쪽이 진화하는지 무관심할 것이다. 그러나 만일 신의 지시에 따르는 일이 타인을 돕고자 하는 마음보다 동기 부여에 더 큰 힘을 발휘한다면 이는 근접적 메커니즘으로 진화할 가능성이 높다. 비록 무형의 초월적인 존재에 대한 믿음을 초래하고 요구하는 행동과는 연관성이 덜하겠지만 말이다.

간단히 말해서 진화론에서 제시하는 근접적 메커니즘과 궁극적 메커니즘의 구별은 종교의 수평적 측면과 수직적 측면을 설명하는 데 매우 효과적일 수 있다. 그리고 어렵지 않게 이런 사실을 관찰할 수 있다면 이는 진화론자로서 사고하기 때문이다. 과거에 종교는 비합리적이라는 이유로 과학적인 상상을 좌절시켰다. 그렇다면 눈에 보이는 증거가 전혀 없는 이런 이색적인 믿음을 도대체 누가 어떻게 받아들일 수 있겠는가? 이러한 질문은 합리적인 사고와 눈에 보이는 증거가 종교를 판단하는 황금률이라고 가정할 때 나올 수 있다. 하지만 왜 꼭 그래야만 하는가? 진화론적인 관점에서 보면 종교적인 사고나 합리적인 사고 또는 그 외의 모든 사고를 판단하는 황금률은 오직 한 가지뿐이다. 그것은 바로 '사람들의 행동을 유발하는 것은 무엇인가'이다. 그리고 일단 올바른 황금률을 적용하면 합리적 사고는 특정 조건에서만 성공적인 행동을 유발하는 반면에 합리적 사고에서 벗어날 경우에는 그 외의 다른 조건에서 대단한 성공을 거둘 수 있다. 따라서 종교적 사고의 비합리적인 특성이 더는 과학적 상상력을 좌절시키지 않게 되겠지만 올바른 황금률을 제시하기 위해서는 약간의 진화론적 사고가 필요하다.

나는 『종교는 진화한다』를 집필한 이후에 실용성에 초점을 맞춘 나의 관점이 종교적 경험의 본질, 즉 진심 어린 감정으로 느끼는 신과의 관계를 간과하고 있다고 비난하는 종교인들과 많은 대화를 나눴다. 물론 나는 종교적 경험의 심리적 측면과 관련해서는 그들의 생각에 동의한다. 그러나 이는 근접적 메커니즘과 궁극적 메커니즘의 구별에 기초해 우리가 정확히 예측할 수 있는 부분이다. 다시 말해서 종교적 믿음이 사람들의 행동을 유발한다는 점(궁극적 설명에 해당하는 종교의 수평적 측면)에서 보면 종교의 목표가 현실적인 이득이라는 내 주장이 맞을 수 있고, 그들의 종교적 경험이 자신이나 타인의 이득보다는 신과의 관계에 더 치중되어 있다는 점(근접적 설명에 해당하는 종교의 수직적 측면)에서 보면 그들의 주장이 맞을 수 있다. 봄에 꽃이 피는 사례에서 살펴보았듯이 근접적 메커니즘은 올바른 행동을 유발한다는 것 이외에는 궁극적 메커니즘과 무관하다. 이와 같은 맥락에서 어떤 사람들은 자녀를 갖기 위해서 사랑에 빠지지만(궁극적 메커니즘) 그것이 사랑이라는 주관적인 경험을 설명하지는 않는다(근접적 메커니즘).

종교적인 믿음은 매우 다양해서 분류하기 힘든 것처럼 보인다. 예컨대 어떤 종교에서는 다른 종교에 비해 초자연적인 존재가 훨씬 더 중요한 역할을 한다. 반면에 부처는 그 어떤 신과도 연관되기를 거부했다. 그는 스스로 깨달음을 얻었고 그러한 깨달음에 이르는 길을 알게 되었다고 말했다. 물론 주요 종교의 전통으로서 불교와 연관된 신들이 몇몇 있기는 하지만 중추적 존재라기보다는 부차적인 존재인 것처럼 보인다. 한편 유교는 불교보다 더 대놓고 실용성을 강조하지만 그렇다고 그 자체의 권위나 역사적인 영향력이 손상되지는 않는다. 또한 초자연적인 존재에 의존하는 종교라 할지라도 그러한 믿음에만 기초해서 정의될 수는 없다. 만일 그렇지 않다면 신과 산타클로스를 어떻게 구별할 수 있겠는가?

진화론은 생물학적 다양성은 물론 종교적 다양성의 패턴을 설명하는 데에도 매우 효과적이다. 무엇보다 먼저 생물학적 종과 종교의 다양성은 생각하는 것만큼 다양하지 않은데, 이는 우리가 주로 살아남은 것들만 보기 때문이다. 예컨대 곰, 오소리, 물소 등은 각각의 생태 영역에 대단히 잘 적응했다. 그러므로 그러한 동물들은 이종교배를 하거나 유전공학이라는 수상쩍은 재주로 잡종이 출현하더라도 이런 중간 형태는 생존과 번식에 유리한 결합이 아니기 때문에 이내 자연선택을 통해 제거될 것이다. 바로 이 때문에 곰, 오소리, 물소 등이 서로 짝짓기를 한다거나 좀 더 가까운 관계에 있는 다른 종들과 짝짓기하는 일이 발생하지 않는 것이다! 결국 적응의 다양성은 위대하지만 비적응의 다양성도 여전히 남아 있다.

만일 대부분의 종교가 내가 『종교는 진화한다』에서 주장한 것처럼 집단 차원에서 적응력이 있다면 종교의 수직적 측면은 수평적 측면과 밀접하게 연결되어 있을 것이다. 물론 사기꾼을 돕는 행위, 자살 행위, 자신만을 돌보는 행위 등 온갖 유형의 행동을 조장하는 종교적 믿음이 있을 거라고 가정해보는 것이 뭐 어렵겠는가. 그렇다. 그런 종교적 믿음이 있을 가능성도 없지 않다. 그러나 진화론에서는 그런 믿음이 지속 가능한 공동체를 만들지 못하기 때문에 존재할 가능성이 없거나 있다고 하더라도 실제보다 상당히 드물게 드러난다고 본다.

나는 놀랍게도 종교에 대한 임의표본추출을 통해 종교의 수평적 측면과 수직적 측면이 서로 밀접하게 연결되어 있음을 알았다. 조셉 스미스Joseph Smith는 마법의 돌이 들어 있는 모자에 얼굴을 파묻고 모르몬 경전Book of Mormon을 번역했다. 베트남의 카오다이교Cao Dai는 위자 보드Ouija board(우리나라의 분신사마와 비슷하며 영을 부르는 데 사용하는 판 - 옮긴이)를 통해 초월적인 존재가 모습을 드러냄으로써 시작되었다. 시에나의 성녀 카타리나Saint Catherine는 여섯 살의 나이에 예수 그리스도의 모습을 보았고 가족들의 반대를 무릅쓰고 수녀가 되기로 결심했다. 유대인 종교 지도자 나흐만Nahman은 신에게 가까이 다가가기 위해 자진해서 오랫동안 다락방에 갇혀 지냈다. 그는 세속적인 욕망을 거부했기 때문에 추앙받길 원하지 않았지만 오히려 그 때문에 추종자들 사이에서 그의 명성만 높아졌다. 자이나교Jain의 금욕주의자들은 아무리 하찮은 생물이라도 죽이지 않기 위해서 최선을 다했다. 그들과 추종자들은 종교적인 믿음이 없는 사람들이 자신들을 미쳤다고 여겨도 용서한다. 그런데 놀랍게도 이러한 '광신적인' 종교적 믿음은 광신적이라는 말에 정반대되는 현실적인 관습으로 이어진다!

그렇다면 광신적으로 보이는 종교의 수직적 측면과 대단히 현실적인 수평적 측면을 연결해주는 것은 무엇인가? 이 질문에 대한 답의 일부는 순수하고 단순한 변화 및 선택과 연관이 있다. 사실 신흥 종교는 끊임없이 출현하고 있을 뿐만 아니라 그 대다수가 쥐도 새도 모르게 분열되고 그런 다음에는 끔찍한 쇠락의 길로 들어선다. 1978년에 발생한 인민사원People's Temple(1953년 짐 존스Jim Jones 목사를 시초로 해서 생겨난 기독교계 신흥 종교 - 옮긴이)의 집단 자살사건처럼 말이다. 그런데 칼뱅주의의 비전(秘傳)을 배우기 위해 제네바로 몰려들었던 종교인은 수없이 많았던 반면에 짐 존스의 비전을 배우기 위해 가이아나로 몰려들었던 종교인은 거의 없지 않은가! 요컨대 종교적 믿음도 어느 정도 유전적 변이와 비슷해서, 독단적으로 발생하지만 오로지 효과적인 것만 모방과 선택을 통해 유지된다는 것이다.

그러나 이것은 그 이야기의 일부에 지나지 않는다. 인간의 정신은 임의로 해결책을 찾는 것 이상의 일을 할 수 있다. 물론 합리적 선택은 삶의 문제를 해결하기 위한 의식적 과정이지만 26장과 27장에서 살펴본 것처럼 그러한 의식적 지각 아래에서는 또다른 여러 과정들이 일어난다. 또한 이런 정신적 적응은 과거에 변화와 선택의 과정을 통해 진화했지만 그 자체는 매우 전략적이다. 따라서 우리는 실용적인 목표를 함축하고 있는 믿음을 창출하도록 심리적으로 적응될 가능성이 높다. 다시 말해서 우리가 인식하지 못하더라도 종교의 수직적이고 수평적인 측면은 정신

과정과 이미 연결되어 있는 것이다. 조셉 스미스가 마법의 돌이 담긴 모자에 얼굴을 밀어 넣은 것이나 카오다이교의 신자들이 위자 보드 주위에 처음 모여들기 시작한 것처럼 그들의 정신에는 알든 모르든 자신의 종교를 주사위 던지기 이상으로 만들 수 있는 뭔가가 있었던 것이다.

종교의 수직적 측면과 수평적 측면이 서로 얼마나 연결되어 있든 간에 가장 영속적인 종교적 믿음은 실용적인 이득을 낳는다. 내가 『종교는 진화한다』에서 임의로 종교 표본을 추출한 것에 기초해 주장했듯이 말이다. 종교적 다양성이 생각보다 적은 이유는 생물학적 다양성과 마찬가지로 기능성이라는 고립된 섬에 제한받기 때문이다. 그런데도 적응적인 특징은 무엇이든 여러 가지 근접적 메커니즘을 통해 발생할 수 있다. 생물학적 표본으로 돌아가서 살펴보면, 봄에 만개하는 식물이라고 해서 모두가 낮 길이에 민감하게 반응하는 것은 아니다. 온도에 민감한 종도 있고 내부에 생물학적 시계가 있는 종도 있다. 즉 문제를 해결하는 방법은 매우 다양하기 때문에 특정 종에서 진화한 특정 근접적 메커니즘은 우연성 혹은 역사적 우연성의 문제일 수 있다. 이와 마찬가지로 종교와 연관된 행동은 여러 가지 믿음과 관습을 통해 동기를 부여받는다. 신용카드 여러 개와 현금 수천 달러가 든 지갑을 잃어버렸는데 기적처럼 내용물이 그대로 들어 있는 상태로 지갑을 되찾았다고 가정해보자. 이런 선행을 베푼 동기는 무엇일까? 지갑을 주운 사람은 의무감에서, 착한 일을 하고 싶어서, 착한 일을 많이 하면 천국에 갈 수 있어서, 주위 사람들 중 누군가가 자신을 창피하게 여길까 봐 등의 이유로 그런 행동을 했을지 모른다. 그러나 사실 지갑을 돌려준 사람의 의중은 알 길이 없고 지갑을 돌려받은 이상 별로 상관도 없다. 종교는 이렇듯 주운 지갑을 주인에게 되돌려주는 것과 비슷한 행동을 권장하지만 그 방식에는 차이가 있다.

이 사례를 이용해서 내세와 같은 중요한 종교 개념을 살펴보자. 일상적인 대화에서 가장 흔하게 등장하는 종교 이론은 죽음에 대한 공포와 관련된 것이다. 이 이론에 따르면 인간이라는 종은 수많은 현실적인 이득을 산출함으로써 자의식을 진화시켰지만 불행하게도 이와 동시에 죽음을 자각하는 부작용을 일으켰다. 그리고 이런 죽음에 대한 두려움을 누그러뜨리기 위해 내세라는 멋진 개념을 만들어냈다. 아마 내세에 대한 이론은 수없이 많이 들어보았을 것이다. 이때 진화와 관계있는 단어를 사용한 사람은 없었겠지만 이는 부산물byproduct 이론으로 쉽게 분류될 수 있다. 또한 28장에서 간략하게 언급했듯이 세부적으로는 아닐지라도 영적 측면에서 스타크, 베인브리지, 보이어, 아트란 등이 좀 더 체계적으로 제시했던 이론과 비슷하다. 즉 내세 이론은 있음직한 완벽한 시나리오지만 사실과는 동떨어져 있다. 그 이론의 예측에 따르면 멋진 내세에 대한 믿음은 종교적 보편성을 지니고 있어야 하는데 어디 그런가 말이다. 사실 그리스인의 내세관에 흥을 돋울 만한 것은 전혀 없다. 유대교만 해도 기독교만큼 내세를 중요하게 강조하지 않는데, 이는 유대인들이 역사적으로 지상에 이스라엘의 국가를 세우려 한 것만 봐도 알 수 있다. 일반적으로 종교가 지속성을 지니려면 구성원들에게 만족스러운 동기를 부여해야 하지만 구체적인 동기 부여 수단에는 종교마다 커다란 차이가 있다. 이는 근접적 메커니즘과 개별 행동 사이에 존재하는 다수 대 일의 관계에 기초해 충분히 추측 가능한 사실이다. 즉 어느 종교에서는 멋진 내세에 대한 개념이 현저하게 나타날지 모르지만 다른 종교에서는 부차적이거나 아예 존재하지 않을 수도 있다.

종교 또한 어느 정도는 다른 주제들과 다를 것이 없다. 즉 송장벌레의 영아살해나 선피쉬의 수줍음처럼 설명이 필요한 특정 종이 지니고 있는 구체적인 특징일 뿐이다. 특히 종교는 이처럼 오로지 지적인 관점에서 바라볼 때 더욱 매혹적인데, 적어도 진화론적 측면에서는 아직 탐구되지 않는 미개척 분야이기 때문이다. 사실 종교를 연구하는 학자들과 사회과학자들 다수는 이 책을 읽는 독자들보다도 진화에 대해서 잘 알지 못한다. 그래서 나는 초기 자연주의자들이 최초로 열대우림을 보았을 때와 비슷한 발견의 설렘을 느낀다.

물론 종교는, 특히 종교인들의 관점에서 보면, 오로지 지적 관점에 입각해서 연구하기가 쉽지 않은 주제다. 나 또한 동기를 부여하는 행동의 여러 가지 근접적 메커니즘의 하나로서 천국의 가능성에 설렐지도 모른다. 그러나 천국에 가기를 열망하는 사람이라면 다르게 반응할 가능성이 높다. 그렇다면 진화론과 종교가 조화를 이룰 수 있다는 나의 과장된 주장이 과연 종교를 연구하는 과학자는 물론 종교인의 입장에서도 실현 가능한 것일까?

종교인들의 딜레마에 나 자신의 딜레마를 하나 추가할 필요가 있다. 나는 『종교는 진화한다』에서 사실적 현실주의와 실용적 현실주의를 구분했다. 세상의 특징을 정확하게 설명해주는 믿음은 사실적이고 현실적이다. 그리고 인간이 세상에서 생존하고 번식할 수 있도록 도와주는 믿음은 실용적이고 현실적이다. 인정적인 인간이라는 존재로서 나 역시 종교인들처럼 실용적인 현실주의에 관심이 많다. 그래서 레이 찰스의 〈거기 누구 없나요?〉라는 질문에 종교가 답변하는 것을 볼 때 감탄하지 않을 수 없다. 그러나 그와 동시에 과학자이기 때문에 〈위에 누구 없나요?〉라는 질문에 대한 다양한 종교적인 답변을 받아들일 수 없게 만드는 사실적 현실주의에 입각하여 사고한다. 따라서 내가 생각하기에 이상적인 종교는 과학적 지식과 완전히 일맥상통하는 수평적인 측면과 수직적인 측면을 설득력 있게 제시할 수 있어야 한다. 그렇다면 과연 그런 종교가 존재하는 것이 가능할까? 혹시 사실적 현실주의에서 출발하면 수직적 측면만 강해지는 것은 아닐까? 이것이 바로 나의 딜레마이다. 종교적 믿음이 사실적 측면이 아니라 실용적 측면에서만 현실적일지 모른다는 가능성에 직면한 종교인들처럼 나에게는 바로 이 딜레마가 강하다.

나는 내 딜레마에 대한 정답을 모른다. 하물며 과학적으로 타당한 정답은 더욱 모른다. 그러나 서서히 그리고 고심 끝에 원하는 것을 모두 얻을 수 있을 거라는 확신이 든다. 첫째, 수많은 종교들은 당시의 사실적인 지식과 일맥상통하게 구축되지만 시간이 지남에 따라 비현실적이 된다. 이를테면 고대 히브리인들은 빛이 태양에서 나온다는 사실을 알지 못했기 때문에 태양이 만들어지기 전에 하나님이 빛을 만들었다고 생각하는 것이 이성적이었다. 또한 나는 칼뱅의 교리문답서를 읽고서 그 문답서가 당시에 이용 가능한 지식에 기초함으로써 과학적으로 꽤 타당하다는 사실을 발견했다. 사실 다윈이 등장하기 이전에는 자연과 인간사의 방대한 기능성을 신에게 호소하지 않고는 설명할 방법이 없었다. 물론 종교가 사실적 지식의 변화에 보조를 맞추기가 쉽지 않은 것은 특히 종교적 믿음이 영원하다고 표현되는 경우가 많기 때문이지만 그렇다고 항상 사실적 지식을 무시하는 것은 아니다.

둘째, 불교나 유교 같은 주요 종교의 전통은 사실적 현실주의와 밀접하게 연관되어 있는 수평적 측면과 수직적 측면을 제공함으로써 내가 생각하는 이상적인 종교에 가깝게 접근한다. 대표적인 사례로 달라이 라마는 『한 원자 속의 우주 *The Universe in a Single Atom*』라는 책에서 이 주제에 대해 이야기했다. 이 책을 읽어보면 본질적으로 과학이 종교에 모순되는 것이 아니라 특정 종교의 전통과 모순된다는 사실을 알 수 있다. 불교 사상에서는 "경험적 증거의 권위를 무시하는 사람과는 비판적인 대화를 나눌 가치가 없다"고 말한다. 달라이 라마는 어린 시절부터 과학에 흥미를 느껴 13대 달라이 라마의 망원경으로 달을 관찰하기 시작했다. 게다가 정치적 망명으로 말미암아 세계를 떠돌아다니는 종교 사절이 된 덕택에 자신의 과학적 호기심을 충족시킬 수 있었다.

어디 그뿐인가? 전 세계에 흩어져 있는 조언자들의 도움과 자신이 간헐적으로 주체하는 〈정신과 삶Mind and Life〉이란 컨퍼런스를 통해서 우주론과 물리학, 진화론, 심리학, 신경생물학에 대한 거의 모든 최신 이론을 배우기까지 했다.

그는 신선하다 싶을 정도로 겸손하다. 예컨대 그는 아인슈타인의 상대성 이론에 대해서 "쌍둥이 패러독스에 내재된 본질을 완벽하게 이해하려면 나 자신의 존재를 넘어서는 일련의 복잡한 계산이 필요하다"라고 말했다. 또한 "불교 전통에는 오래전부터 물리학에 대한 권위가 존재했지만 물리학의 초기 원자론에 적응해야만 한다"라고 경쾌하게 결론을 내렸다. 게다가 신경생물학자들이 뇌 상태와 명상의 관계에 흥미를 느낀다는 사실을 알고는 자신이 아는 은둔자들을 소개해주기까지 했다!

그 실험에는 산속에서 고독한 삶을 살기로 선택한 은둔자들의 삶과 정신적 관습을 침해하는 요소가 포함되어 있었다. 그래서 당연히 처음에는 모두들 달갑지 않게 생각했다. 다른 이유는 제쳐두고라도 그들 대부분은 그 실험의 요지를 이해할 수 없었기 때문에 기계를 다루는 괴상한 남성들의 호기심을 충족시켜주는 것뿐이라고 생각했다. 그러나 나는 그때나 지금이나 과학을 적용시켜 명상가들의 의식을 이해하는 일이 가장 중요하다고 생각하기 때문에 은둔자들에게 실험에 참여해달라고 열심히 설득했다. 이타주의에 입각해서 말이다. 마음을 평화롭게 하고 정신 상태를 연마하는 과정을 과학으로 설명할 수 있다면 여러 사람들에게 도움을 줄 수 있을 것이라고 주장했다. 결국 수많은 은둔자들은 달라이 라마의 직위가 내뿜는 권위에 복종한 것이 아니라 내 설득에 못 이겨 참여하기로 결정했다.

티베트 불교계에서 가톨릭의 교황처럼 종교 지도자로 추앙받는 달라이 라마는 어떻게 해서 과학에 위협을 느끼지 않는 걸까? 그는 "부처가 위대한 정신적 스승인 이유는 다양한 분야의 지식에 통달했다기보다 모든 존재에 대해 경계선 없는 동정심을 완성했기 때문이다"라고 말했다. 그리고 "불교심리학의 기본 목적은 정신 구조를 분류하거나 정신 기능을 설명하기 위함이 아니라 고통, 특히 심리적이고 감정적인 괴로움을 극복하고 제거하기 위함이다"라고도 말했다. 또한 이러저러한 설교를 통해 종교의 궁극적 목적은 강력한 수직적 측면을 창출하는 것이며 수직적 측면은 이러한 목적을 달성할 수 있게 돕는 것임을 분명히 했다. 만일 달라이 라마와 대화를 나눌 수 있는 행운이 나에게 주어진다면 우리는 여러 가지 문제에 대해 뜻이 잘 맞을 것 같다.

그 외의 종교 전통에서는 종교의 수평적 목적과 수직적 측면의 보조 역할이 명백하게 드러나지 않을 수 있지만 그렇다 해도 모두 수면 아래 잠겨 있는 것일 뿐이다. 나는 평소에 종교인들과 대화를 나눠보고 싶었는데 『종교는 진화한다』를 출간한 이후에 그럴 기회가 많이 생겼다. 침례교회의 독서 클럽 회원들과도 대화를 나눴고, 메인주 해안에서 조금 떨어진 섬에서 개최된 유니테리언파의 수련회에도 일주일 동안 참여해 멋진 시간을 보냈다.

베네딕트회 수도사들과 미네소타에 있는 성 요한 대학교의 교수진과 나눈 대화는 텔레비전으로 방송되기도 했다. 방문하기 직전에 알아본 바로는 베네딕트 수도회는 역사상 가장 오래된 사회단체이며 내가 묵은 수도원은 북아메리카에서 가장 오래된 곳이었다. 베네딕트회의 교리―내가 정확히 들은 바로는 교리들이 아니라 교리였다―는 『종교는 진화한다』에 나오는 칼뱅의 교리문답과 교회 칙령과 함께 공동체 생활의 청사진이라고 부를 만했다. 성 요한 수도원의 북쪽은 전체가 벌집을 모티프로 한 스테인드글라스로 되어 있어 마치 집에 온 것처럼 편안했다.

내가 종교와 과학의 분수령을 횡단하면서 만나게 되는 사람들은 언제나 호의적이다. 그들과 내가 최대한 예의를 갖춰서 행동하기 때문이 아니라 서로 공통점이 많기 때문이다. 종교는 초자연적인 존재를 믿는 것이 전부가 아니다. 그들은 강력한 공동체를 형성하고 도움이 필요한 이들을 도와주며 그 대가로 타인의 도움을 받기도 하고 아이들에게 최고의 가치와 과도기적인 변화의 가능성을 전달하기도 한다. 바로 이러한 것들이 종교의 수평적 측면을 구성하며, 이는 대체로 진화론을 통해서 확인 가능하다. 28장에서 살펴본 첫 번째 주요 가정에 기초했을 때 특히 더 그렇다.

만일 당신이 종교를 믿는다면 진화론의 다섯 가지 주요 가정 중에서 무엇을 선택하겠는가? 종교는 기본적으로 구성원들을 보살피기 위해서 만들어지지만 비종교적인 집단이라고 어디 그렇지 않은가? 나는 『종교는 진화한다』에서 종교가 보편적인 형제애를 달성하지 못한다고 비판하는 것은 마치 새가 음속 장벽sound barrier을 깨지 못한다고 비판하는 것과 같다고 말했다. 있는 그대로 새의 하늘을 나는 능력에 감탄하면 안 되는가? 또한 내가 임의로 추출한 종교 표본에 따르면 종교 집단끼리의 폭력적인 충돌로 종교가 전파되는 경우는 상대적으로 적다. 그 대신 대부분의 종교는 구성원들에 대한 선행을 통해 확대된다. 그에 비해 공산당이나 전체주의 체제 같은 비종교적인 집단의 기록은 어떠한가?

나는 독서나 개인적인 만남을 통해서 많은 사람들이 자신의 종교를 분명히 이해하고 사실적 현실주의에서 빗나감 없이 믿음에 충실하려는 모습을 보고 크게 감동받았다. 20세기의 위대한 사회운동가인 마일스 호튼Myles Horton을 보라. 그는 템플턴 경의 출생지와 학생들에게 진화론을 가르친 혐의로 기소된 존 스콥스의 재판이 열렸던 데이튼Dayton에서 멀지 않은 테네시주 사바나에서 태어났으며 그의 집안은 칼뱅주의를 신봉했다. 그의 어머니는 교회의 기둥과도 같아서 공동체의 일원이라면 누구나 그녀의 조언과 지지를 받고 싶어했다. 마일스 또한 교리문답을 읽을 수 있는 나이가 되었을 때 어머니에게 조언을 구했다. 그는 자서전 『긴 여정 *The Long Haul*』에서 다음과 같이 설명했다.

어느 날 나는 어머니에게 가서 "저는 운명 예정설이 도무지 이해되지 않아요. 하나도 믿을 수 없어요. 전 이 교회와 맞지 않는 것 같아요"라고 말했다. 어머니는 웃으면서 "신경 쓸 필요 없다. 그건 중요하지 않아. 목사의 설교일 뿐이지. 너한테 중요한 건 너의 이웃을 사랑해야 한다는 내용뿐이란다"라고 말씀하셨다. 어머니는 "하느님을 사랑하라"가 아니라 "너의 이웃을 사랑하라"라고 말씀하셨다. 그것은 종교 교리와 관계없이 훌륭한 가르침이었고 그 덕분에 나는 무엇이 옳고 그른지 알 수 있었다.

마일스 호튼은 1932년에 하이랜더 포크 고등학교를 설립했고 당시 법을 무시하고 백인과 흑인 학생들에게 똑같이 리더십과 관리 기술을 가르쳤다. 사회평론가 빌 모이어스Bill Moyers에 따르면 그는 인종차별주의자들은 물론 깡패들, 대중 선동가들, 정치가들에게 구타당하고 구금당하며 욕설을 들어야 했다고 한다. 그러나 그는 그의 어머니가 말했던 것처럼 사실적 현실주의에 위배되는 복잡한 믿음 따위는 필요하지 않았다.

벤자민 프랭클린Benjamin Franklin의 자서전에서도 이와 비슷한 실용주의적 종교관이 드러난다.

나는 행복한 인생을 살려면 인간관계가 진실, 성실, 정직 등에 기초해야 함을 점차 확신하게 되었다. 신의 계시 자체는 내게 중요하지 않았다. 물론 어떤 행동들은 신의 계시를 통해 금지되었어도 악하지 않을 수 있고 신이 그렇게 하라고 명령했어도 악할 수 있다. 그러나 모든 주변 조건을 고려했을 때 본질적으로 그런 행동들은 우리에게 해롭기 때문에 금지될 수 있고 혹은 이롭기 때문에 그렇게 하라고 명령 내릴 수도 있다. 그리고 바로 이런 견해를 나는 좋아한다.

마일스 호튼과 벤자민 프랭클린은 종교의 실용적인 지혜를 이해함으로써 옳고 그름에 대한 의식이 약해지기는커녕 오히려 강해졌던 것이다.

나는 감히 그들과 같은 부류에 낄 정도는 못 되지만 비슷한 경험을 한 적이 있다. 나는 어린 두 딸에게 약속을 지키고 진실을 말하는 것이 얼마나 중요한지 지극히 실용적인 방법으로 가르쳤다. 누군가가 당신에게 진실을 이야기하고 약속을 꼭 지킬 거라고 확신할 수 있다면 그보다 더 기분 좋은 일이 어디 있겠는가? 그러므로 자신도 그와 똑같이 하면 된다. 나는 둘째 딸 타마르에게 내가 어떤 행동을 그만 하기를 바랄 때 사용할 수 있는 마법의 주문을 가르쳐주었다. 그것은 바로 "저는 진심으로 아빠가 그 행동을 그만 했으면 좋겠어요!"라는 말이었다. 나는 딸에게 간지럼을 태워 실제로 해보도록 했는데, 그 말은 딸을 지켜주는 보이지 않는 방패와도 같았다. 일부러 계산한 행동은 아니었지만 그 방법은 내 생각보다 훨씬 효과가 좋았다. 우리 아이들은 매우 양심적이어서 행운을 비는 기도 따위도 하지 않았다. 또한 두 딸이 초등학교 때 국기에 대한 맹세 중 하느님이 나오는 부분을 따라 할 수 없다고 심각한 표정으로 말했을 때 나는 억지로 시키지 않겠다고 약속했다! 물론 그 부분이 나오면 그냥 가만히 있으라고 조언해줄 수도 있었지만 그것은 아이들의 양심보다 못한 행동이었다. 딸아이의 친구들은 깜짝 놀라며 아이들에게 그러다간 지옥에 가게 될 것이라고 경고했다. 그러나 놀랍게도 그 아이들이 받은 종교 교육은 약속을 지키거나 진실을 말하는 일 – 적어도 학교에서-에 대해서 내 딸들보다 덜 양심적이었던 것이다!

우리 가족의 사회적 약속은 각자가 자기의 약속을 지키기 위해 최선을 다했을 때에만 효과가 있었다. 나는 타마르가 마법의 주문을 외운 다음에도 계속 간지럼을 태운다거나 그 애가 멈추었으면 하는 행동을 계속한 적이 결코 없었다. 만약 그랬다면 장담하건대 난 딸에게 혼쭐이 났을 것이다. 사회적 약속은 신성한 것이었으므로 우리는 그것을 존중했다. 나는 이러한 개인적 경험, 그리고 달라이 라마와 마일스 호튼, 벤자민 프랭클린의 사례를 통해 종교의 축복은 사실적 현실주의에 위배될 필요가 없음을 더욱 확신하게 되었다.

광신자 아인 랜드

Evolution for Everyone

28장과 29장에서 살펴봤듯이 종교는 실용적 현실주의를 향해 자체의 원동력으로 사실적 현실주의에서 벗어날 때가 있다. 그리고 이러한 일탈은 초자연적 존재에 대한 믿음에만 국한되지 않는다. 일레인 페이절스는 기독교 복음을 분석한 결과 사람과 사건은 자유롭게 만들어지고 변화한다고 말했다. 따라서 믿음 체계의 유일한 목적이 행동의 청사진을 제공하는 것일 때에만 사실적 현실주의는 공정한 경기가 된다.

종교를 이러한 관점에 기초해 생각하는 순간 종교 영역을 초월해 분석할 필요가 있음이 명확해진다. 애국심을 강조하는 국가의 역사 또한 종교처럼 다른 국가의 역사를 살펴보는 순간 목적 지향의 왜곡된 특성이 명백하게 드러나게 된다. 페미니즘이나 포스트모더니즘 같은 지식 운동도 예외가 아니어서 수용 가능한 진리를 지각된 결과와 결합시키는 데 매우 개방적이다. 그리고 바로 그것이 정치적으로 옳다고 여겨지는 것이다. 어디 그뿐인가? 과학 이론들 역시 면역력이 없어서 과거의 숱한 이론들은 종교와 마찬가지로 시간이 지남에 따라 이상하리만큼 수용하기가 힘들어진다. 게다가 이런 일이 발생하면 그 이론이 잘못되었을 뿐만 아니라 목적 지향적으로 보이기까지 한다. 이와 관련해 내가 가장 좋아하는 사례는 여성의 사회 역할에 관한 인습적 사고방식을 지지하는 과학 이론들이다. 예컨대 19세기에는 여성의 대학 진학이 난소 발달을 저해한다는 견해가 과학적 지혜로 받아들여졌다. 어디 그뿐인가? 1970년대 후반에는 장시간의 달리기가 신체를 손상시킨다는 이유로 여성의 마라톤이 금지되었다. 물론 오늘날 이 이론들은 당연히 비웃음거리밖에 안 되며 이 이론의 오류를 입증하는 사실적 증거들도 넘쳐난다. 즉 과학 이론은 제기된 당시가 아니라 분석과 검토를 거친 후에야 사실적 현실주의에 접근 가능하다.

이러한 믿음은 초자연적인 존재에 호소하는 것이 아니기 때문에 종교로 분류되지 않는다. 그러나 사실적 현실주의와 실용적 현실주의 측면에서 평가하면 종교와 다를 것이 없다. 즉 어느 경우든 그러한 믿음 체계가 행동의 청사진으로 기능함으로써 사실적 현실주의에서 벗어난다는 것이다. 사실적 현실주의에서 벗어난 초자연적인 존재의 실재 여부는 그저 세부적인 것에 불과할 뿐이니까 말이다.

종교에 대해 일반적으로 우려되는 것들을 모든 유형의 인간 사고에 확대해 적용할 필요가 있다고 간주하는 것은 매우 겸허한 생각이다. 만의 하나 그런 것이 있다면 오히려 비종교적인 믿음을 사실적 현실주의로 쉽게 가장할 수 있기 때문에 이런 우려를 유발시키는 더 큰 요인이 될 것이다. 이러한 믿음 체계를 도용된 종교stealth religion라고 부르도록 하자.

도용된 종교의 대표 사례는 아인 랜드Ayn Rand의 객관주의 철학이다. 아인 랜드와 그녀의 작품을 잘 아는 사람이라면 이번 장의 제목이 모순적이라는 사실을 알 것이다. 아인 랜드는 열성적인 무신론자일 뿐만 아니라 그녀의 철학은 이성적 사고의 귀감이라 할 만하니 말이다. 심지어 아인 랜드는 세간에서 개인주의자라고 불릴 때마다 자신은 합리주의자라고 호칭을 바로잡았다. 그런데도 나는 왜 아인 랜드를 종교 광신자라고 부르는가?

나는 아인 랜드에 대해 따로 연구를 한 것이 아니라 언어에 관한 프로젝트를 진행하던 도중에 그녀의 이름을 알게 되었다. 어떤 언어는 배의 부품처럼 정의가 명확하다. 배의 부품이 정확한 이름과 뜻을 가지고 있는 이유는 누구나 알고 있을 것이다. 명확하게 지칭되는 것이 무엇보다 중요하기 때문이 아니고 무엇이겠는가? 거센 폭풍이 몰아쳐 모든 사람들의 생명이 위험에 처했을 때 "거기 그 밧줄을 말아 올려. 아니 그거 말고 저거!"라고 할 수는 없지 않은가!

그런가 하면 모호함의 안개 속에서 길을 잃고 헤매는 단어들도 있다. 예를 들어 '이기적selfish'이라는 단어는 장기적, 단기적으로 작용하는 행동과 동기의 불분명한 혼합에 기초한다. 즉 어떤 사람에게는 그렇게 행동해서는 안 된다는 말인 반면, 다른 사람들에게는 이성적인 행동을 설명하는 기본 원리가 된다. 그렇다면 '이기적'이라는 단어는 왜 돛을 올리거나 내리는 데 쓰는 밧줄을 뜻하는 '마룻줄'처럼 정확하게 정의되어 있지 않는 걸까? 내가 아는 사람들 중에는 그 답을 알기는커녕 궁금해한 적도 없는 사람이 많다. 심지어 어느 철학자는 어깨를 으쓱하며 사람들이 정의하지 않기로 동의했기 때문이라고 대답한다.

나는 각기 다른 방식으로 생존하고 번식하면서 공존하는 자연 생태계에서 이 질문에 대한 정답을 유추할 수 있다고 생각했다. 지금까지 강조한 것처럼 사람의 행동은 생태계의 그 어느 종보다도 다양하다. 또한 인간의 생태계는 구성원들에게 각각 다른 행동을 지시하는 여러 가지 믿음 체계를 포함한다. 따라서 일정한 믿음 체계 안에서 '이기적'이라는 말은 '마룻줄'처럼 일관된 뜻을 지닐 수 있지만 그렇다고 해서 다른 모든 믿음 체계에서도 그럴 거라고 기대할 수는 없다. 결국 믿음 체계는 종종 같은 단어를 다른 방식으로 이용한다.

이런 내 생각을 검증하기 위해 '이기적'이라는 단어와 그와 관련된 단어들을 모아서 분류해보기로 했다. 마치 곤충학자가 나비의 종들을 수집해서 분류하는 것처럼 말이다. 이를 위해 최소한 얼마 동안은 '이기적'이란 단어가 연상시키는 '특성'들을 목록으로 만들었다. 어떤 행동이 이기적이라고 기술될 때, 자신과 타인에게 어떤 영향을 끼치는가? 그 효과가 단기적인가, 장기적인가?

또는 물질적인가, 심리적인가? 책을 읽을 때마다 '이기적'이라는 단어가 나오면 마치 잠자리채로 나비를 잡아서 수집하는 것처럼 목록에 채워넣었다. 일례로 윌리엄 제임스가 소년 시절에 어머니에게 돈을 보내달라고 쓴 편지를 살펴보자. "요즘 돈 쓸 일이 많다는 어머니의 말씀을 들으니 사치처럼 보이는 일을 하며 즐거워하는 제가 이기적인 것 같아 죄책감이 들어요." 여기서 돈을 달라는 이기적인 행위는 당사자인 제임스에게는 좋지만 타인, 즉 어머니에게는 나쁘다. 또한 단기적으로나 장기적으로 미칠 만한 영향은 없고 대신에 돈이라는 물질적 측면에만 영향을 미친다. 제임스가 죄책감(부정적인 심리적 작용)을 느낀다고 해서 그가 이기적인 마음으로 행동했다는 것은 달라지지 않는다.

여기에서 '이기적'이라는 단어는 사람들이 당연하게 생각하는 매우 일반적인 뜻으로 사용되었다. 그러나 『리더스 다이제스트 Reader's Digest』에 실린 〈돌아온 사랑 How Love Came Back〉이라는 글에서는 똑같은 단어가 어떤 뜻으로 사용되었는지 살펴보자. 이 글의 저자는 자신이 이기적인 남편이라는 사실을 인정했는데, 바로 그 이기적이라는 단어가 내 잠자리채에 걸렸다. 그의 이기심은 귀가 늦은 아내를 탓하거나 자기가 보고 싶은 텔레비전 프로만 보거나 하는 사소한 행동이었다. 그러다가 문득 휴가 동안에 아내에게 잘해주어야겠다는 생각이 들었고 덩달아 기분까지 좋아졌다. 남편의 갑작스러운 친절에 아내는 자신이 불치병에 걸린 것이 아닌지 의심하기까지 했다. 이 글은 남편이 아내를 꼭 껴안고 "여보, 그게 아니야. 당신이 죽는 게 아니라 내가 새롭게 살려는 것뿐이야!"라고 말하면서 끝을 맺었다.

닭살이 돋는 것을 좀 참고 이와 같은 구체적인 사례에서 '이기적'이라는 단어가 어떤 뜻으로 쓰였는지 분류해보자. 여기에서 '이기적'이란 아내를 배려할 줄 모르는 남편의 행동을 뜻하는데, 단기적으로 남편에게는 좋고 아내에게는 좋지 않지만 장기적으로는 둘 모두에게 나쁘다. 또한 행복이라는 심리적 작용에 영향을 미친다. 그러나 앞의 사례와 구별되는 가장 중요한 특징은 이기심이 승패의 문제에서 둘 다 패하는 문제로 바뀌었다는 점이다. 이는 곧 사소한 이야기로 만들어진 세상에서는 이해관계가 충돌하는 일 같은 것은 일어나지 않음을 뜻한다.

내가 즐겨 표현하는 이러한 '사고의 종species of thought'은 극히 일반적이다. 오스카 와일드Oscar Wilde의 동화 『욕심쟁이 거인 The Selfish Giant』에서 거인은 아이들이 자신의 정원에서 놀지 못하게 한다. 그러자 거인의 집에는 봄이 오지 않고 겨울만 계속된다. 그런데 아이들이 정원에서 놀 수 있게 허락하자 봄이 다시 찾아온다. 적십자의 슬로건 또한 '아무것도 바라지 말고 행동하라. 그러면 전부 얻게 될 것이다'. 알코올중독 방지회의 안내 책자는 또 어떤가? 1장에서 5장까지 '이기적'이라는 단어와 그와 비슷한 단어가 전부 19번이나 등장한다. 어찌 되었든 모든 사례에서 이기적인 사람은 다음 사례에서처럼 종국에는 부정적인 인물로 묘사된다.

이기심! 자기중심적! 이것이 바로 우리가 직면한 문제의 뿌리인 것이다. 우리는 수많은 형태의 두려움, 자기기만, 이기주의, 자기연민 등에 사로잡혀 주위 사람들을 짓밟고, 그들은 또 그런 우리에게 복수를 한다. 때로는 잘못한 것이 없는데도 우리를 못 살게 군다고 불평하기도 하지만 곰곰이 생각해보면 십중팔구 과거에 지금 같은 처지에 놓일 만한 이기적인 결정을 했다는 것이 드러난다. 무엇보다도 우리 알코올중독자들은 이러한 이기심을 버려야만 한다. 반드시 말이다. 그렇지 않으면 결국 스스로를 죽이게 될 것이다!

알코올중독 방지회 책자에서만큼은 '이기적'이라는 단어가 '마룻줄'처럼 일관되고 정확한 뜻으로 사용되었다. 즉 이기적이란 '사고의 종'과 관련해 세 가지 사실이 관찰 가능하다. 첫째, 사람들에게 이타적인 마음을 갖도록 유도함으로써 행동의 변화를 달성하려는 명확한 목적을 가진다. 둘째, 실용적 측면에서 훌륭한 조언을 제공한다. 셋째, 마치 당사자와 타인 모두에게 친절은 항상 이득이 되고 이기심은 항상 해가 되는 것처럼 세상을 묘사함으로써 그 효과를 달성한다. 일단 이런 믿음 체계에 발을 들여놓게 되면 누구나 무엇을 해야 할지 결정하기가 쉬워진다. 물론 이런 믿음 체계를 창출하기 위해 지력intelligence이라는 선택 과정이 더 첨가되었을 가능성이 있긴 하지만 믿음 체계의 안내를 받기 위해서 대단한 지력이 필요한 것은 아니다. "이쪽으로 오세요"라고 말해주는 신호를 따르기만 하면 되니까 말이다.

놀랄 일도 아니지만 이러한 '사고의 종'은 특히 종교 문서에 자주 등장한다. 28장에서 인용한 후터교 교리에 나오는 단어를 내

기준에 따라서 분류하면 양극화 현상이 두드러지게 나타남을 알 수 있다. 예컨대 형제애, 공동체, 규율, 충실, 사랑, 상호 도움, 복종, 질서, 희생, 양보, 평등 등 한쪽 목록에 포함된 단어들은 당사자와 타인 모두에게 이로운 행동을 뜻한다. 즉 이러한 행동은 음식, 보금자리, 가장 귀중한 보물, 숨겨진 보물, 진실한 삶, 영원한 삶과 기쁨, 참된 행복, 100배의 수익, 삶의 결실을 가져다주는 힘 등과 같은 수많은 혜택을 제공한다. 게다가 이 모든 것은 덤으로 제공되기 때문에 물질적 이로움과 심리적 이로움을 구별할 필요조차 없다. 반면에 또 다른 목록은 당사자와 타인에게 모두 해로운 행동을 뜻하는 단어들로 가득하다. 거만, 탐욕, 욕망, 자만, 개인적인 이익, 교만, 이기심, 사욕, 이기주의, 아집 같은 단어들이 바로 그것이다. 한편 장기적으로 타인의 희생이 자기에게 이득이 되거나 자기희생이 타인에게 이득이 되는 행동을 가리키는 단어는 하나도 없다. 다시 말해서 후터교의 믿음 체계는 상충되는 측면이 없는 외길로 세상을 묘사함으로써 믿는 자는 오직 합리적인 결정을 통해서 영광을 향해 질주하고 이로써 파멸에서 멀어지게 된다. 사실 '아무것도 바라지 않고 행동하라. 그러면 전부 얻게 될 것'이라는 적십자의 슬로건은 후터교 교리를 정교하게 정제한 완벽한 표현이다.

우리에게 익숙한 이기주의(타인을 희생시켜 자기 이득을 취하는 것)와 이타주의(자신을 희생해서 타인에게 이득을 주는 것)의 정의가 후터교 교리에 전무하다는 사실이 놀랍지 않은가? 그런데 이뿐만이 아니다. 철학자들이 따지길 좋아하는 구분도 찾아볼 수 없다.

즉 '명백하게' 이타적인 행동은 행위자에게 물질적 또는 심리적 측면에서 이득을 주기 때문에 '실제로는' 이기적인 행동이라는 견해는 후터교에서는 좀처럼 상상할 수 없는 이질적인 것이다. 그런데 더욱 놀라운 사실은 그 외의 다른 모든 종교도 후터교와 다르지 않다는 점이다. 내가 이렇게 포괄적으로 단정 지을 수 있는 것은 내 연구 결과뿐만 아니라 세계적으로 유명한 세 명의 종교학자 제이콥 뉴스너Jacob Neusner, 브루스 칠튼Bruce Chilton, 윌리엄 스콧 그린William Scott Green이 템플턴 재단의 후원 하에 실시한 야심 찬 프로젝트의 결과가 이를 입증하기 때문이다.

템플턴 재단은 앞서 말했듯이 용서와 관련된 과학 연구에 관심을 보여 내 프로젝트를 후원한 적도 있었는데, 그 덕분에 나는 『종교는 진화한다』를 집필할 수 있었다. 그들은 이타주의에도 관심이 많아서 제이콥 뉴스너에게 이타주의와 종교에 관한 컨퍼런스를 조직하는 것을 제안했다. 그리고 제이콥은 그것이 종교라는 학문 연구에 유용하고 적합한지 알아보기 위해 윌리엄에게 이타주의에 관한 일련의 질문을 구성하는 일을 맡겼다. 그리고 또 그 질문들을 종교 전통을 연구하는 전문가들에게 보냈다. 그들의 답변은 컨퍼런스에서 발표되었고 제이콥과 브루스는 이를 편집해 『세계종교의 이타주의 Altruism in World Religions』라는 제목으로 출간했다. 그중에서 널리 알려진 답은 이타주의를 '궁극적으로 타인에게는 이로움을 주지만 행위자에게는 아무런 이득이 없거나 혹은 손해가 될 수도 있는 의도적인 행동'이라고 정의한다면 이는 모든 주요한 종교 전통에서는 상상하기 힘든 이질적인 견해라는 것이었다. 이는 힌두교, 불교, 유대교, 이슬람교, 기독교 등은 세상을 상충적이지 않다고 생각하기 때문이다. 즉 타인에게 이득이 되는 행동은 행위자 자신에게도 물질적, 심리적, 내세적 측면에서 이득이 된다고 여긴다. 사실 '이타주의'라는 말은 1830년대에 오귀스트 콩트Auguste Comte가 처음 사용한 말이며 세속적 삶에 국한된 '사고의 종'을 대변한다. 『세계종교의 이타주의』는 다음과 같은 윌리엄의 요약으로 끝을 맺는다.

비록 현대적인 이타주의는 전 세계 주요 종교와 어울리지 않는 것처럼 보이지만 이번 공동 프로젝트의 결과들은 완전히 부정적이지는 않다. 현대의 이타주의가 종교에 적합하지 않다고 해서 종교가 이기주의의 보루라는 뜻은 아니다. 오히려 그 반대다. 이 책에 실린 개별 연구에서는 관용과 자비심이 종교의 가치와 구조 안에서 어떻게 작용하고 있는지 자세하고 훌륭하게 보여준다. 탈무드에 나오는 다섯 가지 죄를 저지른 남자의 이야기, 예수의 비유담, 세이크 아부 압드 알라Shaykh Abû ᶜAbd Allâh의 이야기, 팔리어로 쓰인 불교 원문의 가르침, 틱낫한Thich Nhat Hanh의 가르침, 니치렌Nicherin의 규율, 크리슈나Krishna의 가르침, 그리스와 로마 철학의 이상적인 우애, 맹자가 말하는 '누진적인 이타심' 등 이 책에서 언급된 모든 전통은 타인에 대한 적극적인 관심이 그들의 믿음 체계 안에서 존재할 뿐만 아니라 근본적인 의미 범주를 뜻한다는 사실을 보여준다. 이러한 사례 중에는 현대의 이타주의와 닮은 것도 있고 그렇지 않은 것도 있다. 그러나 몇 명의 전문가들이 지적한 것처럼 오직 엄밀한 세속적 잣대에 기초해서만 선행은 행위자에게 이익이 되기 때문에 덜 자애로운 것이 된다. 요컨대 종교는 의심의 여지없이 타인 중심적인 인간의 행동을 강조하는 주요한 힘이다. 또한 그런 행동이 초월적이거나 불변적인 구조 안에서 일어난다고 해서 그 영향력이 감소되거나 인간 조건을 향상시킬 역량이 줄어드는 것은 아니다.

이 세 명의 훌륭한 종교학자들은 나 같은 아마추어의 도움 없이도 종교의 실용적인 이익에 대해서 잘 알고 있었다. 또한 그들은 내가 수많은 나비를 잡아대듯 영어라는 언어 영역을 어슬렁거리며 단어의 용례를 찾고 분류했다는 사실도 알 필요가 없다. 그러나 우리는 종교의 실용적 현실주의에 감탄만 할 것이 아니라 종교가 어떤 식으로 사실적 현실주의에서 벗어나는지 이해할 필요가 있다. 현실 세계는 복잡한 상충관계와 이해관계의 대립 그리고 승패가 갈리는 상황 등으로 가득하다. 물론 이론적으로 믿음 체계는 그러한 복잡성을 기술함으로써 사실적 현실주의에서 높은 점수를 획득할 수 있고 그와 동시에 이를 어떻게 처리해야 하는지 보여줌으로써 실용적 현실주의에서도 높은 점수를 획득할 수 있다. 그러나 현실적으로 그런 믿음 체계는 십중팔구 사람과 사회를 움직이기 위해 대단히 많은 시간과 에너지 그리고 정신적인 자원 등이 필요할 것이다. 사실 종교적 믿음 체계는 훨씬 '사용자 친화적'이라서 현실 세계의 복잡성을 감소시킴으로써 현실 세계에서 적응할 수 있는 일련의 행동을 조장한다. 그러나 아이러니하게도 종교적인 믿음 체계에 상충관계가 없는 것은 사실적 현실주의와 실용적 현실주의를 동시에 최대화하는 과정에서 발생하는 상충관계 때문이다.

나는 '이기적'이라는 단어의 용례를 연구하면서 데이비드 시버리David Seabury가 1937년에 쓴 『이기심의 기술 *The Art of Selfishness*』(『자존심』이라는 제목으로 국내 출간 – 옮긴이)과 아인 랜드가 1963년에 쓴 『이기심의 미덕 *The Virtue of Selfishness*』이라는 책 두 권을 읽었다. 이 두 책은 '사고의 종'을 서로 다르게 기술하는데, 이는 시버리의 책에 나오는 다음과 같은 구절을 살펴보면 알 수 있다.

나는 수년 전 내 소명을 준비하기 위해 외국으로 떠나기로 결심했다. 당시 어머니는 예순둘이었다. 그런데 어머니의 친구 여덟 분이 나에게 편지로 어머니가 돌아가시기 전까지는 내가 곁에 있어주기를 간절히 바라고 있다고 알려주었다. 어머니는 아흔세 살에 세상을 떠났다. 어머니의 친구들은 어머니를 두고 떠난 나를 이기적이라고 비난했다. 어머니 역시 소망대로 이루어지지 않아 괴로워했지만, 돌아가시기 몇 주 전에 내가 어머니를 위해서 가장 잘했던 일은 그때 예정대로 떠난 일이라고 말했다. 만약 그때 내가 떠나지 않았다면 쉰 살이 되어서야 내 일을 시작했을 것이기 때문이다. 그랬다면 내 괴로움 때문에 어머니 곁에 없는 것보다 어머니와 나의 관계가 더 안 좋아졌을 것이다. 또한 지금처럼 내 직업을 통해서 금전적으로나 정신적으로 도움을 주지 못했을 것이다.

여기에서 '이기적'이라는 단어는 어머니를 배려하지 않은 행동을 나타낸다. 단기적으로 시버리에게는 좋고 어머니에게는 나쁘지만 장기적으로 두 사람 모두에게 좋은 행동임이 증명되었다. 그 행동은 물질적인 면과 심리적인 면에 영향을 끼친다. 여기에서 이기심은 처음에는 한 사람은 지고 한 사람은 이기는 제안이지만 나중에는 둘 다 이기는 제안으로 변한다. 앞에서 소개한 『리더스 다이제스트』의 사례와는 정반대다.

두 책이 전달하는 주제는 전통적인 미덕은 과대평가되어 있으며 행복의 비결은 아무리 심한 반대에 부딪혀도 자신의 이상을 추구해야 한다는 것이다. 참 훌륭한 조언이다. 종교도 이렇게 훌륭한 조언을 할 수 있겠지만 내가 관심을 둔 것은 그런 조언을 전달하는 방식이었다. 나는 시버리의 책을 읽으면서 행위자와 타인 모두에게 좋은 단어와 표현의 목록을 만들었다. 협동, 고차원적인 이기심, 건설적인 이기심, 정직, 지식, 과학적 인간, 상호 도움, 당연한 결정, 진정한 이타심 같은 단어들이 그 목록에 포함되었다. 반면에 모두에게 나쁜 행동을 지칭하는 단어들도 찾았는데 강압적 선행, 표면적 이타심, 책임감, 희생, 자기부정, 미덕의 노예, 억지스런 자기희생, 전통, 이타심, 고결한 척하는 관습론자 등이 포함되었다. 장기적인 관점에서 타인을 희생시켜서 자기가 이익을 얻거나 자신을 희생시켜 타인이 이익을 얻는 행동을 지칭하는 단어는 하나도 없었다. 시버리의 세계는 후터교의 세계와 마찬가지로 영광을 향해 질주함으로써 파멸에서 멀어지는 양극화된 모습을 보여준다. 즉 두 믿음 체계가 장려하는 행동은 다르지만 그 방식은 똑같다.

이기심을 찬양하는 믿음 체계는 강간이나 살인처럼 명백히 반사회적인 행동과는 거리가 멀다. 그런 행동은 장기적으로 타인은 물론 행위자에게도 나쁜 영향을 미치기 때문에 이기적이 아니라 어리석은 행동으로 간주된다. "하지만 우리는 서로를 이해해야 한다. 새로운 자유는 혼란이 아니다. 과학의 사고방식에는 탐욕과 욕망 그리고 방탕함에 대한 조언 따위는 없다. 무절제한 거만과 탐욕스러운 저항은 건설적인 이기심이 아니라 어리석은 짓에 불과할 뿐이다." 그렇다면 선한 이기심과 악한 이기심의 차이는 무엇인가? 물론 과학의 원리다!

나는 지구상에 네 종류의 인간이 있다고 생각한다. 탐욕의 길을 선택하는 무자비한 이기주의자, 신념을 따르는 고결한 관습론자, 그 어떤 규칙에도 굴복하지 않는 맹목적인 반항자, 자연법칙에 순종하고자 노력하는 과학적인 인간이 바로 그것이다. 삶의 문제에 부딪혔을 때 오래된 사고방식과 새로운 사고방식이 만나는 접점은 없다. 둘은 각자의 길을 간다. '옛날부터 내려온 유용한 방식'을 숭배하는 이들은 교훈과 관습을 따르는 반면에 자연법칙에 순종하는 이들은 과학적 발견을 통해서 그들과는 상이한 가치관을 따른다.

과학이 신을 대신하는 명확한 사례를 찾기는 쉽지 않다. 문체의 미묘함이 책 전반의 메시지를 흐릴 경우를 우려해서 시버리는 프롤로그에 "직접 행하면 알게 될 것이다. 당신에게 좋은 일은 반

드시 타인에게도 좋은 일이라는 사실을. 내가 그랬듯이"라고 적
었다.

『이기심의 기술』은 1937년에 처음 출판되어 1964년에 재판되
었고 지금은 절판되었다. 그러나 아직도 아마존 닷컴에는 이 책
덕분에 세상이 바뀌었다는 독자들의 후기가 올라오고 있으니 무
척 감동적인 일이다. '퐁퐁 솟는 지혜의 샘' '아직까지 생생하게
기억나는 내용' '이 책에서 배운 교훈이 지금의 행복을 누릴 수
있게 해주었다' 등과 같은 주옥같은 찬사들이 많다. 사실 시버리
는 지적 겉치레가 거의 없이 자조적인 스타일로 글을 쓰는 작가
였다. 반면 아인 랜드는 추종자들로부터 지성의 거성으로 열렬히
추앙받고 있지만 그만큼 반대 세력도 많다. 대표작 『아틀라스
Atlas Shrugged』의 경우에는 아마존 닷컴에 1,300여 개의 독자 후
기가 올라와 있다. 이 책처럼 1957년에 처음 나와 지금까지 이렇
게 열띤 관심을 받고 있는 책이 과연 얼마나 될까? 『이기심의 미
덕』은 1963년에 출판된 에세이 모음집으로 자신의 객관주의 철
학을 설명하고 발전시킨 책이다.

나는 『이기심의 미덕』에 숨겨져 있는 철학적 야망에도 불구하
고 그 구조가 『이기심의 기술』에 나타난 투박한 지혜와 똑같다는
사실을 깨달았다. 충격적이게도 관습적인 미덕에 속하는 이타주
의, 집단주의, 믿음, 이해할 수 없는 의무, 도덕적인 만행, 신비주
의, 희생, 자제력, 자기희생, 이타심 같은 단어와 표현은 양쪽이
모두 지는 관계를 나타내는 목록에 포함되었다. 한편 자신의 이
익을 추구하는 것은 양쪽이 모두 이기는 관계에 속했는데, 협동,

자기중심, 솔직함, 자립심, 정직함, 논리, 자부심, 이성적인 원칙들, 이성적인 이기주의, 이성, 자존감, 이기심 같은 단어와 표현이 이에 포함되었다. 마지막으로 어리석은 이기적인 행동 목록은 관습적 미덕과 결합해 양쪽이 모두 지는 관계에 속했다. 여기에는 맹목적인 욕구, 감각, 쾌락주의, 비이성적인 감정, 약탈자, 생각이 없는 짐승 같은 사람, 부랑자, 니체 철학의 이기주의egoists, 기생충, 인간 이하의 생물체, 충동, 변덕 같은 단어와 표현이 포함되었다. 랜드 또한 시버리와 마찬가지로 자신이 전하는 메시지가 문체의 미묘함 속에서 길을 잃는 것을 원하지 않았기 때문에 "이성적인 인간 사이에는 이해관계의 대립이 존재하지 않는다"라고 직접적으로 주장했다. 예컨대 이성적인 두 사람이 똑같은 일자리를 두고 경쟁한다면 둘 중에서 누가 더 능력이 뛰어난지 합의하고 능력이 부족한 사람이 자진해서 물러날 것이다. '이성적'이라는 말은 그런 뜻으로 사용되지 않는다고 주장하는 사람도 있을지 모르지만 그 밖에 또 뭘 기대할 수 있겠는가? 요컨대 '이기적'이라는 단어의 용례를 통해 알아본 것처럼 일관성은 일부 믿음 체계에서만 존재할 뿐, 모든 믿음 체계에서도 그럴 거라고 기대할 수는 없다.

시버리와 랜드의 책은 기본적으로 동일한 구조를 띠고 있는데, 이는 어느 한 사람이 모방했기 때문이 아니라 그들이 동일한 행동을 독려하기 때문임이 틀림없다. 이를테면 그들은 동일한 환경에 개별적으로 적응한 생물학적 종과 같다. 실제로 두 책에서 발견되는 몇 가지 차이점은 그 기원이 다르다는 사실을 입증한다.

이기심을 찬양하는 믿음 체계에는 두 가지 범주의 이기심이 존재하지만 그 둘을 구분하기 위해서 실제로 사용하는 말은 다소 임의적이다. 예컨대 시버리는 '에고이즘egoism'이라는 단어를 나쁜 이기심을 지칭하는 데 사용했지만 랜드는 '에고이즘의 새로운 개념a new concept of egoism'이라는 부제를 통해 알 수 있듯이 좋은 뜻으로 사용했다. 만약 랜드가 시버리를 모방한 것이라면 이런 차이가 날 리가 없다. 나 같은 언어 탐정들에게 들킬까 봐 고의로 모방의 흔적을 감추지 않았다면 말이다!

지금까지는 양극화된 믿음 체계를 냉정한 외부인의 관점에서 바라보았다. 그렇다면 내부에서 바라보는 모습은 어떨까? 나다니엘 브랜든Nathaniel Branden은 아인 랜드의 객관주의 운동에 관해서 쓴 『심판의 날 *Judgment Day*』이라는 저서에서 그러한 관점을 언뜻 드러냈다. 브랜든은 열네 살 때 랜드의 소설 『근원 *The Fountainhead*』을 처음 읽었다. 누나가 정사 장면을 읽으면서 친구들과 함께 킥킥거리며 웃는 것을 보고는 그들이 자리를 떠났을 때 호기심에서 그 책을 집어든 후로 그의 인생은 완전히 바뀌었다. 특히 그 소설의 산문체는 마법처럼 그를 매혹시켰다. 그는 나중에 랜드에게 "내가 흥분한 이유는 문체의 스타일 때문만이 아니라 현실을 보고 재창조하는 특별한 방식이 모든 것에 깃들어 있었기 때문이다. 마치 양식화된 우주에 떠 있는 기분이었다"라고 설명했다. 이는 하나의 믿음 체계가 사실적 현실주의에서 벗어남으로써 더욱 강력한 힘을 발휘할 수 있음을 절묘하게 기술한 것이다.

열정적이고 자기성찰적인 젊은이였던 브랜든은 자신이 속한 순응적인 중산층 세계와 어울리는 고결한 비전의 소유자였다. 그러나 랜드의 책은 그의 내면 깊숙한 곳에서 꿈틀거리는 욕망에 말을 걸었다.

나는 아인 랜드가 그 특유의 방법으로 내게 다가왔음을 깨달았다. 다름이 아니라 그 소설의 중심을 차지하는 미덕, 즉 자립, 정직, 일에 대한 사랑, 삶에 대한 신성한 사명감 등에서 나는 주변 세상보다 더 흥미롭고 활기차고 도전적이며 더 사실적으로 돌아가는 세상을 발견했던 것이다. 또한 그러한 것들이 어른들의 말보다 나의 성장과 발전에 더 많은 관련이 있음을 몸소 체험했다. 『근원』은 열네 살의 나에게 고귀하고 감동적인 비전을 선물로 주었다.

브랜든은 그 후 4년 동안 마치 '탈무드를 읽는 학생처럼 헌신을 다해 열정적'으로 계속해서 『근원』을 읽었다. 누군가 그에게 그 책에 나오는 한 문장을 읊어주면 바로 앞 문장과 뒤 문장을 술술 외울 정도였다. 즉 『근원』은 그에게 평범한 삶의 현실에 맞서기 위한 '방패'이자 '요새'였던 것이다. 그는 로스앤젤레스의 캘리포니아 대학에 입학해서 자신처럼 열렬한 아인 랜드 추종자가 된 동호회 친구들과 함께 자신들이 세상을 바꿀 수 있다고 확신했다. "랜드와 나를 비롯해 세상에서 이탈한 우리들 모두는 평범한 삶을 더 지루하게 만드는 삶의 현실 속에서도 하늘을 둥둥 떠다니는 듯한 감각에 취해 있었다."

요컨대 아인 랜드의 객관주의 운동은 종교 운동의 강렬함을 완벽하게 갖추고 있었다. 신이나 내세가 없다는 사실은 중요하지 않았다. 이성적 선택에 기초한 구원 또한 사람들을 매료시켰다. 어디 그뿐인가? 그 책의 내용이 허구라는 사실 또한 중요하지 않았다. 그 누구도 등장인물이 실존 인물이고 사건들이 실제 사건이니 그것을 믿으라고 강요하지 않았다. 오히려 그러한 것들이 우리의 자각을 체계화함으로써 영광으로 향하는 빛나는 길, 즉 떠오르는 태양으로 나아갈 수 있는 황금빛 계단을 제공했기 때문에 현실보다 훨씬 더 나았다. 게다가 랜드의 제자들은 다른 모든 사람들에게도 이익이 된다고 확신했기 때문에 양심적으로 자기 목표를 추구할 수 있었다. 반대하는 사람들은 '해로운 전제bad premises'로 인해 고통받는 관습론자로 몰려 쫓겨나기 십상이었다. 만일 고통받는 사람들이 있다 해도 이는 단기적일 뿐이며 종국에는 이를 고맙게 여기게 될 것이고, 당황해서 말문이 막힐 때는 전제를 재고하기만 하면 문제가 해결될 것이라고 말했다. 훗날 미국 연방준비제도이사회 의장이 된 경제학자 앨런 그린스펀 Alan Greenspan도 초창기 구성원이었다. 그는 "나는 랜드를 통해서 자본주의가 왜 효율적이고 실용적이며 도덕적인지 생각하게 되었다"라고 말했다. 칼뱅주의가 제네바의 선량한 시민들에게 영향을 미친 것처럼 도덕과 사기가 또다시 관계를 맺었던 것이다.

　　안타깝게도 집단 내부에서 일어난 토론들은 합리적인 담화와는 거리가 멀었다. 랜드는 델피 신전의 신관처럼 한 치의 오류도 없는 사람으로 간주되었고 모든 질문에 정확한 답을 제시함으로써 추종자들을 몹시 놀라게 만들었다. 마치 인생의 모든 문제를 해결할 수 있는 거대한 공식을 가지고 있는 듯했다. 랜드의 신조는 "비판하라, 그리고 비판받을 준비를 해라"였다. 그래서 그들은 악귀를 쫓듯 거짓된 전제를 제거하기 위해 많은 시간을 서로를 분석하는 데 할애했다. 또한 랜드는 보복심리가 강했기 때문에 자신에게 반대하는 사람은 누구든 '인간 이하의 생물체'로 간주해 추방했다. 심지어 불륜 관계에 빠진 랜드와 브랜든은 자신들은 물론 배우자들에게도 이를 고결하고 정당한 행위라고 합리화시켰다. 몇 년 후에 랜드는 소원해진 브랜든과의 관계를 회복하려고 했지만 브랜든은 이미 자기 또래의 회원과 사랑에 빠진 상태였다. 격노한 랜드는 그를 끝없는 구렁텅이로 빠뜨렸다.

랜드의 현실 이탈을 입증한 가장 슬픈 증거는 자신이 폐암에 걸렸다는 사실을 알았을 때였다. 평생 애연가였던 랜드는 충격에 휩싸였지만 친한 친구들을 제외하고는 그 사실을 비밀로 했다. 나쁜 전제가 없는데 어떻게 폐암에 걸릴 수 있다는 말인가? 그 뒤로 랜드는 기독교 과학자들이나 치유를 위해서 부흥회에 모여드는 환자들과 다름없이 병의 본질에 대해 이성적으로 판단하지 못했다. 랜드의 장례식이 치러지는 동안 관 옆에는 180센티미터 높이의 달러 모양 화환이 놓여 있었고 나다니엘 브랜든 같은 적들을 쫓아내기 위해 경호원들이 대기했다.

랜드는 이제 우리 곁에 없다. 그러나 그가 쓴 책과 아인 랜드 연구소www.aynrand.org 같은 여러 단체를 통해서 그가 구축한 세상에 들어가 볼 수는 있다. 일례로 아인 랜드 연구소에서는

"『근원』이나 『아틀라스』를 읽은 사람들은 아인 랜드가 소설에서 묘사한 태양으로 빛나는 우주가 주변에서 볼 수 있는 세상과 다르다는 것을 안다. 그렇다면 그의 소설에 등장하는 주인공들이 달성한 명료한 비전과 행복한 존재에 이를 수 있는 방법은 무엇인가?"라는 매혹적인 초대장을 보낸다.

종교를 싫어하는 사람이 있는 것은 무엇 때문일까? 종교 집단이 구성원들만을 위해 이익을 축적하고, 다른 집단은 물론 심지어 구성원일지라도 독자적으로 행동하는 구성원들에게는 옹졸하게 굴고, 자신들만을 위한 편협한 목적 때문에 사실적 현실주의를 제멋대로 희생시키는 경향 같은 이유들 때문일 것이다. 그런데 이렇게 생각하는 사람들에게는 유감스럽지만 상황이 훨씬 나쁘다는 사실을 말하지 않을 수 없다. 아인 랜드의 객관주의 운동에서 분명히 드러났듯이 우리가 종교적이라고 여기지 않는 믿음 체계에서도 이러한 문제들이 존재한다. 따라서 종교에 대해 우려하는 사람이라면 사실 정말로 걱정해야 할 문제는 바로 '도용된 종교'다. 사실적 현실주의의 특수한 왜곡인 초자연적인 존재의 실재 여부는 단지 세부적인 것들 중 하나에 불과하다.

그렇다고 도용된 종교를 헐뜯을 생각은 없다. 앞의 두 장에서 종교에 대해 이야기할 때 그랬던 것처럼 말이다. 이런 문제의 본질을 이해하려면 좀 더 공감할 만한 설명이 필요하다. 우선 실용적 현실주의는 좋은 것이다. 또한 특정 믿음 체계가 우리의 발전을 가로막는다면 그렇지 않은 것으로 바꾸면 된다. 내가 사실적 현실주의에 대해 강조하는 이유는 대규모 사회에서 오랫동안 지속되는 가장 실용적인 믿음 체계는 사실적 현실주의에 기반하고 있다는 확고한 믿음 때문이다. 따라서 무엇보다도 먼저 암의 원인처럼 세상이 돌아가는 방식을 알아야 하고 그다음에 그런 정보에 기초해 현명한 결정을 내려야 한다.

종교에 대해 우려하는 사람이라면 사실 정말로 걱정해야 할 문제는 바로 '도용된 종교'다.

사실적 현실주의는 본래부터 호의적인 것이 아니라 호의적인 가치체계와 결합될 때에만 호의적이다. 다시 말해서 사실이란 것은 본래 선하게 혹은 악하게 이용될 수 있다. 반면에 가치는 사실 없이 그 자체로 목표를 달성할 수 없다. 따라서 그 둘을 합치면 사실적 현실주의가 실용적 현실주의에 공헌하는 믿음 체계가 형성된다. 그리고 그 믿음 체계는 많은 사람들에게 지속적으로 비용과 이익을 제공할 때만 광범위하게 그리고 궁극적으로 호의적이 된다. 집단의 일부에만 국한되고 단기적인 이익에만 집중하는 가치체계는 결국 모든 사람들을 혼란에 빠뜨리고 만다. 19장에서 기술한 암세포처럼 유기체로서의 생명이 끝날 때까지 자기에게 이익이 되는 행동을 하고 있다고 생각하면서 지내는 사람들까지 포함해서 말이다.

사실적 현실주의와 실용적 현실주의가 결합한 믿음 체계는 앞으로 달성하기 위해 노력해야 할 이상적인 믿음 체계일 수 있다. 그러나 과거와 현재의 믿음 체계를 그런 높은 기준에 맞추려고 하는 것은 어리석은 짓이다. 만일 이런 이상적인 믿음 체계가 정말 가능하다면 목전에 놓인 삶이 아니라 장기적인 목표를 추구할 수 있는 풍요로움과 안정성을 갖춘 차별화된 대규모 사회가 필요할 것이다. 물론 지금까지 강조했듯이 사실을 확립하는 일은 적극적인 활동이다. 그러나 이는 대단히 고달픈 일일 뿐만 아니라, 당장의 끼니를 걱정하거나 살기 위해 몸부림치는 사람들에게는 엄두가 안 나는 사치처럼 느껴질 수도 있다. 게다가 인간은 역사적으로 소규모 집단에서 제한된 자원으로 단기간 생존해야 하는 문제에 시달려왔다. 사실 이상적인 믿음 체계는 그런 환경에서 결코 살아남을 수가 없다. 그 대신에 사실적 현실주의에서 완전히 벗어나지 않는 믿음 체계는 살아남았다. 인류학자들에 따르면 모든 문화는 우리가 실용적이고 이성적이며 원시 과학적이라고 쉽게 인식할 수 있는 실용적 추론 양식을 포함하고 있다고 한다. 그런데도 이런 양식은 이로운 행동을 조장하기 위해 제멋대로 사실을 왜곡하고 보완하는 다른 양식들 때문에 쉽게 그 빛을 잃고 만다. 그리고 이것이 바로 우리 진화론자들이 예측하는 인간 정신이 작용하는 원리이다.

진화론자가 되는 순간 지각과 함께 속임수가 시작된다. 모든 생명체는 물질세계의 여러 측면 가운데 자신들의 생존과 번식에 중요한 측면만 인식한다. 그 외의 다른 것들은 말 그대로 눈에 보이지 않는다. 인간은 새처럼 지구의 자기장을 이용해 항해할 수 없으며 물고기처럼 전기장을 이용해 먹이를 탐지하지 못한다. 박쥐와 코끼리가 내는 소리도 듣지 못한다. 또 새와 곤충 그리고 꽃들은 우리가 보지 못하는 색깔로 몸을 치장한다. 즉 우리 조상들은 믿음을 가질 수 있는 능력을 진화시키기 훨씬 전부터 자체적인 동력으로 사실적 현실주의에서 벗어나 실용적 현실주의로 향했던 것이다.

　종교를 비판하는 사람과 도용된 종교에 대해 훨씬 더 심각하게 걱정해야 하는 사람들은 자신들의 실패를 인정했고, 이는 올바른 것이었다. 그러나 그들은 실수를 지적하기만 하면 올바른 정신의 소유자들이 광명을 찾게 될 것이고 이로써 문제가 저절로 해결될 거라고 생각하는 경향이 있다. 정말 어리석기 짝이 없는 생각이다. 그들은 이런 문제가 인간 종으로서의 존재 방식에 깊숙이 내재되어 있으며 이를 해결하려면 그들과 나의 이상적인 믿음 체계가 생존할 수 있는 적절한 사회적 환경을 구축해야 한다는 사실을 이해해야 한다.

보이지 않는 손을 조심하라

Evolution for Everyone

이기심이 적나라하게 드러나는 사람과 대화를 한다고 생각해보자. 이야기를 하는 태도에서 오직 자신밖에 안중에 없다는 것이 노골적으로 드러날 뿐만 아니라, 남들을 짓밟고서라도 그들보다 앞서갈 것이라고 말하며 당신의 생각은 어떤지 묻는다. 물론 상대인 당신에 대해서는 눈곱만큼도 신경 쓰지 않으면서 말이다. 그런 사람을 만나면 첫째로 그렇게 편협한 사고방식을 가지고 있다는 데 놀라고, 둘째로 그런 사고방식을 전혀 숨기려 하지 않는다는 사실에 놀라게 될 것이다.

방금 예로 든 이야기는 국제 문제에 대한 일반적인 정치 연설에서 볼 수 있는 것이다. 정치가들이 유권자들 앞에서 입술에 침도 바르지 않고 자신들의 유일한 관심은 국가의 행복이라고 말하는 모습을 보면 기가 막힌다. 나는 그들이 유권자들에게 거짓말을 하는 것보다 그 말이 진실일까 봐 더 걱정된다. 그들은 다른 국가의 국민들이 그 말을 들을 수도 있다는 사실을 모르는가? 개인의 사회적 지능 수준이 이토록 낮은 수준이라는 것에 우리는 충격을 받을 수도 있겠지만 이 또한 여전히 국가가 감당해야 할 몫이기도 하다.

만약 내가 보통의 정치가에게 진화론이 국제 문제에 대한 연설과도 관계있다고 말한다면 그는 아마 나를 외계인이라도 보듯 할 것이다. 하지만 국가는 공동 단위의 기능을 하기 위해 노력하는 매우 커다란 집단일 뿐이다. 지금까지 14개 장에서는 전부 집단이 공동 단위의 기능으로 진화하는 내용을 다루었다. 신뢰할 수 없는 정치가들이 유권자에 포함시키는 개인들도 집단의 집단에 속하는 하위 집단이다. 그들을 개인이라고 부르는 이유는 그들이 효과적인 공동 단위로 기능하도록 진화했기 때문이다.

국가는 개인으로 이루어질 뿐 아니라 매우 다양한 하위 집단을 포함한다. 가장 작은 하위 집단은 수렵 채집 집단 크기만 하다. 토크빌이 뛰어난 통찰력으로 설명한 것처럼 놀랍게도 하위 집단이 스스로 구성되는 이유는 쉬워서가 아니라 마치 눈을 떠서 앞을 보는 것처럼 자동으로 이루어지는 일이기 때문이다. 약 몇백 년의 차이는 있지만 지금으로부터 1만 5000년 전에는 수렵 채집 집단이 유일한 인간 집단이었다. 문화 과정으로 인해 인간의 진화가 가속되고 인간들이 지구에 거주하고 수백 개의 생태 영역을 차지하게 되었지만 자원의 이용 가능성이 집단의 규모를 근본적으로 제한시켰다. 농업의 발견으로 이러한 제약이 사라지자 무리와 군집, 작은 규모의 집단이라는 다각적인 선택의 과정을 통해 인간 사회의 규모가 커지기 시작했다. 그리고 규모가 더 큰 집단은 우리의 타고난 '사회적 생리'를 그전에는 존재한 적이 없었던 새로운 메커니즘으로 보충함으로써 집단 공동체 단위로 기능하게 되었다. 28장에서 설명한 바 있는 현대의 도시에 비해 매우 작은 규모였던 1500년대의 제네바시에 새로운 메커니즘이 필요했다는 내용을 기억하는가? 그중에는 의식적으로 고안된 메커니즘도 있지만 문화의 진화에서 나타난 가공되지 않은 과정들도 있었다. 의도하지 않은 사회적 실험 중에서 많은 것들이 실패한 반면 몇 가지는 단결하여 살아남았기 때문이다.

간단히 말하자면 현대 국가는 다각적인 문화적 진화의 경계이다. 이 책의 내용은 어떻게 국가처럼 거대한 집단이 공동 단위의 기능을 하며, 국가 간의 상호작용이 대립이 아닌 협동의 방향으로 이루어질 수 있는지 이해하기 위한 강력한 관점을 제시해줄 것이다. 하지만 계속하기 전에 한 가지 경고할 말이 있다. 정치 이론가들은 당신에게는 이미 익숙한 생각과 이제야 마주치기 시작했다.

정치와 문화의 진화를 다룬 책은 아직 많지 않지만, 몇 가지 기본적인 관찰 내용 중에는 거짓으로 밝혀진다면 놀랄 만한 것들이 있다. 또한 진화론을 통해서 19세기 사회 다위니즘이 내놓은 것과 정반대되는 정치적 이상을 촉진시킬 수 있다는 사실을 증명하는 일도 중요하다. 나는 이러한 경고를 마음에 새긴 채 지구를 걸어 다니는 가장 크고 어리석은 유기체에 대한 진화론의 투박한 지혜 덩어리를 내놓을까 한다.

폭력적인 대립에 개입하게 되는 이유는 유전자 때문이 아니다

다윈이 등장하기 오래전의 피 튀기는 과거는 역시 피 튀기는 미래가 필연적으로 도래할 것이라는 증거로 인용되었다. 이 주장은 유전적 관점에서 기술되는 경우가 많지만 모든 환경조건에 적응할 수 있는 행동은 단 하나도 없기 때문에 진화론의 관점에서 볼 때는 말이 되지 않는다. 피 튀기는 대립은 어디에나 존재하는 것이 아니다. 대립은 생태계 안에 존재하는 생물 종처럼 '분포와 과잉'이라는 특징을 지니고 있고, 어떤 환경조건에서는 번성하지만 또 어떤 조건에서는 더 적합한 전략에 패할 수도 있다. 아이슬란드의 바이킹족은 지구상에서 가장 포악한 종족들이었지만 지금은 몹시 평화롭다. 원칙적으로 폭력적인 대립은 과거에 드물게 일어났든지 일반적으로 일어났든지 간에 그것이 선호하는 '서식지'를 제거함으로써 완전히 뿌리 뽑을 수 있다.

일반적인 사람은 임의적인 반사회적 이상 성격자이다

폭력적인 대립에 개입하게 되는 이유가 유전자 때문은 아닐지라도 우리는 거기에 분명히 준비가 되어 있다. 인간의 유전과 문화적 진화에서 폭력적인 대립의 역할을 경시하려는 것이 아니다. 살인과 상해에 대해서는 무수한 고고학적, 인류학적, 역사적 기록뿐만 아니라 인간이 '우리'와 '그들'을 구분하고 조금만 화가 나도 '그들'을 비인간적으로 대하는 습관이 굳어져 있다는 다양한 심리학적 증거들도 있다. 과학 저널리스트 데이비드 베레비 David Berreby가 『우리와 그들, 무리짓기에 대한 착각 *Us and Them: Understanding Your Tribal Mind*』에서 설명한 것처럼 말이다. 대부분 2차 대전 이후에 실시된 이 연구는 점잖은 사람들조차 유대인 대학살에 가담할 수 있었던 이유를 설명해준다. 유대인 대학살에서 살아남은 헨리 타즈펠Henry Tajfel은 사람들이 단지 전횡을 할 수 있는 집단에 속하게 되는 것만으로도 우리와 그들을 구분짓는 사고방식이 유발될 수 있다는 것을 발견했다. 사회심리학자 무자퍼 셰리프Muzafer Sherif는 약탈자의 동굴이라고 부르는 실험을 통해 훌륭하게 자란 미국인 소년들이 여름 캠프에서 서로 다른 오두막을 사용한다는 이유만으로 쉽게 적대심을 품을 수 있으며 공동 작업을 통해서 쉽게 다시 단결할 수 있다는 사실을 보여주었다. 빌 버포드Bill Buford의 『훌리건들 속에서 *Among the Thugs*』나 크리스 헤지스Chris Hedges의 『우리에게 의미를 부여하는 힘, 전쟁 *War Is a Force That Gives Us Meaning*』에는 폭력적인 대립이 성 경험처럼 본능적으로 쾌락적인 것이라고 설명되어 있다. 앞에서 나는 말만 떨어지면 당장 실행할 준비가 되어 있는 정교한 '전쟁 계획' 같은 적응에 대해 설명한 적이 있다. 여기서 전쟁 계획이라는 은유는 8장에서 설명한 것처럼 발달 초기에 유발되는 은유적인 전략뿐만 아니라 정당화할 수 있을 때마다 너무나 쉽게 유발될 수 있는 실제 전쟁 계획까지 포함한다. 내가 가진 사전에서는 반사회적 이상 성격자에 대해 '극도로 반

사회적인 태도와 행동을 나타내는 성격장애를 가진 사람'이라고 정의되어 있다. 거기에 진화론적인 사고를 약간만 더해보면 '극도로 반사회적인 태도와 행동'이 반드시 성격적인 특성이나 장애를 나타내는 것이 아니라 '우리'와 '그들'을 구분하는 사고에 사로잡힌 모든 사람들에게 나타날 수 있는 진화된 특성일 수도 있음을 알 수 있다. 임의적인 반사회적 이상 성격자를 피하려면 심리학적인 버튼을 잘못 누르지 않도록 조심해야 한다. 미국 대통령이 핵전쟁의 시작을 알리는 전설적인 빨간색 버튼을 누르지 않도록 조심하는 것처럼 말이다.

보이지 않는 손을 조심하라

애덤 스미스Adam Smith는 『도덕감정론 *The Theory of Moral Sentiments*』에서 자신의 편협한 흥미에만 관심을 기울이는 개인은 '보이지 않는 손'에 의해 사회에 이득을 가져다준다는 유명한 주장을 펼쳤고, 베르나르 만데빌레Bernard Mandeville는 『꿀벌의 우화 *Fable of the Bees*』에서 꿀벌들이 오직 개인적인 이득을 위해 행동하는 모습을 통해 인간 사회를 풍자했다. 근대 진화론에서 이러한 은유를 분석하려면 자기조직self-organization과 이기주의 selfinterest라는 두 가지 개념을 구분해야만 한다.

하나의 시스템은 각각의 구성 요소들이 상호작용할 때 자기조직된다. 이는 전체 시스템적인 측면에서 복잡하고 예측되지 않은 (불시의) 행위들을 만들어내는 비교적 간단한 방식으로 가능하다. 구름과 폭풍, 눈사태는 자기조직되는 물리적인 체계의 실제 사례이다. 모든 생명체의 형태는 자기조직의 결과이다. 이 책의 20장에 등장한 토머스 실리의 『벌집의 지혜』에 자세히 설명된 것처럼 실제 벌집은 집단 차원의 자기조직을 나타내는 훌륭한 예이다. 꿀벌은 '춤출 개체를 임의적으로 선택하기' 또는 '꿀을 빼낼 때 오래 기다려야 한다면 춤을 덜 추기'처럼 비교적 단순한 행동 법칙을 따른다. 하지만 이런 법칙들이 합쳐져 벌집의 복잡한 사회생리 기능을 만들어낸다. 스미스와 만데빌레가 은유를 통해 그것을 표현하고자 한다면 그들은 인간 집단을 추적할 수 있는 올바른 집단을 선택한 것이다. 지금까지 앞에서 강조한 것처럼 우리의 사회생리는 고의적인 의식의 표면에 얇게 얼어 있는 빙산과 같다.

그러나 스미스와 만데빌레는 사람의 자각적인 의도를 '이기적'이라고 표현할 수 있다고도 주장했고 만데빌레는 이를 우화의 한 부분을 통해서 풍자적으로 보여주기도 했다.

> 사기꾼과 기생충, 포주, 노름꾼, 소매치기, 화폐 위조자, 점쟁이
> 그 밖에 서로 대립하는 모든 사람들
> 철저하고 터무니없이
> 착하고 부주의한 이웃의 노동을 자신들이 이용하네.
> 이들을 악당이라고 하지만, 그 호칭은 금지하라.
> 죽음 같은 노동은 모두 다 똑같네.
> 어떤 거래, 어떤 입장이든 약간의 속임수가 존재하지.
> 사기치지 않는 직업이란 없다네.

스미스의 문체는 좀 더 지루하지만 요지는 똑같다.

　부자는 가장 소중하고 적당한 무리 가운데서 선택된다. 그들은
타고난 이기심과 탐욕에도 불구하고 가난한 이들보다 조금 더 소비
할 뿐이다. 비록 자기들의 편의만 꾀하고 자신들이 고용한 수많은
사람들의 노동력으로 자신들의 목적을 계획하지만 결국 헛되고 탐
욕스러운 욕망만을 만족시킬 뿐이다. 그들은 향상된 재화의 모든
결과를 가난한 사람들과 나누게 되는데, 즉 보이지 않는 손을 통해
생활의 필수품을 거의 동일하게 분배한다. 그것은 모든 사람들에게
원칙적으로 공평하게 분배되기 때문에 의도하거나 의식하지 않은
채 사회의 이익이 촉진되고 종의 번식에 대한 수단이 제공된다. 신
이 소수에게만 세상을 나눠준 것은 남겨진 이들을 잊어버리거나 유
기했기 때문이 아니다. 높은 위치에 있지 않은 그들도 세상에서 자
신들의 몫을 즐길 수 있다. 누구도 진정한 행복에 있어서는 자신들
보다 훨씬 상위 계층에 있는 것처럼 보이는 사람들보다 결코 차별
대우를 받지 않는다.

이 부분이 도덕에 대한 스미스의 관점을 전부 대변하지는 않는
다. 그는 만데빌레의 견해에 반대하고 이 책의 다른 부분에서는
질서 중시적인 본능을 강조했기 때문이다. 어떤 경우든지 두 은
유에 대한 현대적인 해석은 인간이 본질적으로 이기적이며, 이기
주의의 개념은 경제 이론의 효용 극대화utility maximization 같은
개념으로 바꿀 수 있고, 이기주의가 확고하게 정상적으로 기능하

는 사회로 이어진다는 것이다. 이러한 해석은 기본적인 진화론의 원리에서 볼 때 심각한 오류를 범한다. 인간 사회가 자기조직되는 방법은 수억만 가지가 존재하는데 그중에서 어떤 조건에서도 적응할 수 있는 것은 거의 없으며 집단적인 차원에 적응하는 것도 소수이다. 적응 가능한 사회를 조직할 수 있게 하는 단순한 법칙은 오랜 시간에 걸쳐 문화적, 유전적 집단의 선택에 따라 진화했다. 그리고 사회를 붕괴시키는 법칙들은 집단 내부의 선택에 따라 도태되었다. 종교에 대해 다룬 29장에서 설명한 것처럼 한 사회에 존재하는 법칙이 다른 사회에도 존재할 필요는 없다. 이러한 복잡함을 이기주의 또는 효용 극대화 같은 단순한 공식으로 바꿀 수 있는 방법은 없다. 자기조직에 대한 만데빌레와 스미스의 견해는 옳지만 이기심에 대한 견해는 옳지 않다. 사람들이 적응 가능한 사회를 자기조직하도록 만드는 단순한 법칙은 진화론적 관점에서 살펴봐야만 이해할 수 있다.

인디펜던스 데이 I

세계는 외계인의 침공이 일어나야만 힘을 합칠 것이라는 말을 많이 들어보지 않았는가? 하지만 이러한 제안은 비현실적일 뿐 아니라 아마 효과도 없을 것이다. 진화는 장기적인 결과에 상관없이 생존과 번식의 차이에 관한 것이다. 19장에서 설명한 암세포는 자기파괴의 속도가 높아지는데도 불구하고 튼튼한 이웃 거주민들을 희생시켜서 영역을 확장한다. 만약 지구가 전 지구적인 붕괴에 처한다면 – 외계인의 침공보다 더 무서운 것은 이 정도밖에 상상이 안 된다－우리 중에 누군가는 어떤 사람보다 더 많은 것을 희생하기도 할 것이며, 또 누군가는 긴급 상황을 이용해서 부당 이익을 취할 것이고, 자기가 살아남고자 하는 일환으로 외계인들에게 도움을 요청하는 사람도 있을 것이다. 위협의 규모와 강도가 커진다고 해도 이러한 차이가 없어지지는 않는다.

인디펜던스 데이 Ⅱ

외계인 침공과 같은 유형의 또 다른 시나리오는 지구상에 존재하는 자신의 적을 악마로 표현하는 것이다. 소비에트 연방을 '악의 제국'이라고 한다거나 이라크와 이란 그리고 북한을 '악의 축'으로 표현하는 것처럼 말이다. 앞의 사례는 공화당에 소속된 미국 대통령들과 관계가 있지만 특정 행정부를 지목해서 말하지는 않겠다. 이러한 유형의 언어는 적들의 인간성을 말살함으로써 우리 모두에게 존재하는 임의적인 반사회적 이상 행동자를 이끌어내기 위해서 만들어졌다. 정치 지도자들은 핵전쟁을 발발시키는 빨간색 버튼은 누르지 않으려고 주의하지만 우리의 심리학적인 버튼은 언제든지 눌러댄다. 개인적인 상호작용에서 우리는 충동적으로 행동하는 사람들을 피하려 하고 그들의 감정을 통제할 수 없다. 그래서 긴장감 넘치는 상황에서도 침착하고 차분함을 유지할 수 있는 사람들은 소중한 존재들이다. 국가도 그와 똑같은 기준을 유지해야 한다.

단기적인 감정 반응은 지속되지 않고 장기적으로는 유해하다

감정은 단기적인 사건에 대해 신체와 정신을 전시체제로 만들 수 있도록 고안되어 있는데 이는 장기간 지속되기 힘들다. 자연 재해가 발생하면 수많은 사람들의 자발적인 도움이 쏟아지는데 그 순간에는 기분 좋은 협동심이 생기지만 몇 주가 지나지 않아 사람들은 평소의 감정 상태로 돌아간다. 두려움과 분노, 증

> 인간의 잠재력은 두려움이나 분노, 배고픔 같은 감정을 느끼지 않을 때 발휘된다.

오는 우리의 신체와 정신에 대단히 강력한 영향을 미친다. 내 동료 진화론자인 로버트 사폴스키Robert Sapolsky는 『얼룩말이 궤양에 걸리지 않는 이유 *Why Zebras Don't Get Ulcers*』에서 이러한 감정들은 장기적으로는 면역체계와 뇌까지 망가뜨리는 유해한 결과가 나타날 수도 있다고 설명했다. 두려움이나 증오 같은 강렬한 감정을 장기적으로 지속시키려는 국가의 정책이나 믿음 체계는 거의 항상 실패하며 장기적으로 엄청난 부작용을 낳을 수 있다. 인간의 잠재력은 두려움이나 분노, 배고픔 같은 감정을 느끼지 않을 때 발휘된다. 인간이 종으로서 진화하기 위해서는 안전과 포만감을 느낄 수 있는 시기가 필요했다. 23장에서 살펴본 것처럼 우리는 웃음을 통해서 그것을 인식하고 전달하는데, 웃지도 않고 다른 사람들과의 교류도 즐기지 않는다면 잠재력을 발달시킬 수 없다.

지구촌이라는 개념을 진지하게 받아들여라

보이지 않는 손과 사악한 외계인들이 우리가 서로 도우며 사이

좋게 지낼 수 있게 해줄 수 없다면 과연 무엇이 그럴 수 있겠는가? 1964년 마셜 맥루언Marshall McLuhan은 신속한 여행과 전자 통신이 세계를 지구촌으로 변화시키고 있다는 유명한 사실을 발견했다. 지구촌이라는 은유적인 표현은 매우 심각하게 검토해볼 필요가 있다. 내가 계속해서 강조한 것처럼 실제로 사람들이 사는 마을은 인간의 사회적 본능이 효과적으로 작용할 수 있는 크기로 이루어진다. 만약 우리가 개인적 차원으로는 국가와, 마을적 차원으로는 지구와 상호작용을 하는 것으로 마을의 상호작용을 확대할 수 있다면, 전 세계적인 협력은 너무 당연해서 그것은 토크빌의 표현처럼 그 자체를 만들어낼 것이다. 그러나 이는 신속한 여행과 전자 통신만으로 가능한 일은 아니다. 아래에서 자세히 설명하는 것처럼 인간 사회가 협력의 분수령을 횡단할 수 있는 조건이 마련되어야 한다.

지구촌은 멍청한 마을 사람들로 이루어질 수 없다

어느 국가와 조약을 맺거나 테러리즘 행위에 대한 책임을 지우거나 어떤 정치적인 결정을 내리기 위해서는 해당 국가가 '협력 단위'로 대우받을 수 있어야 하며 개인과 마찬가지로 책임을 질 수 있어야 한다. 국가는 내부적인 대립으로 산산조각 날수록 협력 단위로서는 점점 더 바보 천치가 되어버린다. 27장에서 구전에 기초한 사고와 기록에 기초한 사고의 차이를 설명하면서 소개했던 치누아 아체베의 소설 『평안과의 이별』에서는 나이지리아 같은 국가의 부패가 잘 드러나 있다. 전통적인 협동 단위는 오비의 마을 우무오피아처럼 하나의 마을이고, 부족은 서로를 경쟁자로 여기는 여러 마을들이 모여서 이루어진다. 이를테면 여러 팀으로 구성된 스포츠 리그와 비슷하다. 우무오피아에는 스스로를 나이지리아 사람이라고 생각하는 사람이 단 한 명도 없으며 그곳에 사는 사람들은 여러 마을들 중 최초로 외국 대학으로 유학 보낸 아이가 있다는 사실을 자랑스러워한다. 또한 그들은 아이들 중 한 명이 수도 라고스에서 권력을 잡게 만드는 일이 급습과 축제를 대신하는 새로운 경쟁 분야라고 여긴다. 물론 그런 사람은 마을의 후원자 역할을 한다. 다각적 진화의 기본 원리는 어떤 차원에서는 미덕이지만 높은 차원으로 올라가면 악이 될 수 있다. 자신을 돌보는 일이 이기주의가 될 수도 있고, 가족을 돌보는 일이 족벌주의가 될 수도 있으며, 마을을 돌보는 일이 부정부패가 될 수도 있는 것이다. 사람들은 명령으로 사회적인 정체성을 바꾸지 않는다. 유럽인들이 스스로를 작은 사회 단위의 구성원이 아닌 영국인이나 프랑스인, 독일인으로 여기게 되기까지는 기나긴 역사적 과정이 필요했다. 자신이 나이지리아 사람인 것을 자랑스럽게 여기고 부정부패에 저항하는 오비 같은 사람이 있다면 그는 전통을 바꿀 수는 있다. 하지만 다양한 언어를 가진 사람들을 서로 고립시켜 결국 의사소통을 하지 못하게 만드는 지정학적 위치를 바꾸는 것은 사실상 불가능하다. 오비가 결국 부정부패에 굴복하게 된다면 그는 규모가 작은 사회의 도덕적인 의무에 굴복하는 것이 된다. 이런 국가는 지구촌의 책임 있는 구성원으로 활동하기 전에 협력 단위로서 기능할 수 있게 내부적인 문제를 먼저 해결해야 한다.

계율과 파문이 없다면 공동체도 존재할 수 없다

이것은 28장에서 소개한 적 있는 종교개혁가 마틴 부처가 한 말에서 '기독교'라는 말만 뺀 것이다. 지구촌의 구성원들이 협동 단위로 기능할 수 있게 되면 비교적 동등한 힘의 균형이 이루어진다. 21장에서 살펴보았듯이 전제적인 침팬지 사회와 평등한 소규모 인간 사회에 존재하는 차이점들 모두가 바로 그것이다. 개인들과 마찬가지로 국가들 간에도 건방진 국가나 남을 괴롭히는 불량스러운 국가를 통제할 수 있는 방법이 필요하다. 28장에서 잠깐 소개했던 인류학자 스티븐 랜싱의 『성직자와 프로그래머』는 주로 발리 섬 사원의 종교에 대해 다루고 있지만 처음에는 독일의 착취에 대한 설명으로 시작된다. 식민주의의 역사는 집단들 사이에 상호작용이 시작되면 계몽 국가로서는 그러한 짓을 자행하지 않는다는 수많은 증거를 제공한다. 지구촌도 마을만큼 평등주의를 수호해야 한다.

강력한 국가는 겸손의 미덕을 배워야 한다

현실 세계의 마을에서는 힘의 균형이 결코 동등하지 않다. 남들보다 용맹무쌍하거나 지성과 연륜이 뛰어난 사람들이 존재하기 때문인데, 이 힘 있는 마을 구성원은 겸손한 태도로 자신의 선한 의도를 드러낸다. 21장에서 설명한 사냥꾼 쿵산족이 유머러스하게 자신의 부족한 용맹함을 인정하고 그에 대한 상대방의 농담을 받아들이는 것처럼 말이다. 힘 있는 마을 구성원은 선한 의도를 내보이면 리더십으로 보상받지만 마구 권력을 휘두르게 되면 사람들의 외면을 받거나 추방을 당하게 된다.

사기 진작을 위해서도 도덕이 필요하다

크리스토퍼 보엠에 따르면 소규모 사회는 가장 도덕적인 공동체다. 그들을 단결시키는 요소는 똑같은 유전자가 아니라 옳고 그름에 대한 이해와 그것을 강화시키고자 하는 수단이 같다는 점이다. 결단력 있는 행동이 강력한 가치체계를 구축하는데, 이것은 칼뱅의 제네바에서 그린스펀의 자유시장경제에 이르기까지 지속적으로 제시되었던 주제다. 2장에서 나는 사실이 저절로 행동으로 전환되는 법은 결코 없다고 기술했다. 사실은 단지 가치체계에 정보를 줄 뿐이다. 가치체계에 동의가 이루어지지 않으면 사실에 기초해서 어떤 행동을 해야 하는지에 대한 동의가 이루어지지 않는다. 따라서 지구촌이 도덕적인 공동체가 되려면 국제적 차원의 공유된 가치체계가 필요하다.

도덕적 공동체는 모든 선하고 옳은 가치를 구현할 수 있다

도덕적 공동체는 최소한 두 가지의 어두운 측면을 가지고 있다. 절대 자신들의 도덕적인 테두리 너머까지 축복을 확장하지 않으며, 억압적이고 때로는 난폭하기까지 한 방법으로 도덕적인 테두리 안에서 규범을 강화하려고 한다는 점이다. 구글 이미지 검색 창에서 '스토닝stoning(돌팔매질로 죽이는 형벌-옮긴이)'을 검색해보면 무슨 말인지 알 수 있을 것이다. 좀 더 완곡한 차원에서 예를 들면 많은 사람들이 고향 마을의 관습을 답답하게 여기다가 로스앤젤레스 같은 대도시로 나가면 자유를 느끼는 것을 들 수 있다. 이러한 측면은 어떤 사람들에게는 도덕 그 자체가 비도덕적인 것일 수 있다는 것을 알려준다. 그러나 규범 강화는 억압적으로 이루어져서는 안 되며 도덕적 공동체의 구성원들이 중요하게 여기는 다양성을 억압해서도 안 된다. 예컨대 다원주의는 미덕으로 여겨질 수도 있고 그것을 억압하면 처벌받는다. 크리스토퍼 보엠이 살펴본 결과, 소규모 사회는 대부분 자치뿐만 아니라 합의로 이루어진 기준에 순응하는 일도 중요하게 여긴다. 타인의 일에 대한 간섭을 반대하는 것은 가장 강력하게 금지되어 있다. 사실상 거의 모든 가치체계는 합의가 이루어지는 한 보상과 처벌을 통해서 안정시킬 수 있다.

종교와 전통적인 사회집단들을 통해서 배워라

현대사회에서는 많은 사람들이 과학을 존중한다. 그런데 과학적인 권위를 주장하는 사람들 중에는 강대국의 지도자처럼 거만한 사람들이 많다. 그들은 현재의 과학 지식이 그 어떤 과정에서 비롯된 지식보다 우월하다고 생각한다. 대학교 진학이 난소 발달을 저해한다고 주장하던 과학자들도 그들처럼 거만했다. 과학에는 과거부터 지금까지 완전히 틀린 것으로 입증된 이론도 있고, 최근 들어 완전히 틀린 것으로 드러난 이론도 있으며, 앞으로도 어떤 이론에 있어서 그런 문제가 발생할 수도 있다. 과학적인 방법은 과학자들이 자신의 이론이 틀렸다는 것을 알게 되었을 때 새로운 사실을 발견하게 해주고 그 과정에서 수많은 시행착오를 거치며 진리를 향해 나아갈 수 있도록 해준다. 비과학적으로 간주되는 지식의 경우, 진화 과정의 산물이라면 현재의 과학적인 실수보다 이루 말할 수 없이 뛰어날 수 있다. 이 관점에서 볼 때 유기체로서 사회라는 개념은 대단히 훌륭한 사례가 된다. 그것은 20세기 초반에 과학자들 사이에서 상식으로 여겨졌다가 버려진 후 새롭게 재발견되었다. 지금까지 과학은 마치 후각을 잃어버린 사냥개와 같았다. 한편 그동안 수 세기, 수천 년에 걸쳐 실제 인간 사회는 유기체로 작동했다. 과학자들이 받아들여야 할 적절한 입장은 전통사회가 과학적이라고 발견될 만한 여러 가지 지혜를 가지고 있을 가능성이 높다는 것이다. 그들은 생물학에서 세포성 '점균'과 그 밖의 유기체 모델을 탐구하는 것처럼 전통적인 사회의 지혜를 탐구해야 한다. 템플턴 경은 몇백만 달러에 이르는 사비를 들여서 그렇게 해왔고 앞으로도 여러 모금 단체들이 그 뒤를 따를 것이다.

대규모 사회를 설계하는 가장 좋은 방법은 사회의 원리를 작은 규모에서 상세하게 이해하는 일이다. 나는 후터교도들이 사회규범에서 벗어난 행동에 대해 부드러운 훈계로 시작해서 필요한 경우에만 강도를 높여서 설득하는 모습에 큰 감명을 받았다. 특히 사람이 아닌 행동을 벌하도록 되어 있는 그들의 사회제도가 놀라웠다. 현대 미국 사회에서는 나쁜 행동을 저지르는 사람을 변화의 여지가 없는 나쁜 사람이라고 간주하는 경우가 많다. 행동과 유전자가 일대일로 일치한다는 증거를 구하고자 할 때 이러한 믿음이 과학이라는 옷을 차려입게 된다. 그러나 후터교 사회에서는 나쁜 행동을 저지른 사람이라도 변화의 가능성이 있다고 생각하며 변화를 확신할 수 있는 모습을 보여주면 다시 사회로 반갑게 맞이한다. 29장에서 내 가족에 대해 소개한 것처럼 이렇게 성스러운 개념을 실용적인 관점에서 이해할 수 있다는 사실 역시 매우 인상적이다. 그렇다면 춤의 위력은 어떠한가? UN의 국가 원수들이 전부 무용수들이 입는 옷을 입고 나타난다면 세계 평화를 이룩할 수 있을까?

수술에는 자격과 환자의 동의가 필요하다

사회가 복잡한 생리를 갖춘 유기체라면 사회를 바꾸는 일은 신체의 중요한 기관을 수술하는 것과 같을 것이다. 당연히 수술에는 전문적인 지식과 환자의 동의가 필요하다. 식민지 시대의 영국과 오늘날의 미국처럼 강대국들은 사회에 대한 확실한 비전이 있으며 다른 국가에도 적용하는 방법을 잘 알고 있다. 현실적으로 그들은 환자를 수술대에 묶어놓고 새로운 기관을 툭 던져놓고서 수술을 끝내면 된다고 생각하는 무지한 의사와 같다. 알다시피 그렇게 하면 아무런 효과가 없다. 치누아 아체베의 『평안과의 이별』에 나오는 주인공 오비는 영국군에 대해서 이렇게 생각한다. "그들을 초대하여 어떻게 살아야 하는지를 아는 남자와 여자 그리고 아이들을 보여주고, 그들이 느끼는 삶의 기쁨이 제3세계 사람들에게 어떻게 살아야 하는지 가르쳐주어야 한다고 주장하

는 사람들에 의해 파괴되지 않았음을 알려주자." 이 소설에는 내
내 거만한 태도로 나이지리아에 대해서 말하는 그린 장군이라는
영국인이 등장한다. 소설은 다음과 같은 말로 끝맺는다. "누구나
그 이유를 궁금해했다. 지금까지 본 것처럼 박식한 심판관이라고
할지라도 교육받은 젊은이, 그 밖의 다른 사람들, 그 밖의 다른
것들에 대해 이해하지 못했다. 영국문화협회 사람이나 우무오피
아 사람들도 마찬가지로 알지 못했다. 그린 장군은 자신은 그렇
지 않다고 확신했지만 사실은 그도 알지 못했다고 보아야 할 것
이다."

지금까지 내용의 일부는 수긍할 만하고 일부는 그렇지 않을 수
도 있다. 또한 명백하게 진실인 것도 있고 틀렸다고 여겨지는 부
분도 있을 것이다. 그들은 진보당이든 보수당이든 현재의 어떤
정치 진영에도 속하지 않는다. 나는 그것들이 진화론적인 관점에
서 비롯되었기 때문에 기본적으로는 틀릴 가능성이 없다고 생각
한다. 게다가 19세기의 사회 다위니즘과 연결되는 사회적 불평등
의 합리화와도 거리가 멀다. 내가 선입견에 파묻혀서 큰 실수를
하고 있는 것일 수도 있다. 내 주장을 비롯해서 모든 사실적인 주
장은 과학적인 방식으로 책임을 져야 한다. 나는 언젠가 진화론
이 정부와 경제를 운영하는 모든 사람들이 거쳐야 하는 교육의
일부가 되기를 간절히 소망한다. 진화론은 과거보다는 미래의 일
을 더 성공적으로 헤쳐 나갈 수 있게 사회적 지능을 높여주기 때
문이다.

누구나 할 말이 많다

    지금까지 15개 장을 거치는 동안 생명의 기원과 미생물의 사회적 행동, 종교의 본질과 국가의 운명에 이르기까지 폭넓은 주제를 다루었다. 다윈이 자신의 이론을 가리켜 '하나의 긴 주장'이라고 말한 이유도 이러한 통합적인 특성 때문이었다. 나는 철학자들이 심사숙고하기 좋아하는 종교의 본질이나 현실 인식 방법 같은 심오한 문제에 대해 진화론의 관점으로 생각하는 것을 좋아한다. 하지만 우주로 여행을 떠나는 것이나 지구로 귀환하는 것처럼 고차원적인 문제에 대해서는 만족스러운 생각을 할 수가 없다. 좀 더 실질적인 문제에 대해서 생각하던 시절도 있었다. 이를테면 송장벌레를 묻어 새끼의 수를 조절하는 문제라든가 극도로 민감한 선피시의 생존과 번식 방법 같은 것들 말이다. 숲에 묻어

놓은 송장벌레가 든 상자를 파내거나 마스크와 스노클로 무장하고 연못 안에 살고 있는 생명체들을 관찰하는 것만큼 기분 좋은 일은 없다. 물론 야외에 나와 있는 것만으로도 기분이 좋아지긴 하지만, 큰 문제에 대해 확신하지 못하는 것보다 작은 문제에 대해 확신할 수 있다는 사실에서 매우 큰 즐거움을 느낄 수 있다. 지금까지도 그 일을 하고 있는 아내는 과학적인 현장을 떠나 철학자의 테이블에 앉은 나를 아직도 용서하지 않고 있다. 자신이 결혼을 결심하게 만든 그 남자는 어디로 갔나 싶은 걸까?

빙엄턴 대학교로 가기 위해 미시간의 농장을 떠나야 했을 때, 우리는 시내에서 살기로 했지만 여전히 시골에도 집이 있었으면 했다. 다행히 근처 땅값이 저렴한 편이어서 교직원의 봉급으로도 도시의 집과 시골의 땅을 모두 마련할 수 있었다.

우리가 구입한 땅은 집에서 약 30킬로미터 정도 떨어져 있었는데 특별히 무언가를 유심히 관찰하지 않고도 숲과 들판, 습지, 연못, 아름다운 시내를 마음껏 돌아다닐 수 있는 곳이었다. 우리가 도시로 이사 오고 얼마 후 『스미스소니언 Smithsonian』지에 세계의 멋진 나무집에 관한 기사가 실렸다. 당시 아내의 대학원생 중 한 명인 미쉘 버거에게는 (지금은 남편이 된) 케빈 바흐라는 건축가 남자 친구가 있었다. 예전부터 나무집을 짓는 게 소원이었던 케빈은 우리에게 잡지 기사를 보여주었고 이는 우리 부부에게 거부할 수 없는 유혹이었다. 그렇게 해서 우리는 지금 7미터 높이의 나무에 앉아 있을 수 있게 되었다. 좀 더 정확히 말하자면 나무의 삼각형 안에 지은 벽난로와 침실로 쓰는 다락, 두 개의 발코니가 있는 오두막집이다. 오른편으로 시냇물이, 왼편에는 코요테가 야생 칠면조를 잡아먹는 습지가 있다. 도로와 인접해 있어도 사냥철 외에는 아무도 찾지 않기 때문에 야생을 그대로 간직하고 있는 이곳에서는 방해받는 데 익숙하지 않은 듯 동물들이 언제나 나를 보고 깜짝 놀라곤 한다.

나는 이곳에서 생각하고 글 쓰는 것을 좋아한다. 지금까지 모든 책을 전부 나무 위의 집에서 썼다고 말하고 싶지만, 사실 글쓰기는 어디에서나 할 수 있다. 아빠 노릇을 제대로 하기 위해서 터득한 기술이다. 이 책은 1년 동안 집과 사무실, 공항, 비행기 안, 호텔방, 바와 카페, 여섯 개 주와 세 개의 대륙에서 집필했다. 노트북만 있으면 언제 어디로 여행을 떠나든지 글을 쓸 수 있다. 하지만 시간이 날 때마다 나는 이곳에 와서 글을 쓰고 간간이 산책도 한다. 산책하면서 만나는 내가 가장 좋아하는 동물은 학명이 클레미스 인스쿨타Clemmys insculpta인 우드 터틀이다. 우드 터틀은 시내 근처에 살지만 대부분의 시간을 땅에서 보내고, 그들 중에는 나처럼 쉰 살이 넘은 녀석들도 있다. 거북은 공룡시대 이전부터 지구에 등장했다. 나는 우드 터틀을 본격적으로 연구해서 느리게 사는 삶에 대해 배우고 싶은 강렬한 유혹을 느꼈다. 그래서 내가 보고 싶을 때 언제라도 찾을 수 있게 이 녀석들에게 라디오 송신장치를 달아두었다. 우드 터틀은 전혀 위협적이지 않은 사슴 같은 커다란 동물에 익숙해진 것처럼 내 존재에도 익숙해질 것이다. 노트북 컴퓨터와 접이식 의자를 준비해놓고 다른 일을 하면서 간간이 그들의 행동을 기록하며 함께 늙어갈 수 있다면!

우드 터틀에 관한 이야기를 조금 읽어보니 녀석들도 분명히 할 말이 많을 것 같았다. 어느 보고서에 따르면 녀석들은 땅을 두드려서 지렁이를 밖으로 유인한 다음에 잡아먹는다고 한다.

몇 년 전, 선피시를 연구하던 것과 동일한 현실적인 방법으로 인간에 대해 연구해볼 기회가 있었는데, 기회가 된다면 그런 방법으로 우드 터틀도 연구해보고 싶다. 나는 템플턴 재단이 주최한 '목적purpose'이라는 철학적이고 고매한 주제를 다루는 워크숍에 초청되었는데 '환경에 유기체를 적응시키는 것 이외에 진화에는 장기적인 목표가 있는가'라는 것이 주제였다. 템플턴 경의 저택이 있는 바하마의 리조트에서 열린 워크숍에는 소수의 사람들만 참가하는 데다가 템플턴 경도 직접 참여할 예정이어서 도저히 거절할 수가 없었다.

나는 바하마처럼 바다가 있는 곳으로 여행을 떠날 때면 늘 그랬듯이 마스크와 스노클, 물갈퀴를 챙겨 한쪽 어깨에 메고 다른 손에는 서류 가방을 들고 지금까지 가본 적 없는 최고급 리조트에 도착했다. 호화로운 게스트 룸이 딸린 바닷가에 위치한 리조트 외에도 주변에는 수많은 맨션들이 있었는데, 대부분은 어마어마하게 돈이 많은 노인들이 그 맨션에 살면서 리조트 시설을 이용한다. 체크인을 하면서 대충 살펴보니 평균 나이가 대략 예순다섯 살로 보이는 고객들은 전부 백인이었지만 이에 반해 직원들은 모두 흑인이었다. 사회적인 문제를 선동하려는 것은 아니지만 호텔 직원이 침대 커버를 접어놓고 살포시 문을 닫고 나간 후, 바다를 마주한 발코니가 있는 호화로운 방에 나 홀로 남았을 때는 죄책감을 느끼지 않을 수 없었다.

진화가 인간을 최종 목적지로 데려가고 있다는 주장은 역사가 오래되었으며 매우 다양한 방법으로 등장한다. 요즘 진화론적 사고의 역사에서 가장 화려한 인물 중 한 명인 피에르 테야르 드 샤르댕Pierre Teilhard de Chardin도 이와 밀접한 관련이 있는 것으로 보인다. 테야르는 예수회 성직자이자 고생물학자였다. 기묘한 조합처럼 보일지도 모르지만 과거에는 지금보다 과학과 종교가 더욱 밀접하게 얽혀 있었다는 사실을 떠올려보면 수긍이 간다. 그는 1929년에 북경원인(原人)이라는 초기 원인이 발견된 화석 발굴 작업을 비롯해서 여러 작업에 참여했다. 그가 인간의 환경조건에 대해 심오하게 생각하고 느끼게 된 계기는 1차 세계대전 때 위생병으로 들것을 나르며 수많은 사람들이 죽고 불구가 되는 모습을 목격한 경험이었다. 그는 과학과 종교의 관점으로 분류하기 힘든 믿음 체계를 고안했다. 철저하게 진화를 수용했고 피상적이라고 느껴지는 기독교의 교리는 거부했지만, 진화가 심오하고 추

인간은 우주의 중심이 아니지만 그보다 훨씬 더 멋진 무엇, 즉 세상의 마지막 통합으로 향하는 길을 가르쳐주는 화살이다.

상적인 측면에서 기독교의 교리를 충족시켜준다고 생각했다. 그의 가장 유명한 저서 『인간현상 *The Phenomenon of Man*』은 "어떤 방식에서든 생물학자의 관점으로만 보더라도 인간의 서사시는 교회의 길과 많이 닮아 있다"라는 문장으로 끝맺는다. 하지만 안타깝게도 가톨릭 교회는 테야르의 급진적인 관점을 비난했다. 그 때문에 『인간현상』은 그가 1955년에 세상을 떠나고 난 후에야 출판되었다.

테야르는 인간의 의식이 삶의 새로운 측면 즉, 인간의 지적 활동을 뜻하는 '누스피어noosphere'를 나타낸다고 생각했다. 과거에 인간은 다른 생물체들과 함께 진화의 소극적인 산물이었지만 이제는 진화를 통제하게 되었다. "우리가 단순하게 생각하는 것처럼 인간은 우주의 중심이 아니지만 그보다 훨씬 더 멋진 무엇, 즉 세상의 마지막 통합으로 향하는 길을 가르쳐주는 화살이다. 이것은 근본적인 비전일 뿐이며, 나는 그것을 그 자체로 남겨둘 것이다." 화살의 목적지인 마지막 통합은 오메가 포인트Omega point라고 하며 일종의 널리 퍼진 세계의식과 같다. "지금 우리는 일종의 초의식에 대한 의식의 조화로운 집합과 마주하고 있다. 지구는 무수히 많은 생각의 알갱이로 뒤덮여 있으며 만장일치하는 생각, 즉 하나로 된 생각의 주머니가 지구를 에워싸고 있다."

어떤 과학적인 장점을 품고 있는지를 떠나 테야르의 생각은 독자로 하여금 고귀한 미래가 들어 있는 광범위한 계획의 일부라고 느끼게 만드는 종교의 고무적인 특징을 갖추고 있다. 오메가 포인트는 불교에서 말하는 열반과 비슷하지만, 테야르의 시각에는 과학적인 입지를 갖춘 매력까지 들어 있다. 아인 랜드의 소설처럼 테야르의 『인간현상』이 아직까지 많은 사람들에게 읽히고 토론 주제가 되는 것은 당연한 일이다. 두 사람의 저서는 비록 방향은 다르지만 영감의 화살로 독자들을 맞힌다는 점에서 비슷하다. 템플턴 재단이 현재의 과학적인 관점에서 테야르의 생각을 살펴보는 데 열심이었던 이유도 납득할 만하다.

이 고귀한 주제에 대해 탐구하기 위해서 모인 사람들은 최고급 리조트만큼이나 화려했다. 정치학자이자 오메가 포인트와 연관된 『역사의 종말 *The End of History and the Last Man*』을 발표한 프랜시스 후쿠야마와 긍정 심리학의 아버지 마틴 셀리그먼Martin Seligman, 이 토론 주제에 연관된 『넌제로 *Nonzero*』를 발표한 과학 저널리스트이자 워크숍 주최를 도운 로버트 라이트Robert Wright가 참여했다. 이렇게 심오한 주제로 최고의 지성인들이 토론을 벌이는 것은 마치 제트엔진을 발사하여 무중력 상태가 된 것처럼 현기증이 느껴졌다. 인간의 의식은 행운의 우연인가 아니면 진화의 필연적인 결과인가? 집단 의식을 가지는 것이 공동체에 무엇을 뜻하는가? 여든 살의 나이에도 여전히 정정한 템플턴 경은 별다른 감정을 드러내지 않은 채 유심히 우리들의 대화에 귀를 기울였지만 탁상공론이나 하고 있다는 눈초리로 우리들을 쳐다봤을지도 모른다. 그의 책과 서가에 전 세계의 종교에 관한 지혜의 글들이 가득 차 있는 것으로 미루어 템플턴 경은 누구보다 실용적인 사람이었다. 그가 어마어마한 부자가 된 것은 오메가 포인트에만 모든 것을 쏟아부어서가 아니다. 줄곧 듣기만 하던 그는 마침내 특유의 콧소리가 섞인 테네시 지방 악센트로 입을 열었다.

 "내가 궁금한 건, 젊은이들에게 어떻게 영감을 줄 수 있느냐는 거요."

 우리는 현실적인 질문을 던지는 그의 얼굴을 바라보면서 뭐라고 말해야 좋을지 몰라 잠시 침묵에 빠졌지만 이내 우주에 대한 열띤 탐구를 계속했다.

잠시 휴식 시간이 주어지자 나는 바로 수영복을 입고 해변으로 달려 나갔다. 햇살이 아름다운 오후였는데 아무도 없었다. 리조트의 단골 고객들은 더 이상 일광욕이나 수중 스포츠에 별다른 매력을 느끼지 않는 것이 분명했다. 젊은이라고는 지루한 듯 수평선을 바라보는 구조 요원뿐이었다. 어쨌든 상관없었다. 물고기들과의 데이트가 기다리고 있었으니까. 나는 얕은 물에서 스노클링 하는 것을 좋아한다. 물속을 자세히 들여다보기 위해 물갈퀴로 점점 속도를 내면서 깊은 곳으로 들어갔다가 스노클을 통해 거센 공기와 폭풍 같은 물살을 느끼며 수면 위로 올라올 때의 기분이란! 하지만 재미있는 동물을 관찰하게 될 줄 알았는데 실망스럽게도 물이 흐린 데다 모래의 이동으로 인해 그다지 많은 생물들이 살고 있지 않았다. 하지만 해변을 따라 헤엄치다가 대여섯 종의 물고기와 더 작은 생물체들이 많이 있는 바위투성이의 장소를 발견했다. 마치 나는 존재하지도 않는 것처럼 수많은 생물체가 바글거리는 파도를 따라 이리저리 붕붕 떠다녔다. 분명히 그들도 하고 싶은 이야기가 많을 것이다. 그들의 이름만 알면 여전히 현장에서 연구를 하고 있는 내 동료들이 쓴 글을 찾아볼 수 있었을 텐데.

내가 이 워크숍에 참여하게 된 결정적인 이유는 참여자인 미하이 칙센트미하이Mihaly Csikszentmihalyi를 만나보고 싶어서였다. 그는 다소 복잡하고 발음하기 힘든 자신의 이름을 어려워하는 우리들에게 그냥 마이크라고 불러달라고 했다. 나는 저녁 식사 때 일부러 그의 옆에 앉아 그의 연구에 대해 좀 더 알 수 있었다. 마이크는 무슨 일을 할 때 완전히 몰입하는 심리적인 경험을 다룬 『몰입 *Flow*』이라는 저서로 대중들에게 널리 알려져 있다. 이를테면 운동선수가 운동을 하거나 내가 이 책을 쓴다거나 하는 일 말이다. 그는 몰입은 물론 다른 주제에 대한 연구를 할 때도 사람들에게 낮 동안 수시로 삐 소리를 내는 시계를 준다. 예전에는 의사들이 가지고 다니는 일종의 호출기를 사용했는데 요즘은 미리 프로그램되어 있는 전자시계를 준다. 연구에 참여하는 사람들은 삐 소리가 날 때마다 늘 지니고 다니는 작은 실험일지를 작성한다. 삐 소리가 언제 울렸고 지금은 몇 시이며 어디에서 무엇을 하고 있는지, 누구와 함께 있고 무슨 생각을 하고 있는지 등을 적는 것이다. 그리고 나서 감정과 정신 상태를 숫자 등급으로 표기하는 체크리스트를 기록한다. 하고 있던 일을 즐거운 마음으로 했는가? 집중해서 했는가? 스스로 잘 통제하고 있다고 느끼는가? 행복함이나 활기참, 유쾌함, 외로움, 걱정, 분노, 책임감, 짜증, 자부심, 또는 상냥함 등의 감정을 느끼는가? 고통을 느끼는가? 이 질문은 대답하는 데 2분 정도가 소요되며 내부적이고 외부적인 경험을 짧게 묘사한다. 하루를 2시간 단위로 나누어 한 단위에 속하는 시간마다 한 번씩 삐 소리가 울리며 하루 종일 실험이 진행되는데, 언제 소리가 울릴지는 알 수 없다. 참여자들은 일주일 동안 거의 모든 경험을 하면서 실험에 참여하고 50개 이상의 개인적인 경험을 짧게 묘사한다. 마이크는 그 결과를 바탕으로 정점에 이른 심리적 경험을 누가, 언제, 어디서, 무엇을, 어떻게, 왜라는 육하원칙에 따라 자세히 분석했다.

아직 헝가리 악센트가 두드러지는 마이크는 곰처럼 생긴 외모에 상냥하고 붙임성 좋은 사람이었다. 나는 단번에 그가 좋아졌고 먹는 것도 잊어버린 채 그의 신호장치 실험에 빠져들었다. 그가 '경험 표본추출experience sampling'이라고 지칭한 방식은 나와 동료들이 동물의 행동을 연구할 때 사용하는 '포인트 추출 point sampling'과 같은 말이었다. 이를테면 내가 우드 터틀을 연구한다면 수시로 그들의 행동을 확인해서 대표적인 행동 표본을 만들어야 한다든지 28장에서 언급한 종교 표본을 신중하게 추출했던 것과 똑같다.

마이크의 실험 방식에는 진화론적인 관점에 완벽하게 들어맞는 추가적인 특징이 있었다. 바로 생활의 모든 영역에서 인간을 관찰했다는 점이다. 대학생들이 기니피그를 가지고 굉장한 심리 연구를 할 수 있다고 생각하는 것과는 다르다. 마이크는 인위적인 실험실이 아니라 일상생활의 '자연스러운 환경'에서 그들을 연구했다. 기억에 의존하는 방식이 아니라 바로 일어나는 순간의 경험을 표본으로 추출했다. 일주일이나 한 달 전은 둘째치고 바로 어제 뭘 했고 무슨 생각을 하고 무엇을 느꼈는지 정확히 기억하는 사람이 얼마나 될까?

또한 몇 년에 걸쳐 수천 명이 참여한 이 실험에서는 심장마비를 일으키거나 창문에서 떨어진다거나 자살처럼 통계적으로도 드문 여러 가지 일들이 일어났다. 그렇다. 죽기 전까지 실험일지를 기록한 사람들도 있었다. 그리고 과거의 자료는 컴퓨터에 저장해서 나처럼 필요한 자격을 갖춘 사람들이 열람할 수 있도록 했다. 마이크의 신호장치 실험은 산더미처럼 모인 자료를 관리하는 직원까지 한 명 있는 진짜 연구소가 되었다.

나는 워크숍의 주제보다 마이크의 신호장치 실험이 더욱 흥미롭게 느껴졌다. 대단히 현실적이었기 때문이다. 다음 날 휴식 시간이 생길 때마다 나는 마이크의 실험 자료를 이용해서 진화론을 바탕으로 한 인간 행동에 어떤 질문을 던져야 할지를 생각하느라 분주했다. 바다 속에서 수많은 물고기들 위를 떠다닐 때도 마이크의 실험에 참여한 수많은 사람들 위를 떠다니는 상상을 했다. 내 존재는 상관없고 그들의 인생에 대한 생각으로 머릿속이 가득했다.

워크숍 마지막 날에는 리조트에서 고객들과 주변 맨션의 거주자들을 위해 정기적으로 개최하는 연회가 열렸다. 연회장에 들어서자 흑인 음악가들로 이루어진 오케스트라와 흑인 고용인들, 넘쳐나는 백인 노인들의 모습을 보고 첫날 느꼈던 죄책감이 또 강하게 밀려왔다. 접시를 들고 음식을 가지러 가다가 나도 모르게 멈춰서고 말았다. 그렇게 호화롭고 예술적으로 만들어진 각종 해산물 요리는 처음 보았던 것이다. 게와 새우가 화려한 자태를 뽐내며 피라미드를 이루고 생선은 마치 물속에서 떼 지어 헤엄치는 것처럼 나란히 장식되어 있었다. 바다에서 스노클링을 하다가 그 물고기들을 마주쳤다면 정말 기뻤을 것이다. 그 물고기들도 할 이야기가 무척 많았을 테니까. 죽어서 예술적으로 장식된 물고기들을 보니 중국의 황제가 벌새의 혀로 만든 요리를 즐겼다는 이야기가 생각났다. 이것은 테야르가 예상하지 못한 오메가 포인트였다. 나는 입맛이 없어져서 그냥 방으로 돌아갔다.

워크숍이 끝난 후 마이크의 신호장치 실험에 대한 글을 닥치는 대로 찾아서 읽었다. 그와 동료들은 몰입 이외에도 TV 시청의 영향, 지능이 뛰어난 아이들에게 생기는 일, 아내가 직장을 다니는 경우 부부 생활에 끼치는 영향을 비롯해 여러 가지 주제에 대해 연구했다. 마이크와 그의 실험을 설명해줄 수 있는 표현이 머릿속에서 둥둥 떠다녔다. 바로 '상식의 천재'라는 말이었다. '상식'이라는 말을 비하하는 뜻은 전혀 없다. 이미 강조했듯이 명백함의 개념보다 명백한 것은 없고 과학적 사고에서 새로운 상식이 되는 것보다 궁극적인 승리는 없을 것이다. 나는 특히 신호장치 실험 결과에 대해 확신을 가질 수 있다는 사실이 가장 감탄스러웠다. 과학 연구 중에는 뼈대가 튼튼하지 못한 것들이 많아 자체의 무게를 견디지 못하고 무너져 내릴 가능성이 있는 것들도 많다. 그렇다면 당연히 그 뼈대에 올라서서 이 뼈대를 확장시키는 것을 주저하게 된다. 하지만 마이크의 실험은 매우 견고해서 내가 자신 있게 올라설 수 있었다. 그 외에도 지능이 뛰어난 아이들일수록 일상생활에서 하는 일을 즐기기 때문에 장기적으로 재능을 발달시킬 수 있으며 일반적인 부부가 하루에 함께 하는 의미 있는 시간은 10분 이하라는 연구 결과도 믿는다.

마이크의 실험 결과에 대한 책과 논문을 전부 읽은 후, 나는 템플턴 재단의 지부라고 할 수 있는 무한한 사랑 연구소Institute for Research on Unlimited Love에 연구비 지원 신청서를 보냈다. 신청서의 제목은 '이타적인 사랑과 진화, 그리고 개인적인 경험'이었다. 나는 마이크와 동료들의 신호장치 연구와 나의 새로운 연구를 더해서 이타적인 행동에 따른 개인차에 대해 연구할 생각이었다. 하지만 어느 특이한 재단이 이 별난 과학자를 도와주지 않는다면 절대 불가능한 일이었다. 다행히도 내 신청서가 받아들여져 나는 시카고로 날아가 마이크의 동료 바버라 슈나이더Barbara Schneider와 그녀의 스태프들에게 교육을 받았다. 그들은 성서를 베껴쓰는 성직자들처럼 과거에 수행되었던 신호장치 연구의 모든 내용을 컴퓨터 파일로 가지고 있었다. 교육을 받고 온 지 며칠 뒤, 나는 5년에 걸쳐서 7백만 달러라는 거금을 투자해 얻은 신호장치 연구 자료가 든 CD 한 장을 받았다. 물론 공짜였다. 이런 것이 바로 무한한 사랑의 행위가 아니고 무엇이겠는가!

Evolution for Everyone

모든 사회환경에 유리한 자질은 없다

신호장치 연구의 본래 목적은 템플턴 경의 "젊은이들에게 어떻게 영감을 불어넣을 수 있을까?"와 같은 현실적 질문에 관한 답을 찾는 것이다. 마이크와 그의 동료들은 알프레드 슬론 재단 Alfred Sloan Foundation에서 어마어마한 연구비를 받아서 젊은이들이 어떻게 취업을 준비하는지 연구했다. 먼저 미국에서 시골, 도시, 교외 환경, 각기 다른 인종과 민족 구성도, 노동력 특성, 경제적 안정성을 대표하는 12개 지역을 선택했다. 각 지역에서 전체 조사에 참여한 중학교와 고등학교 수는 33개에 달했다. 천 명이 넘는 학생들이 한 번이 아니라 중학교와 고등학교 시절에 걸쳐서 2년 간격으로 세 차례 조사에 참여했다. 그들은 일주일간 신호장치 연구에 참여했고, 일회성 설문의 수백 가지 항목에 응답했다. 그럼에도 부족했는지 신호장치 연구 대상이 아닌 수천 명의 학생들에게 일회성 설문 조사를 했다. 그렇게 얻은 모든 정보는 CD 한 장에 기호화해서 집어넣었다. 이는 DNA 한 가닥에 생명의 비밀을 기호화해서 넣는 것과 유사한 현대의 기적이었다.

컴퓨터에 CD를 삽입하고 파일을 살펴본 순간 나는 미국 생활의 표본을 얻는 데 필요한 어마어마하게 방대한 자료에 감사하지 않을 수가 없었다. 학교의 허락을 구하고 5년에 걸쳐서 학생들에게 무수히 많은 신호장치 연구 설문지를 작성해달라고 요청하는 작업은 만만치 않게 어렵다. 게다가 그 결과를 직접 손으로 컴퓨터에 입력해야 한다. 숫자 등급이 매겨진 질문의 응답은 빠르게 입력할 수 있지만 "어디에 있었나요?" "무슨 생각을 했나요?"와 같은 질문의 응답은 그에 맞는 수백 개의 숫자 코드를 찾아서 조합해야 한다. 예컨대 "여자친구와 말다툼하다가"와 같은 자필 응답은 335(이성친구와 대화)라는 숫자로 표기하는데 이와 같은 과정을 끝없이 반복해야 하는 것이다. CD에 든 파일들은 수백 개의 세로줄과 수천 개의 가로줄로 구성되어 있었다. 그 파일 하나를 종이에 인쇄한다면 커다란 벽 전체에 펼쳐놓아야 하고 책으로 엮는다면 스프링으로 제본된 두꺼운 책이 한 권 나올 정도였다. 게다가 이는 세 차례의 조사 중에서 단 한 차례의 조사 결과에 불과했다.

이 연구 결과는 이미 마이크와 바버라의 책 『어른이 된다는 것은 Becoming Adult』으로 출판되었다. 나는 그들이 이용했던 동일한 정보를 사용해서 이타주의를 연구하려고 했다. 진화론을 길잡

이로 삼아 어떤 사람들이, 어떻게, 왜, 어디서, 언제 서로를 돕는지 알아내고 싶었다. '이기주의'를 한마디로 정의할 수 없듯이 '이타주의'도 그렇다. 29장에서 살펴봤다시피 자기희생의 함축적 의미는 종교적 상상과는 완전히 다르다.

나는 내 연구 목적을 달성하기 위해 타인의 복지나 사회 전체의 복지에 기여하는 자질을 비롯해서 이타주의의 타인 지향적인 측면을 집중 분석했다. 필수적 자기희생이라는 함축적 의미가 드러나지 않게 때때로 '이타적'이라는 단어보다 '친사회적'이라는 단어를 사용했다.

일회성 설문의 수백 가지 항목 가운데 내가 광범위하게 정의한 이타주의와 밀접하게 관련 있는 질문 17개를 찾았다. 예컨대 "미래에 갖고 싶은 직업이 남을 돕는 데 얼마나 중요한 일인가?" "친구들은 지역 사회사업이나 자원봉사를 얼마나 중시하는가?"와 같은 질문이었다. 각 질문의 답에 숫자 등급을 매기고 조합해서 개개인의 총점을 구한다. 이론상으로는 간단해 보이지만 실제로 개인의 총점을 구하려면 설문지를 모두 종합해서 점수를 계산해야 하기 때문에 성가시기 짝이 없다. 어떤 질문의 답은 숫자 등급이 1에서 3까지 매겨져 있고, 또 다른 경우에는 숫자 등급이 1에서 5 또는 0에서 4까지 매겨져 있어서 각각의 등급을 서로 비교하려면 공통되는 하나의 등급으로 환산해야 했다. "낯선 사람들을 돕는 일이 시간 낭비라고 생각합니까?"와 같은 질문을 예로 들어보자. 이 질문에 찬성하는 답에는 높은 숫자 등급이 매겨져 있지만 이타주의 강도가 낮음을 뜻한다. 이때 숫자 등급과 그 숫자가 내포하는 의미는 상반된다. 한 학생이 실수로 특정 질문의 답을 하나 이상 표기해서 숫자 코드가 '96'으로 나타났다고 가정해보자. 이 잘못된 숫자는 분석 결과에서 제외하지 않을 경우 '초(超)이타적인 행위' 수준을 뜻한다. 엔터 키를 살짝 건드리기만 해도 컴퓨터 명령이 실행되면서 수천 가지 숫자가 바뀐다. 그래서 나는 언제나 엄청난 실수를 저질러 모든 수치를 엉망으로 만들지도 모른다는 두려움에 시달렸다. 심지어는 실수를 알아차리지도 못한 채 존재하지 않는 패턴을 찾다가 여생을 다 보낼지도 모른다! 하지만 이와 같은 강박증이 반드시 장애가 되는 것은 아니라는 생각이 들기 시작했다. 어쩌면 이런 작업에 필요한 자질일지도 모른다.

마침내 17개의 숫자를 조합해서 개개인에게 적용하는 하나의 숫자를 만들었다. 나는 그 숫자를 '친사회성prosociality'이라는 뜻에서 PRO 척도라고 명명했다. PRO 분포는 종 모양의 곡선을 그렸다. 대부분의 학생들이 곡선 중간에 몰렸고, 높거나 낮은 점수를 기록한 학생들이 곡선 양 끝에 분포했다. 심리학자들은 언제나 이 같은 척도 자료를 제시하고 그 타당성을 평가할 방법을 개발하는데, 이러한 방법들은 대체로 상당히 복잡해서 나는 전문가 잭 베리Jack Berry에게 도움을 청했다. 잭 베리의 설명에 따르면 다음과 같다. 라틴어 시험에 쉬운 문제와 어려운 문제가 섞여 있다고 가정해보자. 쉬운 문제는 라틴어를 수강하는 학생들 대부분이 맞히겠지만 어려운 문제를 맞히는 학생은 소수에 불과하다. 쉬운 문제와 어려운 문제가 섞여 있는 그리스어 시험에서도 마찬가지다. 이번에는 그리스어 시험과 라틴어 시험 두 개를 하나로 합쳤다고 가정해보자. '쉽고' '어렵다'는 등급이 사라진다. 라틴어를 수강하는 학생은 어려운 라틴어 문제를 맞히는 대신 쉬운 그리스어 문제를 맞히지 못하고, 그 반대로 그리스어를 수강하는 학생은 어려운 그리스어 문제를 맞히는 대신 쉬운 라틴어 문제를 맞히지 못한다. 이 시험은 부적절하게 완전히 다른 자질을 한꺼번에 평가한 것으로, 서로 다른 언어능력을 평가했기 때문에 타당성이 없다. 잭은 나의 PRO 척도에 대해 쉬운 것에서부터 어려운 것까지 골고루 포함되어 있는 타당한 측정 기준이라고 평가했다. PRO 척도는 부적절하게 각기 다른 자질을 평가하기보다는 하나의 자질—여기서는 타인과 사회를 돕는 성향—을 평가한다.

이제 개인마다 PRO 점수가 다른 이유를 살펴보자. 상관관계는 바로 인과관계로 이어지지는 않지만 인과관계를 찾아내는 출발점이다. 이는 과학계에서 통하는 마법 같은 주문이라고 할 만하다. 그래서 나는 일회성 질문 수백 가지를 분석해서 PRO 점수와 밀접한 상관관계를 지닌 질문을 찾아내고, 다중회귀분석을 사용해 열네 가지 질문을 추려냈다. 이 14개의 질문은 종합적으로 PRO 점수 변동에 40퍼센트 정도 영향을 미쳤고 다음과 같은 범주로 분류되었다.

첫 번째 범주는 성별이다. 평균적인 남성은 평균적인 여성보다 친사회적 경향이 강하다. 아니, 실은 독자들의 잠을 깨우려고 시험 삼아 해본 헛소리다. 실질적으로는 평균적인 여성이 평균적인 남성보다 압도적으로 친사회적이다.

두 번째 범주는 사회적 지지자이다. PRO 고득점자에게는 PRO 저득점자에게보다 그들을 돌봐주는 선생님, 그들에게 기꺼이 도움을 주는 이웃들, 그들이 상처받지 않도록 애쓰는 가족들이 더 많이 존재했다.

세 번째 범주는 자존감이다. PRO 고득점자는 PRO 저득점자보다 한층 희망적인 미래를 꿈꾸고 열정적으로 목표를 추구하며 스스로를 가치 있는 사람으로 여긴다.

네 번째 범주는 미래의 계획이다. PRO 고득점자는 PRO 저득점자보다 방과 후에 과제를 하는 데 많은 시간을 투자하고 자식들을 중시하며 아이들에게 기회를 제공하고 장애를 극복하라고 가르친다.

다섯 번째 범주는 종교다. PRO 고득점자는 PRO 저득점자보다 종교의 영향을 받아 결정을 내리고 친구를 사귈 때도 종교를 중시하는 경향이 강하다.

이러한 결과를 진화론적 관점에서 해석할 수 있을까? 5장에서 무인도 상상 실험을 통해 선과 악, PRO 점수(PRO 고득점자와 저득점자)와 상관관계가 있는 자질의 장단점을 설명했다. 즉 두 유형이 한 섬에 함께 있을 때는 PRO 저득점자가 유리하다. 두 유형이 각기 다른 섬에 있을 때는 PRO 고득점자가 유리하다. 두 유형을 완전히 분리하지 않았을 때는 장단점이 뒤섞여 복합적인 결과가 나타난다. 이 경우에 PRO 고득점자 무리는 무리 속에 섞여든 PRO 저득점자들에게 이용당하면서도 서로를 도우며 잘 지낸다. 행동 전략의 결과는 행동들이 어떻게 결합하는가에 전적으로 달려 있다.

PRO 척도 조사 결과에 따르면 미국의 사회적 상호작용은 상당히 결합력이 강하다. PRO 척도에서 고득점을 한 10대들은—그들이 직접 작성한 설문지에 따르면—교사, 이웃, 가족에게 더욱 많이 베풀고 보다 더 많이 얻는다. PRO 고득점자는 대부분 PRO 점수가 높은 사회환경에서 생활한다. 이들은 안정과 보살핌을 지원받는 체계 하에서 축복받은 삶을 누리며 장기적 목표를 달성하기 위해 자신의 잠재력을 개발하고 계획을 세운다. 이들은 주위를 경계하지도 않고 다음 끼니 걱정에 시달리지 않는다. 사회적 지지와 자부심, 장기 계획은 패키지 상품처럼 언제나 한 묶음이다.

하지만 이는 통계학적 의미에서만 진실일 뿐, 각기 다른 모든 개인에게 적용되지는 않는다. 무인도 상상 실험을 통해 PRO 고득점자가 PRO 점수가 낮은 섬에서 생활하면 곤경에 처한다는 사실이 분명하게 드러났다. 한편 PRO 저득점자는 본성을 들키지 않는 한 PRO 점수가 높은 섬에서 안락한 생활을 누릴 수 있다. 나는 미국 생활의 표본을 분석해서 그러한 결과를 찾아야 했다. 무수히 많은 일회성 질문을 샅샅이 뒤져서 지난 2년 동안 발생했을지도 모르는 중대한 사건들에 관한 질문 몇 가지를 찾았다. 새 집으로 이사했는가? 부모님이 이혼하거나 재혼했는가? 자신이나 가족 구성원이 질병에 걸렸나? 폭력적인 범죄를 목격한 적이 있는가? 누군가에게 협박당한 적이 있나? 많은 10대 청소년들이 이 조사에 참여했고 그 가운데 100명 이상이 "지난 2년 사이에 총에 맞은 적이 있는가?"라는 질문에 그렇다고 대답했다.

각 질문에 그렇다고 응답한 사람에게는 다음과 같은 두 번째 질문을 던졌다. "그 일로 얼마나 스트레스를 받았는가?" 이 조사 결과와 PRO 점수의 상관관계를 분석하자 흥미로운 결과가 나타났다. PRO 고득점자는 공격당하거나 폭력적인 범죄를 목격하는 불행한 일을 경험할 가능성이 비교적 낮았다. 그들 대부분이 PRO 점수가 높은 사회환경에서 생활하기 때문이다. 하지만 PRO 고득점자는 그와 같은 경험을 했을 때 PRO 저득점자보다 스트레스를 많이 받았다. 나는 이를 '물 밖에 나온 물고기' 효과라고 명명했다. 진화론적 사고에 따르면 '모든 사회환경에 유리한 행동은 없'다.

PRO 고득점자가 PRO 점수가 낮은 사회환경에서 생활한다면 물 밖에 나온 물고기처럼 서식지를 잘못 택한 것이다. 이때 해결 방법은 네 가지다. 그곳을 떠나거나 자신의 행동을 바꾸는 것, 또는 사회환경을 바꾸려고 노력하거나 그 결과를 감수하는 것이다.

5장에서는 선하고 악한 개인이 아니라 그런 행동에 대해 조심스럽게 설명했다. 모든 종은 진화론적 경험에 바탕을 둔 규칙에 따라서 자신의 행동을 융통성 있게 바꿀 수 있다. 우리 인간은 모든 종 가운데서 가장 융통성이 뛰어나다. 나는 '선하게 변하기보다는 악하게 변할 여지가 많다'고 생각한다. PRO 척도에서 낮은 점수를 기록한 사람은 PRO 점수가 높은 사람을 이용 대상으로 삼는 극히 자기중심적인 사람일지도 모른다. 한편 PRO 점수가 낮은 환경에 적응하기 위해 자신의 친사회성을 '차단하거나' 몇몇 믿을 만한 동료들에게만 제한적으로 드러내는 완벽하게 선한 사람일 수도 있다. 과거에 학대당한 경험이 많고 다시 일어서려고 애쓰는 사람에게 "미래에 갖고 싶은 직업이 사회를 개선하는데 얼마나 중요한 일입니까?"라는 질문은 터무니없이 순진하게 들릴 수도 있다. PRO 점수가 낮은 행동(혹은 다른 모든 행동)을 분석할 때는 개인뿐만 아니라 사회환경도 평가해야 한다. 레오 톨스토이Leo Tolstoy의 소설 『안나 카레니나 *Anna Karenina*』는 "행복한 가족이 행복한 이유는 모두 똑같다. 불행한 가족이 불행한 이유는 저마다 다르다"라는 문장으로 시작된다. 이는 행복에 많은 요소가 필요하고 그 가운데 하나라도 없으면 행복이 깨질 수 있다는 뜻이다. 행복한 가족에는 물론이고 친사회성에도 적용되는 진리다.

'선하게 변하기보다 악하게 변할 여지가 더 많다'는 내 가설을 증명하기 위해 PRO 분포곡선에서 양끝을 차지하는 PRO 점수가 평균보다 높거나 낮은 집단을 비교해보았다. 당연하겠지만 PRO 저득점자는 PRO 고득점자보다 자존감, 감정적 공허, 장기

> *행복한 가족이 행복한 이유는 모두 똑같다. 불행한 가족이 불행한 이유는 저마다 다르다.*

적 목표, 효율성, 신뢰, 일탈, 스트레스에 관한 십여 가지 일회성 질문에 보다 더 다양하게 응답했다.

PRO 저득점자들의 낮은 친사회성은 각기 다른 원인에서, 각기 다른 방식으로 획득된 것으로 모든 요인이 뒤죽박죽 섞여 있었다. PRO 고득점자들은 종교 문제를 제외하면 모두 비슷한 특성을 지니고 있었다. 이들은 종교에 관한 일곱 가지 질문을 받았을 때 PRO 저득점자들보다 한층 다양한 응답을 했다. PRO 저득점

자는 대체로 종교적이지 않은 반면 PRO 고득점자는 종교적인 사람일 수도 있고 그렇지 않을 수도 있다. 예컨대 나는 PRO 고득점자이면서 비종교인이다.

PRO 저득점자 집단은 학대받은 사람들이라는 인상을 풍긴다. 이들은 자존감이 부족하고 미래에 대해 비관적이며 열심히 일하는 태도보다 운이 더 중요하다고 생각한다. 또한 "대체로 스트레스를 많이 받는다" "기분이 언짢다" "대체로 피곤하다"라는 항목에서 상당히 높은 점수를 받는다. 이와 같은 결과는 거만하고(하늘 높은 자존심), 햄튼스에 위치한 집을 꿈꾸며(미래에 대한 낙관적인 태도), 절대 운에 맡기지 않는(운보다 열심히 일하는 태도를 중시) 이기주의자의 이미지와 상당히 다르다. 자만심 넘치는 이기주의자들은 이질적 요소들의 복합체인 PRO 저득점자 무리를 구성하기 때문에 회귀분석에서 드러나지 않는다. 군집분석이라는 통계 기법으로 각기 다른 PRO 저득점자 유형을 분류하자 자만심 넘치는 이기주의자들이 그 영광스러운 모습을 드러냈다. 나는 특히 남성을 대상으로 조사를 실시했는데 내 예상대로 조사 결과에 따르면 이러한 유형의 80퍼센트가 남성이었다.

군집분석을 이용해서 종교적인 PRO 고득점자와 그렇지 않은 PRO 고득점자의 차이를 밝힐 수도 있다. 이들은 모두 친사회적 가치를 공유하지만 종교적인 PRO 고득점자가 자부심이 더 강하고 미래를 위해 더욱 열심히 일하며 사회적인 통제(여성이 집안일을 해야 한다는 사회적 통념이나 텔레비전 시청 제한 등)에 한층 순순히 따른다. 그런데도 비종교적인 PRO 고득점자보다 자신들이 삶을 잘 통제한다고 생각한다. 이러한 결과는 내가 28장과 29장에서 강조한 종교의 실용적인 이점을 뒷받침한다.

이 모든 결과는 학생들이 응답한 수백 가지 일회성 질문에 바탕을 두고 있다. PRO 고득점자와 PRO 저득점자는 일상생활을 하다가 마이크의 신호장치에서 무작위로 신호를 받았을 때 다르게 반응하는가? 실제로 그랬다. PRO 고득점자들은 자신들의 집중력이 한층 뛰어나며 자신과 타인의 기대에 부흥하며 살아간다고 말한다. 또한 자기만족감이 크고 더욱 행복하며 활동적이고 사회적이고 사회참여적이라고 한다. 뿐만 아니라 한층 중요하고 어려운 활동에 도전의식을 느끼며 장래의 목표에 많은 관심을 갖고 자신의 시간을 최대한 활용한다고 주장한다. 미국인 10대가 PRO 고득점자라면 틀림없이 크나큰 혜택을 누리는 사람일 것이다. 즉 PRO 점수가 높은 사회환경에 거주해야 가능한 일이다. 이와 같은 결과는 마이크, 바버라, 그들의 협력자들, 알프레드 슬론 재단과 템플턴 재단 같은 재정 후원 기관, 신호장치 연구기법 덕택에 얻은 것이다.

아직 밝혀야 할 사실이 많이 남아 있지만 나는 지금까지의 분석에 만족한다. 첫째, 생태학자들이 자연환경에서 생존하는 다른 종을 연구하는 것과 똑같은 방식으로 인간을 연구할 수 있었기 때문이다. 둘째, 이타주의가 사회환경에 따라 성공하거나 실패할 수 있는 사회적 전략이라는 가장 기본적인 진화론적 예측은 종교의 본질이라는 고매한 주제에서부터 미국 젊은이들의 일상적 경험이라는 현실적인 주제까지 두루 적용되는 것이라는 사실을 알

앉기 때문이다. 인간 행동의 다양성을 생물학적 다양성과 유사하게 취급하는 경우는 흔하지 않지만 이는 새로운 상식이 될 수도 있다.

그것이 진짜 원인인가?

파나마 운하는 당시 최대 규모의 공학 프로젝트였지만 황열병과 말라리아 때문에 거의 실패할 뻔했다. 프랑스와 미국은 무지하게도 도덕성이 부족해서 그러한 질병이 발생했다고 생각했다. 역사학자 데이비드 맥컬로우David McCullough는 『대양을 가로지르는 길 *The Path Between the Seas*』에서 "명백하게 올곧아 보이던 몇몇 사람들의 죽음으로 이런 시각들은 조롱거리가 되었고 사람들의 마음을 흔들었다. '그의 도덕성은 나무랄 데 없이 훌륭했다.' 한 프랑스 기술자는 첫해에 황열병으로 사망한 동료의 죽음을 슬퍼하면서 이런 글을 남겼다"라고 기술했다. 마침내 모기가 황열병과 말라리아를 전염시킨다는 사실이 밝혀졌다. 모기는 병원 환자들의 침대 밑에 개미 퇴치용으로 놓아둔 물그릇에서 번식한다는 것이 알려졌고, 사람들은 올바른 원인을 파악하자마자 질병을 퇴치하기 위해 실질적인 조치를 취하기 시작했다.

　여기서 얻을 수 있는 교훈은 어떤 문제에는 실질적인 해결책이 필요하다는 것이다. 전 세계인의 도덕성을 강화해도 황열병과 말라리아를 퇴치할 수 없다. 사실적 지식만이 할 수 있는 것들이 있는 법이다.

　오늘날에는 그 어느 때보다 사실적 지식이 필요하다. 질병 퇴치뿐만 아니라 호르몬과 유사한 플라스틱 합성물에서 지구의 기후 변화에 이르기까지 우리들이 해결해야 할 새로운 문제들이 많이 있다. 각각의 문제는 도덕성 부족과는 관계없고 침대 밑의 모기를 퇴치하는 것과 비슷한 실질적인 해결책이 필요하다. 하지만 사실적 지식을 명백한 선으로 간주하는 것은 어리석은 짓이다. 사실적 지식은 해결책인 동시에 문제의 원인이 될 수 있다. 커트 보네거트Kurt Vonnegut의 소설 『고양이 요람 *Cat's Cradle*』에서 사실적 지식은 새로 발견된 안정적으로 보이는 물이란 형태로 나타나는데 이것이 인간의 어리석음과 결합되면서 세계 종말을 가져온다. 좋든 싫든 현대 기술이라는 판도라의 상자는 이미 열렸고 우리 인간은 그 결과를 마주보아야 한다. 나는 이 책을 마무리하는 시점에서 과학, 도덕적 가치, 진화에 관한 일반적 용어를 재검토할 필요가 있다고 느낀다.

　사실적 지식은 최소한 세 가지 특성 때문에 좋은 것이 될 수도 있고 나쁜 것이 될 수도 있다. 첫 번째 문제점은 결과를 예측하기가 불가능하다는 것이다. 예를 들어 플라스틱은 처음 발명됐을 때 명백하게 좋은 발명품 같았으며 누구도 플라스틱에서 유해한 호르몬이 나올지는 예측하지 못했다. 두 번째 문제점은 비윤리적인 사용이다. 실질적으로 강력한 힘을 지니고 있는 발명품은 선한 목적으로 사용될 수도 있지만 타인을 해치는 무기로 사용될 수도 있다. 세 번째 문제점은 도덕적 가치의 약화이다. 말라리아의 원인이 도덕성 부족이라는 주장은 비웃어도 무방하지만 앞에서 살펴봤듯이 도덕성이 부족해서 발생하는 문제들도 있다.

이와 같은 문제들은 실질적으로 상당히 해결하기 어렵지만 내가 아는 한 이것을 시도하는 방법은 비교적 간단하다. 결과를 예측하기 불가능하다는 문제를 해결하려면 알고 있는 지식을 과신하지 말고 새로운 기술을 신중하게 사용하고, 예측 불가능한 결과를 추론하기 위해 노력해야 한다. 지식이 부족해서 발생하는 문제의 궁극적인 해결책은 보다 더 완벽한 지식을 얻는 것이다.

비윤리적인 사용을 막으려면 다른 사람들에 의해 어떤 부분이 이기적으로 이용되는 것을 방지하는 윤리적 사회 시스템을 만들면 된다. 사실적 지식은 그 자체로는 윤리적인 사용과 아무런 상관이 없다. 윤리적 사회 시스템만 수립되면 사실적 지식을 한층 더 선한 목적으로 사용할 수 있다.

마지막으로 도덕적 가치의 약화를 막으려면 실용적 현실주의와 사실적 현실주의의 관계를 신중하게 고려해야 한다. 사회의 지속과 사실적 지식 사이에서 사람들을 번영할 수 있게 하는 믿음들 간에 반드시 타협이 필요한 것일까? 어떤 특정한 믿음 체계들에는 타협이 존재하지만 누구도 피할 수 없는 보다 더 일반적인 타협이라는 것이 있을까? 지구가 우주의 중심이 아니라는 사실이 우리 세계에 혼란을 가져오기는 했지만 내가 아는 한 그 깨달음 때문에 우리의 윤리 체계가 영구적인 손상을 받지는 않았다. 훨씬 더 일반적인 타협일수록 더 심각한 딜레마를 낳는다.

진화론은 이러한 세 가지의 문제와 해결책 모두와 깊은 관계가 있다. 먼저 "진화론이 인생의 실질적인 문제들을 해결할 수 있는 사실적 지식과 관련이 있는가"라는 질문에서 시작해보자. 생물학자에게 이 질문을 던진다면 회의적인 대답을 들을 것이다. "생물

나는 진화론도 우리의 번영에 필수적인 것임이 머지않아 증명될 것이라고 생각한다.

학에서는 진화에 비추어 생각하지 않으면 어떤 것도 이치에 맞지 않습니다." 이 말은 30여 년 전부터 떠돌았다. 동일한 질문을 술집이나 슈퍼마켓에 있는 사람들에게 던진다면 다른 종류의 회의적인 대답을 들을 것이다. 몇몇 사람들은 항생물질에 대한 내성에 대해서 뭐라고 중얼거리겠지만 대부분의 사람들은 뭐라고 대답해야 할지 모른다. 놀랍게도 대중의 50퍼센트는 진화론을 믿지 않고 거의 100퍼센트에 달하는 사람들은 진화론이 인생에서 중요한 것과 관계없다고 생각한다.

이 책으로 사람들의 생각을 조금이라도 바꿔놓을 수 있다면 진화론과 인간사의 중요한 문제들이 밀접한 관련을 맺고 있다는 사실을 증명하고 싶다. 앞서 소개한 많은 실례들 가운데 하나를 들자면 우리 인간은 다른 포유동물들과 마찬가지로 태아기 때 자신의 영양 섭취 상태를 평가해 남은 인생을 살아가는 데 적합한 신진대사 전략을 결정한다. 이와 같은 '예측적응반응PAR, predictive adaptive response'은 말라리아나 황열병처럼 고통과 죽음을 초래하는 합병증이 존재하는 현대 환경에서는 효과를 발휘하지 못한다(예컨대 '유령과 함께 춤을'). 이 사실은 진화론자처럼 사고하지 않는 한 상상할 수조차 없기 때문에 최근에서야 밝혀졌다. 이뿐만 아니라 진화론적 사고에 바탕을 둔 다른 많은 발견은 침대 밑의 모기와 같은 문제점을 해결하는 데 유익하고 필수적이다.

사람들이 물리학을 믿는 이유는 진화론보다 잘 정리되어 있기 때문이 아니라 일상생활에 필수적이기 때문이다. 물리학이 없다면 다리를 건설하지 못하고 자동차를 운전하거나 비행기를 타고 다닐 수도 없다. 나는 진화론도 우리의 번영에 필수적인 것임이 머지않아 증명될 것이라고 생각한다. 아니 오히려 오랫동안 우리가 그 사실을 모른 채 살아왔다는 게 놀라울 따름이다. 내 말이 과장이라고 생각한다면 조각가의 의도조차 모른 채 조각을 설명하려는 사람에 관한 비유를 떠올리기 바란다. 여기서 조각은 인간을 포함한 살아 있는 세계 전체를 뜻한다. '조각가'의 지식은 필수적이고, 다행스럽게도 조각가의 '의도'는 식별 가능하다. 이와 대조적으로 수만 년 동안 우리가 상상해온 '초자연적 존재'들과 '지적 설계자들'에 대해서는 알 수 없다. 간략하게 말해서 사실적 지식을 조금이나마 가치 있게 여긴다면 진화론에 높은 가치를 부여하고, 진화론을 20세기 전반에 걸쳐서 제한되었던 생물학의 경계 너머까지 확장해서 적용하기 위해 노력해야 한다.

앞서 2장에서 조심스럽게 인정했듯이 사실적 지식을 도덕적으로 사용하는 문제에 직면했을 때 진화론은 종종 오용되어왔다.

그렇다면 다른 과학 이론들보다 진화론을 오용하기 쉬운 이유는 무엇일까? 레베카 레무브Rebecca Lemov의 흥미진진한 책 『세계는 실험실 *World as Laboratory*』은 행동주의의 '빈 서판' 전통을 포함해서 미국 사회과학의 역사를 상세하게 설명한다. 행동주의 또한 오용되었는데, 이로써 진화론만이 아닌 다른 모든 이론의 오용을 피하는 방법을 찾아야 한다는 실질적인 문제가 나타난다.

미국의 초기 사회과학은 머지않아 인간과 자연을 완전히 파악하고 통제할 수 있다는 엄청난 기대감을 불러 일으켰다. 싱클레어 루이스Sinclair Lewis의 1925년 소설 『애로스미스 *Arrowsmith*』에 등장하는 과학자 영웅의 모델인 자크 뢰브Jacques Loeb는 기자에게 이렇게 말했다. "생명을 내 손안에 쥔 채 갖고 놀고 싶었다. 생명을 불어넣고 멈추며 변화시키고 모든 조건 아래서 연구하고 싶었다." 뢰브의 피후견인 존 왓슨John Watson도 동일한 생각을 표명했다. "나는 우리가 심리학을 기술할 수 있다고 믿으며……, 의식, 정신 상태, 마음, 내용, 내적인 입증 가능성 등 이와 유사한 용어를 절대 사용하지 않고……, 자극과 반응이라는 용어로 심리학을 기술할 수 있고……, 나의 최종 목적은 행동을 통제하는 일반적인 방법과 특수한 방법을 습득하는 것이다." 이 전통을 이어받은 클락 헐Clark Hull은 순응성과 행동 통제를 예언함으로써 명성을 떨쳤다. 레무브는 "헐은 급진적 행동주의가 구원의 길이라고 했다"라고 말하기도 했다.

이처럼 엄청난 기대감은 과학자, 정치가, 실업계 거물들은 한 치의 실수도 없이 옳은 일을 할 수 있다는 권위자에 대한 맹목적인 믿음과 결탁했다. 레무브는 비어드슬리 르믈Beardsley Ruml에게 거의 독단적으로 사회학을 정의할 권한을 부여했던 로라 스펠만 록펠러 추모 재단에 대해 다음과 같이 설명했는데 여기에는 당시의 정신이 잘 드러나 있다.

요 몇 년 간(1922-1926) 추모 재단의 정책 서류에서 '사회복지' 라는 용어는 '사회공학' '사회 지능' '사회 기술'이라는 용어와 상당히 유사하게 사용되었다. 새로운 사회학에서 최대한 객관적인 태도로 인간과 사회 영역을 탐구하고 분석하자 어김없이 변화가 뒤따랐고 과학적 이유를 들먹이며 사회의 불합리한 요소들도 통제할 수 있게 되었다. 범죄, 비행, 비정상적인 성관계나 가족 기능은 환경과 사회적 관계를 재조정해서 해결할 수 있었고, 과학자들은 심지어 20세기 무규범 상태의 불신과 파괴적 행동도 해결할 수 있었다. 1915년에 에즈라 파운드Ezra Pound는 무규범 상태를 '엉망이 된 문명a botched civilization'이라고 명명했다. 이러한 상태는 새로운 행동규범과 믿음의 대안적인 형태가 나타나면서 분별력이나 감수성이 거의 사라진 세상이다. 사회적 기술 통제는 사회과학자들과 다른 전문가들의 임무였다. 지식을 기술로 포장하는 임무에 보다 더 적합한 사람이 또 누가 있겠는가? 이처럼 중대한 임무를 떠맡은 인간과 사회공학자들은 자신들이 사회통제라는 궁극적 목적을 제창하는 사람, 즉 민주적으로 선출된 관리들의 단순한 하인 혹은 전문 기술자임을 잊지 않았다. 지도자들은 사회통제 전문가들의 도움을 받지 못한다면 독재적인 방법을 채택하지 않는 한 어떤 효과도 기대할 수 없었다. 그러므로 사회학은 민주적 사회통제를 가능케 하는 위대한 희망이었다. 희망 그 자체였다.

결론적으로 지나친 기대감과 권위자에 대한 맹목적인 믿음은 사회 전체를 위해 개인을 희생시켜도 된다는 생각과 결합되었는데, 오늘날의 시각에서 바라보면 매우 충격적인 일이다. 하지만 2차 세계대전과 한국전쟁 당시에 실제로 당연히 보장되어야 할 안전을 추구한다는 구실 아래 그와 같은 사태가 발생했다. 해럴드 조지 울프Harold George Wolff는 고통에 관한 일류급 권위자로서 CIA의 지원을 받아 정신 제어에 관한 비밀 연구를 수행했는데, 그는 "인간이 다른 사람들의 지시대로 사고하고 느끼고 행동하게 만드는 법과 그 반대로 인간이 그런 조종을 당하지 않는 법"에 관한 실마리를 제공할 수 있다고 과시했다. 한국전쟁 당시에 일류 과학자들은 얼음 깨는 송곳을 사용해 상처를 남기지 않는 뇌엽절제술이나 한 사람의 정신을 완전히 붕괴시킨 후 '재건'하는 실험을 했다. 이처럼 공상과학 소설이나 독재 정부의 음습한 구석에서 찾아볼 수 있을 법한 잔인한 실험이 실행되었지만, 대부분의 사회과학자들은 그러한 실험을 눈치 채지 못한 채 군사 지원을 받아 독자적인 연구를 수행하려고 했다. 한 CIA 과학자는 1977년 의회 청문회에서 "모든 행동주의 과학자들이 훌륭하고 순수하며 어떤 변화도 원하지 않고 학문에만 전념한다고 생각하지 마라. 그들은 사람들을 변화시키는 일에 깊이 관여하고 있다. 물론 그들의 관심사가 우리의 관심사와 항상 일치하는 것은 아니다"라고 말했다.

레무브의 책은 인간 행동을 바꾸는 방법에 관해 다소 색다른 견해를 제시한 사회과학자 티모시 리어리Timothy Leary를 소개하면서 끝난다. 1961년, 젊은 하버드 교수 티모시 리어리는 과학자들과 피실험자 간의 경계를 무너뜨리기 위해 교도소 수감자들에게 '약물을 투여하는' 허가를 받았다. 리어리는 존이라는 폴란드인 수감자와의 불안했던 첫 접촉을 다음과 같이 회상한다.

존은 왜 자기를 두려워하는지 물었다. 나는 당신이 범죄자라서 두렵다고 대답했다. 그러자 존은 고개를 끄덕였다. 나는 존에게 왜 나를 두려워하는지 물었다. 그러자 존은 내가 미친 과학자라서 두렵다고 대답했다. 그 후 우리의 시야가 닫혔고 나는 존의 두 눈 속으로 미끄러져 들어갔다. 존이 내 머릿속에서 걸어 다니는 느낌이 들었고, 우리 두 사람은 웃기 시작했다. 순식간에 증오와 공포로 변질될지도 모르는 두려움과 불신이 가득한 순간이었다. 하지만 우리는 사랑으로 이어져 있었다. 어둠 속에서 불빛이 깜박였다. 갑자기 태양빛이 방 안으로 들어왔고 나는 기분이 무척 좋았다. 존도 나와 마찬가지임을 알 수 있었다.

리어리의 치료법은 수감자들에게 상당히 효과적이었다. 하지만 그 효과는 두 사람의 관계가 지속될 때만 나타났다. 리어리의 '실험'은 과학적이라고 말하기는 어렵지만 지식의 도덕적 사용을 좌우하는 중요한 요소가 상호 신뢰임을 암시한다. 사람들은 자신의 의지에 반해서 다른 사람들에게 조종당하는 것을 두려워한다. 사람들이 합의해서 사회적 우선순위에 동의했을 때 과학적 지식을 선한 목적으로 사용할 수 있다. 상호 동의 없이 사용한 지식은 악하게 변한다. 지식이 진화론에 바탕을 두고 있든 급진적 행동주의에 바탕을 두고 있든 그것은 상관없다.

여기서 한 가지 의문이 생긴다. 티모시 리어리가 약을 투여해서 조성한 상태보다 더 오랫동안 상호 신뢰를 형성할 수 있을까? 앞서 설명했듯이 진화론은 이 주제와 밀접한 관계를 맺고 있다. 사회학은 문명이 도래하기 이전에 생존했던 우리 조상의 생활과 정신에 관한 시나리오를 한가득 제시한다. 루소는 고귀한 야만인이 사회 때문에 타락했다고 말했다. 홉스Hobbes는 잔인한 야만인brutish savage이 사회에 길들여졌다고 주장했다. 프로이트Freud는 죄를 지은 야만인guilty savage의 부친 살해 행위가 민족의 기억 속에 각인되었다고 추측했다. 경제학자들은 이기적인 야만인 또는 경제적 인간 호모 이코노미쿠스가 자신의 이익만 추구하는 과정에서 문명화되었다고 주장했다. 에덴동산보다도 사실적 근거가 부족한 이와 같은 기원 신화들이 필수적으로 존재하는 이유를 살펴볼 만하다. 그 이유는 네 개의 복음서에 기록된 왜곡된 역사처럼 기원 신화가 믿음 체계를 수립하고 유지하는 실질적인 역할을 수행하기 때문이라고 생각한다. 지금 우리는 그런 창조 신화 대신 유전적 진화와 문화적 진화의 산물인 우리 인간이라는 종에 관한 보다 더 확실한 지식을 활용하려고 한다. 이 지식은 분명히 상호 신뢰를 쌓는 데 도움이 된다. 상호 동의가 이루어지면 모든 지식을 선하게 사용할 수 있다.

마지막으로 짚고 넘어가야 할 문제가 하나 있다. 믿음에 기초해 종교와 과학의 최고 상태를 결합한다면 사람들이 사실적 현실을 전적으로 수용하는 동시에 무한히 지속 가능한 공동체에서 번영을 누릴 수 있을까? 이러한 상태는 지금까지 지구상에서 나타난 적 없는 새로운 문화 적응 상태임을 깨달아야 한다. 사실적 현실주의는 언제나 실용적 현실주의의 하인과 같아서 필요할 때 나타나고 그렇지 않을 때는 사라진다. 박테리아의 지각 체계도 이같은 원리를 따른다. 우리 인간의 정신은 유전적으로 사실적 주장에 따라 행동하는 법을 인식한다. 인간이 성관계를 맺고 적을 악으로 간주하는 것만큼 자연스러운 현상이다. 다만 고도로 분화된 현대사회에서는 신뢰할 수 있는 대규모의 사실적 지식 체계를 수립해야 전례 없는 사회적, 공간적, 시간적 규모의 실질적 문제들을 해결할 수 있다.

다행스럽게도 인간의 윤리 체계는 융통성이 있어서 무엇이든 선하고 옳은 것으로 간주할 수 있다. 언제나 그렇듯이 수양과 자제가 필요하겠지만 말이다. 무엇보다 사실적 주장이 선하다고 간주해야 한다. 신성하다고 해도 무방하다. 가치체계는 과거보다 더 사실적 주장을 존중해야 한다. 달라이 라마는 이렇게 말했다. "경험적인 증거의 권위를 무시하는 사람과는 비판적인 대화를 나눌 가치가 없다."

누구나 과학자가 될 수 있다

과학은 소수의 엘리트에게만 국한된 최고의 지적 활동이라고 한다. 심지어는 대학 교육을 받고 나서도 몇 년 동안 훈련을 받아야 선진 기술을 획득할 수 있을 정도로 특화된 분야라서 소수의 사람들만이 그 분야의 언어를 사용하고 작업의 중요성을 이해할 수 있다.

과학자들이 얼마나 월등한 사람들인지 강조하기라도 하려는 듯, 일반 사람들은 점점 우둔해지는 것 같다. 아이들은 읽고 쓰기도 못해서 허우적대고 과학 교육과정을 역병처럼 피한다. 지적이라고 할 만한 분야보다는 사회생활에 더욱 많은 관심을 보인다. 어른들은 지루하기 짝이 없는 일에 종사하고, 여가 시간에는 장기적인 이득은 없고 짧은 순간의 쾌락만 제공하는 갖가지 오락거리에 정신을 빼앗긴다.

150년 전만 해도 아마추어 연구자들이 여가 시간에 과학 연구에 몰두했다는 사실은 현재로서는 상상하기도 어려울 정도다. 이들 아마추어 연구자들 가운데 몇몇은 부유한 신사들이었지만 교구 목사나 교사 또는 의사도 있었다. 독자적인 자연선택론을 발견한 알프레드 러셀 윌리스Alfred Russel Wallace는 부유한 귀족인 다윈과 대조적으로 생계를 유지하기 위해 측량사로 일하면서 주변의 자연사에 관심을 갖게 되었다. 오늘날 아동작가로 사랑받는 베아트릭스 포터eatrix Potter는 바쁜 사회학자이자 사회개혁가였지만 여가 시간을 투자해서 우수한 균류학자가 되었다. 그녀는 이끼가 단일 종이 아니라 공생관계를 맺으며 생존한다는 사실을 최초로 발견했다.

이제 그런 시절은 영원히 사라졌고 과학은 소수의 전문적인 직업 과학자들에게 국한된 분야가 되었다고 결론짓기 쉽다. 하지만 나는 그렇지 않다고 말하고 싶다. 나와 뜻을 같이하는 진화론자들은 협소한 전문화의 운명을 피했다. 쇠똥구리를 연구한 더글러스 엠른, 꿀벌을 연구한 토머스 실리 같은 전문가들조차도 복잡한 전문 용어를 사용하지 않고 보통 사람들도 알아들을 수 있는 근본적인 문제를 다룬다. 몇 년 동안 훈련을 받을 필요도 없고 내 수업을 듣는 학생들은 한 가지 교과과정만 이수해도 충분하다. 이 책도 과학의 세계와는 멀리 떨어져 있는 사람들을 위해서 집필했다. 엘리트 계층만 학회에 참가할 수 있는 것이 아니다. 나는 큰 돈을 들이지 않아도 되는 주립대학교에서 일하고 있으며 내 학생들은 전 세계에서 찾아온 다양한 인종과 온갖 계층의 사람들이다. 물론 그들은 이곳에서 우수한 실력을 발휘해야 하지만 학과 성적은 태생과 상관이 없다. 물론 선천적인 차이가 존재하지만 각자가 지닌 유전자와 상관없이 인생은 직선 코스를 달리는 것이 아니라 핀폴 기계에서 공이 튀어나오는 것과 같다. 나는 이 책을 집필하면서 학생들과 동료들에게 어떻게 과학자가 됐는지 물어보았다. 도처에서 모여든 이 남녀노소를 불문한 사람들은 노동자 계층도 있었고 화이트칼라 계층도 있었다. 헌 책방에서 찾은 책 한 권을 계기로 과학자가 된 사람도 있고 앞뜰을 일구다가 또는 애완용 잉꼬를 기르다가 과학에 흥미를 갖게 된 사람도 있었다. 그들은 새로운 지식을 쌓아서라기보다는 의욕적으로 즐기면서 일할 수 있었기 때문에 성공한 것 같다.

핀볼 기계에서 튀어나오는 공과 같은 내 인생행로에 대해 이야기해볼까 한다. 가난뱅이가 부자가 됐다는 거창한 이야기는 아니다. 하지만 과학과 비과학, 전문가와 아마추어, 총명한 자와 우둔한 자의 차이를 이해하는 데 도움이 될 만한 이야기다. 앞에서 나는 이미 내 아버지가 『회색 양복을 입은 사나이』와 『피서지에서 생긴 일』이라는 유명한 소설을 창작한 슬론 윌슨이라고 밝혔다. 첫 번째 소설은 50년대 세대의 상징을 제시했고, 두 번째 소설은 성적 관행을 바꿔놓았다. 두 작품 모두 영화화되어 흥행에 성공했고, 아직도 라디오에서 『피서지에서 생긴 일』의 주제곡을 들을 수 있다.

『회색 양복을 입은 사나이』는 내가 여섯 살이었던 1955년에 출간되었다. 그전까지 아버지는 『뉴요커 *New Yorker*』지와 같은 잡지에 기사를 썼고 전쟁소설 『정처 없이 떠나는 여행 *Voyage to Somewhere*』을 출간했는데, 전업 작가로 생계를 유지할 수는 없었다. 데이비드 핼버스탬David Halberstam의 책 『50년대 *The Fifties*』를 바탕으로 제작한 다큐멘터리 〈50년대〉에는 아버지가 50년대의 자기 인생에 대해 말하는 인터뷰 장면이 나온다. 당시 아버지는 『타임 *Time*』지 사장이자 미국의 영향력 있는 인사인 헨리 루스Henry Luce의 조수로 일했다. 그러던 어느 날, 다른 조수 한 명이 루스 사장의 비위를 맞추기 위해 모자를 들어주려고 했고, 아버지는 그 순간 자신이 집사 신세로 전락했다는 사실을 깨달았다. 아버지는 "제가 모자를 들어드려도 괜찮을까요?"라고 비굴한 어조로 물었고, 그 질문에 이제 그만 이 일을 그만두겠다는 풍자적인 뜻이 담겨 있음을 아무도 알아차리지 못했다. 아버지는 다음 날 바로 조수 일을 그만두었다.

하지만 그 후에 찾은 직업은 더욱 비참했다. 아버지는 버펄로 대학교에서 홍보 직원으로 일하면서 예비 학생의 부모들에게 학교의 사회적 기능을 설명하고 캠퍼스를 안내했다. 한번은 여자 기숙사를 안내하다가 한 어머니한테서 딸아이가 남학생들의 성적 접근에 노출될 염려가 없냐는 질문-1950년대라서 이런 질문을 하는 사람이 있었다-을 받았다. 아버지는 그런 걱정은 할 필요가 전혀 없다고 단언한 순간, 바닥에 쓰고 버린 콘돔이 떨어져 있는 것을 발견했다. 홍보 직원이라면 어떻게 해야 되겠는가? 당연히 아버지는 그 콘돔을 발로 밟아서 숨겼다!

이처럼 성취감을 느낄 수 없는 일에 종사했던 아버지는 글을 쓰면서 인생의 의미를 찾았다. 하루 일과를 마치고 아내와 세 아이들의 품으로 돌아오면 아무리 피곤해도 지하실에 있는 서재로 내려가 타자기를 치기 시작했다. 난로의 석탄 타는 소리를 들으며 잠들었던 다른 아이들과는 달리 아버지가 타자기 치는 소리를 들으며 잠에 빠졌던 기억이 희미하게 떠오른다.

글을 쓰면서 인생의 의미를 찾으려고 했던 아버지의 열정은 남다른 것이 아니었다. 작가로 성공하기 위해 타자기나 컴퓨터를 두드리는 예비 작가들은 무수히 많다. 어떤 사람들은 명성과 부를 얻기 위해 작가를 꿈꾸고, 또 어떤 사람들은 인생의 의미를 찾으려고 한다. 명성이나 부를 꿈꾸지 않고 순수하게 자기만족을 위해 잡지에 글을 기고하는 예비 작가도 수없이 많다. 저명한 정신의학자이자 유대인 대학살의 생존자인 빅터 프랭클이 자기 작품에서 강조했듯이 의미를 찾는 것은 인간의 최대 열망이다. 글을 쓰고 돈을 받을 수 있다면 다행이지만 그렇지 않다면 글을 쓰기 위해 돈을 벌어야 한다. 이것이 바로 전업 작가와 아마추어 작가의 주요한 차이점이다.

아버지는 글을 써서 생계를 유지할 수 있는 운 좋은 소수의 사람들 가운데 한 사람이었다. 『회색 양복을 입은 사나이』덕분에 아버지의 인생이 달라졌을 뿐만 아니라 내 인생도 달라졌다. 어디서나 주목받는 아버지를 둔 어린 소년의 인생이 어떠했겠는가? 식당에서는 젊은 여자들이 아버지의 사인을 받으려고 다가왔고, 지역 인사가 아버지를 파티에 초대했으며, 나도 가끔씩 그 자리에 따라갔다. 다른 손님들은 하인처럼 공손했고, 심지어 아버지는 파티 주최자보다 더 주목을 받았다. 파티 주최자는 부와 혈통을 아무리 과시해도 아버지를 능가할 수 없었다.

아버지는 왕이었고, 자연적으로 나는 왕자가 될 수밖에 없었다. 하지만 나는 왕자 노릇이 싫었다. 게다가 나는 아버지와 닮지도 않았다. 아버지는 날카로운 회색 눈과 갈기처럼 뒤로 쓸어 넘긴 머리카락 덕분에 사자 같은 분위기를 풍겼지만 나는 비쩍 마른 가젤 같았다. 남자아이는 때때로 아버지보다 외할아버지를 닮는다는 유전적 성향 때문이었다. 나는 실내복을 팔다가 부유한 보스턴 가문의 여성과 결혼한 외할아버지를 닮았다.

자기 분석을 하면 할수록 실망스럽기만 하다. 어린 시절에 나는 아버지와 비교당하는 일을 무조건 피하려고 안간힘을 썼다. 아버지는 배를 좋아했고, 소년 시절에는 가족이 호텔을 운영했던 아디론댁 산맥의 조지호에서 우수한 선원으로 일하기도 했다. 우리는 지금도 그 호텔 부지에서 여름을 보낸다. 그 호텔은 2차 세계대전 당시에 붕괴됐지만 아버지의 상상력에 힘입어 『피서지에서 생긴 일』에서 재건되었다. 어린 시절 아버지는 내게 작은 붉은색 범선을 사주었는데 덕분에 아버지와 함께 시간을 보낼 수 있었으니 어린 소년에게는 이보다 완벽한 선물이 있을 수가 없다. 하지만 나는 아버지와 같은 일을 해야 한다는 생각에 스트레스를 감당할 수 없었다. 그로부터 1년 후에는 카약을 선물로 받았다. 두 사람이 탈 수 있는 카약이었지만 뚱뚱한 아버지가 타기에는 자리가 너무 좁았다. 그래서 나는 그 카약을 즐겨 탔고, 뿐만 아니라 낚시에도 취미를 붙였다. 인내심이 부족하다는 아버지의 약점을 알았기 때문이다. 지치지도 않고 멋진 나무 선창 가장자리를 거니는 나를 지켜보면서 아버지가 무슨 생각을 했을지 궁금하다.

나는 어렸을 때도 어린아이답지 않게 인생의 중대한 문제에 대해 고민했다. 친구들과 어울려 놀고 친구들의 인정을 받는 데는 그다지 관심이 없었다. 아버지를 대신해야 했지만 아버지를 따라잡기는 너무나 어려웠다. 때문에 나는 아버지가 동경하지만 할 수 없는 일을 해야 했다. 아버지가 감히 평가할 수조차 없는 일이라면 더 좋았다. 그래서 나는 과학자가 되기로 마음먹었다. 과학자가 어떤 사람인지도 모르면서 말이다. 다만 커서 무엇이 되고 싶으냐는 질문에 '뇌전문 외과의'라고 대답하면 부모님 눈이 휘둥그레진다는 사실만 알 따름이었다.

나는 눈치 채지 못했지만 당시에 부모님은 이혼을 생각하고 있었다. 그래서 나는 열한 살에 기숙학교로 갔다. 훗날 어머니는 그때 내가 아버지를 따라가면서 "잘못했어요. 제가 잘못했어요"라고 말했다고 하셨다. 나는 기억을 못하지만 어머니는 그때 무척 마음이 아프셨다고 한다. 부모님은 나를 뉴욕의 플래시드호 근처에 있는 노스 컨트리 학교에 보냈다. 그곳은 조지호의 우리 여름 별장에서 멀지 않았다. 조지호의 여름 별장은 지금도 건재하다. 나는 아직까지도 그곳에서 보냈던 시절을 생생하게 기억하고 있다. 우리는 닭장에서 따뜻한 달걀을 꺼내오고 닭과 돼지를 잡아 식사 준비를 했다. 코털이 얼어붙을 정도로 추운 겨울날에는 아침에는 퇴비 더미 위에 서 있다가 외양간과 마구간을 지나쳐 오는 '꿀 수레'에서 김이 모락모락 나는 퇴비를 받아 퇴비 더미를 더 높이 쌓았고 저녁에는 쓰레기를 모아서 돼지죽을 끓여 여물통에 붓고는 정신없이 달려드는 돼지들을 피해서 재빨리 뒤로 물러섰다. 그러고 나서 로데오 선수처럼 돼지 한 마리에 올라타고 놀며 성난 돼지의 거친 몸부림에 못 이겨 땅에 떨어질 때까지 마음껏 웃었다. 이런 농장 생활을 맛보려고 부자가 되어야 한다니 이 얼마나 모순적인 일인가!

나는 8학년으로 노스 컨트리 학교를 졸업한 후에 버몬트의 우드스턱 근처에 있는 우드스턱 컨트리 학교와 비슷한 곳을 찾으려고 했다. 불행하게도 우드스턱에는 사랑스럽고 순진한 아이들이 아니라 넘치는 호르몬을 주체 못하는 십대들이 가득했다. 예전과는 완전히 다른 환경이었다. 게다가 자유방임주의 철학 때문에 학교는 성과 마약, 로큰롤이 만연한 60년대를 그대로 반영했다. 나만 제외하고 말이다. 나는 훌륭한 과학자가 되겠다는 목표를 향해 전진했다. 학구적 열망을 품은 학생이 나 혼자뿐이었기 때문에 생물학 선생님은 기쁜 마음에 나에게 교실 옆의 작은 방을 실험실로 쓰라고 제안했다. 나만의 실험실이 생긴 것이다! 나는 하얀색 겉옷을 걸친 채 으스대며 실험실을 누비고 그곳에 있던 낡은 도구들을 만지작거렸다. 나는 어딘가에서 생쥐가 고음을 내면 음식을 먹고 저음을 내면 물을 마시게 훈련시켰다는 글을 읽었다. 고음을 점점 낮추고 저음을 차츰 높여서 의미가 혼란스러워지자 생쥐가 발광했다는 실험이었다. 나는 그 실험을 해보고 싶어서 저음과 고음을 내기 위해 전자 공기 펌프를 하모니카에 연결했는데 유감스럽게도 펌프 강도를 가장 낮게 설정해도 날카로운 하모니카 소리가 학교 전체에 울려 퍼졌다. 그 실험을 하다가 결국에는 생쥐가 죽자 나는 생쥐의 부신 무게를 측정해서 생쥐가 얼마나 스트레스를 받았는지 알아보려고 했다. 하지만 당시 학교에는 적절한 도구가 없었기 때문에 해부를 할 수가 없었고, 선생님은 스테인리스 스틸 수술 가위 한 쌍을 사주었다. 물론 선생님이 나 하나를 위해서 산 건 아니고 아마도 수업에 필요한 도구라서 산 것 같았다. 하지만 선생님에게서 우아한 펠트 안감이 깔린 상자에 든 수술 가위를 받았을 때는 나는 마치 개인적인 선물을 받는 듯했다.

친구들이 나를 어떻게 생각했는지 정확히는 모르겠지만 한 여자아이 덕분에 어렴풋이 짐작은 할 수 있다. 나처럼 생물학에 관심이 있던 여자아이로 나는 그 아이에게 푹 빠져 있었다. 그 애는 나를 다른 두 남자아이와 비교했다. 금발 머리에 자기를 웃게 만드는 남자아이는 낮과 같고, 가무잡잡하고 거친 행동을 좋아하는 아이는 밤과 같다고 말하고 나서 묘한 웃음을 지으며 나에게 이렇게 말했다. "데이비드, 넌 해질 무렵의 아이 같아."

고교 졸업반 시절에는 아이비리그 대학교에 지원했다가 불합격 통보를 받고 충격을 받았고, 결국 '안정권'이라고 생각했던 로체스터 대학교에 입학했다. 내가 가고 싶었던 일류 학교에 필적할 만한 명성은 없었지만 교과과정은 일류 학교 못지않게 충실했다. 하모니카 실험도 해보고 나름대로 충실하게 교육을 받은 나였지만 혹독한 과학 교과과정과 학구열에 불타는 학생들을 맞이할 준비는 되어 있지 않았다. 또한 물리학, 화학, 생물학, 특히 미적분학은 어려웠고 외운다고 해도 곧잘 잊어버리기 일쑤였다. 덕분에 최선을 다했지만 1학기 말에 평균 C⁺라는 저조한 성적을 기록했다. 상황이 이렇다 보니 자기기만이라도 해야 세계에 이름을 떨치겠다는 꿈을 잃지 않을 수 있었다.

그러다 끔찍하게 외로웠던 나는 마침내 도서관에서 메리라는 여자를 만나게 되었고, 토끼를 쫓는 굶주린 원주민처럼 그녀에게 접근했다. 메리는 야간 수업을 듣는 대학생 아닌 대학생이었고 남자 친구까지 있었지만 나는 포기하지 않았다. 어느 봄날, 메리가 남자 친구의 차를 타고 갈 때 나는 활짝 핀 라일락 나뭇가지 하나를 꺾어서 자동차 뒷좌석에 던졌다. 훗날 메리는 그 충동적인 행동과 자동차 안을 가득 채운 강렬한 라일락 향기에 마음이 움직였다고 말했다.

그해 여름, 나는 매사추세츠의 우즈홀에 있는 해양생물실험소 MBL에서 자료실 조수로 일했다. 우즈홀은 세계적으로 유명한 과학 기관 MBL과 우즈홀 해양학 연구소WHOL가 자리한 케이프코드의 그림 같은 마을로, 여름마다 공부도 열심히 하고 노는 것도 열심히 하는 과학자들과 학생들로 넘쳐났다. 그들에게는 일과 여가가 구분되는 것이 아니었다. 실험실과 교실에서 오랜 시간을 보내다가 틈틈이 해변으로 나와 놀거나 수많은 범선이 늘어서 있는 아름다운 항구에 있는 술집에서 시간을 보냈지만 그때도 언제나 과학 토론에 열을 올렸다. 그들은 다른 일에는 관심이 없었는지 언제나 과학 이야기에 몰두했다. 나는 아버지를 제외하고 그들처럼 열정적인 사람들을 본 적이 없었다. 사실 그들이 흥분해서 떠들어대는 이야기를 이해할 수도 없었다.

나는 30여 명의 대학원생들과 10여 명 정도의 과학자들이 함께하는 생리학과의 자료실 조수로 일을 했는데 장비와 준비물을 점검하면서 교실에 앉아서 수업을 들었다. 사람들은 해부를 하느라 정신이 없었다. 해부를 하면 할수록 조각은 점점 작아져 복잡한 도구 없이는 볼 수도 집을 수도 없는 상태에 이르렀다. 근섬유가 어떻게 움직여서 수축하는지 신경세포막에서 어떻게 칼슘을 분비하는지와 같은 미세한 조직의 기능을 알아내려면 몇 년 동안 열심히 공부해야 한다. 수업은 흥미로웠지만 어려웠다. 그러던 어느 날 우연히 옆 건물의 해양생태학 교실을 지나가게 되었다. 강의를 하던 교수는 생리학자처럼 보이지 않았고 실험실 가운을 걸치지도 않았다. 아니, 실은 19세기의 시인 월트 휘트먼Walt Whitman 같은 외모에 무릎까지 오는 가죽 반바지를 입고 있었다. 하지만 그는 내가 잘 알지 못하는 동물들이 서로에게 어떤 영향을 미치는지, 동물과 환경의 상호관계는 어떠한지 설명했고, 그때 나는 그런 과학자라면 나도 충분히 될 수 있고 좋아하는 야외 활동도 할 수 있겠다고 생각했다. 그래서 즉시 생태학자가 되기로 결심했다.

나는 생태학자가 되겠다는 새로운 야망을 이루기 위해 콘라드 이스톡Conrad Istock 교수의 생태학 수업을 들었다. 부분적으로는 이해할 수 있었지만 다른 과학 교과과정의 수업들처럼 어려웠다. 게다가 동물들 간의 상호작용, 동물과 환경 간의 상호작용을 설명하기 위해 수학적 등식을 사용한다는 사실에 더더욱 놀랐다. 다행스럽게도 그 교과과정에서는 독자적인 프로젝트를 수행할 수 있었다. 나는 프로젝트를 수행하는 데 모든 여가 시간을 투자했다. 특히 동물성 플랑크톤이 하루 동안 수직으로 이동하는 현상에 관심이 있었다. 동물성 플랑크톤은 탁 트인 물에 서식하는 미생물로 밤에는 물 표면으로 떠올랐다가 아침 햇살을 받으면 수면 아래로 가라앉았다. 나는 학교를 따라 흐르는 강에서 동물성 플랑크톤의 수직 이동을 연구하기로 하고, 정원용 호스와 수동 펌프를 이용해 각기 다른 수심에서 동물성 플랑크톤을 수집했다. 그리고 컴퓨터 수업도 들었다. 당시에는 컴퓨터가 교실 전체를 가득 메울 정도로 컸고, 프로그램을 천공 카드에 기록해서 담당자에게 제출해야 했다. 그렇게 해서 얻은 결과는 오차가 없을 수가 없었다. 컴퓨터 수업에서도 프로젝트를 수행해야 했다. 그래서 나는 가상의 플랑크톤이 오르락내리락하는 수직 이동 컴퓨터 시뮬레이션을 완성해서 제출했다. 돌이켜보면 콘라드 교수가 다른 학생들의 리포트보다 최소 대여섯 배는 두꺼운 내 리포트를 읽고서 실력은 부족한데 열정만 가득한 내 모습에 미소 짓는 모습을 상상할 수 있다.

콘라드 교수는 내 성적이 형편없는데도 생물학부 우수 프로그램에 나를 받아주었다. 덕분에 나는 콘라드 교수의 실험실에서 일할 수 있었고, 강의보다는 독자적인 연구에 중점을 두는 수업을 받을 수 있었다. 그때부터 나는 안정을 찾기 시작했다. 과학자들이 서로 교환해서 보려고 쓴 책은 학생들을 위해서 쓴 이론서보다 더욱 흥미진진했다. 물론 어느 부분은 전혀 이해할 수 없었지만 말이다. 콘라드 교수는 식충성 낭상엽 식물의 물이 가득한 잎사귀에서 서식하는 모기를 연구했는데 나는 그의 연구를 돕기 위해 물 위에 떠다니는 식물로 뒤덮인 습지를 찾아갔다. 건강한 습지에서는 커다란 물침대 위를 걸을 때처럼 발밑의 땅이 출렁거렸다. 때때로 넘어지기도 했는데 그때는 반드시 팔을 쫙 뻗어야 했다! 습지를 살펴보고 나면 종종 콘라드 교수의 집에 들렀다가 학교로 돌아가서 맥주를 한 잔 마시며 느긋하게 대화를 즐겼다. 이런 과학 공부라면 즐길 만했다.

나는 동물성 플랑크톤의 수직 이동을 계속 연구했고 가끔 콘라드 교수가 내 연구를 감독했다. 나는 수심이 각기 다른 곳에서 동물성 플랑크톤 샘플을 채취하는 장치까지 고안했다. 다른 과학자들이 이용할 수 있게 장치 설명서를 출판할까 하는 꿈을 잠시 꾸기도 했다. 나에게는 베스트셀러 소설을 쓰는 것보다 더 흥미진진한 일이었다. 하지만 내 카약을 연구소로 삼아 채취기를 실험하자 맙소사, 우스꽝스럽게도 아코디언처럼 생긴 기계는 너무 복잡한 장치라서 제대로 작동하지 않았다. 그러던 중 나는 파라핀지에 물 한 방울을 떨어뜨리고 그 속에 동물성 플랑크톤을 넣으면 물방울이 구슬처럼 변해 동물성 플랑크톤이 든 작은 어항처럼 보인다는 사실을 발견했다. 또한 물방울에 녹조를 넣으면 동물성 플랑크톤의 여과돌기 때문에 녹조가 물방울 가장자리를 맴돌았다. 나는 그 방법을 이용해서 동물성 플랑크톤의 먹이 습성을 연구할 수 있겠다고 생각했다. 하지만 그 수옥이 너무 작아서 그 안에서 일어나는 일을 개방된 자연환경에 적용하기에는 적절하지 않다는 것을 깨달았다. 결국 콘라드 교수의 실험실에서 실험한 결과물은 과학 출판물로 엮을 만한 것이 되지 못했다. 나만의 영역에서 작가가 되겠다는 꿈은 그렇게 사라졌다.

동물성 플랑크톤이 수직으로 이동하는 원인에 관해서 어떤 과학자들은 다 자란 동물성 플랑크톤이 먹이가 풍부한 물 표면에 머무는 어린 동물성 플랑크톤과의 경쟁을 피하기 위해 먹이가 부족한 깊은 물속으로 내려간다고 주장했다. 또 어떤 과학자들은 플랑크톤 성체는 자신이 아니라 후손에게 먹이를 제공하려는 이타심에서 그런 행동을 한다고 주장했다. 이때 나는 처음으로 인간 특유의 특징처럼 보이는 이타적 행동을 동물성 플랑크톤과 같은 보잘것없는 작은 생명체한테서도 찾아볼 수 있다는 견해를 어렴풋이 내비쳤다.

그즈음 메리와 나의 관계는 삐걱거리고 있었는데 나는 어떤 관계라도 노력하면 나아질 수 있다고 확신했다. 오랫동안 전화 통화를 하고 있노라면 때로 메리의 목소리는 라벨의 〈볼레로〉처럼 점점 커졌고 그러다가 마치 카타르시스를 경험하기라도 한 것처럼 이야기를 끝냈다. 덕분에 나는 완전히 진이 빠진 상태가 되었는데, 재치 있고 사람 좋은 내 룸메이트는 그 전화 통화를 엿듣고 나에게 이런 충고를 했다.

"데이비드, 그런 관계를 계속 유지하다니 네가 정말 존경스러운걸. 마치 서커스 공연장에서 코끼리를 들고 서 있는 힘센 장사 같아. 하지만 데이비드, 코끼리가 네 머리 위에 똥을 싸고 있다고!" 그처럼 명쾌한 분석을 듣고도 내 결심은 달라지지 않았다. 나는 불굴의 의지로 메리와의 관계를 유지할 수 있었다.

대학원에 진학할 때도 나는 또다시 일류 대학교에 지원했다 불합격 통보를 받고 결국 이스트랜싱에 있는 '안정권'인 미시간 주립대학교에 입학했다. 그 무렵 메리와의 관계는 더욱 나빠졌지만 그래도 우리는 결혼하기로 결정했다. 결혼식은 내 졸업식이 있던 그 주말에 대학교 예배당에서 거행되었다.

나는 대학원 수업이 시작되기 전 여름에 메리와 함께 우즈홀로 돌아갔다. 이번에는 3년 전에 결심한 대로 해양생태학 수업을 듣는 학생 신분이었다. 나는 적당한 크기의 용기 안에서 동물성 플랑크톤에 색깔 있는 녹조 덩어리를 먹이로 주는 프로젝트를 수행했다. 여러 가지 크기의 녹조 덩어리를 물에 첨가하고 몇 분 후 플랑크톤이 먹이를 섭취하면 현미경용 슬라이드 위에 올려놓고 관찰하면 플랑크톤이 섭취한 녹조 덩어리가 보였다. 나는 덩어리의 크기를 측정해서 비교했다. 플랑크톤의 위 속에서 밝게 빛나는 덩어리들은 마치 아이들이 갖고 노는 풍선 같았다. 그 실험으로 플랑크톤이 무작위로 먹이를 섭취하는 것이 아니라 가장 큰 덩어리를 선택적으로 섭취한다는 사실이 드러났다. 수업을 마칠 무렵, 내 실험 결과를 발표하는 자리에 에드워드 윌슨이 참석했다. 내가 발표를 끝낼 무렵에 그는 이렇게 말했다. "새로운 사실이군, 그렇지?" 그 말에 나는 의기양양해져서 어쩔 줄을 몰랐고 술을 마시면서 그날의 사건을 축하했다. 사실이라니! 내가 처음으로 사실을 발견했다! 그 연구는 내 첫 번째 과학 출판물로 탄생했고, 내게는 베스트셀러 소설만큼이나 대단한 것이었다.

미시간 주립대학교에서 젊은 부부에게 제공하는 스파르탄 빌리지라는 아파트 단지는 이름 그대로 스파르타식이었다. 건물 자체가 막사 같았을 뿐만 아니라 수도 무척 많고 모두 비슷하게 생겨서 집을 제대로 찾아가기도 힘들었다. 우리 아파트는 시카고와 디트로이트를 연결하는 네 개의 철도 선로 옆에 위치해 있어서 기차가 지나갈 때마다 귀가 멍멍해질 정도로 시끄러웠다. 비록 스파르타식 거주지에 살기는 했지만 미시간 주립대학교는 나에게 적합한 곳이었다. 물론 메리의 생각은 달랐을지도 모르지만. 소규모지만 활기차고 연구의 독립성을 보장해주는 생태학 대학원 프로그램은 나에게는 더없이 완벽한 환경이었다. 나는 이곳에서 동물성 플랑크톤의 수평 분포를 조사하는 또 다른 장치를 고안하는 데 몰두했다. 내가 만든 윌슨 채취기를 다른 사람들이 사용하게 되는 날을 꿈꾸면서 말이다.

메리는 스파르탄 빌리지에서 할 일을 찾지 못해 지역 케이마트에서 판매원으로 일하기 시작했다. 카메라 매장 카운터에서 일하던 메리는 사진술에 흥미를 갖기 시작했고 처음에는 취미로 사진을 찍더니 나중에는 구인 광고를 뒤적여 마침내 작은 광고 회사에 취직했다. 내가 과학 분야에서 꿈을 펼치기 시작한 것처럼 메리도 자신의 꿈을 펼칠 세계를 찾은 것이다. 1년도 채 지나지 않아 잦은 싸움이 그쳤고, 결국 우리는 이혼 신청을 했다. 메리가 성공적으로 전문 사진작가로 자리를 잡은 때였다. 우리는 가벼운 마음으로 각자의 길을 찾아 떠났다. 하지만 내 곁에는 대학원 친구들 몇 명밖에 남지 않았다. 나보고 어떻게 하란 말인가? 술집에서 여자에게 다가가 "안녕! 난 데이비드라고 해. 나는 시간만 나면 동물성 플랑크톤을 연구해"라고 말하란 말인가? 나는 영원히 여자들의 눈에 해질 무렵의 남자처럼 보일 것만 같았다. 결국 내 길을 부지런히 가는 수밖에 없었다.

나에게 남은 기회는 열대 연구조직에서 제공하는 열대 생태학 과정이었다. 대학원 학생들이 교수들과 팀을 이루어 코스타리카의 열대 천국을 여행하면서 다양한 서식지를 방문하는 과정이었다. 습기가 뚝뚝 떨어지는 저지대 열대우림, 안개에 휩싸인 고지대 운무림, 건기를 맞이해 태양빛에 바짝 마른 건조 지역, 산호초로 둘러싸인 섬의 해안가를 둘러볼 수 있는 기회였다. 두 달간의 연구 과정은 한 장소에 며칠에서 2주 정도 머물렀다가 다른 곳으로 이동하는 방식으로 진행되었다. 대부분 생태보존 지역을 방문하여 해당 지역에 거주하는 과학자들의 강의를 듣거나 학생들을 데리고 온 교수들과 함께 현장학습을 가기도 했다. 마치 이동식 우즈홀 같은 교과과정이었다.

나는 그 과정을 신청했고 대학원 2학년 겨울에 그곳으로 떠날 수 있었다. 이혼 절차와 고독감 때문에 더욱 음침하게 변해가는 이스트랜싱을 떠나기에 좋은 시기였다. 미국 전역에서 몰려든 학생들과 교사들이 코스타리카의 수도 산호세에 자리한 모텔에 모였다. 다음 날부터 첫 번째 현장을 방문할 예정이었다. 처음 모텔에서 열린 친목회에 참석했을 때 온 신경이 곤두섰다. 나무에서 떨어진 커다란 바나나 나뭇잎 위로 도마뱀이 지나다니고 습한 공기 중에 매달린 과일이 시큼한 냄새를 풍기는 이국에서 앞으로 두 달 동안 함께 지낼 사람들을 만나는 순간이었기 때문이다. 사람들은 대부분 과학에 미친 전형적인 괴짜가 아니라 외향적이었고, 몇몇 여성들은 아주 매력적이었다. 수줍음을 많이 타는 나는 그들에게 다가가거나 사교 모임에 끼어들지 못했다. 아마 그들에게는 내가 과학에 미친 전형적인 괴짜처럼 보였을 것이다.

첫 번째 목적지는 코스타리카 동쪽 해안에 위치한 라 셀바라는 생태보존 지역이었다. 그곳에 가려면 먼저 버스를 오랜 시간 타고 가서 나무 둥치 하나로 만든 원시적이지만 선외 모터로 움직이는 카누를 타고 강을 따라 여행해야 했다. 나나 다른 학생들이 생전 본 적도 없는 무수히 많은 식물과 동물을 접할 수 있는 흥미진진한 모험이었다. 새로운 동료들을 포함해서 나처럼 자연을 사랑하는 사람들에게 열대지방은 인공적인 디즈니 월드보다 더 흥미진진한 곳이다. 강을 따라 몇 분 올라가자 모든 학생들이 아이들처럼 순수하게 감탄사를 연발했다. "저것 좀 봐!" "이야!" "진짜 굉장해!"라고 말이다. 열대의 생태를 처음 접한 학생들이 감탄사를 연발하는 모습을 보고 교수들은 미소를 지었다. 용처럼 보이는 커다란 이구아나가 나무 위에서 일광욕을 즐겼고, 나비는 스테인드글라스 같은 날개를 펄럭이며 강둑을 날아다녔으며, 원숭이들은 차양에 매달려 울부짖었다. 나무는 하나같이 무척 컸고 넝쿨과 다른 식물들로 빽빽하게 뒤덮여 있어 질식할 것만 같아 보였다.

다음 날 아침, 식사를 하고 나서 지역 동식물에 관한 강의가 시작되었다. 학생들은 팀을 짜서 자료를 수집하고 분석하고 저녁에 다시 모여 토론을 벌이고 실질적인 실험을 했다. 단순하게 관찰만 하는 게 아니라 유기체의 진화와 상호작용에 관한 최근의 과학적 가설을 자연환경에서 실증하는 것이 목적이었다. 탐구 범위는 상상할 수 없을 정도로 광범위했다. 한 팀은 숲 속에 각기 다른 먹이를 뿌려두고 어떤 종의 개미가 몰려드는지 탐구했고, 또다른 팀은 커다란 나무가 쓰러진 곳을 찾아가서 어떤 식물 종이 갑작스러운 일조량의 변화에 제일 먼저 적응했는지 조사했다. 세번째 팀은 향기로운 화학물질을 담은 유리병을 열어놓고 눈부시게 다채로운 벌이 모여드는 모습을 관찰했다. 한편 네 번째 팀은 꽃에 서식하고 벌새의 부리 위에 흩어진 진드기를 연구했다. 날이 밝으면 더욱 많은 질문이 쏟아졌고, 더욱 다양한 실험이 시작됐으며, 더욱 놀라운 유기체가 발견됐다. 과학이 빠르게 변하는 세계 같았고, 나와 동료들은 열대지방만큼이나 중독성이 강한 그 세계에 빠져들었다.

나는 생애 처음으로 나 자신의 일부와 같은 사람들을 만났다. 하루 일과를 끝내고 나면 그들과 맥주를 마시면서 밤늦게까지 이야기를 계속했다. 과학적 토론을 벌이다가 난데없이 다른 주제로 넘어가서 학문적 세계와 일상적 세계 간에는 경계가 없는 것 같았다. 우리 모두는 특히 과학자로서 자신의 장래에 대해 많은 관심을 가지고 있었고, 주변 사람들이 이해하지 못하는 주제를 연구하기 때문에 고독감을 느끼는 사람이 나 혼자가 아니었다. 그리고 놀랍게도 나는 내 약점이 강점이 될 수 있다는 사실을 깨달았다. 어느 날 밤늦게 토론을 하다가 누군가가 불행해진다 하더라도 과학을 포기하지 않을 사람이 있는지 물었는데, 나는 주저하지 않고 손을 들었다. 그러자 모두가 나를 어리석다고 여기는 대신 경탄의 눈길로 바라보았다.

열대지방과 과학이라는 매개체 덕분에 새롭게 친구가 된 우리들은 난생 처음으로 친밀감이라는 감정을 느꼈다. 처음 바다로 나갔을 때는 사방을 둘러봐도 사람 한 명 찾아볼 수 없는 드넓은 모래 해변을 만끽할 수 있었다. 하늘은 구름 한 점 없이 푸르렀고, 바람이 우리 몸을 어루만졌고, 파도가 이리 오라고 손짓했다. 여자 두 명이 서로 눈길을 교환하더니 웃으면서 옷을 벗고 이 세상에서 가장 자연스러운 행동이라는 듯이 물속을 거닐었다. 그러자 모두들 그들을 따라했고 완벽하게 자유를 누리고 있다는 만족감으로 웃음을 터뜨렸다. 그러한 행동은 관능적이라기보다 자유로워 보였다. 벌거벗은 여자들이 물장난치는 모습을 보고 있자니 죽어서 천국에 와 있는 것만 같았다. 나도 걸치고 있던 것을 모두 벗어 던졌다. 안경만 빼고! 눈이 너무 나빠서 안경 없이는 수영할 수 없는 척했지만 사실 속셈은 다른 데 있었다.

이곳저곳을 여행하면서 앤이라는 여자가 차츰 내 시선을 끌었다. 첫눈에 들어오는 미인은 아니었지만 재미있고 즐겁게 이야기를 나눌 수 있는 여자였다. 그녀를 지켜보면 볼수록 더욱 마음이 끌렸다. 앤은 해야 할 일을 척척 해냈으며, 조금도 생색내지 않고 남을 도왔다. 땋아 늘어뜨린 머리에 화장기 없는 『빨강머리 앤』

의 주인공 같았는데, 그녀를 좋아하게 되자 점점 아름다워 보였다. 반면 처음에 내 시선을 끌었던 여자들은 점점 덜 매력적으로 보였다. 앤은 그냥 괜찮은 여자가 아니었다. 아름다운 여자였다. 나는 이 경험에서 영감을 얻어 16장에 소개했던 아름다움에 대한 연구를 시작했다.

같은 수업을 듣는 다른 남자들도 앤에게 매력을 느끼고 적극적으로 관심을 표시했지만 나는 한쪽 구석에서 부러운 시선으로 그들을 쳐다보기만 했다. 그녀 역시 나를 밤도 낮도 아닌 해질 무렵에 어슬렁거리는 남자로 여길 것이라는 생각이 들자 우울해졌다. 그러던 어느 날 오후, 나는 내 방에서 앤과 대화를 나눌 기회가 생겼고, 우리는 연인 관계로 발전했다. 그 순간을 말로는 설명할 수가 없다. 내 인생의 조각이 맞아떨어지면서 그때까지 풀리지 않던 퍼즐이 완성되는 순간이었다. 찬란한 자연이여, 찬란한 과학이여, 찬란한 친구들이여, 찬란한 앤이여!

날이 점점 더워지면 개울을 따라 걷다가 커다란 석판 같은 바위가 서로 맞닿아 터널처럼 된 곳에서 휴식을 취했다. 반대편에 보이는 멋진 웅덩이로 가려고 터널을 통과하자 천장에 줄지어 앉아 있던 박쥐들이 날개를 퍼덕였다. 나는 옷을 벗고 수정처럼 맑은 물속으로 미끄러져 들어가 웅덩이의 물이 빠져나가는 곳으로 헤엄쳐 갔다. 매우 높은 폭포 꼭대기라서 내 머리 위로 매가 맴돌았다. 건기라서 폭포 물줄기가 약해 폭포 가장자리에 배를 깔고 눕자 겁 없는 작은 물고기가 내 다리털을 조물조물 물어뜯었다. 지상 천국이 따로 없었다. 아래에 펼쳐진 전망은 마치 앞으로 펼

처질 내 인생의 전망 같았다. 저녁에는 콩과 쌀밥으로 굶주린 배를 만족스럽게 채웠고, 맥주와 열대 과일즙으로 갈증을 해결했으며, 떠들썩한 대화를 즐겼다. 밤이 깊으면 앤과 함께 인적이 드문 장소를 찾아 서로를 끌어안고 더 이상 졸음을 참을 수 없을 때까지 이야기를 나누었다.

어느 날 밤 앤에게 나의 어떤 점에 끌렸는지 물어보자 그녀는 과학에 대한 내 열정에 끌렸다고 대답했다. 나라면 그녀 자신의 열정도 이해해줄 수 있을 것 같았다고 했다. 앤은 또한 내가 사교 모임에서 주도적으로 나서지 않아 좋았다고 말했다. 앤은 사교적인 놀이를 즐길 줄 알고 여자라서 때때로 좋든 싫든 사람들의 주목을 받지만, 보통은 혼자 지내거나 몇몇 친구들과 단출하게 어울리기를 좋아했다. 내 단점이 다시 한 번 기적같이 장점으로 변한 순간이었다. 앤은 자신에게 의미 있는 한 사람과 중요한 이야기를 나누고 싶었던 것이다.

앤과 나는 이 과정이 끝난 후에도 함께할 것인지에 대해서는 이야기 나누지 않았다. 나는 이혼 문제를 처리해야 했고, 앤도 집에 돌아가서 해결해야 하는 복잡한 관계가 있었다. 하지만 나는 앞으로도 또 다른 앤을 만날 수 있는 사랑이란 묘약을 발견했다고 생각했다. 코스타리카에서 이루었던 일을 이스트랜싱에서 이루지 못하더라도 앞으로 계속 매진할 수 있는 과학이란 묘약을 찾았다고 생각했다. 나는 이제 더 이상 동물성 플랑크톤만 연구하는 생태학자가 아니었다. 모든 것을 연구하고 다양한 생명체에 관심을 갖는 생태학자였다. 지금 이 책을 통해 전하는 진화론적 사고의 힘을 그때 비로소 깨달았다.

여느 때와 다를 것 없던 어느 날, 나는 코스타리카의 건조한 땅에 흐르는 작은 개울 옆에서 개미귀신을 관찰하며 아침을 맞이했다. 다 자라면 잠자리처럼 보이는 이 매혹적인 곤충은 유충일 때 모래에 구덩이를 파고 그 안에 떨어지는 개미와 다른 곤충을 잡아먹는다. 큰 삽처럼 생긴 비대한 턱으로 구덩이를 파고 머리 위로 모래를 퍼내고는 구덩이 바닥에 숨어 있다가 개미가 빠져나가려고 몸부림칠 때 모래를 더 많이 퍼내서 소규모 산사태를 일으켜 먹잇감이 턱 안으로 떨어지게 만든다. 개미귀신은 먹잇감의 진액을 빨아먹고 나서 시체를 구덩이 밖으로 튕겨버린다. 구덩이 가장자리에 쌓인 시체만 수집해도 각각의 개미귀신이 먹이 사냥에 얼마나 능숙한지 알 수 있다.

나는 코스타리카에서 개미귀신을 연구하다가 우즈홀에서 연구했던 동물성 플랑크톤과 유사한 점을 발견했다. 두 경우 모두에서 소형 먹이는 크고 작은 개체가 모두 섭취할 수 있었지만 대형 먹이는 큰 개체만 섭취할 수 있었다. 이와 같은 육식동물 크기와 먹잇감 크기의 비대칭적인 관계는 상당히 일반적이었다. 다른 육식동물과 먹잇감에 관한 연구 논문에서도 그러한 관계를 발견할 수 있었다. 이와 비슷한 관계는 인간의 도구에서도 나타났다. 커다란 집게로 큰 물건뿐만 아니라 다른 작은 물건을 집을 수 있지만 작은 집게로는 커다란 물건을 집을 수 없다.

다른 종이 어떻게 공존하는지 설명하려고 애쓰는 진화론자들은 이러한 단순한 사실을 간과했다. 가장 보편적인 이론은 각각의 종이 서로 크기가 다르고 어떤 종이 이용할 수 없는 자원에 다른 종은 접근할 수 있기 때문에 공존할 수 있다는 것이다. 가장 중요한 사실은 종종 가장 간단하다. 내가 발견한 간단한 사실이 종의 공존 비결에 관한 이론의 중대한 실마리가 될지도 모른다.

그와 같은 이론들은 모두 수학적 공식으로 표현했다. 나는 대학교 시절에 수학 때문에 좌절감을 맛보았지만 말보다는 수학적 공식으로 사상을 보다 더 정확하게 표현할 수 있음을 점차 깨닫기 시작했다. 진화론은 오래전부터 수학적으로 표현되었기 때문에 학회에 참여하려면 전문 용어를 사용해야 했다. 그래서 나는 『바보도 배우는 미적분학 *Calculus for Idiots*』 같은 제목의 낡은 교과서와 신간 서적을 모두 꺼내서 공부했다. 책상 위에 신문 크기의 커다란 종이판을 깔아놓고 큰 동물은 큰 먹이를 먹고 작은 동물은 작은 먹이만 먹는다는 내 간단한 이론을 등식으로 기록하기 시작했다. 그 등식은 모르는 사람한테는 인상적으로 보였겠지만 실제로 내 수학 실력은 대학교 1학년 미적분학 수준을 넘지 못했다. 하지만 수학 공식이 아니라 공식으로 표현된 아이디어가 중요했다. 우수한 수학자에게 수준 낮은 아이디어를 제공한다면 어떻겠는가? 멋진 스포츠카를 몰고도 어디로 갈지 모르는 것과 같다. 나는 고물차를 몰지만 최소한 어디로 갈지는 정확히 알고 있었다.

내가 창조한 수학적 모델에 따르면 종은 특수한 환경에서만 크기를 달리해서 공존할 수 있다. 나는 그 수학적 모델을 『아메리칸 내추럴리스트 *American Naturalist*』라는 저명한 과학 잡지에 보내 인정받았다. '안정권' 대학을 제외한 모든 일류 대학에서 불합격 통보를 받았던 평범한 학생이 존경받을 만한 과학자로 성장한 것이다. 아직 대학원에 다니던 시절에 일류급 잡지에 논문을 실었다는 것은 좋은 징조였다. 나는 모르는 사람에게는 신탁 말씀처럼 들리는 수학 전문 용어를 사용하기 시작했다. 또한 환경에 적응한 덕분에 성큼성큼 걷는 거인처럼 자신만만하게 식물과 동물 왕국의 전반을 누빌 수 있었다.

나는 혼자가 아니었다. 미시간 주립대학교의 대학원생 동료 몇 명도 진화론적 사고에 심취해서 일류급 잡지에 논문을 실었다. 진화론에 대한 내 열정은 코스타리카에서 불붙었지만 다른 사람들은 나와 다른 계기로 열정을 불태웠다. 우리 그룹은 유명하지 않은 소수의 젊은 교수들과 학생들로 구성되어 있었다. 그렇지만 모두 대담했고 당대 최고의 권위 있는 기관 앞에서도 주눅 들지 않았다. 놀랍게도 진화론자들은 대부분 평등주의자이며, 더없이 저명한 진화론자도 자신의 주장을 설파하기 위해 여행 경비를 들여서 이스트랜싱을 찾아온다. 나와 내 동료 대학원생들은 종종 젊은 변호사 팀처럼 모든 각도에서 다른 이들의 이론을 공격하면서 논쟁을 부추겼다. 그러면 그들은 자신들의 이론이 크게 주목받았다고 만족해했다. 우리는 저녁 식사를 하면서도 대화를 계속했고 지도 교수의 집에 맥주를 마시러 갈 때만 생물학과 건물을 떠났다. 일과 여가의 경계가 없었다. 함께 일하는 사람들이 바로 함께 휴식을 취하는 사람들이었다.

인생 후반기에 들어섰을 무렵에 나는 비행기에서 나와 상당히 다른 모습의 사람 옆 자리에 앉은 적이 있다. 말끔하게 정장을 차려 입고 무척 값비싼 시계와 보석을 걸치고 있는 남자는 나와는 사뭇 취향이 달라 보였다. 나는 야외 활동을 한 흔적이 묻어 있는 플란넬 셔츠와 바지를 걸치고 있었다. 나는 보통 비행기에서는 대화를 잘 나누지 않지만 그 남자는 이야기하기를 좋아하는 것 같았다. 그는 많은 지사를 거느린 대기업에서 일하고 있다고 말했다. 지사를 돌아다니면서 해당 지사의 효율성을 평가하는 것이 그의 직업이었다. 대화를 나누어보니 그 남자의 사업 세계에는 따뜻한 인간관계가 부족하다는 걸 알 수 있었다. 그의 정장과 보석은 단지 지위를 과시하는 도구에 불과했다. 그리고 내가 좋아하는 일을 하면서 사람들과 친밀한 관계를 맺을 수 있는 행운을 누리고 있음을 깨달았다. 내 옆 자리 동석자는 엄청난 돈을 주고도 그처럼 사소하면서도 자연스러운 즐거움을 누릴 수 없었다! 내가 어떤 일을 하는지 이야기하기 시작했을 때 그 남자의 얼굴에는 동경이 서렸고, 나는 깜짝 놀랐다.

박사 학위 논문으로 신체 크기를 연구하려고 했을 때는 중간에 다른 일이 끼어들었다. 동물성 플랑크톤의 수직 이동에 관한 논문이 『아메리칸 내추럴리스트』에 실린 것이었다. 그 사건을 계기로 나는 다시 한 번 이타주의의 진화를 연구했다. 그래서 5장에서 설명한 무인도 상상 실험과 유사한 등식을 긁적거리기 시작했다. 당시에는 거의 모든 진화론자들이 집단 간의 선택(무인도 상상 두 번째 실험)은 언제나 집단 내부의 선택(무인도 상상 첫 번째 실험)보다 약해서 결국에는 이기주의가 승리한다고 결론 내리고 있었다. 내가 추론한 등식은 수학적으로 평가했을 때 아이들 장난에 불과했지만 내포하고 있는 뜻은 그렇지 않았다. 게다가 상당히 일반적이라서 동물성 플랑크톤뿐만 아니라 많은 종에 적용할 수 있을 것 같았다. 나는 솟구치는 흥분을 주체 못하고 신체 크기에 관한 연구를 깡그리 잊어버린 채 이타주의의 진화에 관한 짧은 논문을 작성했다. 그리고 나서 대담하게도 하버드 대학의 에드워드 윌슨에게 연락해서 만날 수 있느냐고 물었다. 나는 미시간에 서부터 장거리 운전을 해서 그를 만나러 갔다. 에드의 실험실은 하버드 비교동물학 박물관 전 층을 차지하고 있었고, 에드워드가 연구하는 다양한 종의 개미 집단이 가득했다. 에드워드는 바쁜데도 친절하게 용감한 대학원생에게 실험실을 안내해주고 칠판 앞으로 데려갔다. 그리고는 의자에 앉더니 이렇게 말했다. "20분이면 충분하겠지?" 나는 경매사라도 된 것처럼 주절주절 설명을 늘어놓았고, 에드는 동료들 몇 명에게 내 논문을 보여주고 나서 국립과학원 회보에 게재하겠다고 했다. 그 논문이 나의 네 번째 출판물이었다.

그렇게 새로운 관심사가 생기는 바람에 박사 논문을 쓰는 데 곤란을 겪었다. 나는 더 이상 신체 크기 연구에 흥미가 없었기 때문에 새로운 관심 분야인 집단 선택에 관한 얄팍한 논문 한 편만 작성했다. 돈 홀이라는 수중생태학자이자 자유로운 정신의 소유자인 내 담당 교수는 많은 자유를 허락해주었다. 돈 홀 교수와 논문 평가 위원회는 진화론 역사상 가장 짧은 박사 논문(열한 장)을 인정했다.

집단 선택이라는 주제에 열정을 쏟아부은 이유 가운데 하나는 집단 선택이 남은 인생뿐만 아니라 인간 상태와 밀접한 관계를 맺고 있기 때문이다. 내 담당 교수들과 동료들은 자칭 진화론적 생물학자라고 말한다. 그들은 우리 인간이 자연과 별개의 존재라도 되는 것처럼 인간을 연구하는 학문이 생물학이 아니라고 결론짓는 학계의 통념을 존중했다. 나

는 어쩌면 소설가의 아들이라서 진화론자가 됐는지도 모른다. 내가 이런 생각을 하게 될 줄은 상상도 하지 못한 일이다. 아버지한테서 멀어지려고 그렇게 안간힘을 썼는데 지금 나는 아버지처럼 인간이라는 종을 연구하고 있다. 다만 허구적 이야기라는 렌즈가 아니라 진화론이라는 렌즈를 통해 인간을 바라본다는 점이 다를 뿐이다.

이제 한 가지 문제만 해결하면 내 인생이 완벽해질 것 같았다. 나는 마침내 인간관계란 두 사람의 상호작용이며, 앤이야말로 남은 인생을 함께 보내고 싶은 완벽한 사람임을 깨달았다.

지금까지 기억을 최대한 되살려서 내가 왜 과학자가 되었는지 이야기했다. 이제 과학과 비과학, 전문가와 아마추어, 총명함과 우둔함의 차이점이 무엇인지 알 수 있겠는가? 빅터 프랭클이 진화론에 관한 용어를 사용한 적이 있는지는 모르겠지만 의미를 찾는 것이 인간의 근본적인 열망이라는 그의 주장은 옳다. 나는 진화론의 힘을 빌려서 의미를 찾는 일에 박차를 가할 수 있다고 덧붙이고 싶다. 독자들 모두가 그렇게 생각하기를 바란다. 다윈은

마차에서 "아!" 하는 깨달음의 순간을 경험했고 알프레드 러셀 월리스는 말레이 우림에서 깨달음의 순간을 경험하고 연구에 박차를 가했다. 탐구에 몰두하는 사람은 누구나 그와 같은 깨달음의 순간을 경험한다. 지능이나 교육 수준과는 상관없이 말이다.

게다가 이상하게 들리겠지만 지능이 뛰어나지 않아도 과학자가 될 수 있다. 나는 수학, 통계, 또는 다른 과학 분야에 능하지 않다. 다만 배워야 할 필요가 생겨서 공부했을 뿐이다. 누구나 그런 식으로 공부를 시작한다. 내가 과학자가 될 수 있었던 가장 큰 원동력은 과학자가 되겠다는 열망이었다.

진화론의 도움을 받아 의미를 찾는 일은 창의적인 창작 활동과 같다. 그 일로 돈을 벌지 못하더라도 자기만족을 얻을 수 있기 때문이다. 어떤 일을 하면서 생계를 꾸려 나가든지 간에 누구나 유식한 진화론자가 될 수 있고 전문적인 학계의 발전에 기여할 수도 있다. 쓰고 버린 콘돔을 발로 가리는 홍보 직원도 할 수 있는 일이다. 알프레드 러셀 월리스와 베아트릭스 포터도 그렇게 해서 자연사에 관심을 갖기 시작했다는 것을 기억하기 바란다.

즐거운 여행 되기를

2006년 2월 3일, 나는 긴 하루를 마칠 무렵 앤과 다니엘 스마일Daniel Smail이라는 역사학자와 함께 휴식을 취하고 있었다. 다니엘을 알게 된 것은 한 출판업자한테서 『인류의 심층 역사 개관 *Outlines for a Deep History of Humankind*』이라는 책을 검토해달라는 요청을 받았을 때였다. 그렇다. 동물성 플랑크톤 생태학자에게 인류 역사에 관한 책을 평가해달라고 요청한 것이었다. 다니엘은 아직도 많은 역사 교과서들이 역사가 기원전 4000년경에 중동에서 시작됐다고 암시하고 있음을 지적했다. 그 시기는 당황스럽게도 17세기 초 제임스 어셔James Usher 주교가 지구의 원년을 기원전 4004년이라고 추정한 것과 유사하다. 역사가 시작된 장소 또한 에덴동산이라는 유명한 장소와 비슷하다. 역사학자들은 대부분 젊은 지구 창조론자들이 아니지만 19세기에 오랜 연대 deep time를 발견한 이후에도 여전히 인류 역사가 특정 시간과 장소에서 발생했다는 해석을 고수하고자 했다. 그리고 문명의 기원, 문자의 기원, 위대한 인물들의 초창기 탐험 기록을 찾으려고 애썼다. 다니엘은 그 어떤 해석도 이치에 맞지 않다고 주장했다. 인류 역사를 연구하려면 아프리카에서 그 기원을 찾아야 하고, 다니엘이 말하는 '후기 석기시대의 신생태학'과 더불어 신경생리학과 같은 생물학적 메커니즘을 이해해야 한다.

브라보! 다니엘의 이력을 살펴봤더니 다니엘은 중세 유럽 역사에 관한 논문으로 인정받아 포드햄 대학에서 하버드 대학으로 스카우트된 인물이었다. 그는 자신이 심층 역사deep history라고 부르는 분야에 관심을 가지고 그 이론을 강의를 하면서 보강해왔다. 다니엘이 참고한 도서 목록을 살펴보고 그가 나에게는 익숙하지만 그에게는 생소한 논문을 상당히 많이 읽었음을 알 수 있었다. 그래서 나는 다니엘에게 이메일을 보내 에보스 세미나 강연자로 빙엄턴을 방문해 달라고 요청했고, 다니엘은 그 초청을 반갑게 수락했다.

에보스는 모든 대학생들이 들을 수 있는 일반적인 진화론 연구 프로그램이며, 앞서 묘사했듯 상아군도의 새로운 섬이다. 학생들과 교수들 모두가 진화론의 기본 원리를 배우고 다니엘처럼 자신만의 발견 여행을 시작할 수 있게 도울 수 있도록 고안된 것으로 이 프로그램의 핵심은 에보스 세미나 시리즈이다. 에보스 세미나 시리즈에서는 대략 2주 간격으로 다니엘과 같은 강연자를 초청하는데 강연자들은 상아군도의 다른 섬에서 찾아온 여행객과 같다. 역사학자인 다니엘에 앞서 법률학자가 강연을 했고, 다니엘 다음에는 초파리 유전학자가 강연을 했다. 다양한 종류의 많은 섬에 사는 사람들을 초청할 수 있는 것은 모두가 진화론이라는 공용어를 사용하기 때문이다. 한번 생각해보라. 단일한 지적 공동체 대학! 이 얼마나 근사한가? 저마다 학과가 다른 대학생들, 대학원생들, 교수들이 한 자리에 모여서 모든 주제를 대표하는 과학자들과 학자들의 이야기에 귀를 기울인다. 얼마나 이상적인 교양 수업인가? 하지만 공용어가 없다면 불가능한 일이다. 그래서 나는 상아군도를 연합 상아군도로 만들려고 한다.

다니엘은 사실 몇 년 전에 명망 높은 중세 유럽 르네상스 연구 센터CEMERS의 초대 손님으로 빙엄턴 대학교를 방문했다. 그때 그는 전문가 동료들과 대화를 나누는 귀중한 시간을 가졌지만 그의 세미나에 참석한 사람은 10여 명에 불과했다. 이는 현대 학계의 전형적인 모습이지만, 빙엄턴은 에보스 덕분에 그와 다

다양한 섬에 사는 사람들을 초청할 수 있는 것은 우리 모두가 진화론이라는 공용어를 사용하기 때문이다.

르다. 다니엘은 예전에도 빙엄턴에서 전문가 동료들과 값진 대화를 나누었지만, 이번에는 대규모 강연장에서 세미나를 진행했다. 이어서 피자와 맥주가 오가는 떠들썩한 환영식이 치러졌고, 60명이 넘는 대학생들과 대학원생들이 다니엘 주변에 둘러앉아 끝없는 토론을 시작했다. 인기 있는 세미나 시리즈 강좌에 참석한 학생들이었다. 토론이 끝날 무렵에는 자발적인 박수 소리가 울려퍼졌다.

집에서 함께 느긋하게 휴식을 취하면서 다니엘은 전국의 역사 학부에 만연해 있는 안타까운 사태에 대해 우려를 표시했다. 역사 연구는 한층 심도 있게 해야 할 필요가 있음에도 오히려 역사 연구는 순수하게 실용적인 이유에서 점차 피상적으로 변하고 있었다. 예산 감축과 맞물려 역사 초기 시대는 보다 더 의미 있어 보이는 근대 역사에 밀려 외면당하고 있다. 많은 학과에서는 역사가 겨우 몇백 년 전에 시작됐다고 생각한다. 이러한 시각은 진화론적 관점에서 봤을 때 처참할 정도로 근시안적이다. 인류 역사는 문화적 진화의 기록이다. 그러므로 사회가 어떻게 기능하고 변화하는지 이해하기 위해 가능한 멀리까지 역사를 거슬러 올라가 모든 문화를 연구하는 학자들이 필요하다. 대학이 그 도전적인 임무를 수행하지 못한다면 다른 사람들이 분연히 일어나 그 도전에 맞서야 한다. 그렇지 않으면 귀중한 정보가 영원히 사라질 것이다. 그래서 아마추어들의 역할이 중요하다. 앞서 강조했듯이 아마추어들도 적절한 훈련을 받고 조직을 갖춘다면 큰 몫을 해낼 수 있다. 역사와 문화를 사랑하는 사람이라면 누구나 인류 역사 연구에 기여할 수 있다.

2006년 2월 9일, 나는 빙엄턴시 교육청장 사무실에 있었다. 무슨 잘못을 저질러서 불려간 것은 아니고 빙엄턴시를 새로운 방식으로 시각화하기 위해 개발하고 있는 웹 기반 소프트웨어를 소개하기 위해 방문한 것이었다. 스크린에 뜨는 지도는 다른 일반 지도와 다를 바가 없다. 도시 전체를 보거나 확대 배율을 달리하여 특정 지역을 확대해서 자세하게 볼 수도 있다. 학교, 공원, 소방서 등과 같은 장소를 표시하는 메뉴 바 기능도 있다. 이 지도의 새롭고 놀라운 특징은 일반적으로 시각화하기 어려운 도시 정보를 표시할 수 있다는 것이다. 예컨대 메뉴 바의 '평균 나이'를 클릭하면 도시 전체가 특정 지역에 거주하는 사람들의 평균 나이를 표시하는 백색과 흑색의 모자이크처럼 변한다. '평균 수입'을 클릭하면 새로운 모자이크가 나타난다. 이 모든 정보를 미국 인구통계청에서 제공하고 있기는 하지만 새로운 소프트웨어를 사용하면 꼬리에 꼬리를 물고 이어지는 숫자로 기록된 정보가 아니라 다양한 모양으로 나타나는 정보를 한눈에 파악할 수 있다. 나는 빙엄턴을 잘 알고 싶어하는 사람들에게 이 소프트웨어를 제공하고 싶었다. 그들은 흥분을 감추지 못한 채 모자이크 모양의 의미를 알아내려고 할 것이다. 초창기 식민지 개척자들이 강과 계곡을 지도로 그렸듯이 말이다.

　내가 교육청장을 방문한 주된 이유는 도시의 사회복지에 관한 새로운 정보를 수집하는 데 관심을 가져달라고 요청하기 위해서였다. 나는 마이크의 신호장치 연구를 분석한 결과를 설명하고, 지역사회의 환경에 따라서 친사회성이 증폭되거나 감소한다는 사실을 역설했다. 빙엄턴이라는 시를 분석하기 위해 마이크와 바버라가 수집했던 것과 동일한 정보를 모은다면 친사회적 특성의 공간적 분포도와 구역별 잠재 요소를 파악할 수 있다. 3년 간격으로 조사를 실시하면 시간의 흐름에 따른 패턴의 변화를 측정할 수도 있다. 몇몇 이웃 지역의 환경을 조정하여 다른 여건이 개입되지 않은 이웃들의 환경과 어떤 차이가 발생하는지에 대해서도 알아볼 수 있다.

진화론에 대해서 언급할 필요도 없다. 4장에서 강조했듯이 사실은 어떤 이론에서나 이용할 수 있는 공동의 자산이다. 나는 이웃의 복지를 향상시키는 데 도움이 되는 사실을 수집하고 이를 시각화하고 분석하자고 말할 생각이었다. 복지 향상의 필요성을 교육청장보다 더 잘 이해할 사람이 또 누가 있겠는가?

2006년 4월 3일, 좋은 소식이 왔다! 템플턴 재단에서 종교에 관한 내 새로운 프로젝트를 지원하기로 결정한 것이다. 이 프로젝트는 문화진화론적 관점에서 사후 세계의 종교적 개념을 분석하는 것이다. 나 혼자서 대학원생들만 데리고 연구하는 것이 아니라 빌 그린과 협력해서 종교에 관심 있는 진화론자들과 진화론에 관심 있는 일류 종교학자들로 팀을 구성할 계획이다. 빌 그린이 작성한 이타주의의 종교적 개념에 관한 논문은 30장에서 소개했다. 또한 29장과 30장에서 개략적으로 설명한 다섯 가지 주요 진화론 가설, 근접적 메커니즘과 궁극적 메커니즘의 차이에 비추어 사후 세계의 개념을 연구하는 규약을 개발할 예정이다. 이와 동일한 규약은 종교의 다른 많은 요소를 연구할 때도 사용할 수 있다. 진화론적 관점에서 실시하는 종교 연구는 종교가 과학적 탐구 영역으로 인정받는 길이다.

2006년 4월 11일, 나는 내 오두막 주변의 비탈진 들판에서 오래전에 떠난 농부들이 쌓아둔 돌담을 따라 나무 위의 집을 향해 걸었다. 솔송나무 숲 그림자 속으로 들어서자 사람이 살지 않는 곳 같았다. 나는 사다리를 타고 올라가 난로에 불을 지폈다. 서서히 온기가 감돌아 코트를 벗고 이 책의 결말을 맺으려고 컴퓨터를 켰다. 창밖에서는 개울이 태양빛을 받아 반짝거렸다. 개울 전체가 보이지는 않았지만 내 눈에 들어오는 개울과 숲의 일부분에도 수천 종의 생물들이 살고 있을 터이다. 세포성 점균류 딕티부터 땅속에 사는 송장벌레, 겨울잠에서 깨어나는 우드 터틀까지 다양한 종이 공존한다. 이들 생명체는 모두 살아 있는 조각들이다. 자연선택을 통해 생명의 근원이 되는 생존 능력과 혈통을 이어가는 번식 능력을 갖춘 존재들이다.

우리 인간도 그와 동일하게 조각된 산물이다. 우리 몸과 마음, 마음에 뿌리 내리는 사상도 그러하다. 나는 때때로 다윈 이론의 초창기 시절, 그의 이론이 참신하기 그지없었고 아직 밝혀야 할 사실이 많았던 그 시절에 살았다면 어떠했을지 상상해본다. 그러다가 지금도 그 시절과 다를 바가 없음을 깨닫는다. 오늘날에 발생하는 지적인 사건들도 150년 전의 사건들만큼이나 다른 추가적인 구조물을 필요로 하는 기초적인 것들이다. 모든 사람들이 관찰자나 참여자로서 열정을 발산할 수 있다면 얼마나 멋질까?

나는 여러분들이 이 책에서 그러한 열정을 발견할 수 있기를 바란다. 진화론은 정해진 경로를 따라 똑바로 날아가는 화살 같은 믿음 체계가 아니다. 그보다는 해안가에서 흔들리는 범선이나 카약과 같아서 우리 각자에게 자신만의 발견 여행을 떠나라고 부추긴다. 부디 즐거운 여행이 되기를.

| 감사의 말 |

과학은 협동 활동이다. 나는 이 책을 집필하면서 많은 사람들에게 도움을 받았다. 기꺼이 논문을 제공하고 과학자가 된 이야기를 들려준 동료들에게 감사의 뜻을 전한다. 또한 내가 집필하는 이 책의 원고를 읽고 검토해준 내 학과 학생들을 포함해서 에보스 참가자들에게 감사한다. 주부에서 고등학교 교사, 철학자에 이르는 래리 플래머, 레베카 몰도버, 엘리엇 소버, 리사 스티릭, 베티 윌슨, 조프 윌슨, 타마르 윌슨 같은 이들이 전체 원고를 검토했다. 존경하는 내 에이전트와 담당 편집자, 미첼 테슬러와 빌 매시 덕분에 전문 서적을 출판할 때처럼 이 일반 서적도 편안한 마음으로 출판할 수 있었다.

작가들은 대부분 배우자에게 감사의 뜻을 전하지만 내가 아내 앤 클락을 소개한 것처럼 아내에 대해 언급하는 작가는 거의 없다. 우리 부부는 개인적인 생활과 지적인 생활을 철저하게 공유하고 있고, 나는 더 이상 바랄 게 없다. 두 딸 타마르와 케이티에게도 고맙다는 말을 전한다. 언제나 성실하게 약속을 지키는 두 딸아이는 우리 부부의 세계를 공유했고, 지금은 자신들만의 세계를 만들어 나가고 있다.

진화론 하면 누구나 다윈의 『종의 기원』을 떠올릴 것이다. 다윈은 신이 인간을 창조했다는 당시 고정관념에서 벗어나 인간이 자연선택의 형성 메커니즘을 통해 원숭이에서 진화했다는 진화론을 주장함으로써 19세기 과학의 새로운 지평을 열었다. 그러나 오늘날 우리에게 진화론은 현실과 동떨어진 태곳적 이야기에 불과하고 종교인들에게는 말도 안 되는 헛소리에 불과하다. 어디 그뿐인가? 과학자들에게 진화론은 생물학을 연구하는 과학자들의 이야기일 뿐이다. 즉 그들은 자기 분야에만 매몰되어 타 분야에서는 무슨 일이 일어나는지 관심도 없을뿐더러 서로 너무 전문적이라서 의사소통도 되지 않는다. 그런데 이런 현실에 날카로운 일침을 가한 사람이 바로 데이비드 슬론 윌슨이다.

데이비드 슬론 윌슨은 진화생물학자라는 칭호를 거부하고 자칭 진화론자라고 주장한다. 그에 따르면 진화론은 결코 생물학에 국한된 것이 아니라 "공룡과 인간의 기원에 관한 것만 아니라 모든 종들이 왜 그렇게 행동하는지에 관한 것"이다. 또한 진화론의 기본 원리들은 상징적 사고와 문화 그리고 도덕성과 관련된 인간의 능력을 이해하는 토대가 된다고 주장한다. 예컨대 그는 진화론에 기초해 송장벌레의 영아살해와 쇠똥구리의 뿔, 개의 말린 꼬리에 숨어 있는 메커니즘은 물론 선악과 이타심 그리고 종교와 도덕성까지 탁월하게 설명했다. 결국 우리 주변에서 일어나는 모든 것들이 진화론과 연관되어 있다. 또한 진화론적 시각에 기초할 때 개별적인 것처럼 보이는 현상들이 상호 연관되어 있음을 알 수 있다.

오늘날 우리의 삶은 뒤를 돌아보거나 옆을 쳐다볼 시간조차 없을 정도로 바쁘다. 그러나 그렇게 앞으로 내달리는 동안에도 우리는 혼자가 아니라 주변 환경과 주위 사람들과 끝없이 상호작용한다. 그리고 데이비드 슬론 윌슨은 진화론에 입각하면 이 모든 것을 전체적인 시각에서 바라볼 수 있는 사고방식을 지니게 된다고 주장했고 이를 바로 이 책을 통해서 입증했다. 또한 그는 누구든 쉽게 읽을 수 있게 이 책을 썼지만 결코 깊이가 얕지 않다. 그래서 그가 더 뛰어난 학자가 아닌가 싶다. 무엇보다도 그는 과학을 탁상공론이 아닌 직접 발로 뛰어야 하는 적극적인 활동이라고 한다. 그래서 어렵지만 그 결과가 보람되기 때문에 그렇게 힘든 것은 아니라는 그의 말은 참으로 인상적이었다. 진화론자든 아니든 그가 책 전반에서 강조하는 상호연관성에 기초한 전체적 시각과 팔을 걷어붙이는 적극적 활동으로서의 과학은 우리가 어느 분야에서 일하든 본받을 만한 사고방식임이 틀림없다.

2009년 1월

김영희

| 참고문헌 |

Achebe, C. (1958/1994). Things Fall Apart. New York, Anchor.

------. (1961/1994). No Longer at Ease. New York, Anchor.

Almann, J. M. (1999). Evolving Brains. New York, Scientific American Library

Arnhart, L. (2005). Darwinian Conservatism. Exeter, UK, Imprint Academic.

Aron, E, N. (1996). The Highly Sensitive Person: How to Thrive When the World Overwhelms You. New York, Broadway.

Aron, E, N., and A. Aron (1997). "Sensory-Processing Sensitivity and Its Relation to Introversion and Emotionality." Journal of Personality and Social Psychology 73:345-68.

Atran, S. (2002). In Gods We Trust: The Evolutionary Landscape of Religion. Oxford, UK, Oxford University Press.

Aunger, R. (2002). The Electric Meme. New York, Free press.

Axelarod, R. (1984). The Evolution of Cooperation. New York, Basic Books.

Barkow, J. H., L. Cosmides, and J. Tooby, eds. (1992). The Adapted Mind: Evolutionary Psychology and Generation of Culture. Oxford University Press.

Barlow, C. (1995). From Gaia to Selfish Genes: Selected Writings in the Life Sciences. Cambridge, Mass., MIT Press.

Berreby, D. (2005). Us and Them: Understanding Your Tribal Mind. New York, Little, Brown.

Billing, J., and P. W Sherman (1998). "Antimicrobial Function of Spices: Why Some Like It Hot." Quaterly Review of Biology 73:3-49.

Bingham, P. M. (1999). "Human Uniqueness: A General Theory." Quarterly Review of Biology 74:133-69.

Blackmore, S. (1999). The Meme Machin. Oxford, UK, Oxford University Press.

Bloom, H. (2000). Global Brain: The Evolution of Mass Mine from the Big Bang to the 21st Century. New York, Wiley.

Boehm, C. (1984). Blood Revenge. Philadelphia, Penn,. University of Pennsylvania Press.

------. (1999). Hierarchy in the forest. Cambridge, Mass., Harvard University Press.

Bowles, S. (2003). Microeconomics: Behavior, Institutions, and Evolution. Princeton, NJ, Princeton University Press.

Boyer, P. (2001). Religion Explained, New York, Basic Books.

Branden, N. (1989). Judgement Day. Boston, Mass., Houghton Mifflin.

Brown, S. (2000). "Evolutionary Models of Music: From Sexual Selection to Group Selection." Perspectives in Ethology 13:231-81.

Buford, B. (1990). Among the Thugs. London, UK, Trafalgar Square.

Buller, D. J. (2005). Adapting Minds: Evolutionary Psychology and the Persistent Quest for Human Nature. Cambridge, mass., MIT Press

Burt, A., and R. Trivers (2006). Gemes in Conflict: The Biology of Selfish Genetic Elements. Cambridge, mass., Belknap Press.

Byers, J. A. (2003). Built for speed: A Year in the Life of Pronghorn. Cambridge, mass., Harvard University Press.

Camazine, S., J.- L. Deneubourg, N. R. Franks, J. Sneyd, G. Theraulaz, and E. Bonabeau (2001). Self- Organization in Biological Systems. Princeton, N.J., Princeton University Press.

Cannon, W. B. (1939). Wisdom of the Body. New York, W. W. Norton.

Carroll, J. (1994). Evolution and Literary Theory. Columbia, Mo., University of Missouri Press.

------. (2004). Literary Darwinism: Evolution, Human Nature, and Literature. Oxford, UK, Routledge.

Carroll, S. B. (2005). Endless Forms Most Beautiful: The New Science of Evo Eevo and the Making of the Animal Kingdom. New York, W. W. Norton.

Coe, K. (2003). The Ancestress Hypothesis: Visual Art as Adaptation. New Brunswick, NJ, Rutgers University Press.

Cousins, N. (1958). In God We Trust: The Religious Beliefs and Ideas of the American Founding Fathers. New York. Haper.

Crespi, B., and K. Summers (2005). "Evolutionary Biology of Cancer." Trends in Ecology and Evolution 20:545-52.

Csikszentmihalyi, M. (1990). Flow: The Psychology of Optimal Experience. New York, Harper and Row.

------. (1993). The Evolving Self: A Psychology for the Third Millennium. New York. HarperCollins.

Csikszentmihaly, M., and B. Schneider (2000). Becoming Adult: How Teenagers Prepare for the World of Work. New York, Basic Books.

Dalai Lama (2005). The Universe in a Single Atom. New York, Morgan Road Books.

Daly, M., and M. Wilson (1988). Homicide. New York, Aldinede gruyter.

Darwin, C. (1859/2003). On the Origins of Species (J. Carroll, ed.). Toronto,

Canada, Broadview Press.

------. (1871). The Descent of Man and Selection in Relation to Sex. New York. Appleton.

------. (1887/1958). The Autobiography of Charles Darwin, 1809-1882. With Original Omissions Restored. New York, Harcourt Brace.

Dawkins, R. (1976). The Selfish Gene. Oxford, UK, Oxford University Press.

------. (1996). The Blind Watchmaker: why the Evidence fo Evolution Reveals a Universe Without Design. New York, W. W. Norton.

------. (2006). The God Delusion. New York, Houghton Mifflin.

Deacon, T. W. (1998). The Symbolic Species. New York, W. W. Norton.

Dennett, D. C. (2006). Breaking the Spell: Religion as a Natural Phenomenon. New York. Viking.

Diamond, J. (1997). Guns, Germs, and Steel. New York, W. W. Norton.

Dissanayake, E. (1990). What Is Art For? Seattle, Wash., University of Washington Press.

------. (1995). Homo Aestheticus: Where Art Comes From and Why. Seattle, Wash., University of Washington Press.

------. (2000). Art and Intimacy: How the Arts Began. Seattle, Wash., University of Washington Press.

Dobzhansky, T. (1973): "Nothing in Biology Makes Sense Except in the Light of Evolution." American Biology Teacher 32:125 to 9.

Dopfer, K., ed. (2005). The Evolutionary Foundations of Economics. Cambridge, UK, Cambridge University Press.

Dugatkin, L.A. (1999). Cheating Monkeys and Citizen Bees. New York, Free Press.

Durkheim, E. (1912/1995). The Elementary Forms of Religious Life. New York, Free Press.

Edelman, G. (2005). Wider than the Sky: The Phenomenal Gift of Consciousness. New Heaven, Conn., Yale University Press.

Ehrenpreis, A. (1650/1978). "Am Epistle on Brotherly Community as the Highest Command of Love." In Brotherly Community: The Highest Command of Love. Rifton, NY, Plough.

Ehrenreich, B., and D, Englidh (2005). For Her Own Good: Two Centuries of the Experts' Advice to Women. New York, Anchor.

Ehrenreich, B., and J. McIntosh (1997). "The New Creationism: Biology Under Attack." The Nation, June 9:11-16.

Eliadem M. ed. (1987). The Encylopedia of Religion. New York, Macmillan.

Evans-Pritchard, E. E. (1965). Theories of Primitive Religion, Oxford, UK, Clarendon Press.

Fabre, J.-H. (1998). Fabre's book of Insects. New York, Dover.

Facher, D. H. (1998). Albion's Seed: Four British folkways in america. New York, Oxford University Press.

Fisher, R. A.(1930/1958). The Genetical Theory of Natural Selection. New York, Dover.

Flaxman, S. M., and P. W. Sherman (2000). "Morning Sickness: A Mechanism for Protecting Mother and Embryo." Quarterly Review of Biology 75:113-48.

Frankl, V. (2000). Man's Search for Meaning. Boston, Beacon Press.

Frederickson, B. L. (1998). "What Good Are Positive Emotions?" Review of General Pschology 2:300-19.

Fukuyama, F. (1992). The End of History and The Last Man. New York. Free Press.

------. (1995). trust. New York, free press.

Gallese, V. (2003). "The Roots of Empathy: The Shared Manifold Hypothesis and The Neural Basis of Intersubjectivity." Psychopathology 36:171-80.

Gallese, R. J., and M. Strass (1985). "Violence in the American Family." In Crime and the Family, (A. J. Lincoln and M. A. Strauss, eds.). Springfield, Ⅲ., Thomas, 88-110.

Gervais, M., and D. S. Wilson (2005). "The Evolution and Functions of Laughter and Humor: A Synthetic Approach." Quaterly Review of Biology 80:395-430.

Gintis, H. (2000). Game theory evolving. Princeton, N.J., Princeton University Press.

Gintis, H., S. Bowles, R. Boyd, and E. Fehr, eds. (2005). Moral Sentiments and Material Interests: The Foundations of Cooperation in economic Life. Cambridge, mass., MIT Press.

Gluckman, P., and M. Hanson (2004). The Fetal Matrix: Evolution, Development, and Disease. Cambridge, UK, Cambridge University Press.

Gottschall, J., and D. S. Wilson, eds. (2005). The Literary Animal: Evolution and the Nature of Narrative. Evanston, Ill., Northwestern University Press.

Gould, S. J. and R. C. Lewontin (1979). "The Spandrels of San Marco and the Panglossian Paradigm: A Critique of the Adaptationist Program." Proceedings of the Royal Society London B205:581-98.

Gray, J. G. (1998). The warriors: Reflections on Men in Battle. Lincoln, Neb., University Nebraska Press.

Hare, B., M. Brown, C. Williamson, and M. Tomasello (2002). "The

Domestication of Social Cognition in dogs." Science 298:1634-6.

Hausfater, G., and S. B. Hrdy, eds. (1984). Infanticid: Comparative and Evolutionary Perspectives. New York, Aldine.

Hinde, R. (1999). Why God Persist: A Scientific Approach to Religion. New York, Routledge.

Hodgson, G. M. (1993). Economics and Evolution. Cambridge, UK, Polity Press.

Horton, M. (1990). The Long Haul: An Autobiography. New York, Doubleday.

Howell, S. (1984). Society and Cosmos: Chewong of Peninsular malaya. singapore, Oxford University Press.

Hady, S. B. (1979). "Infanticide Among Animals: A Review, Classification, and examination of the Implications for the reproductive strategies of females." Ethology and sociobiology 1:13-40.

Hutchins, E. (1995). Cognition in the wild. Cambridge, mass., MIT Press.

Huxley, T. H. (1989). Evolution and Ethics: T. H. Huxley's Evolution and Ethics with New Essays on Its Victorian and Sociobiological context. Princeton, N.J, Princeton University Press.

Janis, I. L. (1982). Groupthink: Psychological Studies of Policy Decisions and Fiascoes. New York, Houghton Mifflin.

Jenson, K., L. Hare, J. Call, and M. Tomasello (2006). "What's in It for Me? Self-regard Precludes Altruism and Spite in Chimpanzees." Proceeding of the Royal Society of London 273:1013-21.

Kelleher, W. F. J. (2003). The Troubles in Ballybogoin, Ann Arbor, University of Michigan Press.

Kellert, S. R.,. and E. O. Wilson, eds, (1993). The Biophila Hypothesis. Washington, D.C., Shearwater.

Kelly, R.C. (1985). The Nuer Conquest. Ann Arbor, Mich., University of Michigan Press.

Kniffin. K., and D. S. Wilson (2004). "The Effect of Non-physical Traits on the Perception of Physical Attractiveness: Three Naturalistic studies." Evolution and Humor Behavior 25:88-101.

Kobayashi, H., and D. Kohshima (2001). "Unique Morphology of the Human Eye and Its Adaptive Meaning: Comparative Studies on External Morphology of the Primate Eye." Journal of Human Evolution 40:419-435.

Koppl, R., ed (2005). Evolutionary Psychology Economic Theory. Greenwich, Conn., JAI Press.

Kruglanski, A. W., and D. M Webster (1991). "Group Members' Reactions to Opinion Deviates and Conformists at Varying Degrees of Proximity to Decision

Deadline and of Environmental Noise." Journal of Personality and Social Psychology 61:212-25.

Lansing, J, S. (1991). Priests and Programmers: Technologies of Power in the Engineered Landscape of Bali. Princeton, N.J., Princeton University Press.

Lee, R. B., and I. DeVore (1976). Kalahari Hunter-Gatherers: Studies of the !Kung San and Their Neighbors. Cambridge, Mass., Harvard University Press.

Lemov, R. (2005). World as Laboratory: Experiments with Mice, Mazes, and Men. New York, Hill and Wang.

Lewis, S. (1925). Arrowsmith. New York. Harcourt Brace.

Lustick, I. S. (2005). : Daniel Dennett, Comparative Politics, and the Dangerous Idea of Evolution." APSA-CP Newsletter 16(2):1-8.

Mandeville, B. (1705/1957). The Fable of the bees: or Private Vices, Public Benefits. Oxford, UK, Clarendon Press.

Margulis, L. (1970). Origin of Eukaryotic Cells. New Heaven, Conn., Yale University Press.

------. (1998). Symbiotic Planet: A New Look at Evolution New York, Basic Books.

Maynard Smith, J. (1982). Evolution and Theory of Games. Cambridge, Mass., Harvard University Press.

Maynard Smith, J., and E. Szathmáry (1995). The Major Transitions of Life. New York, W. H. Freeman.

------. (1999). The Origins of life: From the Birth of life to the Origin of Language. Oxford, UK, Oxford University Press.

Mayr, E. (2002). What Evolution Is. New York, Basic Books.

McCullough, D. (1978). Path Between the Seas. New York, Simon and Schuster.

McGrath, A. E. (1990). A Life of John Calvin. Oxford, UK, Basil Blackwell.

McNeill, W. H. (1995). Keeping Together in Time: Dance and Drill in Human History. Cambridge, Mass., Harvard University Press.

Michaelsen, L. K., W. E. Watson, and R. H. Black (1989). "A Realistic Test of Individual Versus Group Consensus Decision Making." Journal of Applied Psychology 74:834-39.

Michaelsen, L. K., W. E. Watson, A. Schwartzkopf, and R. H. Black (1992). Journal of Applied Psychology. "Group Decision Making: How You Frame the Question Determines What You Find." 77:106-08

Miklosi, A., E. Kubinyi, J. Topal, M. Gacsi, Z. Viranyi, and V. Csanyi (2003). "A Simple Reason for a Big Difference: Wolves Do Not Look Back at Humans, but Dogs Do." Current Biology 13:763-6.

Miles, J. (1996). God: A Biography. New York, Vintage.

Miller, G. (2000). The Mating Mind: How Sexual Choice Shaped the Evolution of Human Nature. New York, Doubleday.

Morris, D. (1967). The Naked Ape: A Zoologist's Study of the Human Animal. New York, McGraw-Hill.

Nesse, R. M., and G. C. Williams (1995). Why We Get Sick: The New Science of Darwinian Medicine. New York, Crown.

Nettle, D. (2005). "An Evolutionary Approach to the Extroversion Continuum." Evolution and Human Behavior 26:363-73.

Neusner, J., and W. C. Green (2005). Altruism in World Religions. Washington, D.C., Georgetown University Press.

Nisbett, R. (2003). Geography of Thought: How Asians and Westerners Think Differently, and Why. New York, Free Press.

Nisbett, R. E., and D. Cohen (1996). Culture of Honor. New York, Westview Press.

Numbers, R. L. (1992). The Creationists: The Evolution of Scientific Creationism. Berkeley, Calif., University of California Press.

Ong, W. J. (1998). Orality and Literacy: The Technologizing of the Word. Oxford, UK, Routledge.

Orzack, S. H., and E. Sober, eds. (2001). Adaptationism and Optimality. Cambridge, UK, Cambridge University Press.

Pagels, E. (1995). The Origin of Satan. Princeton, N.J., Princeton University Press.

------. (2003). Beyond Belief: The Secret Gospel of Thomas. New York, Random House.

Pepperberg, I. M. (2002). The Alex Studies: Cognitive and Communicative Abilities of Grey Parrots. Cambridge, Mass., Harvard University Press.

Pigliucci, M. (2001). Phenotypic Plasticity: Beyond Nature and Nurture. Baltimore, Md., John Hopkins University Press.

Pinker, S. (2002). The Blank Slate: The Modern Denial of Human Nature. Viking, New York.

Plotkin, H. (1994). Darwin Machines and the Nature of Knowledge. Cambridge, Mass, Harvard University Press.

Profet, M. (1992). "Pregnancy Sickness as an Adaptation: A Deterrent to Maternal Ingestion of Teratogens." In The Adapted Mind: Evolutionary Psychology and the Generation of Culture (J. H. Barkow, L. Cosmides, and J. Tooby, eds.) Oxford. UK. Oxford University Press, 327-65.

------. (1995). Protection Your Baby to Be: Preventing Birth Defects in the First Trimester. New York, Perseus Books.

Provine, R. R. (2000). Laughter: A Scientific Investigation. London, Penguin.

Putnam, R. D. (1992). Making Democracy Work: Civic Traditions in Nodern Italy. Princeton, N.J. Princeton University Press.

Rainey, P. B., and K. Rainey (2003). "Evolution of Cooperation and Conflict in Experimental Microbial Populations." Nature 425:72-74,

Rand, A.(1947). The Fountainhead. New York, Bobbs-Merrill.

------. (1957). Atlas Shrugged. New York, Random House.

------. (1961). The Virtue of Selfishness. New York, Signet.

Reagan, M., and S. Begley (2002). Inside the Mind of God: Omages and Words of Inner Space. West Conshohocken, Penn., Templeton Foundation Press.

Richerson, P. J., and R. Boyd (2004). Not by Genes Alone: How Culture Transformed Human Evolution. Chicago, Ⅲ., University of Chicago Press.

Rubin, P. (2002). Darwinian Politics: The Evolutionary Origin of Freedom. New Brunswick, N. J., Rutgers University Press.

Sapolsky, R. M.(1998). Why Zebras Don't Get Ulcers. New York, W. H. Freeman.

Savage-Rumbaugh, S., S. G. Shanker, and T. J. Taylor (2001). Apes, Language, and the Human Mind. Oxford. UK, Oxford University Press.

Seabury, D. (1937/1964). The Art of Selfishness. New York, Pocket Books.

Schlaepfer, M. A., M. C. Runge, and P. W. Sherman (2002)/ "Ecological and Evolutionary Traps." Trends in Ecology and Evolution 17:474-480

Seeley, T. (1995). The Wisdom of the Hive. Cambridge, Mass., Harvard University Press.

------. (2001). "A Feeling, and a Fondness for the Bees." In Model Systems in Behavioral Ecology (L. A. Dugatkin, ed.) Princeton, N. J., Princeton University Press.

Shermer, M. (2002). In Darwin's Shadow: The Life and Science of Alfred Russel Wallace. Oxford, UK, Oxford University Press.

Singer, I. B. (1962). The Slave. New York, Farrar, Straus and Giroux.

Singer, P. (2000). A Darwinian Left: Politics, Evolution, and Cooperation. New Haven, Conn., Yale University and Giroux.

Smial, D., (2005) "In the Grip of Sacred History." American Historical Review 110:1446-61

Smail, D. (in Press). Outlines for a Deep History of Humankind. Berkeley, Calif., University of California Press.

Smith, A. (1759-1976). Theory of Moral Sentiments. Oxford, UK, Oxford University Press.

Sober, E (1984). The Nature of Selection. Cambridge, Mass., MIT Press.

Stark, R and W. S. Bainbridge (1985). The Future of Religion. Berkeley, Calif., University of California Press.

------. (1987). A Theory of Religion. New Brunswick, N.J., Rutgers University Press.

Stearns, S. C., ed. (1999)Evolution in Health and Disease. Oxford, UK, Oxford University Press.

Stott, R. (2004) Darwin and the Barnacle: The Story of One Tiny Creature and History's Most Spectacular Scientific Breakthrough. New York, W. W. Norton.

Strassman, J. E., and D. C. Queller (2004). "Sociobiology Goes Micro: Long Used for Studying Development, Dictyostelium Now Also Provides a Model for Analyzing Social Interactions." ASM News 70:526-32.

Suomi, S. J. (2005). "Genetic and Environmental Factors Influencing the Expression of Impulsive Aggression and Serotonergic Functioning in Rhesus Monkeys." In Development Origins of Aggression (R. E. Tremblay, W. H, Hartup, and J. Archer, eds.). New York, Guilford Press, 63-82.

Szathmáry, E., M., Santos, and C. Fernando(2005). "Evolutionary Potential and Requirements for Minima Protocells." Topics in Current Chemistry 259:169-211

Teihard de Chardin, P.(1955/1976). The Phenomenon of Man. New York, Harper

Templeton, J. M.(1994) Discovering the Laws of Life. West Conshohocken, Penn., Templeton Foundation Press.

------.(1997) Worldwide Laws of Life. West Conshohocken, Penn., Templeton Foundation Press.

Tetlock, P.E., R. S. Peterson, C. McGuire, S. Chang, and P. Feld(1992). "Assessing Political Group Dynamics: A Test of the Groupthink Model." Journal of personality and social Psychology 63:403-25

Tocqueville, A. de(1835/1990). Democracy in America. Garden City, N. Y., Anchor

Tomasello, M., M. Carpenter, J. Call, T. Behne and H. Noll(2005). "Understanding and Sharing Intentions: The Origins of Cultural Cognition." Behavioral and Brain Sciences 28:675-735.

Trut, L. N.(1999). "Early Canid Domestication: THe Farm-Fox Experiment." American Scientist 87:160-70.

Turnbull, C. M.(1987). The Forest People. Carmichael, Calif., Touchstone.

Van Schaik, C. P., and C. H. Janson, eds,(2000). Infanticide by Males and Its Implications. Cambridge, UK, Cambridge University Press.

Velicer, G. J. (2003). "Social Strife in the Microbial World." Trends in Microbiology 11:330-37.

Voland, E., and K. Grammer, eds. (2003). Evolutionary Aesthetics. Berlin, Springer-Verlag.

Vonnegut, K. (1963). Cat's Cradle. New York, Laurel.

de Waal, F. (1992). Chimpanzee Politics. Baltimore, Md., John Hopkins University Press.

------. (1995). Good Natured. Cambridge, Mass., Harvard University Press.

------. (2003). My Family Album: Thirty Years Primate Photography. Berkeley, Calif., University of California Press.

------. (2005). Our Inner Ape: A Leading Primatologist Explains Why We Are Who We Are. New York, Riverhead.

de Waal, F., and F. Lanting(1998). Bonobo: The Forgotten Ape. Berkeley, Calif., University of California Press.

Wallin, N. L., B. Merker, and S. Brown, eds. (2001). The Origins of Music. Cambridge, Mass., MIT Press.

Wegner, D. M (1986). "Transactive Memory: A Contemporary Analysis of the Group Mind." In Theories of Group Behavior(B. Mullen and G. R. Goethal, eds.). New York, Springer-verlag.

Weiner, J. (1994). The Beak of the Finch: A Story of Eveolution in Our Time. New York, Knopf.

Wesley, J. (1976). "Thoughts upon Methodism." In the Works of John Wesley(R. E. Davies, ed.) Nashville, Tenn., Abington Press.

Whalley, J. I. (1999). " The Other World of Beatrix Potter." Natural History 97:48-52.

Wilson, D. S. (1990). "Species of Thought: A Comment on Evolutionary Epistomology." Biology and Philosophy 6:37-62.

------. (1995). "Language as a Community of Interaction Belief Systems: A Case Study Involving Conduct Toward Self and Others.". Biology and Philosophy 10:77-97.

------. (1997). "Incorporationg Group Selection into the Adaptationist Program: A Case Study Involving Human Decision Making." In Evolutionary Social Psychology (J. Simpson and D. Kenrick, eds.). Mahwah, N.J., Crlbaum, 345-86.

------. (2000). "Nonzero and Nonsense: Group Selection, Nonzerosumness, and the Human Gaia Hypothesis." Skeptic 8:84-89.

------. (2002). Darwin's Cathedral: Evolution, Religion, and the Nature of Society. chicago, Ⅲ., University of Chicago Press.

------. (2002). "Evolution, Morality and Human Potential." In Evolutionary Psychology: Alternative Approaches (S. J. Scher and F. Rauscher, eds.,). Boston, Mass., Kluwer, 55-70.

------, ed. (2004). The New Fable of the Bees. Advences in Austrian Economics. Greenwich, Conn., JAI Press.

------. (2005). "Evolution for Everyone: How to Increase Acceptance of, Interest in, and Knowledge About Evolution." Public Library of Science(PLoS) Biology 3:1001-8.

------. (2006). "Human Groups as Adaptive Units: Toward a Permanent Consensus." In The Innate Mind: Culture and Cognition(P. Carruthers, S. Laurence, and S. Stich, eds.). Oxford, UK., Oxford University Press.

Wilson, D. S., A. B. Clark, K. Coleman, and T. dearstyne(1994). "Shyness and Boldness in Humans and Other Animals." Trends in Ecology and Evolution 9:442-6.

Wilson, D. S., and M. Csikszentimihalyi(2006). "Health and the Ecology of Altruism." In the Science of Altruism and Health, (S. G. Post, ed.) Oxford, UK. Oxford University Press.

Wilson, D. S., E. Dietrich, and A. B. Clark(2003). " On the Inappropriate Ise of the Naturalistic Fallacy in Evolutionary Psychology." Biology and Philosophy 18:669-82.

Wilson. D. S., J. Timmel, and R. R. Miller(2004). "Cognitive Cooperation: When the Going Gets THough, Think as a Group." Human Nature 15:225-50.

Wilson, C. O.(1971). The Insect Societies. Cambridge, Mass., Belknap Press.

------. (1984). Biophilia. Cambridge, Mass, Harvard University Press.

------. (1998). Consilience. New York., Knopf.

Wilson, E. O., and B. Holldobler(2005). "Eusociality: Origin and Consequences." Proceedings of the National Academy of Sciences 102:13367-71.

Wilson, M.m and M. Daly (1997). "Life Expectancy, Economic Inequality, Homicide, and Reproductive Timing in Chicago Neighboerhoods." British Medical Journal 314:1271-8.

Wilson, T. D. (2002). Strangers to Ourselves: Discovering the Adaptive Unconscious. Cambridge., Mass, Harvard University Press.

Wrightk, R. (2000) Nonzero: The Logic of Human Destiry. New York, Pantheon.

Ziman, J., ed. (2003). Technological Innovarion as Cvolutionary Preocess. Cambridge, UK. Cambridge University Press.

| 찾아보기 |

ㄱ

가금류 연구 ⋯ 59
감수분열 ⋯ 214, 219
개미귀신 ⋯ 510
개미 군집 ⋯ 227
고귀한 야만인 ⋯ 95, 486
고바야시 히로미 ⋯ 259
고시마 시로 ⋯ 259
곤충 사회 ⋯ 229
구전문화와 기록문화 ⋯ 341
궁극적 메커니즘 ⋯ 79, 101
근접적 메커니즘 ⋯ 73, 170
글렌 그레이 ⋯ 286
기록문화 ⋯ 341
꿀벌의 우화 ⋯ 438

ㄴ

나다니엘 브랜든 ⋯ 425
나바호족 ⋯ 248
나비효과 ⋯ 338
누에르족 ⋯ 336

눈의 협력 ⋯ 261
니코 틴버겐 ⋯ 136
닐스 딩게만스 ⋯ 171

ㄷ

다니엘 네틀 ⋯ 175
다니엘 스마일 ⋯ 517
다윈 ⋯ 14, 25, 33, 84, 386, 452
단일 세포 ⋯ 204
단테 ⋯ 199
달라이 라마 ⋯ 401
대양을 가로지르는 길 ⋯ 477
더글라스 엠른 ⋯ 75
데니스 듀턴 ⋯ 298
데이비드 맥컬로우 ⋯ 477
데이비드 베레비 ⋯ 437
데이비드 시버리 ⋯ 420
데이비드 핼버스탬 ⋯ 491
데이비드 헤이그 ⋯ 215
데즈먼드 모리스 ⋯ 295
도나 웹스터 ⋯ 325
도널드 캠벨 ⋯ 188, 247
도덕감정론 ⋯ 438
도브 코헨 ⋯ 348
도용된 종교 ⋯ 411
뒤셴 드 불로뉴 ⋯ 275

뒤셴 웃음 … 275

듀안 럼바우 … 303

드미트리 벨랴예프 … 70

딕티오스텔리움 디스코이데움 … 204

딩카족 … 336

ㄹ

라이프니츠 동물원 … 260

랑구르 … 51

래드클리프 브라운 … 284

래리 미켈슨 … 329

레베카 레무브 … 482

레이먼드 켈리 … 337

로드니 스타크 … 369

로버트 라이트 … 458

로버트 사폴스키 … 443

로버트 퍼트남 … 354

로빈후드 지수 … 153

리처드 니스벳 … 347, 354

리처드 르원틴 … 14

리처드 리 … 243

린든 존슨 … 326

린 마굴리스 … 211

ㅁ

마셜 맥루언 … 444

마셜 플랜 … 326

마일스 호튼 … 405

마지 프로펫 … 121

마틴 데일리 … 134

마틴 셀리그먼 … 458

만들어진 신 … 367

명예의 문화 … 348

모니카 베어벡 … 171

무인도 상상 실험 … 55

무자퍼 셰리프 … 437

문학적 동물 … 16, 295

문학적 다위니즘 … 297

문화적 진화 … 297, 333

미간에 관한 이론 … 28

미국의 민주주의 … 355

미르치아 엘리아데 … 360

미술의 존재 이유 … 290

미쉘 버거 … 453

미적감각 … 180, 197, 240

미하이 칙센트미하이 … 459

민감한 사람들 … 176

밈 … 366

ㅂ

바다거북 … 85
바버라 슈나이더 … 464
박새 … 170
박쥐 … 132
박테리아 … 85, 202
발생 단계 … 124, 206, 325
벌집의 지혜 … 233
베르트 휠도블러 … 230. 334
변이 … 33, 65, 85, 220, 338
부시베이비 … 159
붉은털원숭이 … 64
브루스 칠튼 … 417
블루길 선피시 … 166
빅터 프랭클 … 177, 492, 515
빌 버포드 … 437

ㅅ

사고하는 종 … 302
사기꾼 … 208, 213
사무엘 플랙스먼 … 127
사실적 현실주의 … 400, 430, 479
사회 다위니즘 … 25, 435, 451
사회생리학 … 365
사회적 상호작용 … 232, 332, 471

사회적 유전자 … 215
사회 지능 … 483
상징적 사고 … 118, 300
상징적 종 … 300
상호작용 … 66
생식 세포 … 214
샤론 베글리 … 53
세계종교의 이타주의 … 417
세대시간 … 202
세포자살 … 221
송장벌레 … 40
숲개구리 … 86
스콧 아트란 … 370
스티븐 브라운 … 287
스티븐 제이 굴드 … 14, 96, 99
스피로헤타 … 213
신경계 … 176
신체의 지혜 … 233
신체 크기 … 78, 86
신체 호감도 평가 … 189
실용적 현실주의 … 400, 429, 479
심하 아롬 … 287
싱클레어 루이스 … 482

ㅇ

아리스토텔레스 … 274
아리 크루글란스키 … 325
아이린 페퍼버그 … 307
아인 랜드 … 411, 420, 425
아카 피그미족 … 287
아틀라스 … 423
안다만 섬 … 284
알렉산더 루리아 … 344
알렉시스 드 토크빌 … 332, 355
앤 클락 … 159
양육 … 66, 227
어른이 된다는 것은 … 466
어빙 재니스 … 312
어퍼모라카족 … 247
언어 실험 … 304
에드워드 윌슨 … 13, 136, 227, 334,
514
에번스 프리처드 … 338
에보스 프로그램 … 22, 227, 281,
518
엘렌 디사나야케 … 290
영아살해 … 36, 140
영장류 … 89, 259
오랜 연대 … 518
우리와 그들, 무리짓기에 대한 착각
… 437

우생학 … 24
웃음 … 273
원숭이 재판 … 363
원핵세포 … 211
월터 캐넌 … 233
윌리엄 맥닐 … 283
윌리엄 베인브리지 … 369
윌리엄 제임스 … 210. 413
유대인 대학살 … 177, 437
유전자 결정론 … 147
유전적 진화 … 85, 118, 150, 258
은빛 여우 실험 … 70
이기심의 기술 … 420
이기심의 미덕 … 420
이기적 … 411
이기적 유전자 … 68, 366
이안 루스틱 … 13
이종교배 … 394
이타주의 … 230, 402, 467
일레인 아론 … 176
입덧 … 121
인지능력 … 276
인지적 협력 … 330
일레인 페이절스 … 377, 409

ㅈ

자연선택설 … 331

장 마르티네 … 286

재레드 다이아몬드 … 31, 90

잭 마일스 … 384

잭 베리 … 468

전체로서의 유기체 … 220

제니퍼 빌링 … 129

제럴드 에델만 … 118

제이콥 뉴스너 … 417

제프리 밀러 … 287

조너딘 와이너 … 84

조셉 캐럴 … 298

존 웨슬리 … 380

존 자이먼 … 330

존 칼뱅 … 25, 371

종교개혁 … 25, 366, 370

종교는 진화한다 … 16, 359, 400

종의 기원 … 99, 257, 334

지구촌 … 443

지적 설계론 … 24

진사회성 … 334

진핵세포 … 211

진화론적 미학 … 180, 190

집단사고 … 312, 321

집단 의사결정 … 312

ㅊ

창조론 … 24, 45, 147, 295

체세포 … 215

취웅족 … 245

치누아 아체베 … 343, 444, 450

침팬지 폴리틱스 … 255

ㅋ

칸지 … 304

칼뱅주의 … 370

캐슬린 코 … 290

케빈 바흐 … 453

콘라드 이스톡 … 498

쿵산족 … 243

크리스토퍼 보엠 … 246, 350, 447

크리스틴 콜먼 … 167

크리스 헤지스 … 437

클락 헐 … 482

ㅌ

테렌스 디콘 … 300

테오도르 베자 … 375

토머스 실리 … 228

티모시 윌슨 … 115
팀 에링거 … 165

ㅍ

파스칼 보이어 … 370
폴 빙엄 … 256
폴 셔먼 … 127
퓨넌 … 245
프란스 드 발 … 255, 275
프랜시스 크릭 … 334
프랜시스 후쿠야마 … 354
피마족 … 290
피에트 드렌트 … 171
피의 복수 … 247
핀치의 부리 … 84

ㅎ

해럴드 조지 울프 … 484
행동과 뇌 과학 … 18
행동주의 … 31, 482
혈연선택 … 128
협력 분수령 … 258, 268, 302, 334
호딩 카터 … 350
환경요인 … 66, 224

흔적 형태 … 15

A~Z

PAR … 480
PRO 척도 … 468

진화론의 유혹 (원제 : Evolution for Everyone)

1판 1쇄 2009년 3월 1일
    4쇄 2013년 3월 25일

지 은 이 데이비드 슬론 윌슨
옮 긴 이 김영희, 이미정, 정지영
발 행 인 주정관
발 행 처 북스토리

주   소 경기도 부천시 원미구 상3동 529-2 한국만화영상진흥원 311호
대표전화 032-325-5281
팩시밀리 032-323-5283
출판등록 1999년 8월 18일 (제22-1610호)

홈페이지 www.ebookstory.co.kr
이 메 일 bookstory@naver.com

ISBN 978-89-93480-16-0 03470